NCERT की STUDY
अब मुश्किल नहीं...

BIOLOGY

SIMPLIFIED NCERT

Class XI

NCERT की STUDY
अब मुश्किल नहीं...

BIOLOGY

SIMPLIFIED NCERT

Class XI

Dr. Dileep Gangwar
M.B.B.S
KGMU Lucknow

arihant
ARIHANT PRAKASHAN (Series), MEERUT

ARIHANT PRAKASHAN (Series), MEERUT

卐 **Administrative & Production Offices**

Regd. Office
'Ramchhaya' 4577/15, Agarwal Road, Darya Ganj, New Delhi -110002
Tele: 011- 47630600, 43518550; Fax: 011- 23280316

Head Office
Kalindi, TP Nagar, Meerut (UP) - 250002
Tel: 0121-2401479, 2512970, 4004199; Fax: 0121-2401648

卐 **Sales & Support Offices**
Agra, Ahmedabad, Bengaluru, Bareilly, Chennai, Delhi, Guwahati, Hyderabad, Jaipur, Jhansi, Kolkata, Lucknow, Meerut, Nagpur & Pune

卐 **ISBN :** 978-93-13160-97-7

Published by Arihant Publications (India) Ltd.

For further information about the books from Arihant,
log on to **www.arihantbooks.com** or email to **info@arihantbooks.com**

/arihantpub /@arihantpub Arihant Publications /arihantpub

PREFACE

This book Biology Simplified NCERT is authored to meet the needs of bio-stream students for class XI after that Medical Entrance Examination and other such examination. This book provides a brief discussion of the chapter to help students understand the concepts. Adequate illustrations are provide for enhancing performance.

The salient features of the book include :

1. Coverage of whole NCERT text in smaller points to make it easy to read.
2. The remove the complexities of language, complete text is written in bilingual (English-Hindi) manner.
3. Equally useful for English & Hindi Medium students.

Care has been taken to ensure that this book helps the students to prepare for Medical Entrance Examinations such as NEET (UG), AIIMS, JIPMER in a systematic manner.

I sincerely hope that this book will serve as a reliable and exhaustive resource for the students to prepare for and excel in the Medical Entrance Examinations.

I appreciate suggestions from teachers and students for the improvement of this book.

Dr. Dileep Gangwar
M.B.B.S. (KGMU)

CONTENTS

UNIT-I

DIVERSITY IN THE LIVING WORLD

ERNST MAYR
(1904-2004)

- Ernst Mayr का जन्म 5 July 1904 में Kempten, Germany में हुआ था।
- ये Harvard University में evolutionary biologist थे।
- इन्हें 20th century का Darwin कहा जाता है।
- ये अब तक के 100 greatest scientist में एक थे।
- Mayr ने 1953 में Harvards को Art और Science की faculty के रूप में join किया और 1975 में Alexander Agassiz Professor of Zoology Emeritus के title के साथ retire हुए।
- अपने 80 year के career में इनकी research, ornithology, taxonomy zoogeography, evolution systematics और biology की history और philosophy आदि पर केन्द्रित रही।
- इन्होंने अकेले ही evolutionary biology के central question origin of species diversity को खड़ा किया जो आज सच है।
- इन्होंने currently accept हुई biological species की definition की अगुवाई की।
- Mayr को तीन prize दिए गए इन्हें biology का triple crown (तीन ताज) माना जाता है।
- Balzan Prize in 1983,
- The International Prize for Biology in 1944
- The Crafoord Prize in 1999
- Mayr की death, 100 वर्ष की आयु में 2004 में हुई।

Chapter One

THE LIVING WORLD

- कितना wonderful है living world!
- असाधारण निवास स्थान; जैसे- cold mountains, deciduous forests, oceans, freshwater lakes, deserts या hot springs में living organism का पाया जाना हमें speechless कर देता है।
- Galloping horse (दौड़ते घोड़े), migrating birds, valley of flowers या attacking shark की सुन्दरता हमारे अन्दर भय और चमत्कार को जगाती है।
- Population के members के बीच पारिस्थितिक विरोध (conflict) तथा populations community (समुदाय) के बीच सहयोग ओर यहाँ तक की cell में भी molecular traffic (आण्विक गतिविधि) से पता चलता है कि वास्तव में जीवन क्या है?
- इस question में दो implicit (निर्विवाद) question हैं। पहला question, **technical** है, जो living तथा non-living क्या है? इसका answer खोजने का प्रयास करता है। दूसरा question, **philosophical** है, जो life के purpose को जानने का प्रयास करता है।
- Scientist होने के कारण हम दूसरे question का answer देने का प्रयास नहीं करेंगे।

  *हम **what is living?** जानने की कोशिश करेंगे।*

1.1 What is 'Living'?

- Life को define करने के लिए हम organism के **distinct characters** को देखते हैं।
- Growth, reproduction, environment के प्रति sensitivity और उसके लिए suitable response देना आदि living organism के unique features हैं।
- Metabolism, self-replicate करने की क्षमता, self-organise करना, interact और emergence आदि को भी इस list में add कर सकते हैं।

- यहाँ पर हम इन सबको समझने की कोशिश करेंगे।
- All living organism grow.
- Individuals के **mass** और **number** में वृद्धि होना दोनों growth के twins characteristics हैं।
- Multicellular organism में growth, **cell division** द्वारा होती है।
- Plants में growth, cell division द्वारा पूरे जीवनकाल में होती रहती है।
- Animal में ये growth कुछ age तक ही होती है फिर भी cell division, कुछ tissue में होता है ताकि नष्ट हुई cells की जगह नई cells आ सके।
- Unicellular organism भी cell division द्वारा growth करते हैं। आसानी से कोई भी इसे *in vitro* culture में microscope से देखकर cell को count कर सकते हैं।
- अधिकतर higher animals और plants में growth और reproduction, **mutually exclusive events** है।
- Non-living objects; जैसे- mountains, boulders (गोल पत्थर) और sand mould (रेत के टीले), आदि भी growth करते हैं। लेकिन इनमें growth उनकी surface पर substance के accumulation के कारण होती है।
- Living organisms में growth अन्दर की ओर से होती है। इसलिए growth को living organism की defining property नहीं मान सकते हैं।
- सभी living organisms में यह character जिन conditions में परिलक्षित (observe) होता है उनको explain करके ही यह समझना चाहिए कि यह living system के characteristic हैं।
- एक dead organism, grow नहीं करता है।

1.1.1 Reproduction, Likewise is a Characteristic of Living Organism

- Multicellular organism में reproduction का मतलब अपनी progeny (सन्तान) को उत्पन्न करना है जिसके अधिक या कम **features parents** से मिलते हैं।
- निर्विवाद रूप से हम sexual reproduction की बात कर रहे हैं।
- Organism, **asexual reproduction** भी करते हैं।
- Fungi लाखों asexual spores द्वारा multiply कर आसानी से फैलते हैं।
- Yeast और *Hydra* जैसे lower organism में **budding** द्वारा reproduction होता है।
- *Planaria* (flatworms) में **true regeneration** होता है। इसमें fragmented organism अपने नष्ट हुए part को regenerate कर लेता है और इस प्रकार एक new organism बन जाता है।
- Fungi, filamentous algae, mosses के protonema सभी **fragmentation** द्वारा multiply करते हैं।
- Unicellular organisms; जैसे- bacteria, unicellular algae या *Amoeba* में reproduction और growth आपस में पर्यायवाची है अर्थात् cell की संख्या का बढ़ना।
- Single-celled organism में growth और reproduction शब्दों का उपयोग करना स्पष्ट नहीं है।
- कुछ organism reproduction नहीं करते; जैसे—mule, sterile worker bees, infertile human couples, etc.
- इस प्रकार reproduction भी living organism की defining characteristics नहीं हो सकती है।

1.1.2 Another Characteristic of Life is Metabolism

- सभी living organism, chemicals के बने होते हैं। ये chemicals छोटे, बड़े, विभिन्न classes, size, function, आदि वाले होते हैं।
- ये लगातार बनते रहते हैं और अन्य biomolecules में बदलते और उनका निर्माण करते हैं।
- इस परिवर्तन को chemical reactions या **metabolic reaction** कहते हैं।
- चाहे जीव unicellular या multicellular हो, सभी living organisms के अन्दर हजारों metabolic reactions साथ-साथ चलती रहती हैं।
- सभी plants, animals, fungi और microbes में metabolism पायी जाती है।

- हमारे शरीर में होने वाली सभी chemical reactions के योग को metabolism कहते हैं।
- Non-living objects में metabolism नहीं होती है।
- Metabolic reactions तो शरीर के बाहर cell-free system में भी प्रदर्शित हो सकती है।
- Organism की body से बाहर test tube में होने वाली isolated metabolic reaction(s) न तो living है और न ही non-living.
- Metabolism को बिना exception के सभी living organism का **defining feature** मानते हैं।
- Test tube (*in vitro*) में होने वाली isolated metabolic reactions, **living things** नहीं होती लेकिन वास्वत में ये **living reaction** होती है।
- इसलिए body का **cellular organisation**, life form का defining feature है।
- Surrounding या environment के stimulus के प्रति sensitivity और response सभी living organisms का सबसे स्पष्ट और technically complicated feature है।
- **Stimuli**, physical, chemical या biological हो सकते हैं।
- हम अपने sense organs द्वारा अपने environment को पहचानते हैं।
- **Plants** light, water, temperature, other organism, pollutants, आदि जैसे external factors के प्रति response दिखाते हैं।
- सभी living organisms (prokaryotes to most complex eukaryotes) environmental संकेतों को sense कर response दिखा सकते हैं।
- Plant और animal दोनों में, **photoperiod** seasonal breeders में reproduction को प्रभावित करता है।
- सभी organism, body में प्रवेश करने वाले chemical को handle करते हैं।
- इसलिए सभी organism अपने surrounding से अवगत रहते हैं।
- मानव ही केवल ऐसा organism है जिसमें **self-consciousness** होती है।
- Self-consciousness (aware of himself– खुद को समझना)
- इस प्रकार consciousness, living organism की **defining property** होती है।

मानव के विषय में चर्चा करने पर living state को define करना और कठिन हो जाता है।
Coma में लेटे patient में heart तथा lungs को चालू रखने के लिए machines लगी होती है। Patient का brain, dead होता है। Self-consciousness नहीं होती है। ऐसे patient जो कभी अपने normal life में वापस नहीं आ पाते, तो इन्हें हम live कहेंगे या non-living?

- Higher classes में आप जानेंगे कि सभी living events उसमें उपस्थित **interactions** के कारण होती है।
- Tissue के गुण constituent cells में नहीं होते बल्कि constituent cells के interactions के कारण होते हैं।
- इसी प्रकार cell organelles के गुण organelles में स्थित molecular constituents की वजह से नहीं होती बल्कि molecular component के interactions के कारण है।
- Higher level के organisation से उभरी **emergent properties** इन interaction के फलस्वरूप बनती है।
- यह घटना organisational complexity की hierarchy के सभी levels के लिए सही है। अत: हम कह सकते हैं कि living organism, self-replicating, evolving ओर self regulating interactive system है, जो external stimuli के प्रति अनुक्रिया (response) की क्षमता रखते हैं।
- Biology is the **story of life** on earth.
- Biology is the **story of evolution** of living organism on earth.
- Present, past और future के सभी living organisms एक-दूसरे से **common genetic material** की sharing द्वारा जुड़े हैं, (but to varying degrees).

1.2 Diversity in Living World

- हमारे आस-पास organisms की बहुत-सी variety पायी जाती हैं।
- Living world में बहुत diversity (विविधताएँ) पायी जाती हैं।
- अभी तक **1.7-1.8 million species** को describe किया जा चुका है।
- पृथ्वी पर पाए जाने वाले विभिन्न प्रकार के organisms को हम मिलाकर biodiversity कहते हैं।
- हम plants और animals को उनके local नाम से जानते हैं।
- Local नाम एक ही country में place to place बदलते रहते हैं।

1.2.1 Nomenclature

- इस process में प्रत्येक organism को standard नाम दिया जाता है, जिसमें वह उसी नाम से पूरे world में जाना जाता है।

1.2.2 Identification

- Organisms को characters के basis पर identify करते हैं।
- अनेक scientists ने प्रत्येक known organism को scientific name देने की procedures बनाई है और इस process को world के सारे biologist ने accept किया है।

  ICBN- International Code of Botanical Nomenclature (इसमें plants के scientific name के लिए principle और criteria दिए हैं।)

  ICZN- International Code of Zoological Nomenclature (इसे animals के nomenclature के लिए use करते हैं।)
- Scientific name यह सुनिश्चित करता है कि एक ही नाम किसी दूसरे known organism का ना हो।
- Universally accepted principles के अनुसार प्रत्येक नाम में दो component होते हैं : **Generic name** और **specific epithet**. इसे **binomial nomenclature** कहते हैं। नामकरण प्रणाली को **Carolus Linnaeus** ने दिया था जिसका उपयोग विश्व के सारे biologist करते हैं।
- दो शब्दों वाला naming system बहुत ही सुविधाजनक (convenient) है।
- आओ mango के example द्वारा scientific name देने की विधि समझे

  Mangifera indica → mango का scientific name है।

  Mangifera → Genus

  indica → Particular species or a specific epithet है।

  Nomenclature के other universal rule निम्नलिखित हैं—

  1. Biological name प्राय: Latin में होते हैं और italics में लिखे जाते हैं। इनकी origin चाहे कहीं से हुई हो इन्हें Latinised या Latin से derived किया जाता है।
  2. Biological name में पहला शब्द genus तथा दूसरा शब्द specific epithet होता है।
  3. Biological name को जब हाथ से लिखते हैं तब दोनों शब्दों को अलग-अलग underline या italics में print करना चाहिए। यह उनके Latin, origin को दिखाता है।
  4. Genus की शुरूआत एक capital letter से होनी चाहिए, जबकि specific epithet की शुरूआत small letter से होनी चाहिए।

     Example : *Mangifera indica*
- Specific epithet के बाद यानि biological name के अन्त में author का नाम लिखते हैं।
- Author का नाम short form (abbreviation) में लिखते हैं।

  Example : *Mangifera indica* Linn.
- Linn. का मतलब इस species को पहली बार Linnaeus ने describe किया था।

- **Classification :** यह वह process है, जिसमें कुछ easily observable characters के आधार पर किसी को सुविधाजनक categories में रखते हैं। e.g., हम plants या animals और dogs, cats या insects को आसानी से पहचान लेते हैं।
- जैसे ही आप dog, Alsatians (guard dog), mammals (external ear and body hair), wheat की चर्चा करते हैं, तो आपके mind में इन organisms से जुड़े character आ जाते हैं।
- इसलिए ये सभी dog, cat, mammals, wheat, rice, plants, animals, आदि सुविधाजनक categories हैं, जिनका use हम organisms की study में करते हैं।
- इन categories के लिए scientific शब्द **taxa** है।
- Taxa, different levels पर categories को बता सकता है।
- Plants also form a taxa, wheat भी एक taxa है।
- इसी प्रकार animals, mammals, dog ये सभी taxa है।
- Dog एक mammal animal है। इसलिए animals, mammals तथा dog विभिन्न levels पर taxa को represent करते हैं।
- **Taxonomy :** Characteristics के आधार पर सभी living organisms को different taxa में classify करने के process को taxonomy कहते हैं।
- इसलिए **characterisation, identification, classification** ऐसे process है, जो taxonomy के आधार है।
- Earliest classification विभिन्न organisms के **'uses'** पर आधारित था।
- Early days में मानव को अपनी basic need जैसे food, cloth तथा shelter के लिए नए sources खोजने पड़ते थे।
- **Systematics :** यह Latin के शब्द **'systema'** से लिया गया है, जिसका मतलब organism का systematic arrangement है।
- Linnaeus ने अपने published Book का title ***Systema Naturae*** चुना था।
- Systematics में identification, nomenclature और classification को include करके इसका scope बाद में बढ़ा दिया गया है।
- Systematic में organism के बीच **evolutionary relationships** का ध्यान भी रखा गया है।

1.3 Taxonomic Categories

- Classification एक single step process नहीं है बल्कि इसमें steps की hierarchy होती है।
- Classification में involve होने वाले प्रत्येक step को हम **rank** or **category** से represent करते हैं।
- Category समस्त taxonomic arrangement का part है इसलिए इसे **taxonomic category** कहते हैं।
- सभी categories साथ मिलकर **taxonomic hierarchy** बनाती हैं।
- प्रत्येक category, **classification** की **unit** को represent करती है वास्तव में यह एक rank को represent करती है, जिसे प्राय: taxon (pl. : taxa) कहते हैं।
- **Taxonomic category** और **hierarchy** को एक **example** द्वारा **describe** कर सकते हैं—
  - *Insects एक organism के group को represent करता है जिनमें common feature जैसे 3 pair jointed leg होते हैं। इसका मतलब insect को पहचानने योग्य concrete object (निश्चित वस्तु) है जिन्हें classify कर सकते हैं और इसलिए इसे एक **rank** या **category** का दर्जा दिया गया है।*
- **Groups**, category को represent करता है और category को आगे rank में denote करता है।
- वास्तव में rank और taxon classification की unit को represent करते हैं।
- ये taxonomic groups/categories स्पष्ट biological entities (जैविक तत्व) है ना केवल morphological समूह है।
- Phylum की जगह हम लोग plants के लिए **division** को represent करते हैं।
- मानव की taxonomic hierarchy है– Animalia, Chordata, Mammalia, Primata, Hominidae, *Homo sapiens.*

- सभी known organism के taxonomical study से निम्न common categories का विकास हुआ है— **Kingdom, phylum** or **division** (for plants), **class, order, family, genus, species.**
- Taxonomic hierarchy में आते हैं— kingdom, phylum/division, class, order, family, genus, species.
- Species, lowest category है।
- किसी organism को categorise करने के लिए उनके characters की जानकारी **basic requirement** है।

ये same kind और other kind के organism में similarity और dissimilarity को पहचानने में सहायता करता है।

1.3.1 Species

- **Species,** individual organisms का वे group हैं, जिसमें fundamental similarities होती हैं।
- हम किसी भी closely related species को आसानी से उनकी भिन्न morphology के आधार पर पहचान सकते हैं।
- हम देखते हैं *Mangifera indica,* (mango) *Solanum tuberosum* (potato) और *Panthera leo* (lion) में *indica, tuberosum* और *leo* शब्द **specific epithets** को represent करते हैं, जबकि *Mangifera, Solanum* और *Panthera,* **genera** को represent करते हैं।
- प्रत्येक genus में एक या एक से अधिक specific epithets हो सकते हैं, जो समान morphology वाले भिन्न organisms को represent करते हैं।

  Example : *Panthera* का दूसरा specific epithet ***tigris*** होता है।
  Genus *Solanum* में ***nigrum*** और ***melongena*** species आती है।
- **मानव** की species; *sapiens* तथा genus; *Homo* होता है।
- **मानव** का scientific name ***Homo sapiens*** होता है।

1.3.2 Genus

- Related species के group को हम **genus** कहते हैं, जिसमें species के characters अन्य genera में स्थित species की तुलना में समान होते हैं।
- Closely related species के group को genera कहते हैं; जैसे- potato तथा brinjal दो different species है लेकिन दोनों का genus ***Solanum*** है।
- Lion (*Panthera leo*), leopard (*P. pardus*) और tiger (*P. tigris*) जिनमें बहुत सारे common features हैं— इन सभी species का genus–***Panthera*** है।
- *Panthera* genus, *Felis* genus से अलग होती है, जिसमें cats आती हैं।

1.3.3 Family

- Closely related genus के group को हम **family** कहते हैं।
- इसमें genus और species की तुलना में कम similarity होती है।
- Plants के vegetative और reproductive features के आधार पर family को characterise किया जाता है।
- Plants में तीन different genera; जैसे- ***Solanum, Petunia*** और ***Datura*** को **family–Solanaceae** में रखा गया है।
- Animals के genus–*Panthera* (जिसमें lion, tiger, leopard आते हैं) को genus–*Felis* (cats) के साथ family–**Felidae** में रखा गया है।
- यदि आप cat तथा dog के characters को देखो तो आपको दोनों में कुछ similarities तथा कुछ dissimilarities देखने को मिलती हैं।
- Dog को family–**Canidae** में तथा cat को family– **Felidae** में रखा गया है।

1.3.4 Order

- आपने पहले देखा है कि category; जैसे- species, genus तथा family, similar characters पर आधारित हैं।
- Order तथा अन्य higher category की पहचान aggregate characters के आधार पर करते हैं।
- कुछ similar characters वाली families के group को order कहते हैं।
- Plants families; जैसे– **Convolvulaceae, Solanaceae** को मुख्यतया floral characters के आधार पर order–**Polymoniales** में रखा गया है।
- Order–**Carnivora** में families–**Felidae** और **Canidae** को रखा गया है।

1.3.5 Class

- Closely related orders के group को हम **class** कहते हैं; जैसे- **Mammalia** class में order–**Carnivora** तथा order–Primata, आदि रखे जाते हैं।
- Order-**Primata** में monkey, gorilla और gibbon को रखा गया है और order–**Carnivora** में tiger, cat और dog आते हैं।
- Class–Mammalia में और भी कई orders आते हैं।

1.3.6 Phylum

- Classes जिसमें animal; जैसे– fishes, amphibians, reptiles, aves तथा mammals आते हैं इनको next higher category, **phylum** में रखा गया है।
- Class–Mammalia के साथ अन्य animals; जैसे- fishes, amphibians, reptiles और birds मिलकर अगली higher category बनाते हैं, जिसे phylum कहते हैं।
- ये सभी कुछ common features; जैसे– notochord तथा dorsal hollow neural system की presence की वजह से phylum–Chordata में रखे गए हैं।
- Plants के cases में few similar characters वाले classes को एक higher category, **Division** में रखा गया है।

1.3.7 Kingdom

- **Kingdom** taxonomic hierarchy में **highest category** होती है।
- सभी animals के विभिन्न phyla को Kingdom–Animalia में रखा गया है।
- सभी plants के विभिन्न divisions को Kingdom–Plantae में रखा गया है।
- हम जैसे-जैसे species से kingdom की ओर बढ़ते हैं, तो common characters घटते चले जाते हैं।

Kingdom ← Phylum or Division ← Class ← Order ← Family ← Genus ← Species

Figure 1.1 Taxonomic categories showing hierarchial arrangement in ascending order

- सबसे नीचे के taxa में उपस्थित members में सबसे अधिक समान characters पाए जाते हैं।
- जैसे-जैसे higher category की ओर जाते हैं, तो same level पर अन्य taxa से relationship बताना कठिन हो जाता है इसलिए classification और भी complex हो जाता है।

Table 1.1 *में कुछ organism; जैसे- housefly, man, mango और wheat की taxonomic category को दिखाया गया है।*

Table 1.1 Organisms with Their Taxonomic Categories

Common Name	Biological Name	Genus	Family	Order	Class	Phylum/ Division
Man	*Homo sapiens*	*Homo*	Hominidae	Primata	Mammalia	Chordata
Housefly	*Musca domestica*	*Musca*	Muscidae	Diptera	Insecta	Arthropoda
Mango	*Mangifera indica*	*Mangifera*	Anacardiaceae	Sapindales	Dicotyledonae	Angiospermae
Wheat	*Triticum aestivum*	*Triticum*	Poaceae	Poales	Monocotyledonae	Angiospermae

1.4 Taxonomical Aids

- Biologists ने कई तरह के procedure तथा techniques को develop किया है, जिसके द्वारा information के साथ organisms के complete specimen को preserve किया जा सके।
- कुछ aids को नीचे दिया गया है।

1.4.1 Herbarium

- Herbarium में collect किए गए plant specimens को paper की sheets पर सुखाकर, दबाकर preserve करते हैं। बाद में इन sheets को universally accepted system of classification के according arrange कर लिया जाता है।
- ये specimen अपने description के साथ future में study के लिए storehouse, repository में preserve करके रखे जाते हैं।
- इन शीटों की information के साथ labelling की जाती है तथा collection की date, place of collection, plant का english, local तथा botanical name, family और collect करने वाले का नाम आदि भी लिखा जाता है।
- Plant specimens के storehouse को **Herbarium** कहते हैं।

1.4.2 Botanical Gardens

- ये विशेष प्रकार के gardens होते हैं, जिनमें living plants को reference के लिए रखा जाता है।
- इसमें plant species को identification के लिए grow किया जाता है।
- प्रत्येक plant पर botanical/scientific name और उसकी family का label लगा रहता है।
- Royal Botanical Garden, **Kew** (England) में स्थित है।
- Indian Botanical Garden, **Howarh** (India) में स्थित है।
- National Botanical Research Institute, **Lucknow** (India) में स्थित है।

1.4.3 Museum

- Biological museums प्राय: educational institute जैसे schools और colleges में setup किए जाते हैं।
- Preserve plants और animals के collection को हम **museum** कहते हैं। यह study purpose से use किए जाते हैं।
- Museum के specimen, jar में preservative solution में रख जाते हैं।
- Plant और animal specimen को dry specimen के तौर पर भी preserve करते हैं।
- Insects को **collect, kill** करने के बाद **pin** लगाकर **insect boxes** में preserve करते हैं।
- Large animals; जैसे- birds और mammals को usually stuff (मतलब उसकी खाल के अन्दर भूसा या रूई भरकर) करके preserve करते हैं।
- Museums में प्राय: animals के skeleton का भी collection होता है।

1.4.4 Zoological Parks

- Zoological parks को हम **zoos** कहते हैं। ये वो स्थान है जहाँ wild animals को protected environment में रखते हैं जहाँ हम उनकी food habits और behaviour के बारे में अध्ययन करते हैं।
- इनसे हमें वन्य जीवों की, मानव की देख-रेख में आहार-प्रकृति तथा व्यवहार को सीखने का अवसर प्राप्त होता है।
- यथासंभव इनमें सभी animals को उनके natural habitat में रखने की कोशिश की जाती है।
- बच्चे इसे visit करना पसन्द करते हैं।

1.4.5 Key

- Key वो taxonomical aid है, जो **similarities** और **dissimilarities** के आधार पर plants और animals को identify करने में use होती हैं।
- Keys, contrasting characters के pair पर आधारित होती हैं, जिन्हें हम **couplet** कहते हैं।
- Couplet दो opposite options में choice को represent करते हैं।
- इसमें एक को accept व दूसरे को reject किया जाता है।
- Key में प्रत्येक statement को हम **lead** कहते हैं।
- प्रत्येक taxonomic category; जैसे- family, genus and species के identification के लिए separate keys की आवश्यकता होती है।
- Keys सामान्यतया **analytical** होती हैं।
- Description को लिखने के लिए flora, manual, monograph और catalogues अन्य माध्यम हैं।
- ये correct identification में भी सहायता करते हैं।
- **Manuals** के द्वारा किसी area में पायी जाने वाली species के नाम को identify करने में सहायता मिलती है।
- **Monograph** किसी एक taxon के लिए descriptive booklet होती है।
- **Flora** किसी area में मिलने वाले plants और उसके habitat के बारे में जानकारी देते हैं और ये particular area में पायी जाने वाली plant species की विषय सूची देती हैं।

Chapter Two

BIOLOGICAL CLASSIFICATION

***Civilisation** के शुरू से ही मनुष्य ने **living organism** के **classification** के अनेक प्रयास किए हैं।*

Classification *के ये प्रयास* scientific criteria *की जगह* food, shelter *एवं* clothing *जैसी सामान्य वस्तुओं के उपयोग की आवश्यकताओं पर आधारित थे।*

- **Aristotle** सबसे पहले Scientist थे जिन्होंने organism को scientific तरीके से classify करने का प्रयत्न किया।
- Aristotle ने plants को **herbs, shrubs** और **trees** से divide किया जबकि उन्होंने प्राणियों का classification, red blood की उपस्थिति अथवा अनुपस्थिति के आधार पर किया था।

Two Kingdom System of Classification

- **Linnaeus** ने सभी plants और animals को classify करने के लिए two kingdom system दिया था।

Demerits

- इस system में **eukaryotes** एवं **prokaryotes, unicellular** एवं **multicellular** organisms और **photosynthetic** (green algae) एवं **non-photosynthetic** (fungi) organisms के बीच अन्तर करना सम्भव नहीं था।
- इसमें organisms का plants और animals में classification आसान एवं समझने योग्य होने के अलावा बहुत-से organisms को इनमें से किसी भी category में रखना सम्भव नहीं था।

  *इसी कारण लम्बे समय से चला आ रहा **two kingdom classification** पर्याप्त नहीं था।*
- Five kingdom system of classification को **RH Whittaker** ने **1969** में propose किया था। इसमें Monera, Protista, Fungi, Plantae और Animalia आते हैं।
- यह classification, cell structure, thallus organisation, mode of nutrition, reproduction और phylogenetic relationships पर आधारित है। (Table 2.1)

Table 2.1 Characteristics of the Five Kingdoms

Characters	Five Kingdoms				
	Monera	**Protista**	**Fungi**	**Plantae**	**Animalia**
Cell type	Prokaryotic	Eukaryotic	Eukaryotic	Eukaryotic	Eukaryotic
Cell wall	Non-cellular (Polysaccharide) + amino acid)	Present in some	Present (without cellulose) with chitin	Present (Cellulose)	Absent
Nuclear membrane	Absent	Present	Present	Present	Present
Body organisation	Cellular	Cellular	Multicellular/ loose tissue	Tissue/organ	Tissue/organ/ organ system
Mode of nutrition	Autotrophic (chemosynthetic and photosynthetic) and heterotrophic (saprophyte/ parasite)	Autotrophic (photosynthetic) and heterotrophic	Heterotrophic (Saprophytic/ Parasitic)	Autotrophic (Photosynthetic)	Heterotrophic (Holozoic/ Saprophytic etc.)

Five Kingdom System of Classification

- Earlier classification system में bacteria, blue-green algae, fungi, mosses, ferns, gymnosperms और angiosperm को **plants** के अन्तर्गत रखा गया था।
- इस kingdom में सभी organisms में cell wall की उपस्थिति तो एक समान थी, जबकि उनके दूसरे character एक-दूसरे से अलग थे।
- इसमें prokaryotic bacteria तथा blue–green algae (cynobacteria) को दूसरे eukaryotic organism के साथ classify किया गया।
- इस system में unicellular organisms को multicellular organisms के साथ classify किया गया जैसे—*Chlamydomonas* and *Spirogyra* algae.
- इस classification में **heterotrophic** groups-fungi और **autotrophic**-green plants के बीच अन्तर नहीं किया गया जबकि fungi में cell wall, काइटिन की एवं green plants में cellulose की बनी होती है।
- इन characteristics के आधार पर fungi को **kingdom–Fungi** के अन्तर्गत रखा गया।
- सभी prokaryotic organisms को **kingdom–Monera** तथा unicellular organisms को **kingdom-Protista** में रखा गया।
- **Kingdom-Protista** में cell wall युक्त *Chlamydomonas* एवं *Chlorella* (जो पहले plant kingdom के अन्तर्गत algae में थे) तथा *Paramecium* एवं *Amoeba* (जो पहले Animal kingdom में थे) को रखा गया।
- *Paramecium* और *Amoeba* में cell wall नहीं होती है।
- इस प्रकार इस system में कई organisms को एक-साथ रखा गया, जिन्हें earlier classification में अलग-अलग रखा गया था।
- समय के साथ एक ऐसा classification evolve हुआ जो न सिर्फ morphological, physiological, reproductive समानताओं पर आधारित था बल्कि phylogenetic, i.e. evolutionary relationships पर भी आधारित है।

2. 1 Kingdom-Monera

- सभी bacteria, kingdom–Monera में आते हैं।
- Bacteria सबसे अधिक मात्रा में पाए जाने वाले microorganisms हैं और लगभग सभी स्थानों पर पाए जाते हैं।
- मुट्ठी भर मिट्टी में सैकड़ों प्रकार के bacteria देखे गए हैं। ये hot springs, deserts, snow और गहरे समुद्र जैसे extreme habitats में रह सकते हैं जहाँ दूसरे organism मुश्किल से ही जीवित रह पाते हैं।

- अनेक bacteria तो दूसरे organisms के अन्दर या बाहर parasite के रूप में रहते हैं।
- Shape के आधार पर bacteria को 4 categories में रखा गया है। (Fig. 2.1)
  - ***Coccus*** (pl. : cocci) – Spherical होते हैं।
  - ***Bacillus*** (pl. : bacilli) – Rod-shaped होते हैं।
  - ***Spirillum*** (pl. spirilla) – Spiral-shaped होते हैं।
  - ***Vibrium*** (pl. : vibrio) – Comma-shaped होते हैं।

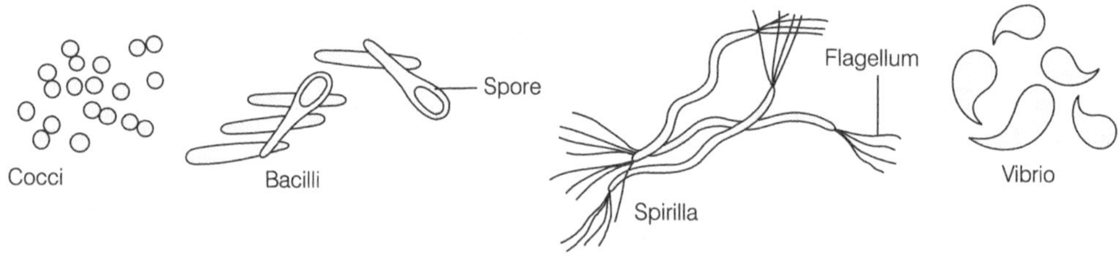

Figure 2.1 Bacteria of different shapes

- Bacteria का structure बहुत simple होता है, लेकिन ये behaviour में बहुत complex होते हैं।
- कुछ bacteria, **autotrophic** होते हैं यानि अपना भोजन inorganic substance की मदद से स्वयं बनाते हैं। ये **photosynthetic autotrophic** या **chemosynthetic autotrophic** हो सकते हैं।
- अधिकतर bacteria, **heterotrophic** होते हैं यानि अपना भोजन स्वयं न बनाकर दूसरे organisms या dead organic matter से भोजन प्राप्त करते हैं।

2.1.1 Archaebacteria

- **Archaebacteria** के organisms **harsh** habitats में रहते हैं जैसे—
  - **Halophiles :** अत्यधिक salty areas में रहते हैं।
  - **Thermoacidophiles :** Hot springs (गरम झरनों) में रहते हैं।
  - **Methanogens :** Marshy areas में रहते हैं।
- Archaebacteria में cell wall की structure अन्य दूसरे bacteria की cell wall से भिन्न होती है।
- Cell wall इन्हें extreme condition (विपरीत परिस्थितियों) में जीवित रहने में सहायता करती है।
- Methanogens, **ruminant** animals (जुगाली करने वाले e.g., cows, buffaloes) की gut में होते हैं।
- Methanogens इन animals के गोबर से **methane** (biogas) को produce करते हैं।

2.1.2 Eubacteria

- हजारों **eubacteria** या **true bacteria** की पहचान rigid cell wall की उपस्थिति और एक flagellum (if motile) के द्वारा होती है।
- Cyanobacteria (blue-green algae) में green plant की तरह chlorophyll-*a* पाया जाता है तथा यह photosynthetic autotrophs होते हैं।
- Eubacteria में autotrophs और heterotrophs दोनों आते हैं।
- **Cyanobacteria** unicellular, colonial या filamentous, freshwater/marine या terrestrial होते हैं।
- इनकी colonies अधिकतर gelatinous sheath से घिरी होती हैं। ये प्राय: polluted water bodies में **blooms** बनाते हैं।
- Bacteria; जैसे- ***Nostoc*** and ***Anabaena***, atmospheric nitrogen को **heterocysts** नामक special cell द्वारा fix कर सकते हैं।

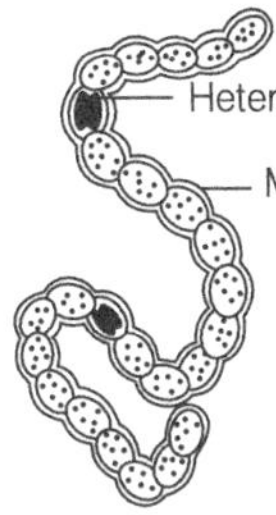

Figure 2.2 Filamentous blue-green algae-*Nostoc*

- **Chemosynthetic autotrophic bacteria** विभिन्न inorganic substances, जैसे- nitrates, nitrites and ammonia को oxidise करते हैं तथा उनसे release होने वाली energy को अपने ATP production में use करते हैं।
- ये bacteria nitrogen, phosphorous, iron और sulphur जैसे nutrients की recycling में महत्त्वपूर्ण भूमिका निभाते हैं।
- Heterotrophic bacteria, nature में सबसे अधिक पाए जाते हैं और इनमें से अधिकतर important **decomposers** होते हैं।
- ये milk से curd बनाने में use होते हैं तथा antibiotics के production में use होते हैं।
- ये legume roots में atmospheric nitrogen को fix करते हैं।
- कुछ bacteria pathogenic होते हैं तथा human, crops, farm animals और pets, आदि में बीमारियाँ उत्पन्न करते हैं।
- Cholera, typhoid, tetanus और citrus canker, आदि bacteria से होने वाली बीमारियाँ हैं।
- Bacteria में reproduction मुख्यतया **fission** के द्वारा होता है। (Fig. 2.3)

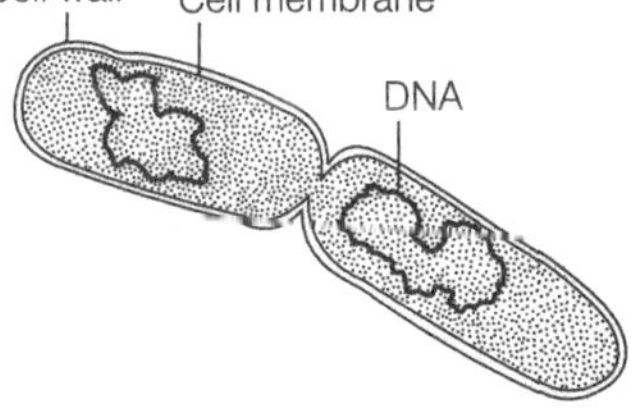

Figure 2.3 A dividing bacterium

- Unfavourable conditions में ये spores उत्पन्न करते हैं।
- इनमें sexual reproduction के द्वारा भी reproduction होता है। इस process में primitive type का DNA एक bacteria से दूसरे bacteria में transfer होता है।
- ***Mycoplasma*** में cell wall नहीं होती है।
- *Mycoplasma*, **smallest living cells** हैं, जो बिना ऑक्सीजन के survive कर सकते हैं।
- अधिकतर *Mycoplasma*, animals और plants के लिए pathogenic होते हैं।

2.2 Kingdom–Protista

- इसमें सभी single cell वाले eukaryotes को रखा जाता है लेकिन इस kingdom की boundries ठीक तरह define नहीं हो पायी है। जो एक biologist के लिए photosynthetic protistan है वो दूसरे biologist के लिए plant हो सकता है।
- इस book में chrysophytes, dinoflagellates, euglenoids, slime moulds व protozoans को Protista में रखा गया है।
- Protista के member मुख्यतया aquatic होते हैं।
- ये kingdom, plants, animals और fungi के साथ link बनाता है।

- ये eukaryote होने के कारण इनकी cell में well-defined nucleus तथा membrane bound organelles होते हैं। कुछ में flagella या cilia होते हैं।
- इनमें **reproduction**, asexual and sexual होता है। Cell fusion एवं zygote formation द्वारा sexual reproduction करते हैं।

2.2.1 Chrysophytes

- इनमें **diatoms** और **golden algae** (desmids) आते हैं।
- ये freshwater और marine environment में पाए जाते हैं।
- ये microscopic होते हैं तथा water currents में passively तैरते रहते हैं इन्हें हम **plankton** कहते हैं।
- अधिकतर diatoms photosynthetic होते हैं।
- Diatoms में cell wall दो पतले overlapping shells बनाती है। ये आपस में soap box की तरह फिट होते हैं।
- इनकी walls में silica होती है जिस कारण ये walls नष्ट नहीं होती है इस कारण dead diatoms अपने habitat में cell wall के deposits अधिक मात्रा में छोड़े जाते हैं।
- करोड़ों वर्षों में diatoms की cell wall के deposition से **'diatomaceous earth'** का निर्माण होता है।
- कणमय (gritty) होने के कारण यह मिट्टी **polishing** में तथा **oils** व **syrups** के **filtration** में use होती है।
- Diatoms समुद्र के chief producers होते हैं।

2.2.2 Dinoflagellates

- ये organisms, mostly marine और photosynthetic होते हैं।
- इनमें उपस्थित main pigments के कारण, ये yellow, green, brown, blue या red दिखाई देते हैं।
- Cell wall की बाहरी सतह पर कठोर cellulose की plates होती हैं।
- अधिकतर dinoflagellates में दो flagella होते हैं— एक longitudinal तथा दूसरा transverse होता है। ये wall plates के बीच furrow (खाँच) में लगे होते हैं।
- प्राय: red dinoflagellates (जैसे ***Gonyaulax***) में बहुत rapid multiplication होता है, जिससे समुद्र लाल-सा दिखता है, इसे **red tides** कहते हैं।
- इनकी अधिक संख्या से toxins निकलते हैं, जो दूसरे marine animals जैसे fishes को मार सकते हैं।

2.2.3 Euglenoids

- Euglenoids अधिकतर fresh तथा stagnant water में पाए जाने वाले organisms है।
- Cells wall की जगह इनमें एक protein rich layer पायी जाती है, जिसे **pellicle** कहते हैं।
- Pellicle शरीर को **flexible** बनाती है।
- Euglenoids में दो flagella होते हैं एक छोटा व एक लम्बा।
- ये sunlight की उपस्थिति में photosynthetic होते हैं। जब sunlight नहीं होती है तो ये heterotrophs की तरह behave करते हैं और small organisms का शिकार करते हैं।
- Euglenoids में higher plants की तरह ही pigments होते हैं, e.g. ***Euglena*** (Fig. 2.4 a)

2.2.4 Slime Moulds

- ये saprophytic protists होते हैं।
- इनका शरीर decaying twigs (सड़ी हुई शाखा) व leaves के साथ move करता है तथा organic material को निगलता (engulf) रहता है।
- Suitable conditions आने पर ये aggregate होकर ***Plasmodium*** बनाते हैं, जो कई feet तक grow कर सकता है या फैल सकता है।

- Unfavourable conditions आने पर *Plasmodium,* differentiate हो जाता है और **fruiting bodies** बनाता है जिसके tip पर spores होते हैं।
- Spores में true walls होती हैं, जिसमें अत्यधिक **resistant** क्षमता होती हैं तथा ये कई वर्षों तक adverse condition में भी survive कर सकते हैं।
- ये spores air currents द्वारा disperse होते हैं।

2.2.5 Protozoans

- ये heterotrophs (Predators या parasites) होते हैं।
- ये animals के primitive relative कहलाते हैं।
- Protozoans के चार प्रमुख groups होते हैं—

2.2.5.1 Amoeboid Protozoans

- ये freshwater, sea water या moist soil में रहते हैं।
- ये अपने pseudopodia (false feet) की सहायता से move करते हैं और अपने prey को पकड़ते हैं, e.g. ***Amoeba.*** जो protozoans, marine होते हैं उनकी surface पर silica shells होती हैं।
- कुछ protozoans, parasite होते हैं, e.g. *Entamoeba.*

2.2.5.2 Flagellated Protozoans

- ये free-living या parasitic होते हैं।
- इनमें flagella होते हैं।
- Parasitic flagellated protozoans कई बीमारी के कारण है, जिनमें sleeping sickness, ***Trypanosoma*** के द्वारा होती है।

2.2.5.3 Ciliated Protozoans

- ये aquatic होते हैं तथा इनके शरीर पर हजारों cilia पाए जाते हैं, जिसके कारण actively move करते हैं।
- इनमें एक cavity (gullet) होती है, जो cell surface के बाहर की ओर खुलती है।
- Cilia के coordinate movement द्वारा water, food के साथ **gullet** में प्रवेश करते हैं– e.g., ***Paramecium.***

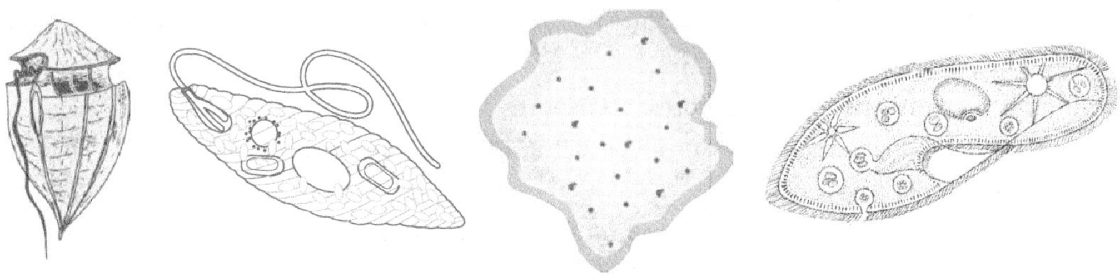

Figure 2.4 (a) *Dinoflagellates* (b) *Euglena,* (c) *Slime mould,* (d) *Paramecium*

2.2.5.4 Sporozoans

- इनमें वो organisms आते हैं जिनकी life cycle में infectious spore–like stage होती है।
- इनमें सबसे notorious, ***Plasmodium*** (material parasite) है।

***Malaria** एक ऐसी बीमारी जिसके कारण **human population** पर **staggering effect** (आघात प्रभाव) पड़ा है।*

2.3 Kingdom–Fungi

- यह **heterotrophic organisms** का एक unique kingdom है।
- ये morphology तथा habitat में great diversity दिखाते हैं।
- आप लोगों ने moist bread तथा सड़े फलों पर fungi अवश्य देखा होगा।
- खाया जाने वाला common mushroom और toadstools भी fungus है।
- Mustard leaves पर दिखने वाले white spots एक parasitic fungus द्वारा होता है।
- कुछ unicellular fungi; जैसे- **yeast,** bread तथा beer बनाने में use होते हैं।
- कुछ fungi, plants तथा animals में disease उत्पन्न करते हैं; जैसे- **wheat rust** *Puccinia* द्वारा होता है।
- कुछ fungi antibiotics के source होते हैं; जैसे— ***Penicillium***.
- Fungi, **cosmopolitan** होते हैं ये air, water, soil तथा plants व animals के ऊपर पाए जाते हैं।
- ये warm व humid स्थानों में grow करना पसन्द करते हैं।
- हम अपने भोजन को refrigerator में क्यों रखते हैं? *अपने भोजन को bacteria या fungi के कारण खराब होने से बचाने के लिए।*
- Unicellular yeasts को छोड़कर fungi, **filamentous** होते हैं।
- उनकी body में एक long, slender thread-like संरचना होती है, जिसे **hyphae** कहते हैं। Hyphae के network को **mycelium** कहते हैं।
- कुछ hyphae में septa नहीं होते हैं ये continuous tubes जैसे होते हैं, जिसमें multinucleated cytoplasm भरा होता है ऐसे hyphae को **coenocytic hyphae** कहते हैं।
- अधिकतर hyphae में **septa** या cross walls होती हैं।
- Fungi की cell wall, **chitin** तथा **polysaccharides** की बनी होती है।
- अधिकतर fungi heterotrophic होते हैं और ये **saprophytes** हो सकते हैं, जो dead substrates से soluble organic matter absorb करते हैं।
- **Parasitic fungus** ये living plants और animals पर depend रहते हैं।
- **Symbionts fungus;** जैसे- lichens (fungi + algae) तथा mycorrhiza (fungi + root of higher plants).

Reproduction

(i) **Vegetative Reproduction** यह fragmentation, fission and budding द्वारा होता है।

(ii) **Asexual Reproduction** यह spores द्वारा होता है, जिन्हें **conidia or sporangiospores or zoospores** कहते हैं।

(iii) **Sexual Reproduction** यह oospores, ascospores और basidiospores द्वारा होता है।

- विभिन्न spores, distinct structures में produce होते हैं, जिन्हें **fruiting bodies** कहते हैं।
- Sexual cycle में तीन step होते हैं
  - (i) **Plasmogamy** इसमें दो motile or non-motile gametes के protoplasm का fusion होता है।
  - (ii) **Karyogamy** इसमें दो nuclei के बीच fusion होता है।
  - (iii) **Meiosis** यह zygote में होता है जिसमें haploid spores उत्पन्न होते हैं।
- Sexual reproduction में compatible mating के समय दो haploid hyphae पास-पास आते हैं।
- कुछ fungi में दो haploid cells के fuse होने के तुरन्त बाद diploid cells ($2n$) बन जाती है।
- Other fungi (जैसे Ascomycetes और Basidiomycetes) में एक intervening (मध्यवर्ती) **dikaryotic stage** ($n + n$, i.e., two nucleii per cell) होती है। इस condition को **dikaryon** तथा इस phase को **dikaryophase** कहते हैं। बाद में parental nuclei fuse हो जाते हैं तथा cells diploid हो जाती है।
- Fungi, fruiting bodies बनाती हैं, जिसमें reduction division होता है, जिससे haploid spores बनते हैं।
- Mycelium की morphology, mode of spore formation तथा fruiting bodies के आधार पर fungi को विभिन्न **classes** में बाँटा गया है; जैसे— **Phycomycetes, Ascomycetes, Basidiomycetes** और **Deuteromycetes**.

2.3.1 Phycomycetes

- ये aquatic habitats और decaying wood पर moist and damp places या plants पर obligate parasites के रूप में रहते हैं।
- इनका mycelium, aseptate और coenocytic होता है।
- इसमें asexual reproduction, **zoospores** (motile) या **aplanospores** (non-motile) द्वारा होता है।
- ये स्पोर्स endogenously, **sporangium** में उत्पन्न होते हैं।
- Sexual reproduction में दो gametes के fusion द्वारा zygospores बनता है।
- ये gametes, **isogamous** (similar in morphology) या **anisogamous** or **oogamous** (dissimilar) हो सकते हैं।

Example : *Mucor* (2.5), *Rhizopus* (bread mould) और *Albugo* (parasitic fungi on mustard).

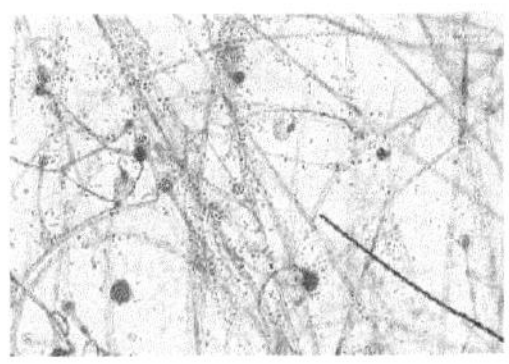

Figure 2.5 *Mucor* (Fungi)

2.3.2 Ascomycetes

- इन्हें commonly **sac fungi** कहते हैं।
- ये अधिकतर **multicellular** होते हैं, e.g. *Penicllium* या **rarely unicellular** हैं, e.g., yeast (*Saccharomyces*).
- ये saprophytic, decomposers, parasitic या **coprophilous** (गोबर पर उगने वाले) होते हैं।
- इनका mycelium, branched और septate होता है।
- Asexual spore, **conidia** होते हैं, जो special mycelium पर exogenously produce होते हैं। Special mycelium को conidiophore कहते हैं।
- Conidia germinate होकर mycelium बनाते हैं।
- Sexual spores को ascodiophore कहते हैं।
- एस्कोस्पोर sac-like asci (sing. ascus) में endogenously उत्पन्न होते हैं।
- Asci व्यवस्थित होकर different type की fruiting bodies बनाते हैं, जिसे **ascocarps** कहते हैं।

Example : *Aspergillus, Calviceps* और *Neurospora.*

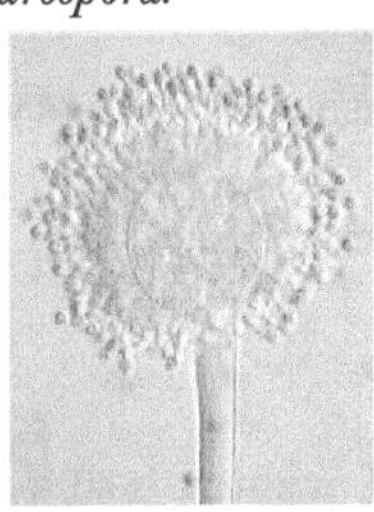

Figure 2.6 *Aspergillus*

- ***Neurospora*** का biochemical और genetic work में अधिक use होता है।
- Many members; जैसे- morals and truffles खाए जाते हैं तथा इन्हें delicacies (जायकेदार) माना जाता है।

2.3.3 Basidiomycetes

- इनमें commonly **mushrooms, bracket fungi** or **puffballs** आते हैं।

- ये soil, logs और tree stumps तथा living plant के अन्दर parasite के रूप में grow करते हैं, e.g., rusts and smuts. इनका mycelium, branched और septate होता है।
- Generally इनमें asexual spores नहीं पाए जाते हैं, लेकिन fragmentation द्वारा vegetative reproduction, common होता है।
- Sex organs इनमें absent होते हैं, लेकिन दो vegetative cells या somatic cells के fusion द्वारा **plasmogamy** होती है। ये दोनों cells, different strains या genotype की होती है।
- Fusion के बाद बनने वाली structure dikaryotic होती है, जिससे ultimately basidium बनते हैं।
- Basidium में karyogamy तथा meiosis होती है तथा चार basidiospores बनते हैं।
- Basidium (pl. : basidia) पर **basidiospores**, exogenously produce होते हैं।
- Basidia, fruiting bodies में लगे रहते हैं, जिसे **basidiocarps** कहते हैं।
  Example : *Agaricus* (mushroom) (fig. 2.7), *Ustilago* (smut) और *Puccinia* (rust fungus).

Figure 2.7 *Agaricus*

2.3.4 Deuteromycetes

- इन्हें commonly **imperfect fungi** कहते हैं, क्योंकि इनमें केवल asexual या vegetative phase पायी जाती है।
- जब इन fungi की sexual phase की खोज हो जाएगी तब उसे उचित class में रख दिया जाएगा।
- यह भी possible है कि asexual and vegetative stage को एक नाम दे दिया जाए (Deuteromycetes में रख दें) और sexual stage को दूसरे class में। बाद में जब उनकी linkage का पता लगा और fungi की सही पहचान हुई तब उन्हें Deuteromycetes से निकाल लिया गया।
- एक बार जब Deuteromycetes के members की perfect (sexual) stage का पता लग जाता है, तब उन्हें Ascomycetes और Basidiomycetes में सम्मिलित कर लेते हैं।
- Deuteromycetes केवल asexual spore, **conidia** द्वारा reproduce करते हैं।
- इनमें mycelium septate और branch होता है।
- इनके कुछ members saprophyte या parasites होते हैं, जबकि अधिकांश litter decomposer और mineral cycling में सहायक होते हैं।
  Example : *Alternaria, Colletotrichum* and *Trichoderma.*

2.4 Kingdom-Plantae

- इनमें सभी **chlorophyll containing eukaryotes** आते हैं जिन्हें सामान्यतया plants कहते हैं।
- कुछ members, **partially heterotropic** होते हैं, जैसे— insectivorous plants या parasites.
- **Bladderwort** और **venus fly trap**, insectivorous plants के उदाहरण हैं।
- ***Cuscuta*** एक parasite है।
- Plant cells एक eukaryotic structure है, जिसमें chloroplast और cell wall पायी जाती है।
- Cell wall मुख्यतया cellulose की बनी होती है।
- इसमें **algae, bryophytes, pteridophytes, gymnosperms** और **angiosperms** आते हैं।

- Plant की life cycle में दो स्पष्ट phase होते हैं- **diploid sporophytic** और **haploid gametophytic.** ये दोनों phase आपस में alternate करती हैं।
- Haploid और diploid phase की लम्बाई plant के different groups में vary करती हैं।
- ये phases, free-living होती है या दूसरों पर depend रहती है।
- इस phenomena को alternation of generations कहते हैं।

2.5 Kingdom-Animalia

- ये heterotropic eukaryotes होते हैं।
- ये multicellular होते हैं और इनकी cell में cell wall नहीं होती हैं।
- ये भोजन के लिए direct या indirect रूप से plants पर depend रहते हैं।
- ये भोजन को एक internal cavity में digest करते हैं।
- ये भोजन को glycogen या fat के रूप में store करते हैं। इनमें nutrition, **holozoic** (by ingestion of food) होता है।
- इनमें growth का एक definite pattern होता है और ये एक adult में grow करते हैं।
- Adults में definite shape और size होती है।
- Higher organisms में elaborate **sensory** और **neuromotor mechanism** पायी जाती है। अधिकाँश में locomotion की योग्यता होती है।
- Male और female में sexual reproduction, **copulation** द्वारा होता है उसके बाद embryological development होता है।

2.6 Viruses, Viroids, Prions and Lichens

- **Whittaker** के five kingdom classification में लाइकेन तथा कुछ **acellular organisms** (जैसे- viruses, viroids, prions) का कोई वर्णन नहीं किया गया है।
- हम सभी कभी न कभी **common cold** या **'flu'** से पीड़ित होते हैं क्या आप जानते हैं कि इसका virus हमें कैसे effect करता है?
- Virus को classification में कोई स्थान नहीं मिला, क्योंकि इनको true living नहीं माना गया है।
- अगर हम cell structure वाले organisms को living माने तो viruses, true living नहीं है।
- Virus **non-cellular organisms** होते हैं।
- Viruses, living cell के बाहर **inert crystalline structure** के रूप में होते हैं।
- Viruses जब किसी cell को infect करते हैं, तो वो host cell की machinery का उपयोग अपने को **replicate** करने में करते हैं और host को मार देते हैं।
  आप virus को living कहेंगे या non-living?
- 'Virus' का अर्थ venom या poisonous fluid है।
- **Pasteur DJ Ivanowsky** (1892) ने Tobacco mosaic disease करने वाले organisms को पहचाना और उन्हें **virus term** दिया। (Fid 2.8)

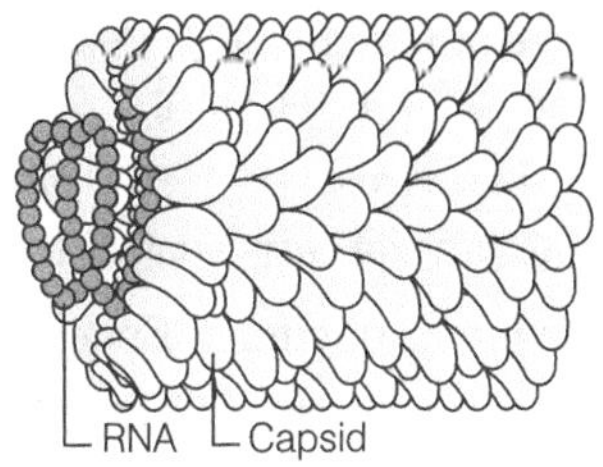

Figure 2.8 Tobacco Mosaic Virus (TMV)

- ये bacteria से छोटे पाए गए, क्योंकि ये bacterial proof filters से pass हो जाते थे।
- **MW Beijerinck** (1898) ने पाया कि infected tobacco plant का रस healthy tobacco plant में infection पैदा कर सकता है।
- Beijerinck ने इस fluid को ***contagium vivum fluidium*** (infectious living fluid) कहा।
- **WM Stanley** (1935) ने बताया viruses को crystallise (रवेदार) किया जा सकता है।
- Crystals में मुख्यतया protein होती है।

- ये specific host cell के बाहर **inert** होते हैं।
- Viruses को **obligate parasite** कहते हैं।
- Viruses में protein के साथ genetic material भी होता है।
- Genetic material, DNA या RNA हो सकता है।
- किसी भी virus में RNA और DNA दोनों नहीं होते हैं।
- Virus एक nucleoprotein है और इसका genetic material infectious होता है।
- सामान्यतया plants को infect करने वाले viruses में **single-stranded RNA** होता है।
- Animals को infect करने वाले viruses में **single-stranded RNA** या **double-stranded RNA** या **double-stranded DNA** होता है।
- Bacterial viruses या **bacteriophages** में प्रायः double-stranded DNA होता है। (Fig. 2.9)
- Bacteria पर infection करने वाले viruses को bacteriophages कहते हैं।
- Protein coat को **capsid** कहते हैं, जो nucleic acid को protect करता है।
- Capsid छोटी-छोटी subunits से मिलकर बना होता है, जिन्हें **capsomere** कहते हैं।
- Capsomeres, helical या polyhedral geometric form में arrange रहते हैं।
- Virus से mumps, smallpox, herpes और influenza नामक रोग होते हैं।
- मनुष्य में AIDS भी virus द्वारा होता है।
- Plants में symptoms हो सकते हैं— **mosaic formation, leaf rolling** and **curling, yellowing** and **vein clearing, dwarfing** and **stunted growth.**

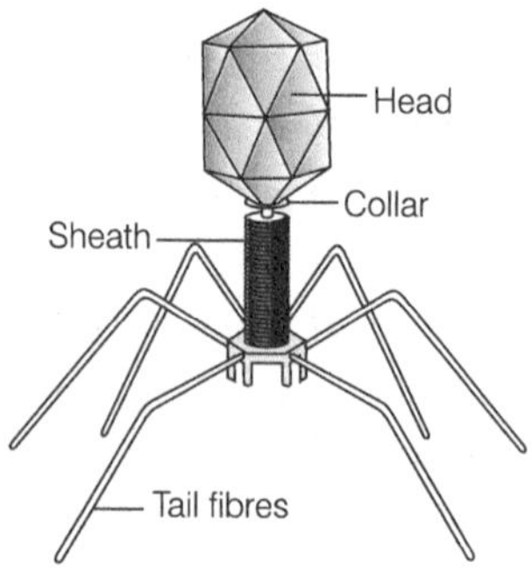

Figure 2.9 Bacteriophage

Viroids

- 1971 में TO Diener ने viroids को discover किया।
- ये virus से भी छोटे होते हैं।
- इनसे **potato spindle tuber** नामक रोग होता है।
- इनमें free RNA होता है तथा protein coat नहीं पाया जाता है, इसलिए इन्हें viroid कहते हैं।
- Viroid के RNA का molecular weight कम होता है।

Prions

- Modern medicine में पाया गया कि कुछ neurological बीमारियाँ ऐसे agents द्वारा होती है जो abnormaly folded प्रोटीन के बने होते हैं।
- इनका size, viruses के जैसा था तथा इनको prions कहा गया।
- Prions द्वारा होने वाली बीमारियाँ निम्न हैं
  - Bovine Spongiform Encephalopathy (BSE) जिसे mad cow disease of cattle भी कहते हैं।
  - Cr-Jacob Disease (CJD) जो मानव में होती हैं।

Lichens

- Lichen, algae और fungi का symbiotic association होता है।
- Algal component को **phycobiont** कहते हैं तथा fungal component को **mycobiont** कहते हैं।
- Phycobiont, autotropic होता है तथा mycobiont, heterotrophic होता है।
- Algae, fungi के लिए भोजन बनाता है।
- Fungi, algae को shelter (आश्रय) देता है तथा mineral और water का absorption करता है।
- इनके बीच में बहुत close association होता है और ये अनुमान लगाना असम्भव है कि इनमें दो different organism है।
- लाइकेन pollution के good indicator हैं– ये polluted areas में नहीं उगते।

Chapter Three

PLANT KINGDOM

- Plant kingdom में समयानुसार changes आते रहे हैं।
- Kingdom–Fungi, Monera तथा Protista के members में cell wall होती हैं लेकिन अब इन्हें Kingdom–Plantae से अलग कर दिया गया है जबकि पहले classification के अनुसार इसी kingdom में होते थे।
- Cyanobacteria जिन्हें blue-green algae कहते थे अब algae के अन्तर्गत नहीं आते हैं।

इस chapter में हम Plantae के अन्तर्गत algae, bryophytes, pteridophytes, gymnosperms तथा angiosperms के विषय में पढ़ेंगे।

आओ इस classification system को प्रभावित करने वाले points को समझने के लिए angiosperm के classification को देखें।

Artificial Classification System

- यह classification का सबसे प्रारम्भिक system है।
- यह organims के कुछ morphological लक्षणों; जैसे— habitat, colour, number and shape of leaves, आदि पर आधारित था।
- ये मुख्यतया vegetative characters या androecium की संरचना पर आधारित है।
- **Linnaeus** का artificial classification system, androecium की संरचना पर आधारित था।

Demerits

- Artificial systems ने closely related species को अलग कर दिया। क्योंकि यह कुछ लक्षणों पर आधारित था।
- इस system ने vegetative तथा sexual दोनों लक्षणों को बराबर महत्त्व (equal weightage) दिया।
- यह मानने योग्य नहीं हैं, क्योंकि vegetative characters वातावरण में आसानी से प्रभावित हो जाते हैं।

Natural Classification System

- यह organisms के natural affinities पर आधारित है तथा इसमें external features के साथ-साथ internal features; जैसे- ultrastructure, anatomy, embryology और phytochemistry, आदि का ध्यान रखा गया।
- Flowering plant के लिए इस classification को **George Bentham** तथा **Joseph Dalton Hooker** ने दिया था।

Phylogenetic Classification System

- यह विभिन्न organisms के बीच उपस्थित **evolutionary relationships** पर आधारित है।
- यह माना जाता है कि एक taxa में पाए जाने वाले जीवों के ancestor (पूर्वज), common होते हैं।
- Classification की कठिनाईयों को solve करने के लिए हम informations को कई अन्य sources से भी लेते हैं।
- ये informations और भी जरूरी हो जाती है जब उसके पक्ष में कोई भी fossil evidence उपलब्ध न हो।

Numerical Taxonomy

- यह सभी observable characteristic पर आधारित है।
- संख्यात्मक वर्गिकी (numerical taxonomy) को अब सरलता से कम्प्यूटरीकृत किया जा सकता है।
- सभी लक्षणों को number या codes देकर data को process किया जाता है।
- एक समय में सैंकड़ों characters को consider किया जाता है तथा प्रत्येक को समान महत्त्व दिया जाता है।

Cytotaxonomy

- यह cytological information पर आधारित होता है; जैसे- chromosome का number, structure, behaviour, आदि।

Chemotaxonomy

- आजकल taxonomist द्वारा plants के **chemical constituents** पर आधारित chemotaxonomy का भी use हो रहा है।

3.1 Algae

- Algae, simple, thalloid, chlorophyll bearing वाले पौधे हैं।
- ये जलीय (freshwater या marine) organisms होते हैं।
- ये moist stones, soils तथा wood में भी पाए जाते हैं। इनमें से कुछ fungi के साथ मिलकर lichen बनाते हैं।
- ये animals (e.g., on sloth bear) के साथ भी associate हो सकते हैं।
- Algae का form और size अत्यधिक variable होता है।
- इनका microscopic unicellular forms है; जैसे— ***Chlamydomonas.***
- इनका colonial forms, ***Volvox*** तथा filamentous forms, ***Ulothrix*** और ***Spirogyra*** हैं।
- कुछ marine algae; जैसे- **kelps** बहुत विशालकाय (massive body) होते हैं।

Reproduction

1. Vegetative Reproduction

- यह fragmentation द्वारा होता है। प्रत्येक fragment एक thallus में develop हो जाता है।

2. Asexual Reproduction

- ये विभिन्न प्रकार के spores production द्वारा होता है। जिसमें **zoospores**, common है।
- ये flagellated (motile) होते हैं और germinate होकर नया plants बनाते हैं।

3. Sexual Reproduction

यह दो gametes के fusion द्वारा होता है।

(a) **Isogamous** जब same size के gamete मिलते हैं, उसे isogamous कहते हैं। *Ulothrix* में flagellated तथा *Spirogyra* में non-flagellated (non-motile) हो सकते हैं।

(b) **Anisogamous** जब अलग-अलग size के gametes मिलते हैं, उसे anisogamous कहते हैं; Example-*Udorina* की species.

(c) **Oogamous** इसमें एक large female (non-motile) दूसरे small male gamete (motile) से मिलता है; जैसे- *Volvox, Fucus.*

- Photosynthesis द्वारा algae पृथ्वी की लगभग आधी CO_2 को fix करती हैं तथा अपने आस-पास के वातावरण में dissolved oxygen के level को बढ़ा देती हैं।
- इनकी सर्वाधिक उपयोगिता primary producers के रूप में होती है तथा all aquatic animals की food cycle के लिए base बनाती हैं।
- Marine algae की 70 species में से *Porphyra, Laminaria* और *Sargassum* की कई species भोजन के रूप में उपयोग की जाती हैं।
- कुछ marine brown व red algae, **hydrocolloids** (water holding substance) produce करती है। जैसे कि brown algae से **algin** तथा red algae से **carrageenan** produce होता है, जो commercially useful होते हैं।
- *Gelidium* व *Gracilaria* से **Agar** प्राप्त होता है, जिसका प्रयोग microbes उगाने में तथा ice-creams व jellies बनाने में किया जाता है।
- ***Chlorella*** और ***Spirullina***, unicellular protein rich algae है जिनका उपयोग space travellers भी food supplements के रूप में करते हैं।
- Algae को तीन classes में बाँटा गया है—

(1) Chlorophyceae (2) Phaeophyceae (3) Rhodophycae

3.1.1 Chlorophyceae (Green Algae)

- ये unicellular, colonial या filamentous होते हैं।
- ये साधारणतया chlorophyll-*a* और *b* नामक pigments के कारण grass green होते हैं।
- ये pigments, definite chloroplast में होते हैं।
- विभिन्न species में इनका क्लोरोप्लास्ट discoid, plate-like, reticulate, cup-shaped, spiral या ribbon-shaped हो सकता है।
- Most members के chloroplast में एक या एक से अधिक **pyrenoids** (storage body) होते हैं। Pyrenoids में starch के अलावा protein (Protein besides starch) भी होता है।
- कुछ algae में food, oil droplets के रूप में store हो सकता है।
- इनमें एक rigid cell wall होती है, जो अन्दर की ओर cellulose से तथा बाहर की ओर pectose से बनी होती हैं।

Reproduction

Vegetative Reproduction

- ये fragmentation द्वारा या। विभिन्न प्रकार के spores के formation द्वारा होता है।

Asexual Reproduction

- ये flagellated zoospores द्वारा होता है, जो zoosporangia में उत्पन्न होते हैं।

Sexual Reproduction

- इनमें sex cells बनती हैं।
- ये isogamous, anisogamous या oogamous हो सकता है।

Example : *Chlamydomonas, Volvox, Ulothrix, Spirogyra* and *Chara.*

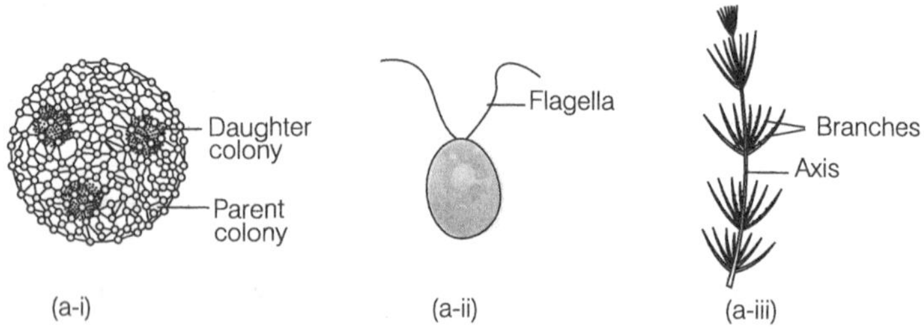

Figure 3.1 Algae: (a) Green algae (i) *Volvox* (ii) *Chlamydomonas* (iii) *Chara*

3.1.2 Phaeophyceae (Brown Algae)

- ये समुद्री स्थानों में पाए जाते हैं।
- ये size और form में अत्यधिक variation दिखाते हैं।
- ये simple, branched व filamentous *(Ectocarpus)* हो सकते हैं।
- ये अत्यधिक branched भी हो सकते हैं; जैसे- **kelps** (100 मी height)।
- इनमें chlorophyll-*a*, *c*, carotenoids और xanthophylls होता है।
- ये olive green से brown रंग के विभिन्न shades की हो सकती है, जो इनमें xanthophyll pigment, **fucoxanthin** की मात्रा पर निर्भर करता है।
- Food, complex carbohydrates के रूप में store होता है, जो **laminarin** या **mannitol** के रूप में हो सकता है।
- Vegetative cells में एक cellulosic wall होती हैं, जो बाहर **algin** की gelatin coating से घिरी होती है।
- इनके **protoplast** में plastids के अलावा central vacuole और nucleus होते हैं।
- इसकी plant body जमीन (substratum) से **holdfast** द्वारा लगी रहती है।
- इसमें एक stalk या **stipe** होती है तथा पत्ती जैसा photosynthetic organ होता है, जिसे **frond** कहते हैं।

Reproduction

Vegetative Reproduction

- यह fragmentation द्वारा होता है।

Asexual Reproduction

- Mostly जनन zoospores द्वारा होता है, जो pear-shape तथा biflagellated होते हैं।
- इसमें दो **unequal flagella** होते हैं, जो laterally जुड़े रहते हैं।

Sexual Reproduction

- ये isogamous, anisogamous या oogamous हो सकता है।
- Gametes का union पानी में या oogonium (oogamous species) में हो सकता है, जो gametes, pear-shaped होते हैं, उन्हें **pyriform** कहते हैं तथा इनमें दो laterally attach flagella होते हैं।

Example of Phaeophyceae : *Ectocarpus, Dictyota, Laminaria, Sargassam* और *Fucus.*

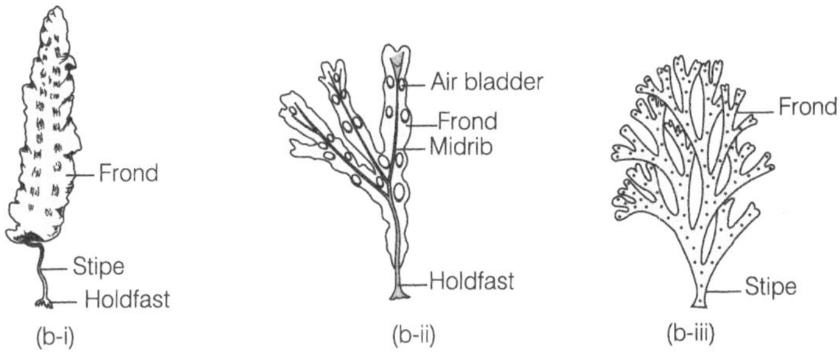

Figure 3.2 Algae: (b) Brown algae (i) *Laminaria* (ii) *Fucus* (iii) *Dictyota*

3.1.3 Rhodophyceae (Red Algae)

- इनकी body का लाल रंग, (red pigment) ***r*-phycoerythrin** के कारण से होता है।
- अधिकतर ये marine होते हैं तथा warmer areas में अधिक पाए जाते हैं।
- ये water की surface तथा **गहरे पानी में भी हो सकते हैं।** पानी की surface पर अधिक प्रकाश तथा गहरे पानी में relatively कम प्रकाश में प्रवेश करता है।
- अधिकतर red algae का thallus, multicellular होता है तथा कुछ में complex body organisation पाया जाता है।
- इनमें भोजन **floridean starch** के रूप में store होता है, जिसकी structure, amylopection और glycogen के अधिक similar होती है।

Reproduction

Vegetative Reproduction

यह Fragmentation द्वारा होता है।

Asexual Reproduction

Non-motile spores द्वारा होता है।

Sexual Reproduction

इसमें non-motile gametes द्वारा होता है। ये oogamous type का होता है और इसके पश्चात् इनमें complex post-fertilisation development होता है।

Example of Rhodophyceae : *Polysiphonia, Porphyra, Gracilaria* और *Gelidium.*

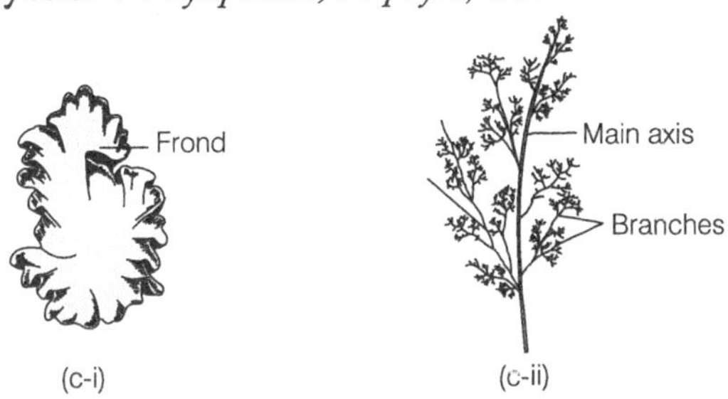

Figure 3.3 Algae: (c) Red algae (i) *Porphyra* (ii) *Polysiphonia*

Simplified NCERT

Table 3.1 Divisions of Algae and their Main Characteristics

Classes	Common Name	Major Pigments	Stored Food	Cell Wall	Flagellar Number and Position of Insertions	Habitat
Chlorophyceae	Green algae	Chlorophyll- *a*, *b*	Starch	Cellulose	2-8, equal, apical	Freshwater, brackish water, salt water
Phaeophyceae	Brown algae	Chlorophyll- *a*, *c*, fucoxanthin	Mannitol, laminarin	Cellulose and algin	2, unequal, lateral	Freshwater (rare) brackish water, salt water
Rhodophyceae	Red algae	Chlorophyll- *a*, *d*, phycoerythrin	Floridean starch	Cellulose	Absent	Freshwater (some), brackish water, salt water (most)

3.2 Bryophytes

- इनमें mosses तथा liverworts आते हैं, जो प्राय: hills के moist shaded area में पाए जाते हैं।
- Bryophytes को plant kingdom का amphibians भी कहते हैं, क्योंकि ये soil में रह सकते हैं, लेकिन इन्हें sexual reproduction के लिए पानी की आवश्यकता होती है।
- ये damp, humid तथा shaded स्थानों पर उगते हैं।
- ये bare rock/soil पर plant succession में महत्त्वपूर्ण भूमिका निभाते हैं।
- इनका शरीर algae से अधिक differentiated होता है।
- ये thallus की तरह होते हैं और erect या prostrate होते हैं।
- ये substratum से **rhizoides** (unicellular or multicellular) द्वारा जुड़े रहते हैं।
- इनमें true roots, stem तथा leaves नहीं होती हैं। इनमें root-like, leaf-like तथा stem-like structures होते हैं।
- Plant की main body, **haploid** *(n)* होती है। ये gametes उत्पन्न करती हैं, इसलिए इसे **gametophyte** कहते हैं।
- Bryophytes में sex organs, multicellular होते हैं।
- Male sex organ को **antheridium** कहते हैं, जो biflagellate **antherozoids** उत्पन्न करता है।
- Female sex organ को **archegonium** कहते हैं। यह flask-shaped संरचना होती है तथा **single egg** उत्पन्न करती है।
- Antherozoids पानी में निकलते हैं जहाँ पर ये archegonium के सम्पर्क में आते हैं।
- एक antherozoid, एक egg के साथ मिलकर **zygote** बनाता है।
- Zygotes में meiosis तुरन्त नहीं होती है।
- Zygote, sporophyte बनाता है, जो multicellular body है। इनमें sporophyte, free-living नहीं होती है, बल्कि ये photosynthetic gametophyte से जुड़ी होती है तथा इससे nourishment प्राप्त करती है।
- Sporophyte की कुछ cells में meiosis होती है तथा ये haploid spores उत्पन्न करती हैं। ये spores germinate होकर gametophyte बनाते हैं।

Importance of Bryophytes

- इनकी economic importance बहुत कम होती है।
- कुछ mosses, शाकाहारी mammals, birds तथा दूसरे animals को भोजन प्रदान करते हैं।
- *Sphagnum* (a moss) की कुछ species **peat** प्रदान करती है, जिसका उपयोग fuel के रूप में होता है।

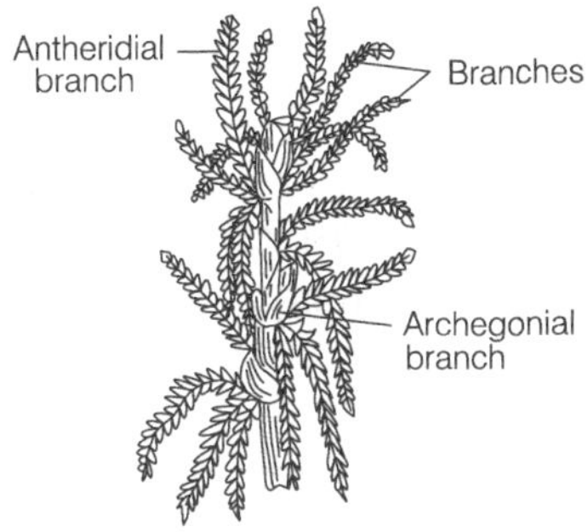

Figure 3.4 Bryophytes: *Sphagnum*

- इसमें water holding capacity होती है इसलिए यह living material की packing में तथा trans-shipment (स्थानान्तरण) में use होते हैं।
- **Mosses** तथा **lichens** पहले organism है, जो rocks पर grow करते हैं इसलिए यह ecologically बहुत महत्त्वपूर्ण होते हैं।
- ये rocks को decompose कर substrate को higher plants की growth के लिए suitable बनाते हैं।
- Mosses, मिट्टी पर dense mats बनाते हैं इसलिए rain fall अधिक नुकसान नहीं पहुँचा पाती और इस प्रकार ये soil erosion को रोकते हैं।
- Bryophytes को **liverworts** तथा **mosses** में बाँटा गया है।

3.2.1 Liverworts

- ये साधारणतया moist तथा shady habitats; जैसे- नदी का किनारा, marshy ground, bark of trees तथा लकड़ी के अन्दर मिलते हैं।
- इनकी plant body, thalloid होती है; जैसे- ***Marchantia***.

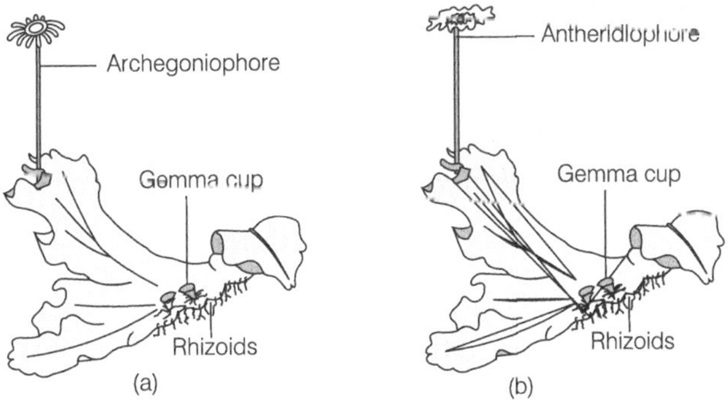

Figure 3.5 Bryophytes: A liverwort- *Marchantia* (a) Female thallus (b) Male thallus

- Thallus, dorsi-ventral तथा substrate से closely appressed (चिपके) होता है।
- इनके leafy members में leaf जैसे appendages लगे होते हैं, जो दो row में stem जैसे structure से लगे होते हैं।

Asexual Reproduction

- ये thalli के fragmentation द्वारा या **gemmae** (sign. gemma) के निर्माण द्वारा होता है।
- **Gemmae**, green, multicellular, asexual buds होते हैं, जो small receptacles (gemma cup) में develop होते हैं।
- **Gemmae**, parent, body से अलग हो जाता है तथा germinate होकर new individuals बनाते हैं।

Sexual Reproduction

- Male और female sex organs, same या different thalli पर उत्पन्न होते हैं।
- Sporophyte, foot, seta और capsule में differentiate होता है।
- Meiosis के पश्चात् capsule के अन्दर spores उत्पन्न होते हैं।
- ये spores germinate होकर free-living gametophytes का निर्माण करते हैं।

3.2.2 Mosses

- Moss की life cycle में प्रमुख अवस्था gametophyte होती है इसमें दो stage होती हैं

Protonema Stage

- यह first stage है, जो directly spores से उत्पन्न होती है।
- यह creeping, green, branched और प्राय: filamentous stage है।

Leafy Stage

- यह second stage है, जो secondary protonema से lateral bud के रूप में develop होती है।
- इनमें upright, slender axis होता है जिस पर पत्तियाँ spirally लगी होती हैं। ये soil से rhizoids द्वारा जुड़े रहते हैं। Rhizoids, multicellular और branched होते हैं।
- इस अवस्था में sex organs होते हैं।

Vegetative Reproduction

- ये secondary protonema में budding और fragmentation द्वारा होता है।

Sexual Reproduction

- Leafy shoots के apex पर sex organs, **antheridia** व **archegonia** produce होते हैं।
- Fertilisation के बाद zygote से sporophyte बनता है जिसमें foot, seta व capsule होते हैं।
- Mosses का sporophyte, liverworts से अधिक विकसित (elaborate) होता है।
- Capsule में spores होते हैं और spore, meiosis के बाद बनते हैं।
- Mosses में spore dispersal के लिए elaborate mechanism होती है।

Common Example : *Funaria, Polytrichum* and *Sphagnum* (Fig. 3.6)

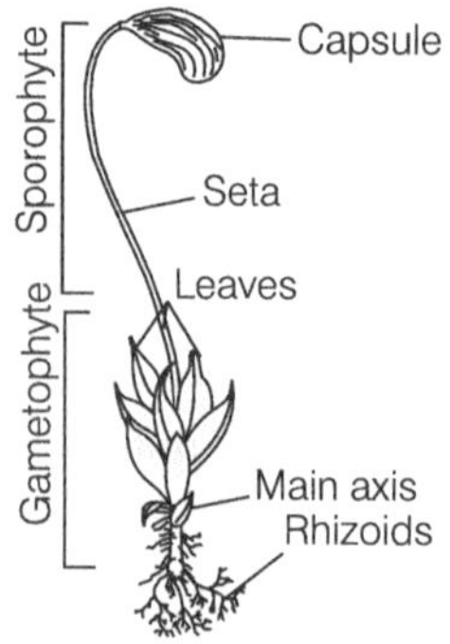

Figure 3.6 Bryophytes : (Moss) *Funaria*, gametophyte and sporophyte

3.3 Pteridophytes

- इनमें **horsetails** और **ferns** आते हैं।
- ये medicine और soil-binders के रूप में use होते हैं।
- यह सजावटी (ornamentals) पौधों के रूप में भी frequently grow किए जाते हैं।
- ये पहले **terrestrial plants** हैं, जिनमें **vascular tissues** (xylem and pholem) होते हैं।
- ये cool, damp व shady स्थानों पर उगते हैं। कुछ sandy soil में भी उग सकते हैं।
- हम पढ़ चुके है कि ब्रायोफाइट के life cycle में gametophytic phase, dominant होती है जबकि टेरिडोफाइट में dominant phase, **sporophytic** होती है, जिसमें true root, stem और leaves होते हैं।
- इन organs में well-differentiated, **vascular tissues** पाया जाता है।
- Pteridophytes में small leaves को **microphylls** कहते हैं, e.g., *Selaginella.*
- Pteridophytes में large leaves को **macrophylls** कहते हैं, e.g., Ferns.
- Sporophytes में **sporangia** होते हैं, जो leaf-like appendages द्वारा लटके होते हैं, जिन्हें **sporophylls** कहते हैं।
- कुछ cases में sporophylls, compact structures बनाते हैं, जिन्हें **strobili** या **cones** कहते हैं (*Selaginella, Equisetum*)।
- **Spore mother cells** में meiosis के द्वारा sporangia, spores उत्पन्न करते हैं।
- Spores, germinate होकर inconspicuous (अस्पष्ट) gametophyte बनाते हैं, इन्हें **prothallus** कहते हैं।
- गैमीटोफाइट small, multicellular, mostly photosynthetic और free-living होता है।
- Gametophytes को grow करने के लिए cool, damp व shady places की आवश्यकता होती है।
- इन specific **restricted requirement** तथा fertilisation के लिए water की आवश्यकता के कारण living pteridophytes का फैलाव सीमित और narrow geographical regions तक ही restricted रहता है।
- Gametophytes में male व female sex organs होते हैं।
- Male sex organ को **antheridia** व female sex organ को **archegonia** कहते हैं।
- Antherozoids (male gametes) के transfer के लिए water की जरूरत होती है, जो इसे archegonium के mouth तक ले जाती है।
- Antherozoid, archegonia में उपस्थित egg से मिलकर zygote बनाता है।
- Zygote, develop होकर multicellular well-differentiated sporophyte बनाता है।
- Pteridophytes में dominant phase, sporophyte होती है।
- अधिकतर pteridophytes एक तरह के spores उत्पन्न करते हैं और इस प्रकार के plants को हम **homosporous** कहते हैं।
- कुछ pteridophytes दो प्रकार के spores (macro and micro) उत्पन्न करते हैं उन्हें हम **heterosporous** कहते हैं। e.g., *Selaginella* and *Salvinia.*
- **Megaspores**, germinates होकर female gametophytes बनाते हैं तथा **microspores**, germinate होकर male gametophytes बनाते हैं।
- Female gametophytes, parent sporophytes पर variable period तक लगी रहती है।
- Female gametophyte में zygote से young embryo का development होता है।
  - यह event, **seed habit** के लिए precursor होती है। यह step, **evolution** में important मानी जाती है।
- Pteridophytes में 4 classes होती हैं— (1) Psilopsida (*Psilotum*) (2) Lycopsida (*Selaginella, Lycopodium*), (3) Sphenopsida (*Equisetum*), (4) Pteridopsida (*Dryopteris, Pteris, Adiantum*).

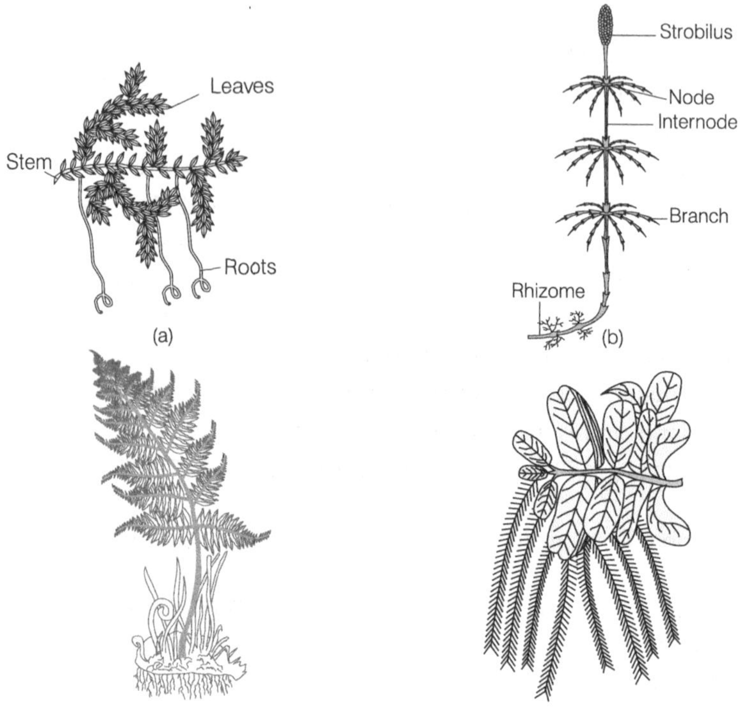

Figure 3.7 Pteridophyte : (a) *Selaginella* (b) *Equisetum* (c) Fern (d) *Salvinia*

3.4 Gymnosperms

(*Gymnos* : naked, *sperma* : seeds)

- Gymnosperms वो plants होते हैं, जिसमें ovules, ovary wall से घिरे नहीं होते हैं।
- इसमें fertilisation से पहले तथा बाद में ovules, **exposed** रहते हैं।
- Seeds जो post-fertilisation से develop होते हैं वो covered नहीं होते हैं।
- Gymnosperms में medium size या tall trees व shrubs (झाड़ियाँ) आते हैं। (Fig. 3.4)
- ***Sequoia*** (giant red wood tree) जिम्नोस्पर्म की tallest tree species में से एक है। इनमें generally, **tap root** पायी जाती है।
- कुछ genera में roots, fungal association करके **mycorrhiza** बनाती है; जैसे- *Pinus* में, जबकि कुछ दूसरों जैसे- *Cycas* में छोटी specialized roots (**corralloid roots**) N_2-fixing cyanobacteria से associated होती हैं।
- *Cycas* में unbranched stem होता है तथा *Pinus* और *Cedrus* में branched stem होता है।
- इनमें leaves, simple या compound होती हैं।
- *Cycas* में pinnate leaves कुछ वर्षों तक रहती हैं।
- इनकी leaves अत्यधिक temperature, humidity और wind को सहने के लिए अनुकूलित होती है।
- Conifers में leaves, needle-like होती हैं, जो surface area कम करती है।
- Leaves के **thick cuticle** और **sunken stomata,** water loss को reduce करते हैं।
- Gymnosperms, **heterosporous** होते हैं और ये **haploid,** microspores और megaspores उत्पन्न करते हैं।
- ये spores, sporangia में produce होते हैं। Sporangia, sporophylls में लगे होते हैं।

- Sporophylls, एक axis के along, spirally arrange होकर **lax** या **compact strobili** या **cones** बनाते हैं। वह strobili जिस पर microsporophylls और microsporangia लगे होते हैं उसे **male strobli** (microsporangiate) कहते हैं।
- Microspores, develop होकर male gametophytic generation का निर्माण करते हैं, जो highly reduced होती है और यह कुछ ही cell में सीमित (confined) रहती है। इस reduced gametophyte को **pollen grain** कहते हैं।
- Microsporangia के अन्दर pollen grains का निर्माण होता है। वह cone जिस पर megasporophylls और megasporangia लगे होते हैं, उसे **female strobili** (macrosporangiate) कहते हैं।
- *Pinus* में male cones और female cones एक ही tree पर लगे होते हैं।
- *Cycas* में male cones और female cones अलग-अलग trees पर लगे होते हैं।
- Megaspore mother cell, nucellus की एक cell से differenciate होता है।
- Nucellus एक envelope द्वारा घिरी होती है इस पूरी संरचना को ovule कहते हैं।
- Ovules, megasporophylls पर उत्पन्न होते हैं, जो मिलकर female cones बनाते हैं।
- Megaspore mother cell में meiosis होती है, जिससे चार megaspores बनते हैं।
- Megasporangium (nucellus) में स्थित एक megaspore, **female gametophyte** (multicellular) में develop हो जाता है।
- Female gametophyte में दो या दो से अधिक archegonia होते हैं।
- Female gametophyte भी **megasporangium** में लगा रहता है।
- Bryophytes और pteridophytes के विपरीत gymnosperm के male और female gametophytes स्वतन्त्र (free-living) नहीं होते हैं।
- ये sporophyte पर sporangia के अन्दर रहते हैं।
- इनमें pollen grains, **megasporangium** से release होते हैं।
- ये वायु द्वारा ovules की opening के सम्पर्क में आते हैं।
- Pollen grains से निकलने वाली pollen tubes, male gametes को archegonia तक ले जाती हैं।
- Pollen tube अपना content, archegonia के mouth के पास छोड़ देती हैं। वहाँ male gamete का egg से fertilisation होता है तथा zygote बनता है।
- Zygote विकसित होकर embryo में तथा ovules विकसित होकर seeds में बदल जाते हैं।
- ये seeds covered नहीं होते हैं अर्थात् naked होते हैं।

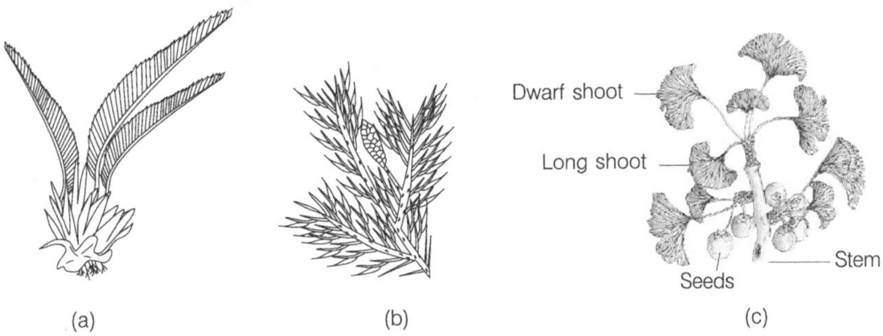

Figure 3.8 Gymnosperms (a) *Cycas* (b) *Pinus* (c) *Ginkgo*

3.5 Angiosperms *(Flowering Plants)*

- Gymnosperm के विपरीत जहाँ ovules naked होते हैं, angiosperms में pollen grains और ovules, **flowers** में उत्पन्न होते हैं।
- इसमें Seeds **fruits** द्वारा घिरे होते हैं।

- Plants का सबसे बड़ा group है, जो विभिन्न स्थानों पर पाया जाता है। ये बहुत छोटे हो सकते हैं; जैसे- ***Wolffia;*** और बहुत लम्बे हो सकते हैं; जैसे- ***Eucalyptus*** (over 1000 metres).
- इनसे हमको food, fodder, fuel, medicines और कई अन्य commercially important products मिलते हैं।
- Angiosperms को दो classes में बाँटा गया है—

  Dicotyledons ये वे पौधे होते हैं, जिनके seeds में दो cotyledons, पत्तियों में reticulate venation तथा tetramerous या pentamerous पुष्प होते हैं।

  Monocotyledons इनके seeds में केवल एक cotyledon, पत्तियों में parallel venation तथा पुष्प trimerous होते हैं।

(a) (b)

Fig. 3.9 Angiosperms : (a) A dicotyledon (b) A monocotyledon

- Flower में male sex organ को **stamen** कहते हैं। प्रत्येक stamen में एक slender **filament** होता है, जिसकी tip पर एक **anther** लगा होता है।
- Anthers से meiosis द्वारा pollen grains उत्पन्न होते हैं।
- Flower में female sex organ को **pistil** या **carpel** कहते हैं।
- Pistil में एक **ovary** होती है और ovary में एक या अधिक **ovules** होते हैं।
- Ovules में highly reduced, female gametophytes (embryo sacs) होते हैं।
- Embryo sac formation से पहले meiosis होती है। इसलिए embryo sac की प्रत्येक cell, haploid होती है।
- प्रत्येक embryo sac में three-celled **egg apparatus,** तीन **antipodal cells** व दो **polar nuclei** होते हैं।
- Egg apparatus में एक egg cell व दो **synergids** होती हैं।
- दोनों nuclei अन्त में मिलकर **diploid secondary nucleus** बनाते हैं।
- Pollen grains, anthers से निकलकर वायु या अन्य agencies द्वारा pistil की **stigma** पर पहुँचते हैं। इस process को pollination कहते हैं।
- Pollen grains, stigma पर germinate होते हैं।
- Pollen grains से pollen tubes निकलती हैं, जो stigma और **style** के tissue के मध्य से होती हुई ovule तक पहुँचती है।
- Ovule में pollen tube, embryo sac में जाती है जहाँ दो male gametes release होते हैं।
- एक male gamete, egg cell से मिलकर zygote बनाती है, इस process को **syngamy** कहते हैं।
- दूसरा male gamete, diploid secondary nucleus से मिलकर **triploid Primary Endosperm Nucleus** (PEN) बनाता है।
- दो बार fusion होने के कारण इसे **double fertilisation** कहते हैं। यह angiosperms की एक unique event है।
- Zygote, develop होकर **embryo** बनाता है।
- PEN develop होकर **endosperm** बनाता है, जो developing embryo को nourishment देता है।
- Fertilisation के बाद synergids और antipodal cells, degenerate हो जाती है।

- इन events के समय ovules से seeds तथा ovaries से fruit बनते हैं।

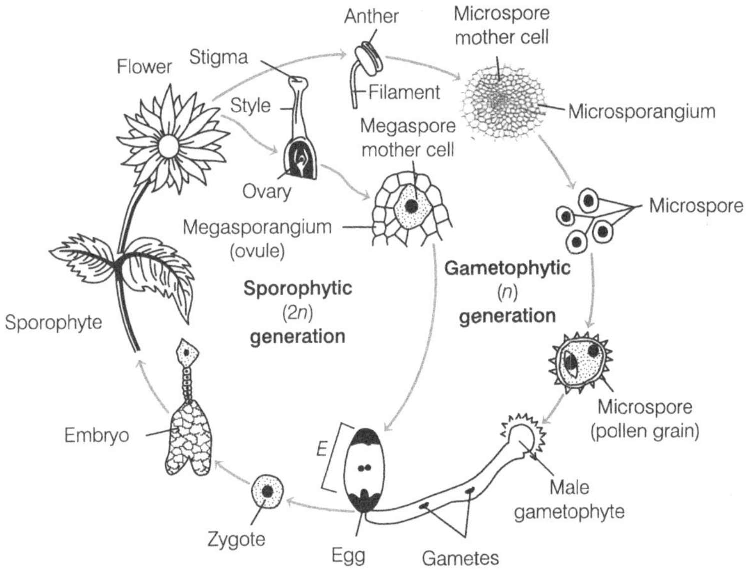

Figure 3.10 Life cycle of an angiosperm

3.6 Plant Life Cycles and Alternation of Generations

- Plants में haploid और diploid दोनों cells, mitosis द्वारा divide हो सकती हैं। ये आगे चलकर haploid और diploid, plant body बनाती हैं।
- Haploid plant body, mitosis द्वारा gametes, produce करती है।
- Haploid plant body, gametophyte को represent करती है।
- Fertilisation के बाद zygote, mitosis द्वारा divide होकर **diploid sporophytic** plant body बनाती है।
- Diploid plant body से meiosis के द्वारा **haploid spores**, produce होते हैं।
- Haploid spore, mitosis के द्वारा पुनः haploid plant body बनाते हैं।
- किसी sexually reproducing plant की life cycle में gamete producing haploid gametophyte व spore producing diploid sporophyte के मध्य alternation of generation होता रहता है।
- अलग-अलग plant groups में या individuals में ये following pattern पाए जाते हैं।

3.6.1. Haplontic

- इसमें sporophytic generation में केवल one celled zygote होता है।
- इसमें free-living, sporophytes नहीं होते हैं।
- Zygote में meiosis होती है, जिससे haploid spores बनते हैं।
- Haploid spores, mitosis द्वारा divide होकर gametophytes बनाते हैं।
- Free-living gametophytes, haplontic पौधों में dominant, photosynthetic phase होती है।
- **Example** many algae; जैसे- *Volvox, Spirogyra* और *Chlamydomonas* की कुछ species, इस pattern को represent करती हैं।

3.6.2. Diplontic

- इन पौधों में diploid sporophyte, dominant, photosynthetic, independent phase होती है।
- इनमें gametophytic phase को single या कुछ cells वाली haploid gametophyte द्वारा represent करते हैं।

Example : Fucus (Algae) तथा सभी seed वाले पौधे (gymnosperms और angiosperms) में यह pattern पाया जाता है। लेकिन वहाँ कुछ variations होती है जहाँ gametophytic phase, few या multi celled होती हैं।

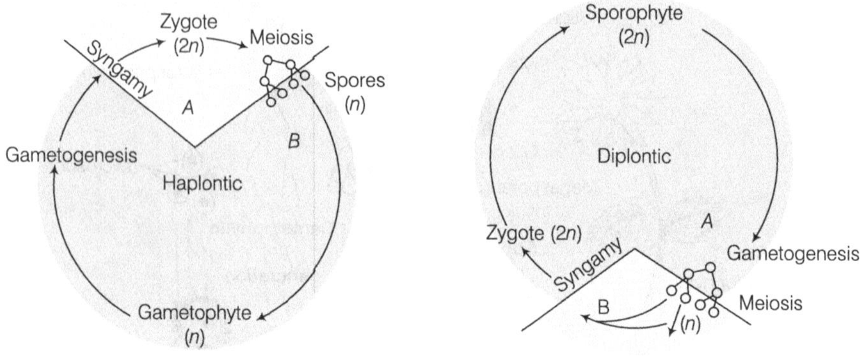

(a) (b)

Figure 3.11 Life cycle patterns: (a) Haplontic (b) Diplontic

3.6.3 Haplo-diplontic

- Bryophytes और pteridophytes दोनों प्रकार की अवस्थाओं (intermediate) को दर्शाते हैं। दोनों अवस्थाएँ multicellular होती हैं।

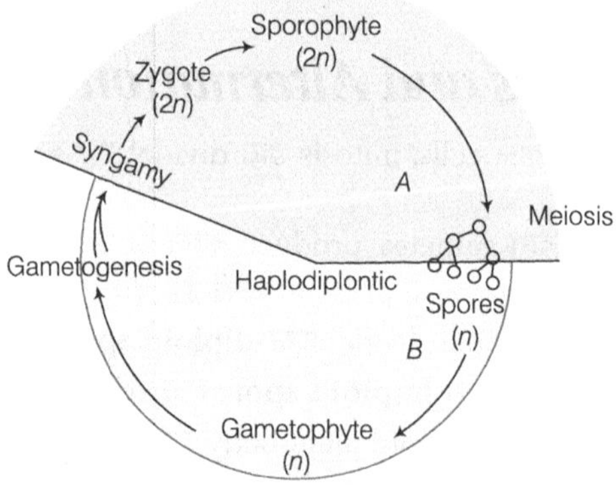

Figure 3.12 Life cycle patterns: (c) Haplo-diplontic

- ये dominant phases में differ होती है।

*Haploid gametophyte एक dominant, independent, photosynthetic, thalloid अथवा erect stage होती है, जो sporophyte के साथ alternate करती है। Short lived multicellular sporophyte, जो anchorage और nutrition के लिए complete या partial रूप से gametophyte पर निर्भर रहते हैं। सभी **bryophyte** में ऐसा pattern होता है।*

*Diploid **sporophyte** को dominant, independent, photosynthetic, vascular plant body द्वारा represent करते हैं। **Gametophyte** haploid, multicellular, saprophytic/autotrophic, independent लेकिन short lived होते हैं। **Sporophyte, gametophyte** के साथ alternate करता है। ऐसे pattern को haplo-diplontic life cycle कहते हैं। इस प्रकार का pattern **pteridophytes** में पाया जाता है। अधिकतर algae, haplontic होते हैं। इनमें से कुछ; जैसे– Ectocarpus, Polysiphonia, kelps **haplo-diplontic** algae होते हैं। Fucus एक diplontic algae है।*

Chapter Four

ANIMAL KINGDOM

- जब हम अपने चारों ओर देखते हैं तो हम different animal के different structure और form को observe करते हैं।
- अब तक लगभग 10 लाख से अधिक animal species को describe किया जा चुका है। अत: classification इसके लिए अधिक महत्त्वपूर्ण आधार है।
- Classification नयी खोजी गयी species को systematic position पर रखने में सहायता प्रदान करता है।

4.1 Basis of Classification

- Animals में structure और form में भिन्नताओं के अलावा भी उनमें arrangement of cell, body symmetry, nature of coelom, pattern of digestive, circulatory or reproductive system में fundamental समानता पायी जाती है।
- इन्हीं लक्षणों को हम animal classification का आधार मानते हैं और इनमें से कुछ का वर्णन यहाँ किया जा रहा है।

4.1.1 Levels of Organisation

- Animal kingdom के सभी सदस्य multicellular होते हैं, लेकिन सभी same pattern के cells organisation को प्रदर्शित नहीं करते हैं। उदाहरण—

(a) Cellular Level of Organisation

- इनमें cells का arrangement अधिक loose होता है; जैसे—sponges में।
- Cell के मध्य कुछ division of labour पाया जाता है।

(b) Tissue Level of Organisation

- इसमें cells का arrangement अधिक complex होता है।
- एक-समान कार्य करने वाली cells मिलकर tissue का निर्माण करती हैं; जैसे- coelenterates.

(c) Organ Level of Organisation

- इनमें tissues मिलकर organs का निर्माण करते हैं और प्रत्येक organ एक particular कार्य करता है।
- यह Platyhelminthes तथा अन्य higher phyla में पाया जाता है।
- Animals; जैसे- annelids, arthropods, molluscs, echinoderms और chordates के organ मिलकर organ system बनाते हैं।
- प्रत्येक organ system अलग-अलग physiological function करता है। इस pattern को **organ system level of organisation** कहते हैं।
- विभिन्न animal groups के organ systems जटिलता दर्शाते हैं; जैसे- platyhelminthes में **incomplete digestive system** होता है अर्थात् इनमें केवल एक opening होती है, जो mouth और anus दोनों का कार्य करता है।
- **Complete digestive system** में दो छिद्र होते हैं एक mouth व दूसरा anus.
- इसी प्रकार **circulatory system** भी दो प्रकार का होता है— open type और closed type.

(i) **Open type** इसमें blood, heart के द्वारा pump किया जाता है। इसमें cells व tissues सीधे blood के सम्पर्क में रहते हैं।

(ii) **Closed type** इसमें blood भिन्न-भिन्न प्रकार के diameter वाली blood vessels (arteries, veins और capillaries) से होकर बहता है।

4.1.2 Symmetry

Animal को symmetry के आधार पर categorised किया जाता है।

Asymmetrical

- इसमें body को किसी भी central axis से गुजरने वाली line द्वारा दो बराबर भागों में विभाजित नहीं किया जा सकता है।
- Sponges mostly asymmetrical होते हैं।
- **Radial symmetry** किसी भी central axis से गुजरने वाली line प्राणि के शरीर को दो समरूप भागों में divide करती है। इसे अरीय सममिति कहते हैं, जैसे—Coelenterates, ctenophore तथा echinoderms. (Fig. 4.1 a)

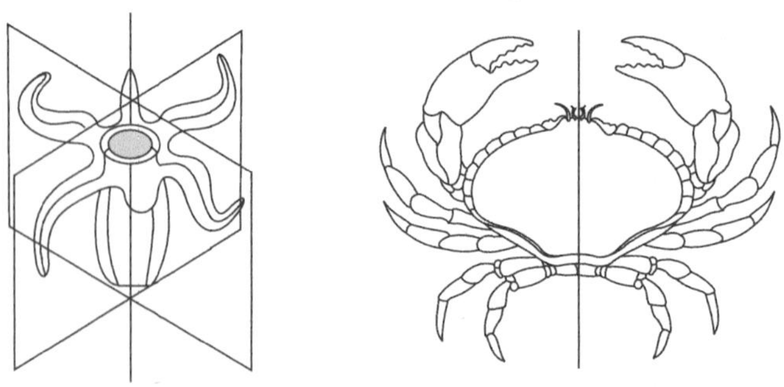

(a) (b)

Figure 4.1 (a) Radial symmetry (b)Bilateral symmetry

- Animals; जैसे- annelids, arthropods, आदि में एक ही plane से गुजरने वाली line द्वारा body को दो identical left व right part में divide किया जा सकता है, इसे **bilateral symmetry** कहते हैं। (Figure 4.1 b)

4.1.3 *Diploblastic and Triploblastic Organisation*

Diploblastic Animals

- इनमें cells दो embryonic layer में arrange होती हैं **outer ectoderm** और **inner endoderm;** e.g., **coelenterates.**
- इनमें दोनों layer के मध्य में **undifferentiated mesoglea** नामक layer होती है।

Triploblastic Animals

- वे animals जिनमें developing embryo में ectoderm और endoderm के मध्य में third germinal layer पाई जाती है, जिसे mesoderm कहते हैं; e.g., Platyhelminthes to chordates.

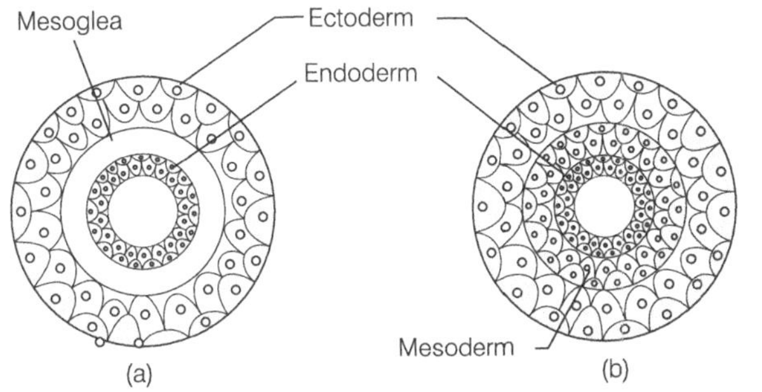

Figure 4.2 Showing germinal layers: (a) Diploblastic (b) Triploblastic

4.1.4 *Coelom*

- Body wall तथा gut wall के मध्य बनी cavity की उपस्थिति अथवा अनुपस्थिति classification में बहुत important है।
- Mesoderm से lined, body cavity को **coelom** कहते हैं।
- **Coelomates** Animals जिनमें coelom पायी जाती है; जैसे— annelids, molluscs, arthropods, echinoderms, hemichordates एवं chordates.
- **Pseudocoelomates** जिसकी body cavity में mesoderm की lining नहीं होती बल्कि mesoderm scattered pouches के रूप में होती है।
- ऐसी body cavity को pseudocoelome कहते हैं; e.g., Aschelminthes.
- **Acoelomates** जिनमें coelom absent होती है; e.g., Platyhelminthes.

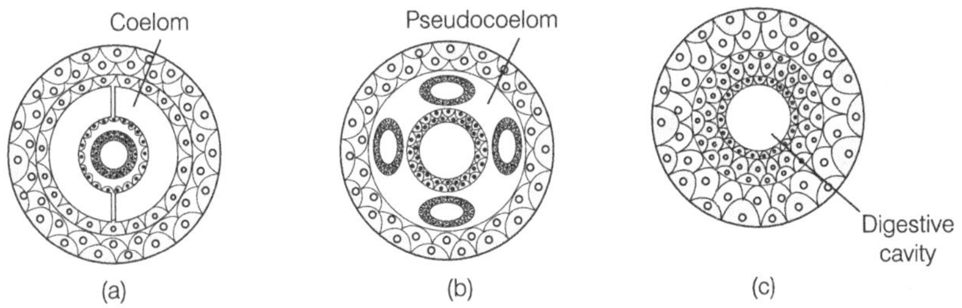

Figure 4.3 Diagrammatic sectional view of: (a) Coelomate (b) Pseudocoelomate (c) Acoelomate

4.1.5 *Segmentation*

कुछ animals में body, externally और internally छोटे-छोटे भागों में divide होती है, जिनमें कुछ organs का serial repetition होता है, इसे segmentation कहते हैं।

– Earthworm में इस तरह के segmentation को **metameric segmentation** कहते हैं तथा इस phenomenon को **metamerism** कहते हैं।

4.1.6 Notochord

- यह mesoderm से derived होती है।
- यह rod-like संरचना है, जो कुछ animals के dorsal side में embryonic development के समय बनती है।
- Animals जिनमें notochord होती है, उन्हें **chordates** कहते हैं।
- Animals जिनमें notochord नहीं होती है, उन्हें **non-chordates** कहते हैं; e.g., Porifera से echinoderms तक।

4.2 Classification of Animals

***Figure* 4.4 में *common fundamental feature* के आधार पर *animalia* का *broad classification* किया गया है**

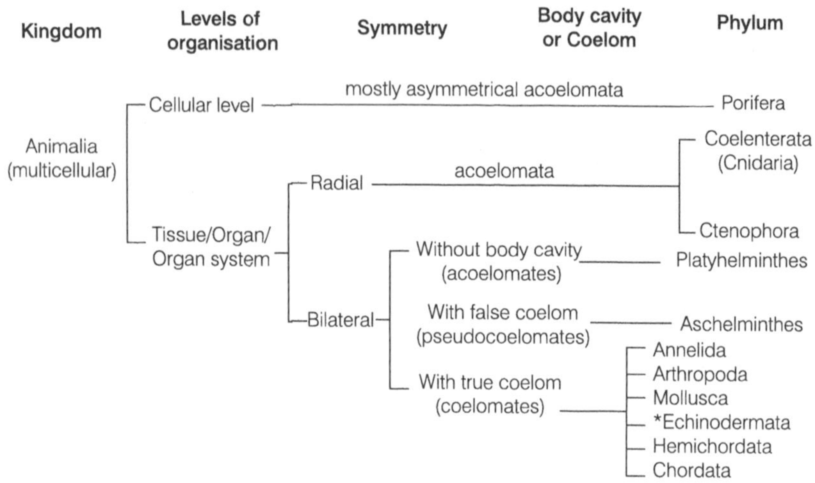

*Echinodermata exhibits radial or bilateral symmetry depending on the stage.

Figure 4.4 Broad classification of kingdom–Animalia based on common fundamental features

4.2.1 Phylum–Porifera

- इस phylum के members को **sponges** कहते हैं। ये generally marine और mostly asymmetrical होते हैं।
- ये primitive multicellular animals हैं तथा इनमें cellular level of organisation होता है।
- Sponges में water transport system या **canal system** पाया जाता है।
- जल छोटे-छोटे pores (**ostia**) द्वारा body में प्रवेश करता है।
- Ostia, body wall में होते हैं, जोकि **spongocoel** (central cavity) में खुलते हैं।
- जल ostia से प्रवेश करता है तथा **osculum** से बाहर निकलता है।
- Water transport का pathway, **food gathering, respiratory exchange** और **waste** के removal में सहायता करता है।
- Choanocytes या collar cells स्पंजगुहा तथा नाल तन्त्र को स्तरित करती है।
- Digestion, intracellular होता है।
- इनका skeleton, **spicules** या **spongin fibres** का बना होता है।
- इनमें sexes अलग-अलग नहीं होते हैं अर्थात् ये **hermaphrodite** होते हैं।
- इनमें eggs और sperms एक ही individual द्वारा produce होते हैं।
- Sponges में **asexual reproduction**, fragmentation द्वारा तथा **sexual reproduction** gametes formation द्वारा होता है। इनमें fertilisation internal होता है, तथा development, **indirect** होता है।

- Indirect development में larval stage पायी जाती है, जो adult से morphologically भिन्न होती है।
  Examples : *Sycon* (scypha), *Spongilla* (freshwater sponge), *Euspongia* (bath sponge).

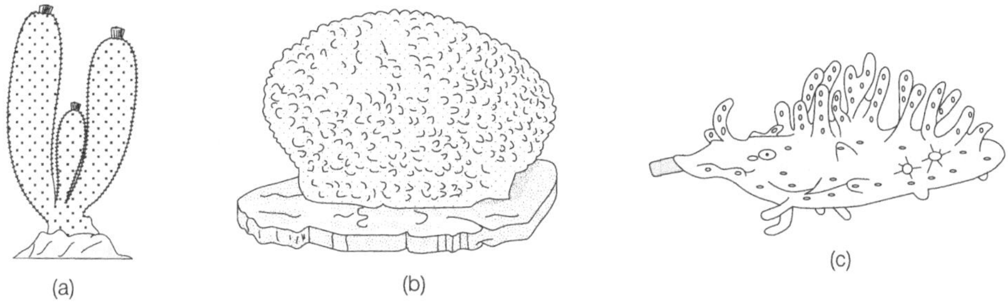

Figure 4.5 Examples of Porifera: (a) *Sycon* (b) *Euspongia* (c) *Spongilla*

4.2.2 Phylum–Coelenterata (Cnidaria)

- ये aquatic, mostly marine, sessile या free-swimming तथा radially symmetrical animals होते हैं।
- इनकी body और tentacles पर **cnidoblasts** या **cnidocytes** होते हैं, इसलिए इसे cnidaria कहते हैं।
- Cnidocytes में **stinging capsules** या **nematocysts** पाए जाते हैं।
- Cnidoblasts, **anchorage, defense** तथा **prey capturing** में मदद करती है।
- Cnidarians diploblastic होते हैं तथा tissue level of body organisation होता है।
- इनमें central gastro-vascular cavity पायी जाती है।
- इनमें एक opening, mouth, जो **hypostome** पर होती है।
- Digestion extracellular और inracellular दोनों प्रकार का होता है।
- कुछ cnidarians; जैसे- corals का skeleton, calcium carbonate ($CaCO_3$) का बना होता है।
- Cnidarians में body के दो basic forms होते हैं; जैसे- **polyp** और **medusa.**
- Polyp form, sessile (attach) व cylindrical होती है; जैसे- *Hydra, Adamsia.*
- Medusa form, umbrella-shaped तथा free-swimming होती है, e.g., *Aurelia* or Jelly fish.
- वे cnidarians जो दोनों forms दर्शाते हैं उनमें alternation of generations (metagenesis) पाया जाता है, i.e., polyp, asexual reproduction द्वारा medusae को तथा medusae, sexual reproduction द्वारा polyp को उत्पन्न करते हैं, e.g., *Obelia.*

Example of Cnidaria *Physalia* (portuguese man-of war), *Adamsia* (sea anemone), *Pennatula* (sea-pen), *Gorgonia* (sea-fan) और *Meandrina* (brain coral).

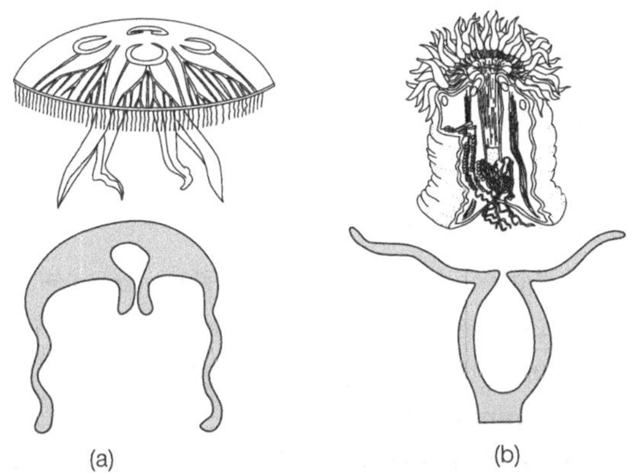

Figure 4.6 Examples of Coelenterata indicating outline of their body form: (a) *Aurelia* (Medusa) (b) *Adamsia* (Polyp)

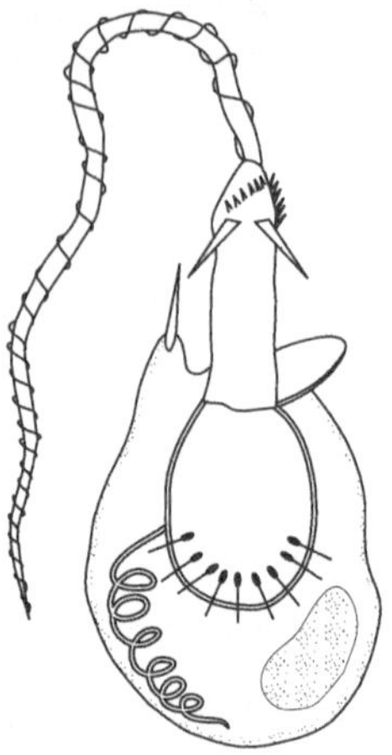

Figure 4.7 Diagrammatic view of Cnidoblast

4.2.3 Phylum-Ctenophora

- टीनोफोर को हम commonly, **sea walnuts** या **comb jellies** कहते हैं।
- ये exclusively (केवल) marine होते हैं।
- ये radially symmetrical होते हैं।
- ये diploblastic organism होते हैं, जिनमें tissue level organisation होता है।
- Body में **8 ciliated comb plates** की external rows होती हैं, जो locomotion में help करती हैं। (Fig. 4.8)
- इनमें digestion, extracellular और intracellular दोनों होता है।
- Ctenophores में **Bioluminescence** देखने को मिलती है।
- Bioluminescence वो property होती है, जिसमें living organism शरीर से light emit करते हैं।
- इनमें sexes separate नहीं होते हैं।
- इनमें केवल sexual reproduction पाया जाता है।
- इनमें external fertilisation तथा indirect development होता है।

  Examples of Ctenophra : *Pleurobrachia* और *Ctenoplana*.

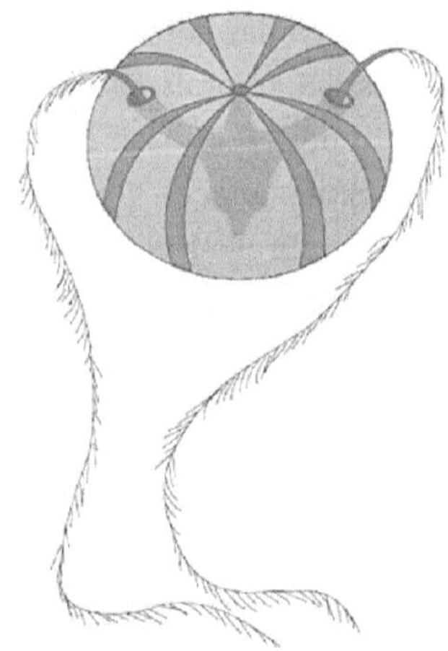

Figure 4.8 Example of Ctenophora *(Pleurobrachia)*

4.2.4 Phylum-Platyhelminthes

- इनकी body, dorso-ventrally flattened होती है इसलिए इन्हें **flatworms** कहते हैं। (Fig. 4.9)
- ये animals (including human being) में mostly **endoparasites** के रूप में पाए जाते हैं।
- Flateworms, **bilaterally symmetrical, triploblastic, acoelomate** होते हैं।
- इनकी body में **organ level** organisation होता है।
- इनकी parasitic forms में **hooks** और **suckers** उपस्थित होते हैं। उनमें से कुछ अपनी **body surface** द्वारा सीधे nutrients को absorb करते हैं।

- इनमें विशेष प्रकार की cells मिलती है, जिन्हें **flame cells** कहते हैं। ये osmoregulation व excretion में help करती हैं।
- इनमें sexes separate नहीं होते हैं।
- Fertilisation, **internal** तथा development, **indirect** (many larval stages) होता है।
- इनके कुछ members; जैसे- ***Planaria*** में high regeneration की capacity होती है।
  Examples of Platyhelminthes : *Taenia* (tapeworm), *Fasciola* (liver fluke).

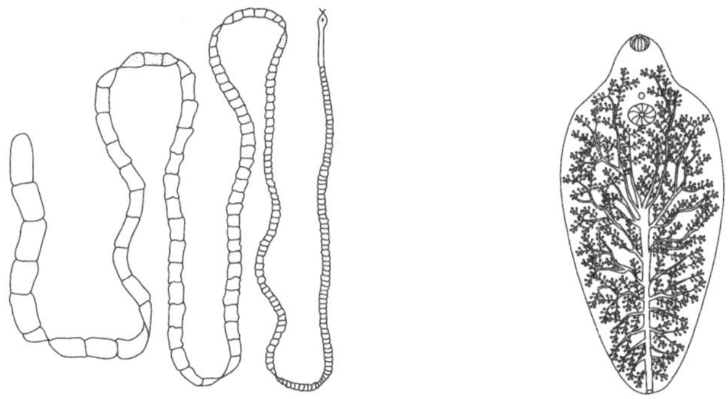

(a) (b)

Figure 4.9 Examples of Platyhelminthers : (a) Tapeworm (b) Liver fluke

4.2.5 Phylum–Aschelminthes

- इनकी body, cross section में circular होती है। अत: इन्हें **roundworms** कहते हैं। (Fig. 4.10)
- ये free-living, aquatic और terrestrial होते हैं।
- ये animals और plants पर parasitic हो सकते हैं।
- इनमें **organ-system** level of body organisation होता है।
- ये bilaterally symmetrical, triploblastic तथा **pseudocoelomate** होते हैं।
- इनकी alimentary canal complete होती है। जिसमें well-developed muscular **pharynx** होती है।,
- इनमें **excretory pore** होता है जिसके द्वारा body के wastes बाहर निकलते हैं।
- इनमें sexes अलग-अलग **(dioecious)** होते हैं। प्राय: female, male से लम्बी होती है।
- इनमें fertilisation internal और development direct तथा indirect हो सकता है।
- Direct development में शिशु adult के समान दिखते हैं।
  Example of Aschelminthes : *Ascaris* (round worm), *Wuchereria* (filaria worm), *Ancylostoma* (hookworm).

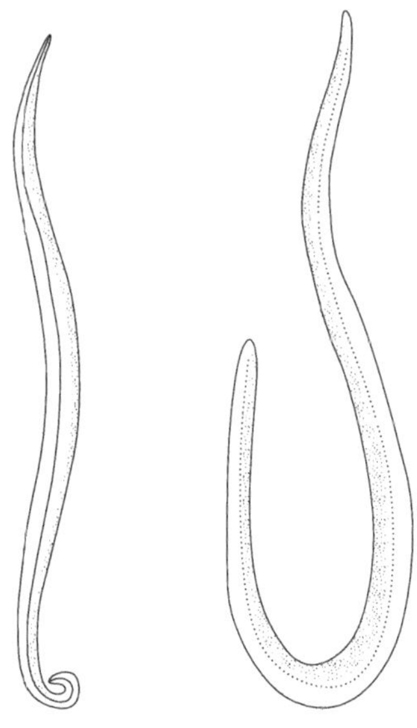

Figure 4.10 Example of Aschelminthes-Roundworm

4.2.6 Phylum–Annelida

- ये aquatic (marine and freshwater) या terrestrial हो सकते हैं।
- ये free-living तथा कभी-कभी parasitic होते हैं।
- इनमें organ-system level of body organisation होता है तथा bilateral symmetry होती है।
- ये riploblastic, metamerically segmented तथा **coelomate** animals है।

- इनकी body अलग-अलग segments या **metameres** की बनी होती है इसके कारण इस phylum का नाम Annelida रखा गया है। (Latin, *annulus* : little ring) (Fig. 4.11)
- इनमें present **longitudinal** और **circular muscles,** locomotion में help करती हैं।
- Aquatic annelids; जैसे- *Nereis* में lateral appendages, **parapodia** होते हैं, जो swimming में help करते हैं।
- इनमें **closed circulatory system** होता है।
- **Nephridia** (sing. nephridium) osmoregulation व excretion में help करते हैं।
- Neural system के रूप में इनमें **paired ganglia** (sing. ganglian) होते हैं, जो lateral nerves के द्वारा double ventral nerve cord से जुड़े होते हैं।
- *Nereis* (aquatic form) dioecious होती है, लेकिन earthworms और Leeches monoecious होते हैं।
- इनमें sexual reproduction होता है।

Example of Annelida : *Nereis, Pheretima* (earthworm), *Hirudinaria* (blood sucking leech).

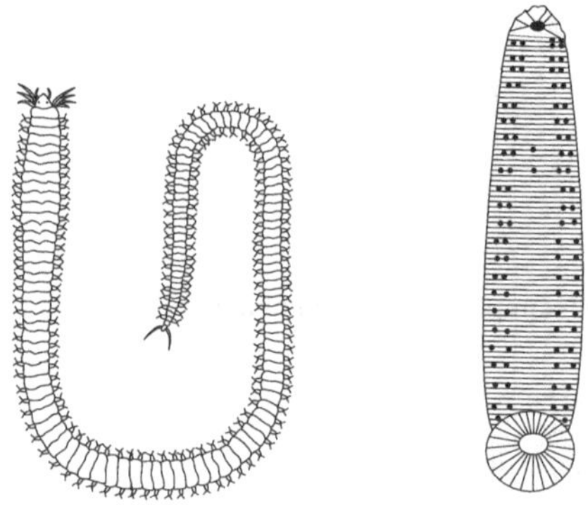

Fig. 4.11 Examples of Annelida : (a) *Nereis,* (b) *Hirudinaria*

4.2.7 Phylum-Arthropoda

- यह animal kingdom का **largest phylum** है, जिसमें **insects** आते हैं।
- पृथ्वी पर named species में 2/3 केवल arthropods हैं।
- इनमें organ-system level of body organisation होता है।
- ये bilaterally symmetrical, triploblastic, segmented तथा coelomate animals होते हैं।
- Arthropods की body, **chitinous exoskeleton** से ढकी होती है।
- Body के तीन भाग होते हैं– head, thorax और abdomen.
- इनमें **jointed appendages** होते हैं (*Arthros*–joint, *poda*–appendages)।
- इनमें respiration के लिए gills, book gills, book lungs or tracheal system होते हैं।
- इनमें circulatory system, open type का होता है।
- इनमें sensory organs के रूप में antennae, eyes (compound और simple), statocysts or balance organs उपस्थित होते हैं।
- Excretion, **Malpighian tubules** द्वारा होता है।
- ये mostly, dioecious होते हैं।
- इनमें fertilisation, internal होता है।
- यह mostly oviparous होते हैं।
- इनमें development, direct या indirect होता है।

Example : Economically important insects - *Apis* (honeybee), *Bombyx* (silkworm), *Laccifer* (lac insect)
Vectors - *Anopheles, Culex* and *Aedes*
Gregarious pest - *Locusta* (locust)
Living fossil - *Limulus* (king crab).

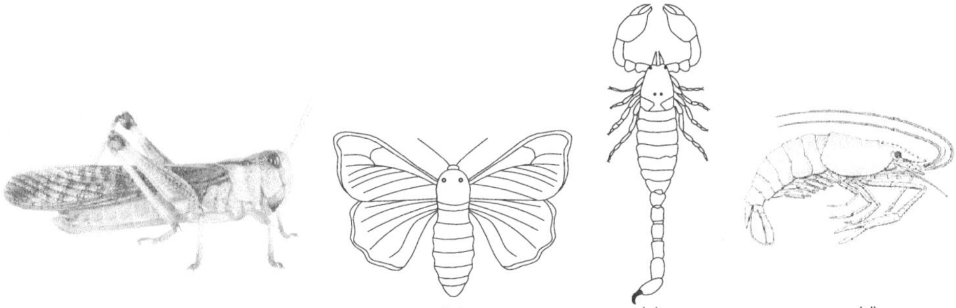

(a) (b) (c) (d)

Figure 4.12 Examples of Arthropoda : (a) *Locusta* (b) Butterfly (c) Scorpion (d) Prawn

4.2.8 Phylum–Mollusca

- यह **second largest**, animal phylum है।
- Molluscs, terrestrial or aquatic (marine or freshwater) होते हैं।
- इनमें organ system level of body organisation होता है।
- ये bilaterally symmetrical, triploblastic और coelomate animals होते हैं।
- इनकी body, **calcareous shell** द्वारा ढकी होती है तथा unsegmented होती है।
- इनका शरीर **head, muscular foot** तथा **visceral hump** में बँटा होता है।
- Skin की soft और spongy layer, visceral hump के ऊपर **mantle** बनाती है।
- Hump और mantle के मध्य space को **mantle cavity** कहते हैं, जिसमें **feather-like gills** उपस्थित होते हैं। Gills, respiration व excretion का कार्य करते हैं।
- इनके head region में sensory tentacles होते हैं।
- इनके mouth में feeding के लिए file जैसा **rasping organ** (tongue) होता है जिसे **radula** कहते हैं।
- अधिकतर ये dioecious और oviparous होते हैं।
- इनमें indirect development होता है।

Example Mollusca *Pila* (apple snail), *Pinctada* (pearl oyster), *Sepia* (cuttle fish), *Loligo* (squid), *Octopus* (devil fish), *Aplysia* (sea-hare), *Dentalium* (tusk shell) और *Chaetopleura* (chiton).

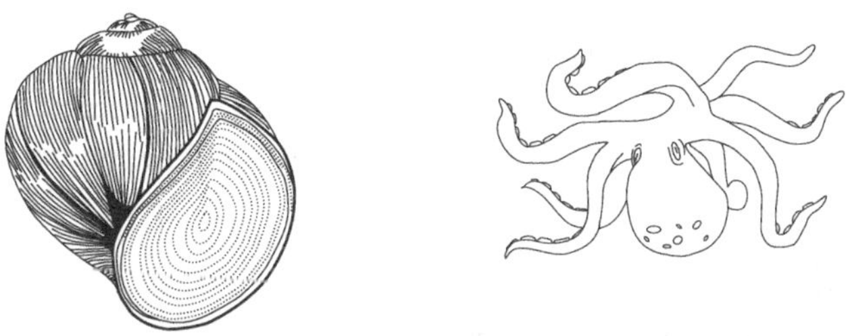

(a) (b)

Figure 4.13 Examples of Mollusca : (a) *Pila* (b) *Octopus*

4.2.9 *Phylum–Echinodermata*

- इन animals में **calcareous ossicles** का बना endoskeleton होता है। इसीलिए इन्हें Echinodermata (spiny body) कहते हैं। (Fig. 4.14)
- सभी **marine** होते हैं, जिनमें organ-system level of organisation होता है।
- Adult echinoderms, **radially symmetrical** होते हैं, लेकिन larvae, **bilaterally symmetrical** होते हैं।
- ये triploblastic और coelomate होते हैं।
- इनमें digestive system, complete होता है।
- इनमें नीचे की ओर (ventral side) में **mouth** तथा ऊपर की ओर (dorsal side) में **anus** होता है।
- **Water vascular system** इस phylum की विशेषता है, जो locomotion, food capturing और food transport तथा respiration में help करता है।
- इनमें **excretory system absent** होता है।
- इनमें sexes अलग-अलग होते हैं।
- इनमें sexual reproduction होता है सामान्यतया external fertilisation होता है।
- इनमें development indirect होता है।
- इनके larva, free-swimming होते हैं।
- **Examples of Echinodermata** *Asterias* (star fish), *Echinus* (sea urchin), *Antedon* (sea lily), *Cucumaria* (sea cucumber) और *Ophiura* (brittle star).

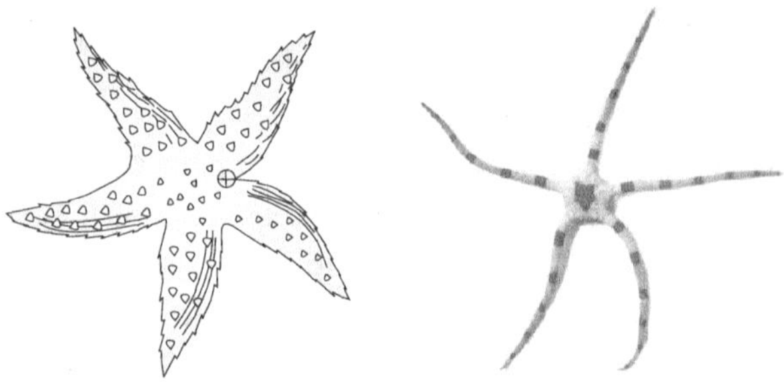

(a) (b)

Figure 4.14 Examples of Echinodermata : (a) *Asterias* (b) *Ophiura*

4.2.10 *Phylum–Hemichordata*

- पहले इसे phylum-Chordata का ही sub-phylum माना जाता था। लेकिन अब इसे non-chordata में एक अलग phylum के रूप में रखा गया है।
- इनमें **worm** की तरह के **marine animals** आते हैं।
- Hemichordata के collar region में एक rudimentary structure होती है जिसे Stomochord कहते हैं जो notochord के समान होती है।
- इनमें organ system level of body organisation होता है।
- ये bilaterally symmetrical, triploblastic और coelomate होते हैं।
- इनकी body cylindrical होती है और यह anterior **proboscis, a collar** तथा एक लम्बी **trunk** से मिलकर बनी होती है। (Fig. 4.15)
- इनमें open type circulatory system होता है।
- इनमें respiration, **gills** द्वारा होता है।
- इनमें excretory organ **proboscis gland** होती है।
- इनमें sexes, separate होते हैं।
- इनमें external fertilisation तथा indirect development होता है।

Examples of Hemichordata : *Balanoglossus* and *Saccoglossus.*

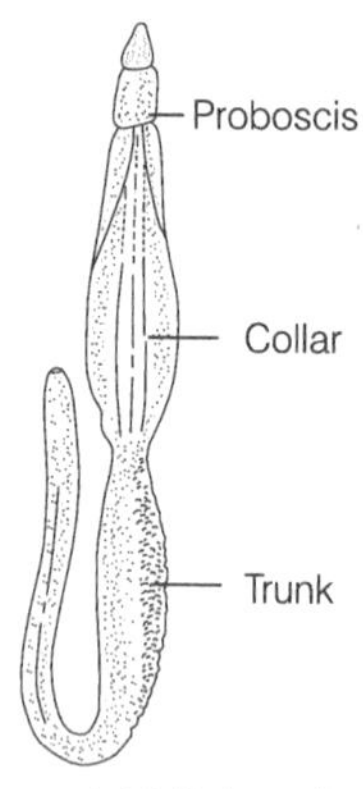

Figure 4.15 *Balanoglossus*

4.2.11 Phylum–Chordata

- इनमें **notochord, a dorsal hollow nerve cord** और **paired pharyngeal gills slits** होते हैं और ये इस phylum की fundamental characteristics है। (Fig. 4.16)
- इनमें bilaterally symmetrical, triploblastic, coelomate तथा organ-system level of body organisation होता है।
- इनमें post-anal tail तथा closed circulatory system होता है।

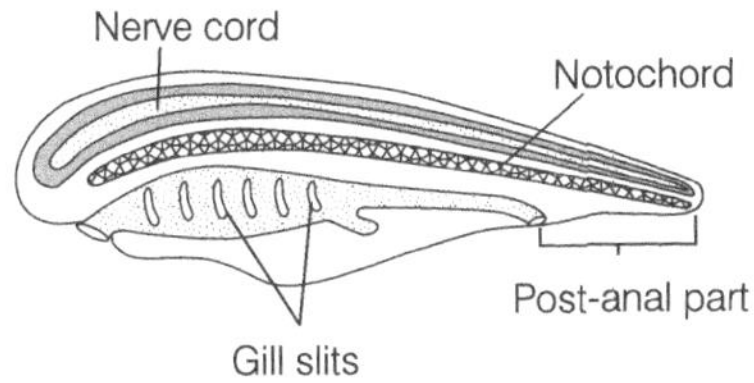

Figure 4.16 Chordata characteristics

Table 4.1 Comparison of Chordates and Non-chordates

Chordates	Non-chordates
Notochord present होती है।	Notochord absent होती है।
Central nervous system dorsal, hollow और single होता है।	CNS ventral, solid और double होता है।
Pharynx, gill slits के द्वारा perforated होते हैं।	Gill slits absent होते हैं।
Heart ventral side में होता है।	Heart dorsal side में होता है। (if present)
एक post-anal tail पायी जाती है।	Post-anal tail absent होती है।

- Phylum–Chordata को तीन subphyla में divide किया गया है—
  (a) Urochordata or **Tunicata (b) Cephalochordata (c) Vertebrata**
- Urochordata और Cephalochordata को प्राय: **protochordates** कहते हैं। ये **exclusively marine** होते हैं।

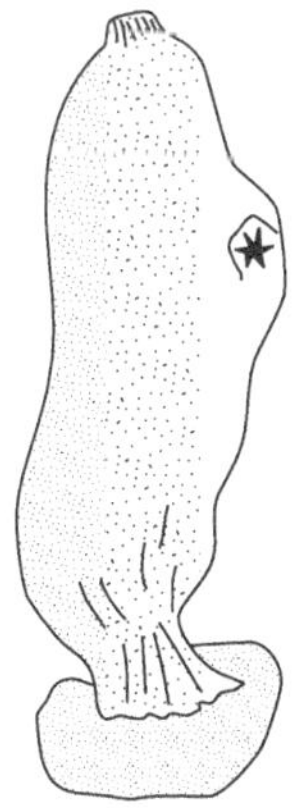

Figure 4.17 *Ascidia*

- Urochordata में notochord केवल larval tail में उपस्थित होती है।
- Cephalochordata में notochord, head से tail तक फैली होती है, जो पूरे जीवनकाल बनी रहती है।
  Examples of Urochordata – *Ascidia, Salpa, Doliolum*
  Examples of Cephalochordata – *Branchiostoma* (*Amphioxus* or Lancelet).
- **Vertebrata** में notochord, embryonic period में पायी जाती है।

- Adult में notochord, cartilaginous या bony **vertebral column** में बदल जाती है।
- इसलिए सभी vertebrates, chordates होते हैं लेकिन सभी chordates, vertebrates नहीं होते हैं।
- Chordates के मुख्य लक्षणों के अतिरिक्त vertebrates में एक **ventral muscular heart** होता है।
- Heart में 2, 3 or 4 chamber पाए जाते हैं।
- Excretion और osmoregulation के लिए इनमें **kidney** होती है।
- Fins or limbs के रूप में paired appendages हो सकते हैं।
- Vertebrata को दो division में बाँटा गया है—
  (1) **Agnatha** (जबड़े रहित)
  (2) **Gnathostomata** (जबड़े युक्त)

The Subphylum-Vertebrata is further divided as follows

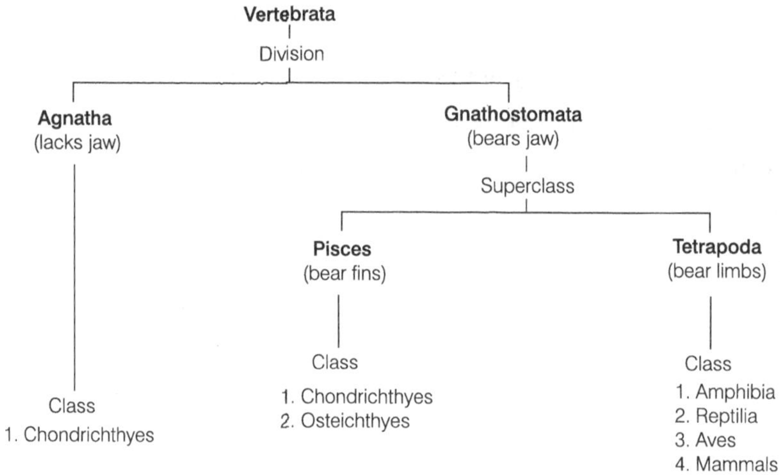

4.2.11.1 Class-Cyclostomata

- Cyclostomata class के सभी living members कुछ fishes के ऊपर ectoparasites होते हैं।
- इनकी body elongated होती है जिसमें respiration के लिए **6–15** जोड़ी **gill-slits** होते हैं।
- **Cyclostomes** में sucking and circular mouth होता है, जिसमें जबड़े नहीं होते हैं। (Fig. 4.18)
- इनके शरीर में scales व paired fins नहीं होते हैं।
- Cranium और vertebral column, **cartilage** के बने होते हैं।
- इनमें closed type circulation होता है।
- ये marine होते हैं लेकिन **spawning** (अण्डे देने के लिए) ये freshwater में जाते हैं। Spawning के बाद कुछ दिन में ही ये मर जाते हैं।
- इनके larva, metamorphosis के बाद समुद्र में लौट जाते हैं।

Example of Cyclostomata : *Petromyzon* (lamprey) and *Myxine* (Hagfish).

Figure 4.18 A jawless Vertebrate-*Petromyzon*

4.2.11.2 Class-Chondrichthyes

- ये **marine animals** होते हैं।
- इनकी **body streamlined** होती है तथा इनमें **cartilagenous endoskeleton** पाया जाता है। (Fig. 4.19)
- Ventral side में mouth होता है।
- Notochord पूरे जीवन काल पायी जाती है।
- Separate, gill slits होती हैं और इनमें **operculum** (gill cover) नहीं होता है।
- इनकी skin कठोर होती है तथा इनमें छोटे **placoid scales** होते हैं।
- Teeth, placoid scales का modified रूप होते हैं, जो backwardly direct होते हैं।
- इनके जबड़े बहुत powerful होते हैं।
- ये animals, predaceous (शिकारी) होते हैं।
- इनमें **air bladder** अनुपस्थित होता है इसलिए इन्हें डूबने से बचने के लिए लगातार तैरना पड़ता है।
- इनके heart में दो chamber (auricle व ventricle) होते हैं।
- कुछ में electric organs होते हैं जैसे- ***Torpedo*** और कुछ में **poison sting** होते हैं; जैसे- *Trygon.*
- ये सभी cold-blooded (**poikilothermous**) animals होते हैं अर्थात् ये अपनी body के temperature को regulate नहीं कर पाते हैं।
- इनमें sexes अलग-अलग होते हैं।
- Males के pelvic fins में **claspers** होते हैं।
- इनमें internal fertilisation होता है अधिकतर ये viviparous (बच्चे देने वाले) होते हैं।

  Example of Chondrichthyes : *Scoliodon* (dog fish), *Pristis* (saw fish), *Carcharodon* (Great white shark), *Trygon* (stingray).

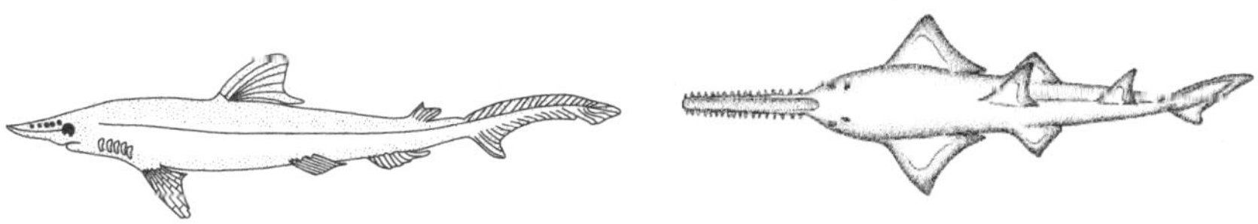

(a) (b)

Figure 4.19 Example of cartilaginous fishes : (a) *Scoliodon* (b) *Pristis*

4.2.11.3 Class–Osteichthyes

- इनमें **marine** व **freshwater** दोनों तरह की fishes आती हैं तथा इन fishes में **bony endoskeleton** होता है।
- इनकी **body stream lined** होती है।
- Mouth अधिकतर terminal होता है। (Fig. 4.20)
- इनमें **4 pair gills** होते हैं, जो प्रत्येक side से operculum द्वारा cover होते हैं।
- इनकी skin में **cycloid** या **ctenoid scales** होते हैं।
- इनमें **buoyancy** (उछाल) को regulate करने के लिए air bladder होता है।
- इनमें भी heart के दो chamber (auricle व ventricle) होते हैं।
- ये भी cold blooded animals होते हैं जिनके sexes separate होते हैं।
- Fertilisation सामान्यतया external व development, direct होता है।
- ये अधिकतर oviparous होते हैं।

Example of Osteichthyes : Marine - *Exocoetus* (Flying fish), *Hippocampus* (sea horse)
Freshwater - *Labeo* (Rohu), *Catla* (Katla), *Clarias* (Magur)
Aquarium - *Betta* (fighting fish), *Pterophyllum* (Angel fish).

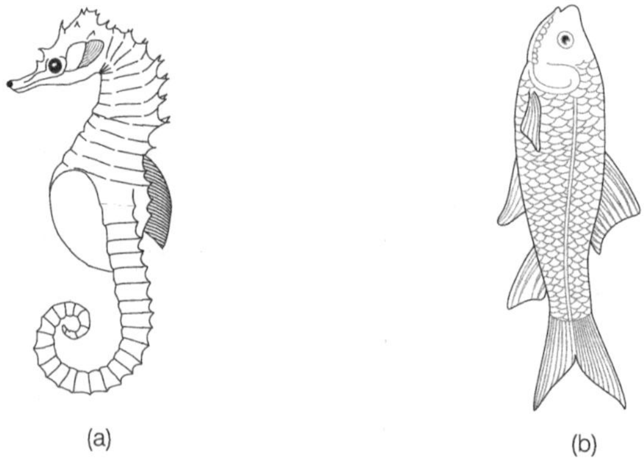

Figure 4.20 Examples of Bony fishes : (a) *Hippocampus* (b) *Catla*

4.2.11. 4 Class–Amphibia (Gr., Amphi – dual + bios – life)

- इनके animals थल तथा जल दोनों में रह सकते हैं। (Fig. 4.21)
- अधिकतर इनमें दो जोड़ी limbs होते हैं।
- इनकी body, **head** व **trunk** में divide होती है। कुछ में tail हो सकती है।
- इन amphibians की त्वचा नम होती है, जिनमें scales नहीं होते हैं।
- इनकी आँखों पर eyelids होते हैं।
- इनमें कान की जगह **tympanum** पायी जाती है।
- इनकी alimentary canal, urinary tract व reproductive tract एक common chamber में खुलती हैं, जिसे **cloaca** कहते हैं। जो बाहर की ओर खुलती है।
- इनमें respiration gills, lungs व skin द्वारा होता हैं।
- इनमें 3 chambered heart होता है (2 auricles व 1 ventricle)।
- ये cold blooded animals होते हैं।
- इनमें sexes separate होते हैं।
- External fertilisation पाया जाता है।
- ये oviparous होते हैं जिनमें indirect development होता है।

Example of Amphibia : *Bufo* (toad), *Rana* (frog), *Hyla* (tree frog), *Salamandra* (salamander), *Ichthyophis* (limbless amphibia.)

Figure 4.21 Examples of Amphibia : (a) *Salamandra* (b) *Rana*

4.2.11.5 Class–Reptilia

- इनमें creeping or crawling type का locomotion होता है। (*Latin, repere* or *reptum* -रेंगना या सरकना)
- ये अधिकतर terrestrial (थलीय) animals होते हैं।
- इनका शरीर सूखी व cornified त्वचा से घिरा होता है, जिसे **scales** या **scutes** कहते हैं। (Fig. 4.22)
- इनमें external ear नहीं होते हैं।
- Ear का कार्य tympanum करती है।
- इनमें limbs होते हैं जो दो pairs में होते हैं।
- Heart सामान्यतया 3-chambered होता है लेकिन crocodiles में 4-chambered होता है।
- Reptiles, poikilotherms होते हैं।
- Snakes और lizards अपनी scales को **skin cast** के रूप में छोड़ते हैं।
- इनमें sexes, separate होते हैं।
- इनमें internal fertilisation होता है।
- ये oviparous होते हैं और इनमें direct development होता है।

Example of Reptilia : *Chelone* (turtle), *Testudo* (tortoise), *Chameleon* (tree lizard), *Calotes* (garden lizard), *Crocodilus* (crocodile), *Alligator* (Alligator), *Hemidactylus* (wall lizard), Poisonous snakes - *Naja* (cobra), *Bangarus* (krait), *Vipera* (viper).

(a)

(b)

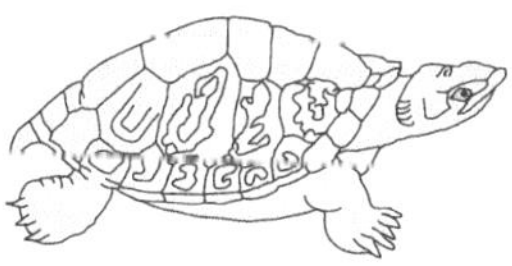

(c)

(d)

Figure 4.22 Reptiles : (a) *Chameleon* (b) *Crocodilus* (c) *Chelone* (d) *Naja*

4.2.11. 6 Class–Aves (Bird)

- Feathers की उपस्थिति Aves का मुख्य लक्षण है।
- अधिकतर birds उड़ सकती है (flightless birds e.g., **ostrich** को छोड़कर)।
- इनमें **beak** होती है। (Fig. 4.23)
- आगे के limbs (forelimbs) **wings** में modified हो जाते हैं।
- Hindlimbs में scales होते हैं। ये **walking, swimming** व **clasping** पकड़ने के लिए होते हैं।
- इनकी skin सूखी होती है, जिनमें glands नहीं होती हैं। इनमें oil glands केवल tail में पायी जाती है।
- इनका endoskeleton पूरी तरह से **ossified** या **bony** होता है।
- इनकी लम्बी bones खोखली होती है, जिसमें air cavities (pneumatic) होती है। इस तरह की bones **pneumatic bones** कहलाती है।

- Birds के digestive tract में additional chambers होते हैं; जैसे- **crop** and **gizzard.**
- इनमें uni-chambered heart होता है।
- ये warm blooded (homeiothermous animals होते हैं अर्थात् ये अपनी body के temperature को constant (एक सा) रख लेते हैं।
- इनमें lungs के द्वारा respiration होता है। Lungs से air sacs जुड़े होते हैं, जो respiration में मदद करते हैं।
- इनमें sexes अलग-अलग होते हैं।
- इनमें internal fertilisation पाया जाता है।
- ये oviparous होते हैं तथा इनमें direct development होता है।

  Example of Aves : *Corvus* (crow), *Columba* (Pigeon), *Psittacula* (parrot), *Struthio* (ostrich), *Pavo* (peacock), *Aptenodytes* (penguin), *Neophron* (vulture).

(a) (b) (c) (d)

Figure 4.23 Some birds : (a) *Neophron* (b) *Struthio* (c) *Psittacula* (d) *Pavo*

4.211.7 Class-Mammalia

- ये विभिन्न प्रकार के स्थानों में मिलते हैं जैसे— polar ice caps, deserts, mountains, forests, grasslands व अंधेरी गुफाएँ (dark caves)।
- इनमें से कुछ उड़ सकते हैं तथा कुछ पानी में रह सकते हैं।
- Mammals का unique लक्षण है उनमें **mammary glands** का होना जिसके द्वारा बच्चे nourishment प्राप्त करते हैं।
- इनमें 2 pairs limbs होते हैं, जो walking, running, climbing, burrowing, swimming व flying का कार्य करते हैं। (Fig. 4.24)
- Mammals की skin में **hair** की उपस्थिति unique character है।
- इनमें pinnae (external ear) तथा जबड़े में विभिन्न प्रकार के दाँत **(Heterodont)** होते हैं।
- इनमें 4- chambered heart होता है।
- ये homoiothermous होते हैं।
- इनमें respiration, lungs द्वारा होता है।
- इनमें sexes अलग-अलग होते हैं।

(a) (b) (c) (d)

Figure 4.24 Some mammals : (a) *Ornithorhynchus* (b) *Macropus* (c) *Pteropus* (d) *Balaenoptera*

- इनमें internal fertilisation होता है।
- कुछ को छोड़कर ये viviparous (बच्चे देने वाले) होते हैं।
- इनमें direct development मिलता है।

Example of Mammals :

Oviparous - *Ornithorhynchus* (platypus);

Viviparous - *Macropus* (kangaroo), *Pteropus* (flying fox), *Camelus* (camel), *Macaca* (monkey), *Rattus* (rat), *Canis* (dog), *Felis* (cat), *Elephas* (elephant), *Equus* (horse), *Delphinus* (common dolphin), *Balaenoptera* (blue whale), *Panthera tigris* (tiger), *Panthera leo* (lion).

Table 4.2 Salient Features of Different Phyla in the Animal Kingdom

Phylum	Level of Organisation	Symmetry	Coelom	Segmentation	Digestive System	Circulatory System	Respiratory System	Distinctive Features
Porifera	Cellular	Many	Absent	Absent	Absent	Absent	Absent	Body with pores and canals in walls
Coelenterata (Cnidaria)	Tissue	Radial	Absent	Absent	Incomplete	Absent	Absent	Cnidoblasts present.
Ctenophora	Tissue	Radial	Absent	Absent	Incomplete	Absent	Absent	Comb plates for locomotion.
Platyhelminthes	Organ and Organ system	Bilateral	Absent	Absent	Incomplete	Absent	Absent	Flat body, suckers.
Aschelminthes	Organ system	Bilateral	Pseudo coelomate	Absent	Complete	Absent	Absent	Often worm-shaped elongated.
Annelida	Organ system	Bilateral	Coelomate	Present	Complete	Present	Present	Body segmentation-like rings.
Arthropoda	Organ system	Bilateral	Coelomate	Present	Complete	Present	Present	Exoskeleton of cuticle, jointed appendages.
Mollusca	Organ system	Bilateral	Coelomate	Absent	Complete	Present	Present	External skeleton shell usually present.
Echinodermata	Organ system	Radial	Coelomate	Absent	Complete	Present	Present	Water vascular system, radial symmetry.
Hemichordata	Organ system	Bilateral	Coelomate	Absent	Complete	Present	Present	Worm-like with proboscis, collar and trunk.
Chordata	Organ system	Bilateral	Coelomate	Present	Complete	Present	Present	Notochord, dorsal hollow nerve cord, gill slits with limbs or fins.

UNIT-II

STRUCTURAL ORGANISATION IN PLANTS AND ANIMALS

KATHERINE ESAU
(1898-1997)

- Katherine Esau का जन्म 1898 में Ukraine में हुआ था।
- Esau ने Russia तथा Germany में Agriculture पर study की तथा 1931 में united states से doctorate की उपाधि प्राप्त की।
- Esau ने early publication में बताया कि curly top virus पौधों में food conducting या phloem tissue द्वारा
  फैलता है।
- Dr. Esau की 1954 में published plant anatomy ने एक dynamic तथा developmental approach को अपनाया जिसकी सहायता से plant structure के बारे में समझ बढ़ी तथा इसने पूरे विश्व में अत्यधिक प्रभाव छोड़ा।
  अर्थात् descipline का revival (पुनर्जागरण) ला दिया।
- 1960 में Esau की anatomy of seed plants, published हुई तथा इसे webster's of biology एवं encyclopedia के रूप में refer किया गया।
- 1957 में इन्हें National Academy of Science के लिए चुना गया तथा Esau इस सम्मान को पाने वाली 6th women बनी।
- 1989 में USA के President Greoge Bush द्वारा National Medal of Science प्राप्त किया।
- जब 1997 में इनकी मृत्यु हुई तब Missouri Botanical Garden में anatomy तथा morphology के director Peter Raven ने याद करते हुए कहा।
- Esau, 99 year की उम्र तक plant biology के क्षेत्र में 'absolutely dominated' बनी रही।

Chapter Five

MORPHOLOGY OF FLOWERING PLANTS

- Angiosperm की morphology या external structures में अत्यधिक diversity पायी जाती है फिर भी इन higher plants का बड़ा समूह हमें अपनी ओर आकर्षित करता है।
- Angiosperm की morphology अथवा external structure में बहुत अधिक diversity पायी जाती है।
- इन higher plants की पहचान roots, stems, leaves, flowers तथा fruits की उपस्थिति से होती है।
- Classification और higher plants को अच्छे से समझने के लिए (सभी living organism के लिए) हमें standard technical terms और standard definition की आवश्यकता होती है।
- हमें विभिन्न plants की diversity, जो plant में environment का परिणाम है; जैसे— विभिन्न habitats के प्रति adaptation, protection, climbing तथा storage, आदि के विषय में भी ज्ञान प्राप्त करने की आवश्यकता होती है।
- यदि आप किसी weed (खरपतवार) को उखाड़ें तो आप देखेंगे कि उन सभी में roots, stems और leaves उपस्थित होती है। उनमें flowers और fruits भी लगे हो सकते हैं।
- Flowering plant का underground part, **root system** बनाता है, जबकि ground के ऊपर वाला भाग **shoot system** बनाता है।

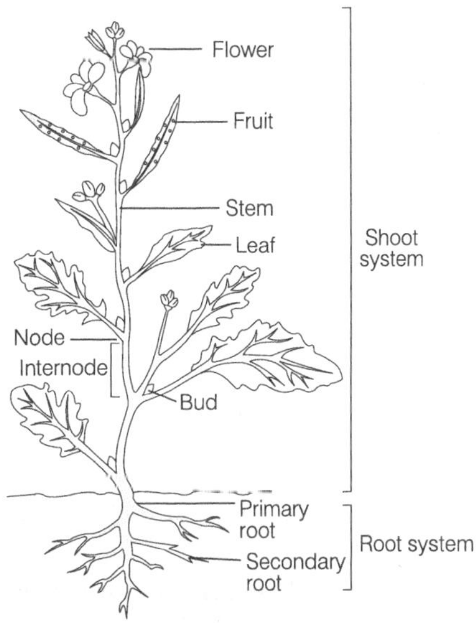

Figure 5.1 Parts of a flowering plant

5.1 The Root

- अधिकतर dicotyledonous plants में radicle के direct elongation से primary roots बनती हैं जो soil के अन्दर grow करती हैं।
- Primary roots में कई order की lateral roots पाई जाती हैं जिन्हें secondary और tertiary roots आदि कहते हैं।
- Primary roots तथा इसकी branches मिलकर **tap root system** बनाती हैं। e.g. **mustard plant.**
- Monocot plants में primary roots, short lived होती हैं तथा इनके स्थान पर कई roots निकलती हैं, ये roots, stem के base से निकलती हैं, जिन्हें **fibrous root system** कहते हैं। e.g. wheat.
- कुछ पौधों में roots, radicle के अतिरिक्त plants के अन्य parts से निकलती हैं, जिन्हें **adventitious roots** कहते हैं। e.g. grass, monstera, banyan.
- Root system के मुख्य कार्य—
  - – Soil से water और minerals का absorption करना।
  - – Plant के parts को proper anchorage (सहारा) प्रदान करना।
  - – Reserve food material को store करना।
  - – Plants growth regulators का synthesis करना।

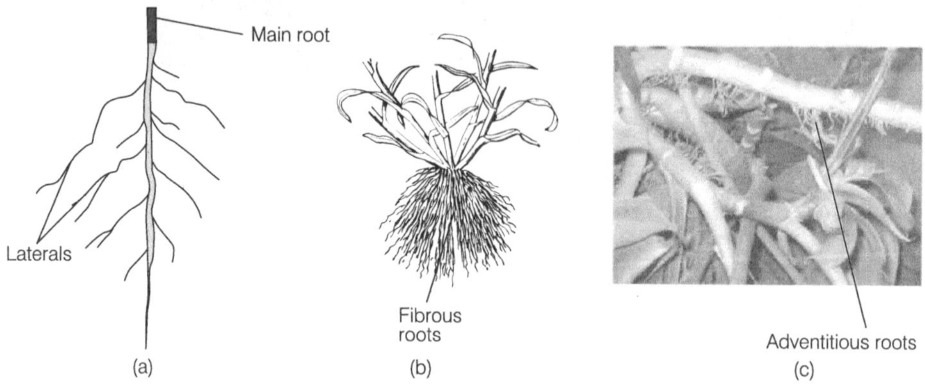

Figure. 5.2 Different types of roots : (a) Tap (b) Fibrous (c) Adventitious

5.1.1 Region of the Root

Root Cap

- Root का apex, thimble-like **root cap** से ढका रहता है।
- Root जब soil के अन्दर अपना रास्ता बना रही होती है तब root cap कोमल शीर्ष (tender apex) को protect करता है।

Region of Meristematic Activity

- Root cap से कुछ milimeter ऊपर **region of meristematic activity** होता है।
- इस region की cells बहुत छोटी, thin-walled होती हैं और उनमें dense protoplasm होता है।
- इस region की cells बार-बार divide करती हैं।

Region of Elongation

- Meristematic region के समीप (proximal) स्थित cells शीघ्रता से लम्बाई में बढ़ती हैं और root की लम्बाई भी बढ़ाती हैं।
- इस region को **region of elongation** कहते हैं।
- Zone of elongation की cells धीरे-धीरे differentiate तथा mature होती हैं।

Region of Maturation

- Region of elongation के समीप स्थित क्षेत्र को **region of maturation** कहते हैं।
- Region of maturation में कुछ epidermis cells से बहुत पतली (fine) तथा कोमल (delicate) धागेनुमा structures निकलती हैं, जिन्हें root hairs कहते हैं।
- Root hairs मिट्टी से water तथा minerals का absorption करते हैं।

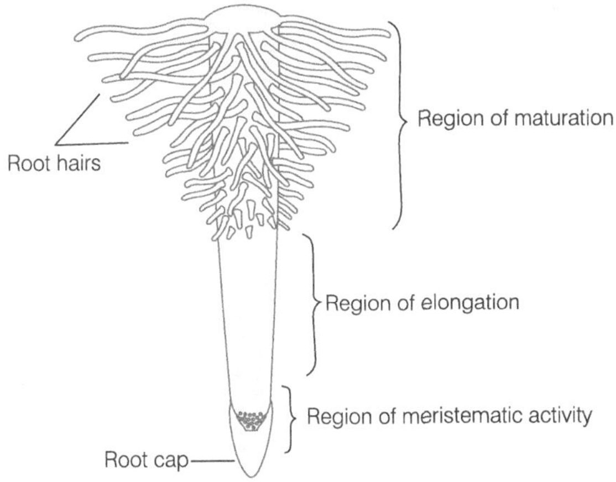

Figure 5.3 The regions of the root-tip

5.1.2 Modifications of Root

- कुछ plants की root, पानी तथा minerals के absorption तथा conduction के अतिरिक्त अन्य कार्यों को करने के लिए अपने shape तथा structure में modification कर लेती है।
- ये modification, **support, storage of food** तथा **respiration** के लिए हो सकते हैं।
- Carrot (गाजर), turnip (शलजम) की tap root तथा sweet potato की adventitious root भोजन को store करने के कारण फूल जाती है।
- Banyan tree में support प्रदान करने के लिए कुछ hanging structures पाए जाते हैं जिन्हें **prop roots** कहते हैं।
- इसी प्रकार maize तथा sugarcane के stem में भी support देने वाली roots निकलती हैं, ये stem के lower nodes से निकलती हैं जिन्हें **stilt roots** कहते हैं।
- कुछ plants जैसे *Rhizophora*, जो कि swampy areas में उगते हैं, में बहुत सी roots, ground से बाहर आकर vertically ऊपर की ओर निकलती हैं, ऐसी roots को **pneumatophore** कहते हैं।
  – ये respiration के लिए oxygen प्राप्त करने में सहायक होती हैं।

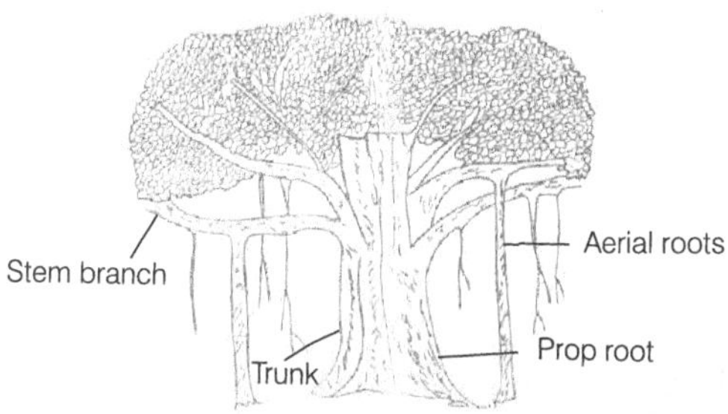

Figure 5.4 Modification of root for support: Banyan tree

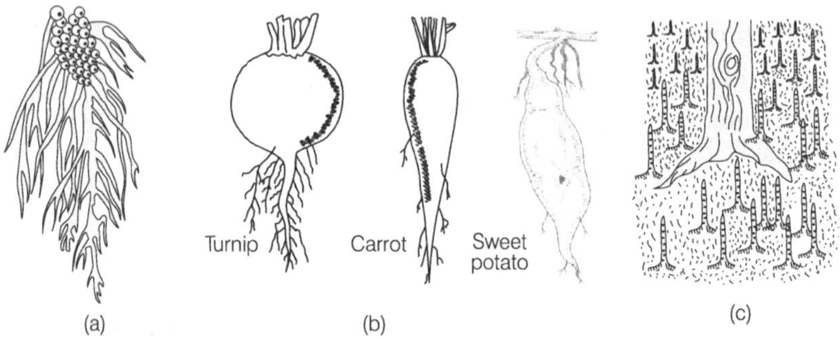

Figure 5.5 Modification of root for (a) support (b) storage (c) respiration: pneumatophore in *Rhizophora*

5.2 The Stem

*ऐसे कौन-से **features** हैं जो **stem** तथा **root** में अन्तर स्थापित करते हैं?*

- Stem, axis का ऊपरी भाग (ascending part) है जिस पर branches, leaves, fruit तथा flowers पाए जाते हैं।
- स्टेम embryo के **plumule** से निकलता है।
- Stem पर nodes तथा internodes पाए जाते हैं।
- Stem के उस क्षेत्र को जहाँ पर पत्तियाँ निकलती हैं उसे node कहते हैं।
- दो nodes के बीच का भाग internode कहलाता है।
- Stem पर buds लगे होते हैं जोकि terminal या axillary हो सकते हैं।
- Young अवस्था में stem प्राय: green होता है तथा बाद में यह woody तथा dark brown हो जाता है।
- Stem का प्रमुख कार्य branches को फैलाना, leaves, flowers तथा fruits को सम्भाले रखना है।
- यह पानी, minerals तथा photosynthates का conduction करता है।
- कुछ stem भोजन को store करने, support तथा protection देने और vegetative propagation करने का भी कार्य करते हैं।

5.2.1 Modification of Stem

- Stem हमेशा पादप की इच्छानुसार typical नहीं होते हैं।
- Stem विभिन्न कार्यों को करने के लिए आपने आप को modified कर लेते हैं। (Fig. 5.6)
- Potato, ginger, turmeric, zimikand और *Colocasia* के underground conditions भोजन को store करने के लिए modified हो जाते हैं इसके साथ-साथ growth के लिए unfavourable conditions के समय ये stem organ of prennation की तरह कार्य करते हैं।
- Axillary bud से निकलने वाले **stem** tendril, slender तथा spirally coiled होते हैं तथा पौधों को ऊपर चढ़ने में सहायता प्रदान करते हैं। e.g. guard (cucumber, pumpkin, watermelon) तथा grapevine.
- Stem की axillary bud, woody straight तथा pointed **thorns** (नुकीले काँटों) में भी modified हो सकती है।
- Stem thorns कई plants में पाए जाते हैं जोकि पौधों को browsing animal (चरने वाले पशु) से बचाते हैं। e.g. *Citrus, Bougainvillea.*
- Arid region (शुष्क क्षेत्रों) के कुछ पौधे अपने stem को modified कर लेते हैं तथा इनके stem में chlorophyll होता है और ये photosynthesis करते हैं। e.g. Flattened stem - *Opuntia,* fleshy cylindrical stem - *Euphorbia.*
- कुछ पौधों के underground stem जैसे grass और strawberry, आदि new niches में फैल जाते हैं और जब पुराने parts मर जाते हैं तब नए पौधे बनते हैं।
- Mint (पुदीना) और jasmine (चमेली) जैसे- plants में main axis के base से एक lateral branch निकलती है जो कुछ समय तक aerial growth करने के बाद नीचे की ओर मुड़कर ground को छूती है।

- *Pistia* और *Eichhornia* जैसे aquatic plant में एक lateral branch निकलती है जिसमें internodes short होती हैं तथा उसके प्रत्येक node पर **rosselte of leaves** (पत्तियों का झुंड) और tuft of roots पाया जाता है।
- Banana, pineapple और *Chrysanthemum* में lateral branches, main stem के basal तथा underground portion से निकलती हैं तथा मिट्टी के नीचे horizontally grow करती हैं और उसके बाद obliquely ऊपर की ओर निकलकर leafy shoot बनाती है।

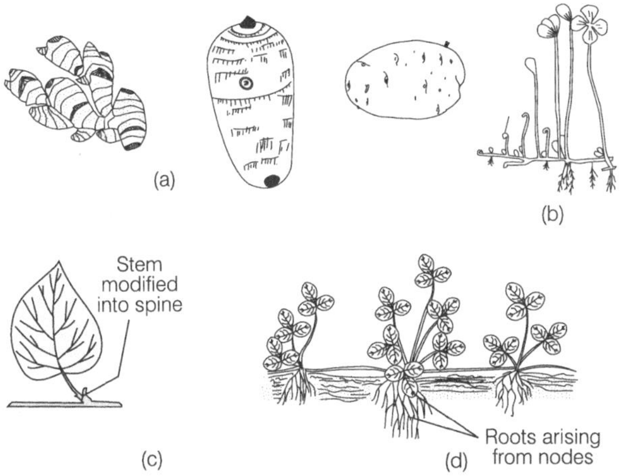

Figure 5.6 Modifications of stem for : (a) storage (b) support (c) protection (d) spread and vegetative propagation

5.3 The Leaf

- Leaf stem पर लगी हुई lateral, flattened structure है।
- यह node पर develop होती है तथा इसके axil में bud लगी होती है जिसे **auxillary bud** कहते हैं।
- Auxillary bud बाद में branch में develop हो जाती है।
- Leaves, shoot apical meristem से originate होती हैं तथा acropetal order में arranged हो जाती हैं।
- Leaves, photosynthesis के लिए बहुत महत्त्वपूर्ण vegetative organs हैं।
- एक typical leaf के तीन main parts होते हैं— **leaf base, petiole** और **lamina.**
- Leaf, leaf base के द्वारा stem से attach रहती है तथा base पर दो lateral small leaf like structures भी निकले हो सकते हैं जिन्हें **stipules** कहते हैं।
- Monocotyledons में leaf base चादर (sheath) की तरह expand करके steam को partially या पूरी तरह से cover कर लेता है।
- कुछ leguminous plants में leaf base फूल जाता है, जिसे **pulvinus** कहते हैं।
- Petiole leaf को इस तरह सजाता है जिससे इसे अधिकतम सूर्य का प्रकाश मिल सके।
- Long, thin तथा flexible petiole के कारण leaf blade हवा में flutter (फड़फड़ाना) करती है जिसकी वजह से leaf को cooling तथा fresh air मिलती है।
- Lamina या leaf blade, leaf का green expanded part है जिसमें veins तथा veinlets पायी जाती है।
- Lamina के बीच में usually एक prominent vein होती है जिसे **midrib** कहते हैं।
- Veins पत्ती को rigidity प्रदान करती है तथा water, mineral तथा food के transport के लिए channels की तरह कार्य करती है।
- विभिन्न plant में lamina की shape, margin, apex, surface तथा incision के extent में विभिन्नता दर्शाती है।

5.3.1 Venation

- Leaf के lamina पर veins तथा veinlets के arrangement को **venation** कहते हैं।
- जब veinlet, lamina पर एक network बनाती है तो उसे **reticulate venation** कहते हैं— e.g. generally **dicot plant** (Fig. 5.7 b).
- Lamina के अन्दर जब veins एक-दूसरे के parallel arrange होती हैं तो इसे **parallel venation** कहते हैं।
  - Monocot plant में अधिकांश parallel venation पाया जाता है।

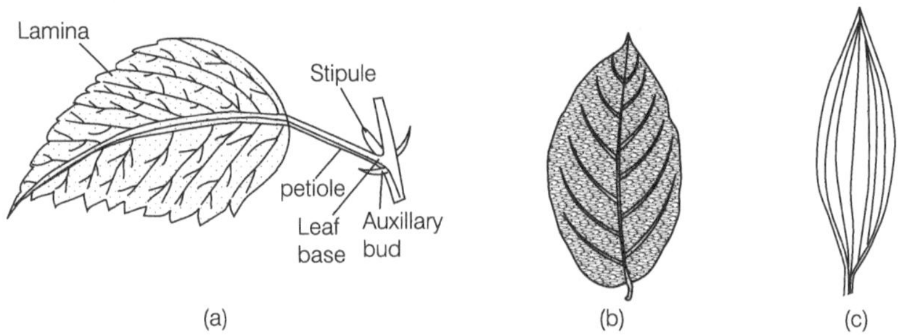

Figure 5.7 Structure of a leaf : (a) Part of a leaf (b) Reticulate venation (c) Parallel venation

5.3.2 Types of Leaves

- जब leaf की lamina entire हो अथवा कटी हुई (incised) हो परन्तु incision midrib को touch न करती हो तो इसे **simple leaf** कहते हैं।
- जब lamina के incision, midrib तक पहुँचे और lamina को बहुत सारी leaflets में break कर दें तो ऐसी leaf को **compound leaf** कहते हैं।
- Simple तथा compound leaves में petiole के axil में bud present होती है।
- Compound leaf में leaflet के axil में bud नहीं पायी जाती है।
- Compound leaves दो प्रकार की होती हैं (Fig. 5.8)
  1. **Pinnately Compound Leaf** - बहुत से leaflets एक common axis पर present होते हैं जिसे **rachis** कहते हैं जो leaf की midrib को represent करता है, e.g. neem.
  2. **Palmately Compound Leaf** - Leaflets एक common points अर्थात् petiole के tip से जुड़े रहते हैं; e.g. **silk cotton.**

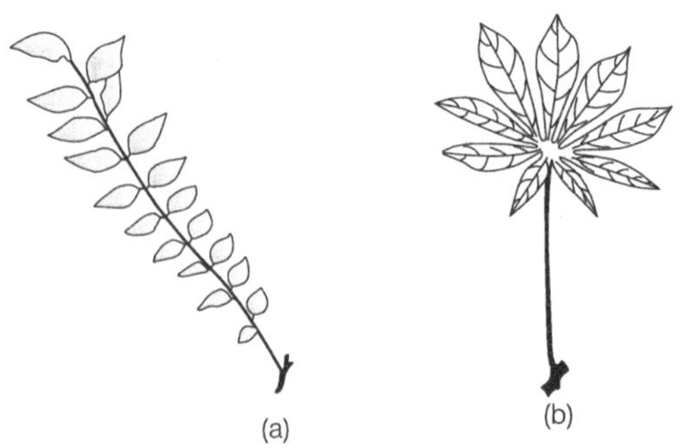

Figure 5.8 Compound leaves : (a) pinnately compound leaf (b) palmately compound leaf

5.3.3 Phyllotaxy

- Stem अथवा branch पर leaves के arrange रहने के pattern को **phyllotaxy** कहते हैं।
- यह arrangement सामान्यतया तीन प्रकार का होता है Alternate, opposite और whorled. (Fig. 5.9)
- **Alternate type** प्रत्येक node पर single leaf alternate manner में लगी होती है e.g. China rose, mustard और sunflower.

- **Opposite type** प्रत्येक node पर one pair leaves निकलती हैं और एक-दूसरे के opposite लगी होती हैं, e.g. *Calotropis* और Guava.
- **Whorled type** एक node पर दो से अधिक leaves निकलती हैं तथा whorl बनाती हैं, e.g. *Alstonia* (devil tree).

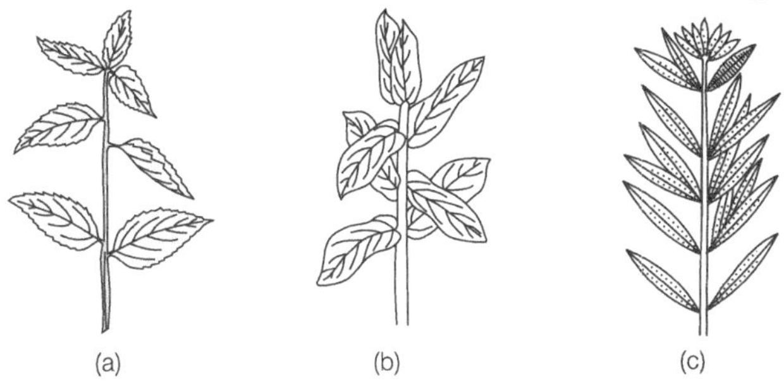

Figure 5.9 Different types of phyllotaxy : (a) alternate (b) opposite (c) whorled

5.3.4 Modifications of Leaves

- Leaves, photosynthesis के अलावा अन्य कार्यों को करने के लिए भी modified हो जाती हैं।
- ये ऊपर चढ़ने (climbing) के लिए tendril में convert हो जाती हैं। e.g. peas. (Fig. 5.10 a)
- Defence के लिए spines (कांटों) में convert हो जाती हैं। *e.g.* cactus. (Fig. 5.10 b)
- Onion तथा garlic की fleshy leaves में food store रहता है। (Fig. 5.10 c)
- कुछ plants जैसे कि Australian *Acacia* में leaves छोटी तथा short lived होती हैं तथा इन पौधों में petiole फैलकर हरा हो जाता है और भोजन बनाने का काम करता है।
- कुछ insectivorous plant में leaves घड़े के आकार में modified हो जाती हैं। e.g. Pitcher plant, venus-fly trap.

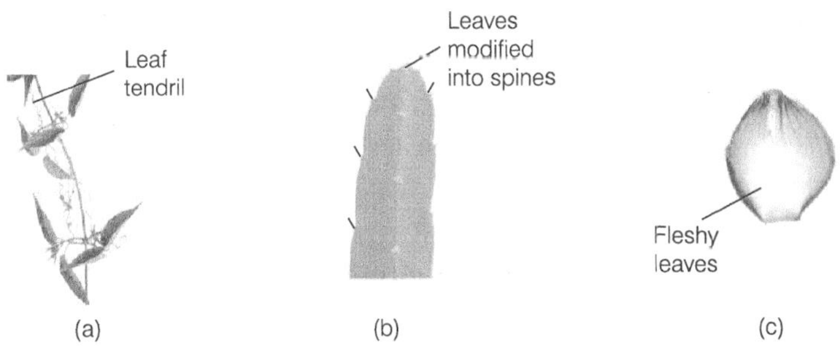

Figure 5.10 Modifications of leaf for : (a) support: tendril (b) protection: spines (c) storage: fleshy leaves

5.4 The Inflorescence

- Flower एक modified shoot होता है जहाँ पर shoot की apical meristem, floral meristem में परिवर्तित हो जाती है।
- Internode लम्बाई में नहीं बढ़ती है तथा axis, condensed हो जाती है।
- Node पर क्रमानुसार पत्तियों की अतिरिक्त floral appandages निकलते हैं।
- जब shoot tip, flower में परिवर्तित होता है तब वह सदैव अकेला (solitary) रहता है।
- Floral axis पर flowers के arrangement को **inflorescence** कहते हैं।
- Apex का flower में convert होना या continuous रूप से वृद्धि करने के आधार पर inflorescence दो प्रकार के होते हैं **recemose** तथा **cymose.**

Figure 5.11 Racemose inflorescence

- Recemose inflorescence के main axis में continuous growth होती है तथा flowers, acropetal succession में लगे रहते हैं। (Fig. 5.11)
- Cymose inflorescence में main axis के शीर्ष पर flowers लगे रहते हैं, इसलिए इसमें limited growth होती है।
- Cymose inflorescence में flowers, basipetal order में लगे रहते हैं।

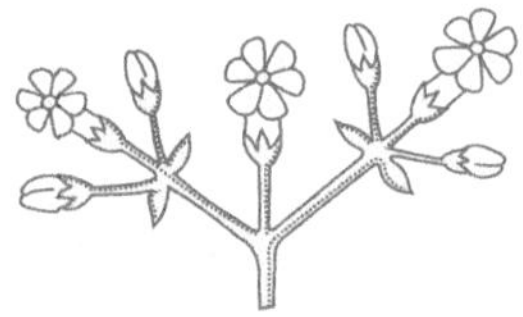

Figure 5.12 Cymose inflorescence

5.5 The Flower

- Angiosperm में flower, reproductive unit है जो sexual reproduction में useful है।
- एक typical flower में चार विभिन्न प्रकार के whorls होते हैं, जो क्रमानुसार stalk or pedicle के swollen end पर लगे हुए होते हैं जिन्हें **thalamus or receptacle** कहते हैं।
- ये हैं—calyx, corolla, androecium और gynoecium.
- Calyx तथा corolla, **accessory organs** हैं जबकि androecium तथा gynoecium, **reproductive organs** हैं।
- कुछ flowers जैसे- lily में calyx तथा corolla में कोई अन्तर नहीं होता है जिसे **perianth** कहते हैं।
- जब flower में androecium तथा gynoecium दोनों पाए जाते हैं तब उसे **bisexual flower** कहते हैं।
- यदि किसी flower में केवल एक stamen या carpel हो तो उसे **unisexual flower** कहते हैं।
- Symmetry में flower, **Actinomorphic** (radial symmetry) या **Zygomorphic** (bilateral symmetry) हो सकते हैं।
- जब किसी flower को centre से pass होने वाले किसी radial plane द्वारा दो बराबर भागों में divide किया जा सके तो, उसे actinomorphic कहते हैं, जैसे- mustard, *Datura*, chilli.
- जब flower को केवल एक विशेष vertical plane से दो समान भागों में divide किया जा सके तो इसे zygomorphic कहते हैं। e.g. pea, gulmohar, bean तथा *Cassia*.
- जब कोई flower बीच से किसी भी vertical plane से दो समान भागों में divide न किया जा सके तो इसे **asymmetric** (irregular) कहते हैं। e.g. ***Canna.***
- एक flower, **trimerous, tetramerous, pentamerous** हो सकता है जब floral appendages क्रमश: 3, 4 या 5 के multiple में होते हैं।
- जिन flowers में bracts होते हैं उन्हें **bracteate** कहते हैं तथा बिना bract वाले flowers को **ebracteate** कहते हैं। (bract- pedicel के base पर उपस्थित reduced leaf)
- Thalamus पर ovary के respect में calyx, corolla तथा androecium की position के आधार पर flowers को hypogynous, perigynous तथा epigynous कहते हैं। (Fig. 5.13)

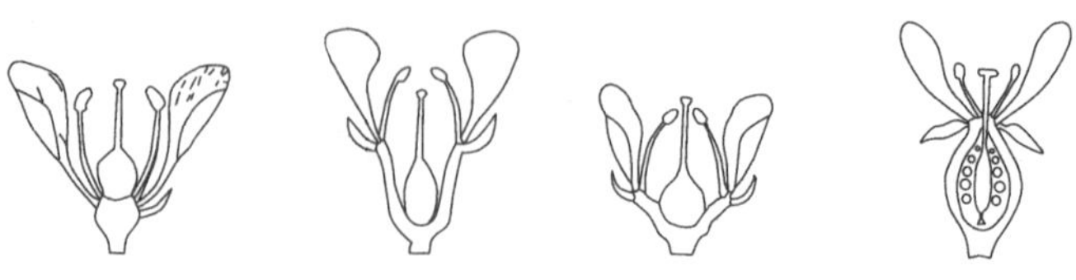

(a) (b) (c) (d)

Figure 5.13 Position of floral parts on thalamus : (a) Hypogynous (b) and (c) Perigynous (d) Epigynous

- **Hypogynous flower** में gynoecium highest position पर स्थित होता है तथा other parts नीचे (below) होते हैं।
  - ऐसे flowers में ovary, **superior** होते हैं। e.g. mustard, China rose तथा brinjal.

- **Perigynous flower** में gynoecium, centre में स्थित होता है तथा other parts thalamus के rim (किनारे) पर स्थित होते हैं तथा ए लगभग same level तक होते हैं।
  - इसमें ovary, **half inferior** होते हैं। e.g. plum, rose, peach.
- **Epigynous flower** में thalamus के margins ऊपर की ओर grow करते हैं तथा वे ovary को पूरी तरह ढ़क (enclose) लेते हैं तथा इससे fuse हो जाते हैं।
- इसमें flower के other parts, ovary के ऊपर arise होते हैं।
- इसलिए इसमें ovary, **inferior** होते हैं। e.g. guava, cucumber, ray florests of sun flower.

5.5.1 Parts of a Flower

- प्रत्येक flower के 4 floral whorls होते हैं; जैसे- calyx, corolla, androecium, gynoecium. (Fig. 5.14)

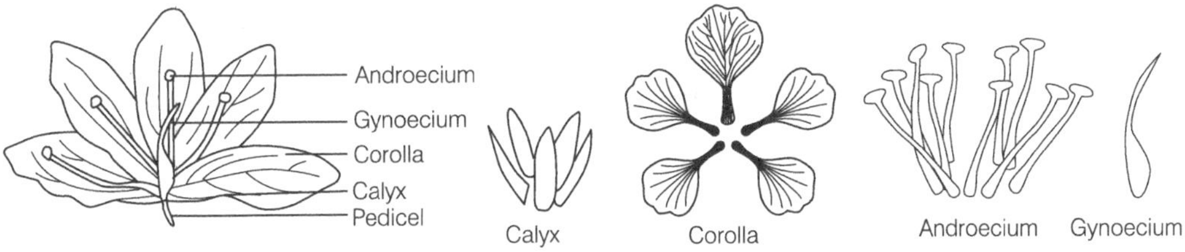

Figure 5.14 Parts of a flower

5.5.1.1 Calyx

- Calyx, flower का बाहरी whorls हैं तथा इसके members (unit) को **sepal** कहते हैं।
- Sepals प्राय: green leaf-like होते हैं तथा bud stage में flower को protect करते हैं।
- Calyx दो प्रकार के हो सकते हैं **gamosepalous** (sepals united) या **polysepalous** (sepals free).

5.5.1.2 Corolla

- Corolla, petals का बना होता है। Petals प्राय: brightly coloured होते हैं।
- ये pollination के लिए insects को अपनी ओर आकर्षित करते हैं।
- Calyx की तरह corolla को भी दो भागों में बाँट सकते हैं।
- **Gamopetalous** (petals united) या **polypetalous** (petals free).
- Plants में corolla की shape तथा colour भिन्न-भिन्न होता है।
- ये tubular, bell-shape, funnel या wheel-shaped हो सकते हैं।

Aestivation

- Floral bud में sepals या petals के arrangement को **aestivation** कहते हैं।
- यह arrangement, same whorls के other members के सापेक्ष (respect) होता है।
  Type of aestivation : valvate, twisted, imbricate तथा vexillary (Fig. 5.15)

Valvate

- जब whorl में sepals या petals के margins एक दूसरे को बिना overlapping किए touch करते हैं तो इसे valvate aestivation कहते हैं। e.g. *Calotropis*.

Twisted

- यदि sepals या petals के margin, next sepal या petal के margin पर (and so on) overlap हो तो इसे twisted aestival कहते हैं। e.g. China rose, lady's finger and cotton.

Imbricate

- इसमें sepals या petals के margins एक दूसरे पर overlap करते हैं, लेकिन उसकी कोई particular direction नहीं होती है। e.g. *Cassia* and gulmohar.

Vexillary or Papilionaceous

- Pea, bean में 5 petals होते हैं। इनमें से एक सबसे बड़ा (standard) दो lateral petals (wings) तथा दो सबसे छोटे anterior petals (keel) होते हैं।
- Standard, दो lateral को overlap करता है तथा दो lateral, smallest keel को overlap करते हैं।

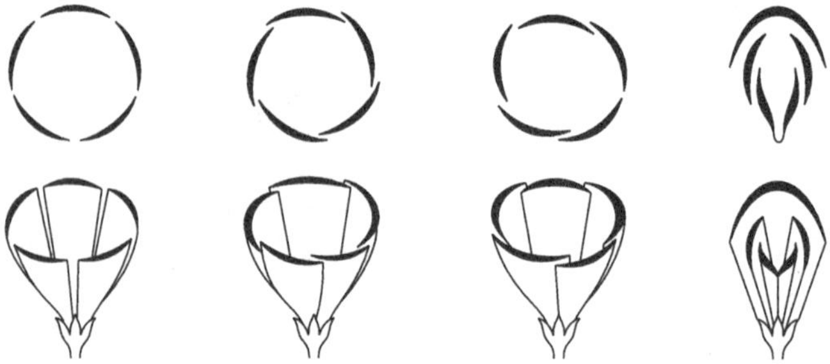

(a) (b) (c) (d)

Figure 5.15 Types of aestivation in corolla: (a) Valvate (b) Twisted (c) Imbricate (d) Vexillary

5.5.1.3 Androecium

- Androecium, **stamens** से मिलकर बनता है।
- प्रत्येक stamen, flower के male reproductive organ को दर्शाता है।
- Stamen में एक **stalk** या filament तथा एक **anther** होता है।
- प्रत्येक anther प्राय: bilobed होता है तथा प्रत्येक lobe में दो chambers, pollen sacs होते हैं।
- Pollen grains, pollen sacs में produce होते हैं।
- Sterile stamen को **staminode** कहते हैं।
- Stamens पुष्प के अन्य भागों जैसे **petals** या आपस में ही जुड़े हो सकते हैं।
- जब stamen, petal से attach होते हैं तो इसे **epipetalous** कहते हैं। e.g. brinjal.
- जब stamen, parianth से attach होते हैं तो इसे **epiphyllous** कहते हैं। e.g. lily flower.
- Flower में stamen, free (polyandrous) या united हो सकते हैं।
  Monadelphous जब stamen, unite होकर एक bunch या bundle बनाते हैं। e.g. China rose.
  Diadelphous Stamen, unite होकर दो bundle बनाते हैं। e.g. pea.
  Polyadelphous Stamen, unite होकर दो से अधिक bundle बनाते हैं e.g. *Citrus*.
- *Salvia* तथा mustard के flower में filament के length में variation हो सकती है।

5.5.1.4 Gynoecium

- Gynoecium, flower के female reproductive organs होते हैं।
- ये एक या अधिक carpels से मिलकर बनते हैं।
- Carpel के तीन parts होते हैं— **Stigma, style** और **ovary**.
- Ovary फूला हुआ (enlarged) basal part है जिस पर एक लंबी tube होती है जिसे style कहते हैं।
- Style, ovary को stigma से जोड़ती है।
- Stigma प्राय: style के top पर होती है तथा pollen grain को receive करती है।
- प्रत्येक ovary में एक या अधिक ovules होते हैं, जो flattened, cushion-like placenta से जुड़े रहते हैं।
- जब एक से अधिक carpels, free अवस्था में पाए जाते हैं, तो इसे **apocarpous** कहते हैं। e.g. lotus and rose.

- जब carpels, fused रहते हैं, तो इन्हें **syncarpous** कहते हैं। e.g., mustard and tomato.
- Fertilisation के बाद ovules से seeds बनते हैं तथा ovary, mature होकर fruit बनती है।

Placentation

- Ovary में ovules के arrangement को placentation कहते हैं।
- Placentation भिन्न प्रकार के हो सकते हैं; जैसे- marginal, axile, parietal, basal, central तथा free central.

Marginal Placentation

- इसमें placenta, ovary के ventral suture के along एक ridge बनाता है तथा ovules, ridge पर स्थित रहते है जो दो rows बनाते हैं। e.g. pea.

Axile Placentation

- जब placenta axial होता है तथा ovules, multilocular ovary पर लगे होते हैं तब ऐसे placentation को axile placentation कहते हैं; जैसे— China rose, tomato और lemon.

Parietal Placentation

- इसमें ovules, ovary की inner wall पर या peripheral part पर लगे रहते हैं।
  - इसमें ovary one-chambered होती हैं लेकिन false septum बनने के कारण two-chambered हो जाती है, e.g. Mustard और *Argemone.*

Free Central

- इसमें ovules, central axis पर होते हैं तथा septa absent होते हैं, e.g. *Dianthus* तथा primrose.

Basal Placentation

- इसमें placenta, ovary के base पर होता है तथा इससे केवल एक ovule जुड़ा रहता है। e.g. sunflower और marigold.

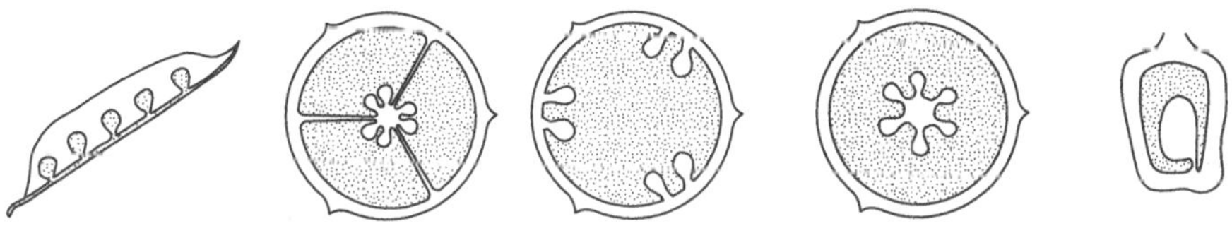

(a) (b) (c) (d) (e)

Figure 5.16 Types of placentation : (a) Marginal (b) Axile (c) Parietal (d) Free central (e) Basal

5.6 The Fruit

- Fruit, flowering plants का एक characteristic feature है।
- यह एक mature या ripened ovary है, जो fertilisation के बाद बनता है।
- Ovary में fertilisation के बिना बनने वाले fruit को **parthenocarpic fruit** कहते हैं।
- प्राय: fruit में एक wall या pericarp तथा seeds होते हैं।
- Pericarp dry या fleshy हो सकते हैं।
- जब pericarp, मोटी तथा fleshy होती है, तो यह निम्न differentiate में होते हैं— Outer epicarp, Middle mesocarp, Inner endocarp.
- Mango तथा coconut, **drupe** type के fruit है। (Fig. 5.17)
  - Drupe fruit, monocarpellary superior ovary से develop होते हैं तथा इनमें एक seed होता है।
- **Pericarp of Mango**— Outer epicarp (thin), Middle mesocarp (fleshy edible), Inner endocarp (stony hard).
- Coconut में mesocarp, fibrous होता है।

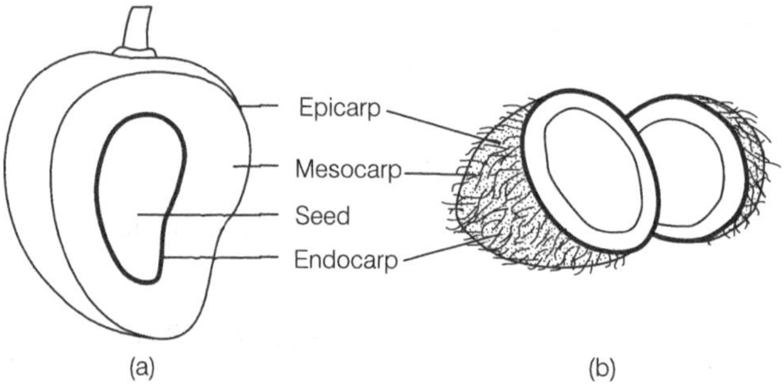

Figure 5.17 Parts of a fruit : (a) Mango (b) Coconut

5.7 The Seed

- Fertilisation के बाद ovule से seed बन जाता है।
- Seed में प्राय: एक seed coat तथा एक embryo होता है।
  Embryo में एक radicle, एक embryonal axis तथा एक या दो cotyledons होते हैं।
  - **Monocotyledons** Wheat, maize.
  - **Dicotyledons** Gram, pea.

5.7.1 Structure of Dicot Seed

- Seed की सबसे बाहरी covering को seed coat कहते हैं।
- Seed coat की दो परतें होती हैं— बाहरी को **testa** तथा भीतर वाली को **tegmen** कहते हैं।
- Seed coat पर धब्बा होता है, जिसे **hilum** कहते हैं, जिसके द्वारा seed, fruit से जुड़ा रहता है।
- प्रत्येक seed में hilum के ऊपर एक छिद्र होता है, जिसे **micropyle** कहते हैं।
- Seed coat के अन्दर embryo होता है, जिसमें एक embryonal axis तथा दो cotyledons होते हैं।
- Cotyledons गुदेदार (fleshy) होते हैं तथा इनमें food material reserve रहता है।
- Embryonal axis के नीचे वाले नुकीले भाग को **radicle** तथा ऊपरी भाग को **plumule** कहते हैं।
- Endosperm भोजन को store करने वाला tissue है, जो double fertilisation के फलस्वरूप बनते हैं।
- Bean, gram तथा pea जैसे seeds में enosperm absent होता है इन्हें **non-endospermous seeds** कहते हैं।

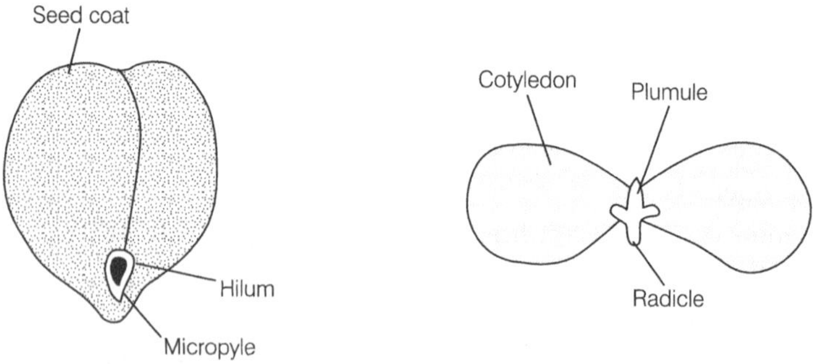

Figure 5.18 Structure of dicotyledonous seed

5.7.2 Structure of Monocotyledonous Seed

- सामान्यतया monocot seed, endospermic होते हैं, लेकिन उनमें से कुछ non-endospermic होते हैं। e.g. Orchids.
- Cereals के seed में seed coat, membranous होता है तथा fruit wall से fused होता है। e.g. maize.
- Endosperm, bulky होता है तथा food store करता है।

- Endosperm की बाहरी layer, embryo से एक प्रोटीन layer द्वारा अलग होती है, जिसे aleurone layer कहते हैं।
- Embryo आकार में छोटा होता है तथा यह endosperm के एक end पर खाँचे (groove) में स्थित होता है।
- Embryo में एक बड़ा तथा shield-shaped cotyledons होता है जिसे scutellum कहते हैं।
- Embryo में एक short axis होता है, जिसमें plumule और radicle होते हैं।
- Plumule तथा radicle एक चादर (sheath) द्वारा ढके होते हैं, जिसे क्रमशः coleoptile तथा coleorhiza कहते हैं। (Fig. 5.19)

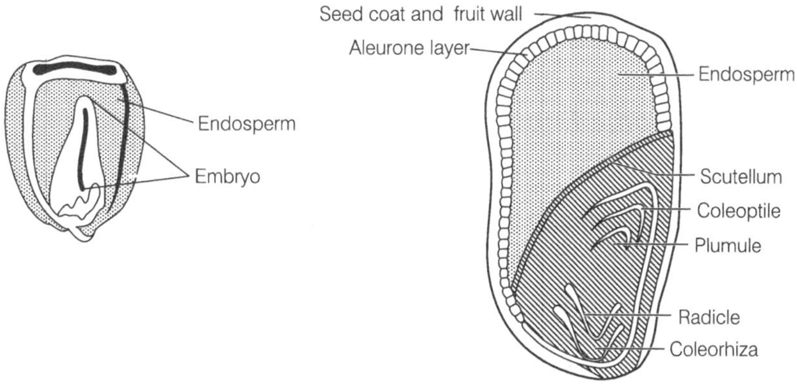

Figure 5.19 Structure of a monocotyledonous seed

5.8 Semi-technical Description of a Typical Flowering Plant

- Flowering plants को describe करने के लिए बहुत से morphological features का use किया जाता है।
- Flowering plants का description brief, simple तथा scientific language में होना चाहिए तथा इसे proper sequence में present करना चाहिए।
- Plants के discription में उसके habit, vegetative character (root, stem, leaf) को पहले तथा flower character, inflorescence और flower part को बाद में describe किया जाता है।
- Plants के various parts के description के बाद floral part के floral diagram और floral formula को represent किया जाता है।
- Floral formula को कुछ symbols द्वारा represent किया जाता है।

  Floral formula symbols :

  Bracteate - **Br**   Calyx - **K**   Corolla - **C**
  Perianth - **P**   Androecium - **A**   Gynoecium - **G**
  Superior ovary - $\underline{G}$ Inferior ovary - $\overline{G}$ Male flower - ♂
  Female flower - ♀   Bisexual plant - ♂   Actinomorphic - ⊕
  Zygomorphic - %

- Adhesion को floral parts के symbols के ऊपर line draw द्वारा represent करते हैं।
- Flower diagram से flower के part का number, उनका arrangement तथा उनके relation के विषय में information प्राप्त होती है। (Fig. 5.20)

- Mother axis की position, flower के respect में होती है, जिसे dot द्वारा floral diagram के ऊपर represent करते हैं।
- Calyx, corolla, andorecium तथा gynoecium को successive whorls में दिखाया जाता है।
- Calyx सबसे बाहर की ओर तथा gynoecium सबसे अन्दर होता है।
- Mustard plant (family– Brassicaceae) के floral diagram तथा floral formula Fig. 5.20 में दिखाए गए हैं।
- Floral formula, whorls के parts तथा whorls के मध्य cohesion तथा adhesion को भी दर्शाता है।

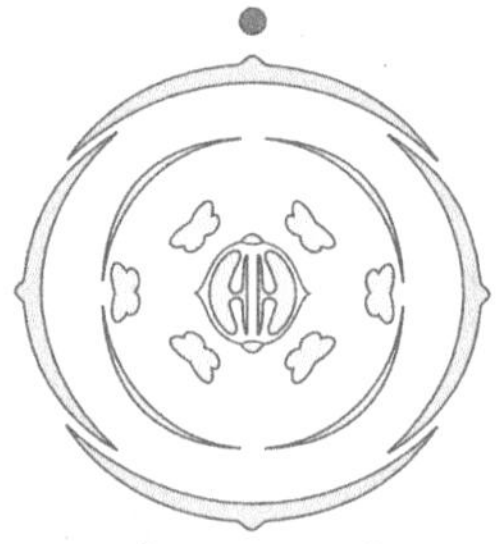

$\oplus$ ⚥ $K_2+C_4A_{2+4}\underline{G}[2]$

Figure 5.20 Floral diagram with floral formula

5.9 Discription of Some Important Families

5.9.1 Fabaceae

- इस family को पहले **Papilionoideae** कहते थे, जो leguminosae family की sub-family थी।
- इस family के member सम्पूर्ण संसार में पाए जाते हैं। (Fig. 5.21)

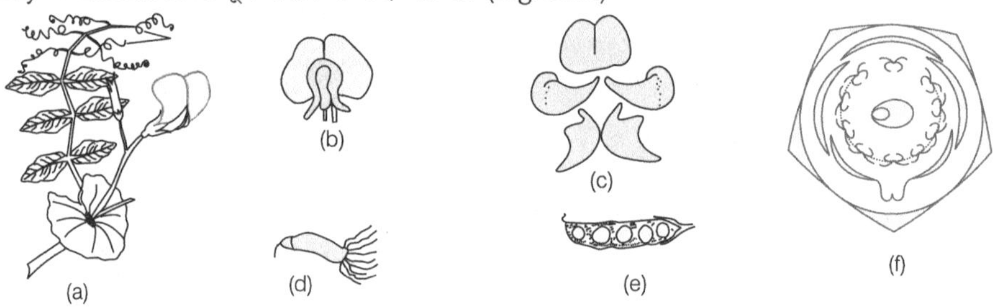

Figure 5.21 *Pisum sativum* (pea) plant : (a) Flowering twig (b) Flower (c) Petals (d) Reproductive parts (e) LS of carpel (f) Floral diagram

Vegetative Characters

- इस family में trees, shrubs, herbs, root with root nodules, आदि होते हैं।
- **Stem :** stem erect या climber
- **Leaves** alternate, pinnately compound या simple, leaf base, pulvinate, stipulate, venation reticulate होता है।

Floral Characters

Inflorescence Racemose

Flower Bisexual, zygomorphic

Calyx Sepals 5, gamosepalous तथा valvate/imbricate aestivation.

Corolla Petals 5, polypetalous, Papilionaceous, consisting of a posterior standard, two lateral wings, two anterior ones forming a keel (enclosing stamens and pistil), vexillary aestivation.

Androecium 10 stamen, diadelphous, dithecous anther.

Gynoecium Ovary superior, monocarpellary, unilocular with many ovule, single style.

Fruit : Legume.

Seed : One of many non-endospermic

Floral Formula % ⚥ $K_{(5)}C_{1+2+(2)}A_{(9)+1}\underline{G}_{(1)}$

Economic Importance

- अनेक प्रकार की **pulses;** जैसे— gram, arhar, sem, moong, soybean; **edible oil** (soybean, groundnut) dye (*Indigofera*), fibres (sunhemp); **fodder** (*Sesbania, Trifolium*), ornamental जैसे (lupin, sweet pea), medicine (muliathi).

5.9.2 Solanaceae

- यह एक large family है।
- प्राय: इसे potato family भी कहते हैं।
- इस family के पौधे tropics, subtropics तथा temperate zones तक फैले रहते हैं। (Fig. 5.22)।

Vegetatives Characters

- इसमें plants प्राय: herbs, shrubs तथा rarely small trees होते हैं।

Stem: Stem herbaceous, कभी-कभी woody, aerial, erect, cylindrical, branched, solid या hollow, hairy या glabrous underground stem; जैसे— potato (*Solanum tuberosum*).

Leaves : Alternate, simple, rarely pinnately compound, exstipulate; venation reticulate.

Floral Characters

Inflorescence : Solitary, axillary या cymose as in *Solanum.*

Flower : Bisexual, actinomorphic.

Calyx : Sepals 5, united, persistent, valvate aestivation.

Corolla : Petals 5, united; valvate aestivation

Androecium Stamens 5, epipetalous.

Gynoecium : Bicarpellary, obligately placed, syncarpous; ovary superior, bilocular, placenta swollen with many ovules, axile placentation.

Fruits : Berry या capsule.

Seeds : Many या capsule.

Seeds : Many, endospermous.

Flora Formula $\oplus$ ⚥ $K_{(5)}\ \overset{\frown}{C_{(5)}\ A_{(5)}}\ \underline{G}_{(2)}$

Economic Importance

- इस family के अधिकांश members **foods** (tomato, brinjal, potato), **spice** (chilli); **medicine** (*Belladonna*, ashwagandha); fumigatory (tobacco); ornamentals (*Petunia*).

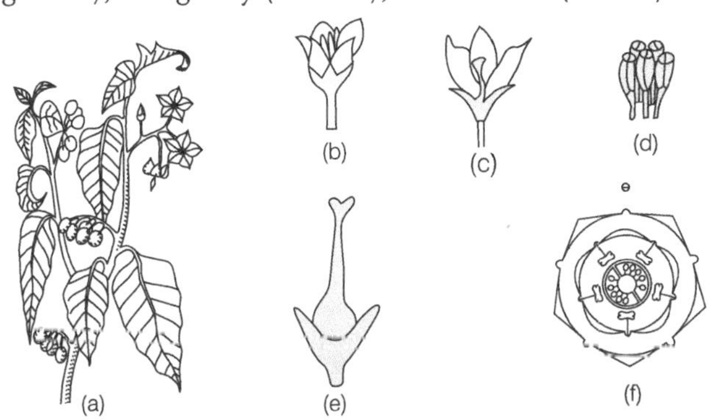

Figure 5.22 *Solanum nigrum* (makoi) plant : (a) Flowering twig (b) Flower (c) LS of flower (d) Stamens (e) Carpel (f) Floral diagram

5.9.3 Liliaceae

- इसे प्राय: **'lily family'** कहते हैं, यह monocotyledonous plants की characteristic representative है।
- ये पूरे विश्व में पाए जाते हैं। (Fig. 5.23)

Vegetative characters : इसमें perennial herbs के साथ underground bulbs/corms/rhizomes, आदि आते हैं।

Leaves Mostly basal, alternate, linear, exstipulate with parallel venation.

Floral Characters

Inflorescence Solitary/cymose; often umbellate clusters.

Flower Bisexual, actinomorphic.

Perianth Tepal 6 (3 + 3), often united into tube; valvate aestivation.

Androecium Stamen 6 (3 + 3), epitepalous.

Gynoecium Tricarpellary, syncarpous, ovary superior, trilocular with many ovules, axile placentation.

Fruit : Capsule, rarely berry.

Seed : Endospermous seed.

Floral formula $Br \oplus ⚥\ \overparen{P_{(3+3)}A_{3+3}}G_{(3)}$

Economic Importance

- इस family के अधिकांश plants **ornamentals** (tulip, *Gloriosa*) **source of medicine** *(Aloe)*, **vegetables** (*Asparagus*) तथा colchicine (*Colchicum autumnale*), आदि होते हैं।

Figure 5.23 *Allium cepa* (onion) plant : (a) Plant, (b) Inflorescence (c) Flower, (d) Floral diagram.

Simplified NCERT

Chapter Six

ANATOMY OF FLOWERING PLANTS

- आप larger organisms के structure में similarities तथा external morphology में variations देख सकते हैं।
- जब हम internal structure को study करते हैं तब हमें कई similarities तथा differences का पता लगता है।
- Plants के internal structures की study को **anatomy** कहते हैं।
- Plants में different organs के internal structures में अन्तर होते हैं।
- Angiosperm में ही monocots की anatomy, dicots से भिन्न होती हैं।
- Internal structures, environments के प्रति adaptation को भी दर्शाती है।

6.1 The Tissues

- Tissue, cells का ऐसा group है, जिनकी origin common होती है तथा उनके functions भी प्राय: common होते हैं।
- Plants में कई प्रकार के tissues होते हैं।
- Cell में division होगा या नहीं होगा की capabilities के आधार पर plant tissue के दो main groups होते हैं- meristematic तथा permanent tissue.

6.1.1 Meristematic Tissues

- Plant में growth मुख्यतया active cell division वाले specialised region तक ही सीमित होती है।
- इस region को meristems (*Gk. meristos* : divide) कहते हैं।
- Plant में विभिन्न प्रकार के meristems पाए जाते हैं।
- Roots तथा shoots की tip पर पायी जाने वाली meristems को **apical meristems** कहते हैं। (Fig. 6.1)
- Apical meristem, primary tissues बनाते हैं।
- Root apical meristem, root की tip पर स्थित होते हैं तथा shoot apical meristem, shoot की tip पर स्थित होते हैं।

Auxillary Bud

- Leaves के बनने तथा stem के elongation के समय कुछ cells, shoot apical meristem से पीछे छूट जाती हैं इन्हे auxillary bud कहते हैं।
  ऐसी buds, leaves के axis में स्थित होती हैं तथा इनसे branch या flowers का formation होता है।
- Mature tissues के बीच पायी जाने वाली meristem को **intercalary meristem** कहते हैं।
- Intercalary meristem, grasses में पायी जाती हैं तथा herbivores के द्वारा खाए भाग को regenerate करती हैं।
- Apical तथा intercalary दोनों **primary meristem** कहलाती हैं, क्योंकि ये plant की early life में ही आ जाती हैं तथा primary plant body को बनाने में सहायता करती हैं।
- Plants की roots तथा shoots के mature region (specially जो woody axis बनाते हैं) में पायी जाने वाली meristem को **secondary** या **lateral meristem** कहते हैं।
- Secondary meristem, primary meristem के बाद appear होती है तथा cylindrical होती है।
  Example of lateral meristem : **Fascicular vascular cambium, interfascicular vascular cambium** तथा **cork cambium.**
  - ये secondary tissues बनाने के लिए responsible होते हैं।
- Primary तथा secondary दोनों meristems में cell division के बाद new cells बनती हैं, जो structurally तथा functionally specialised होती हैं तथा इनमें division की क्षमता नहीं होती। ऐसी cells को **permanent** या **mature cells** कहते हैं।
- ये mature cells, permanent tissues का निर्माण करती हैं।
- Plants की primary plant body बनने के समय apical meristem के specific स्थानों से dermal tissue, ground tissue तथा vascular tissue बनते हैं।

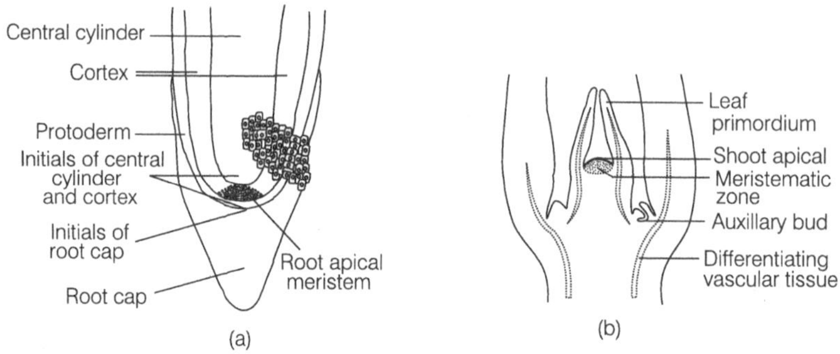

Figure 6.1 Apical meristem: (a) Root (b) Shoot

6.1.2 Permanent Tissues

- Permanent tissues की cells, generally और अधिक divide नहीं होती।
- Permanent tissues दो प्रकार के होते हैं— **simple** तथा **complex**.
- Simple permanent tissue में वो cells आती हैं, जो structure तथा function में similar होती हैं।
- Complex permanent tissue में कई different types की cells पायी जाती हैं।

6.1.2.1 Simple Tissues

- इनमें केवल एक ही प्रकार की cells पायी जाती हैं।
- Plants में विभिन्न प्रकार के simple tissues पाए जाते हैं, जैसे- **parenchyma, collenchyma** तथा **sclerenchyma.** (Fig. 6.2)

Parenchyma

- ये organs के अन्दर का major भाग बनाती हैं।
- इनकी cells अधिकतर **isodiametric** होती हैं।
- इनकी walls पतली होती हैं तथा cellulose की बनी होती है।
- इनकी cells बहुत पास-पास हो सकती हैं या small intercellular spaces हो सकते हैं।

Function of parenchyma : Photosynthesis, storage, secretion, etc.

Collenchyma

- Dicot plant की epidermis के नीचे collenchyma की layers पायी जाती हैं।

- ये homogeneous layer या patches के रूप में पायी जाती हैं।
- इनकी cells की wall पतली होती है, लेकिन corners मोटे होते हैं, क्योंकि corners पर cellulose, hemicellulose तथा pectin का deposition रहता है।
- इनकी cells **oval, spherical** या **polygonal** हो सकती हैं तथा इनमें chloroplast पाया जाता है।
- इनमें intercellular spaces, absent होते हैं।
- **Function of collenchyma :** ये growing parts; जैसे- young stem और leaf के petiole को mechanical support प्रदान करती हैं।

Sclerenchyma

- इनमें long व narrow cells होती हैं।
- इनकी cell wall, thick तथा lignified होती है।
- इनकी cell wall पर कुछ या अधिक pits पाए जाते हैं।
- ये cells usually dead होती हैं तथा इनमें protoplast नहीं होता है।
- Form, structure, origin तथा development में variation के आधार पर sclerenchyma दो प्रकार की होती हैं— **fibres** या **sclereids.**

Fibres

- यह thick wall वाले, elongated तथा pointed cells के बने होते हैं।
- ये usually, plant के विभिन्न भागों में अधिकतर groups में पाए जाते हैं।

Sclereids

- ये spherical, oval या cylindrical होती हैं।
- ये highly thick तथा dead sclerenchymatous cells से बने होते हैं, जिनमें narrow cavities (lumen) पायी जाती है,।
- ये प्राय: nuts की fruit walls, fruit; जैसे- guava, pear तथा sapota (चीकू) के pulp, lagumes के seed coat तथा चाय की पत्ती में पाए जाते हैं।
- **Function of sclerenchyma** : Sclerenchyma, organs को mechanical support प्रदान करती है।

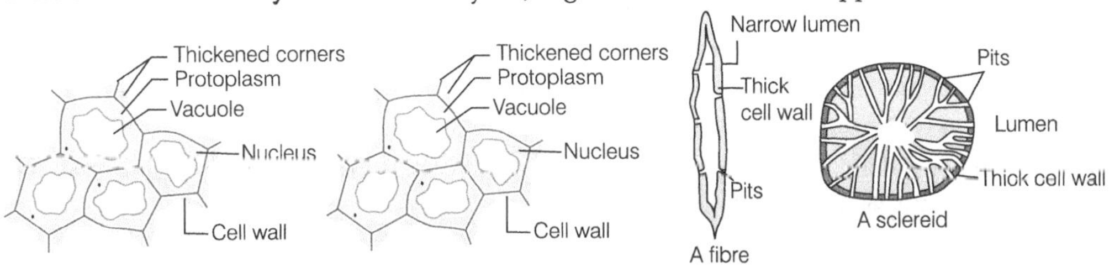

Figure 6.2 Simple tissues : (a) Parenchyma (b) Collenchyma (c) Sclerenchyma

6.1.2.2 Complex Tissues

- Complex tissue एक से अधिक प्रकार की cells से बने होते हैं तथा ये मिलकर एक unit की तरह कार्य करती हैं।
- ये दो प्रकार के होते हैं— xylem तथा phloem.

Xylem

- यह root से water तथा minerals को stem तथा leaves तक पहुँचाने के लिए एक conducting tissue की तरह कार्य करता है।
- यह plant के organs को mechanical support भी प्रदान करते हैं।
- ये 4 विभिन्न प्रकार के elements से मिलकर बने होते हैं, जैसे tracheids, vessels, xylem fibres तथा xylem parenchyma.

Tracheids

- ये elongated या tube-like cells हैं।
- इनकी walls, thick व lignified होती हैं तथा tapering ends होते हैं।
- ये dead होते हैं तथा इनमें protoplasm अनुपस्थित होता है।
- Cell walls की inner layers में thickening पायी जाती हैं, जिनका form, vary करता है।
- Flowering plants में tracheids तथा vessels मुख्य water transporting elements होते हैं।

Vessels

- यह एक long cylindrical tube-like structure है, जो कई cells (vessel members) से मिलकर बना होता है।
- प्रत्येक में lignified walls पायी जाती हैं तथा एक large central cavity होती है।
- Vessel cells में भी protoplasm अनुपस्थित होता है।
- Vessel members आपस में inter connected रहते हैं, क्योंकि इनकी common walls में perforations पाए जाते हैं।
- Angiosperm में vessels का पाया जाना एक characteristic feature है।

Xylem Fibres

- इनकी walls अत्यधिक thick होती हैं।
- इसमें central lumens, obliterated (विलुप्त)होती हैं।
- ये septate या aseptate हो सकते हैं।

Xylem Parenchyma

- इनकी cells, living तथा पतली wall वाली होती हैं।
- इनकी cell wall, cellulose की बनी होती है।
- ये food (starch या fat) तथा अन्य पदार्थ (जैसे- tannins) को store करती हैं।
- Ray parenchymatous cells द्वारा जल का radial conduction होता है।
- Primary xylem दो प्रकार के होते हैं- **protoxylem** तथा **metaxylem.**
- पहले बनने वाले xylem को protoxylem तथा बाद में बनने वाले को metaxylem कहते हैं।
- Stem में **pith** की ओर protoxylem होते हैं तथा periphery की ओर metaxylem होते हैं। इस तरह के primary xylem को **endarch** कहते हैं।
- Root में primary xylem का arrangement, **exarch** होता है, जिसमें protoxylem, periphery की ओर तथा metaxylem, centre की ओर होते हैं।

Phloem

- यह usually, food को leaves से अन्य भागों तक पहुँचाते हैं।
- Angiosperms का phloem निम्न प्रकार का बना होता है—
  Sieve tube elements, companion cells, phloem parenchyma, phloem fibres.
- Gymnosperms में sieve tubes तथा companion cells अनुपस्थित होती हैं।
- Gymnosperms में albuminous cells तथा sieve cells पाई जाती हैं।

Sieve Tube Elements

- ये भी long, tube जैसी structure होती हैं, जो longitudinally लगी रहती हैं।
- ये companion cells से जुड़ी रहती हैं।
- इनकी end walls चालनी की तरह छिद्रित (perforated) होकर sieve plates बनाती हैं।
- एक mature sieve elements में peripheral cytoplasm तथा एक large vacuole पायी जाती है, परन्तु nucleus अनुपस्थित होता है।
- Sieve tubes के कार्यों को control करने के लिए companion cells के nucleus का use होता है।

Companion Cell

- ये specialised, parenchymatous cells होती हैं।
  - ये sieve tube elements के साथ closely associated रहती हैं।
- Sieve tube elements तथा companion cells आपस में pit fields द्वारा जुड़े रहते हैं।
  - Pit fields मध्य में उपस्थित common longitudinal walls में पाए जाते हैं।
  - Companion cell, sieve tubes में pressure gradient को maintain करने में सहायता करती है।

Phloem Parenchyma

- ये elongated, tapering cylindrical cells से बनी होती हैं।
- इसमें cytoplasm, dense होता है तथा nucleus पाया जाता है।
- इसकी cell wall, cellulose की बनी होती है, जिसमें pits पाए जाते हैं।
- इन pits के द्वारा cells के बीच plasmodesmatal connections पाए जाते हैं।
- Phloem parenchyma में food materials तथा अन्य पदार्थ; जैसे- resins, latex तथा mucilage store रहते है।
- अधिकांश monocots में phloem parenchyma अनुपस्थित होती है।

Phloem Fibres (bast fibres)

- ये sclerenchymatous cells के बने होते हैं।
- ये primary phloem में generally अनुपस्थित होते हैं, लेकिन secondary phloem में पाए जाते हैं।
- ये काफी elongated एवं unbranched होते है तथा इसके apex pointed niddle-like होते हैं।
- Phloem fibres की cell wall काफी thick होती है।
- Maturity पर इस fibres का protoplasm समाप्त हो जाता है तथा वे dead हो जाते हैं।
- Jute, flax तथा hemp के phloem fibres की commercial value अधिक होती है।
- सबसे पहले बनने वाले phloem में narrow sieve tubes होती हैं, ऐसे phloem को **protophloem** कहते हैं तथा बाद में बनने वाले phloem में bigger sieve tubes पायी जाती हैं और उसे **metaphloem** कहते हैं।

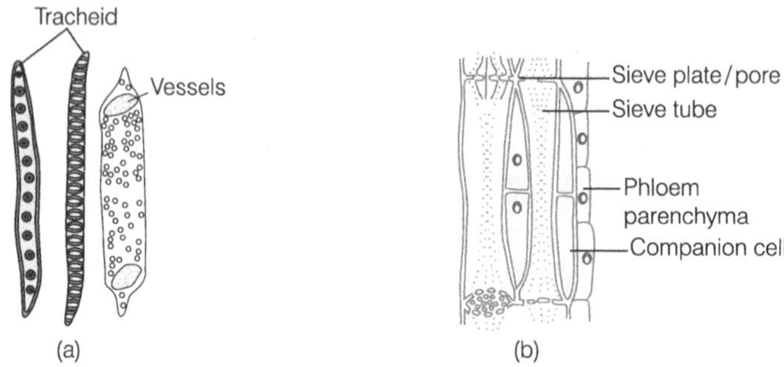

Figure 6.3 (a) Xylem (b) Phloem

6.2 The Tissue System

- हम देखेंगे कि plant के विभिन्न स्थानों पर स्थित tissue कैसे एक-दूसरे से भिन्न होते हैं?
- उनके structure तथा functions भी उनकी location के अनुसार होते हैं।
- Structure तथा location के आधार पर tissue system तीन प्रकार का होता है
  - Epidermal tissue system
  - Ground or fundamental tissue system
  - Vascular or conducting tissue system

6.2.1 Epidermal Tissue System

- Epidermal tissue system, plant की सबसे बाहरी covering है।
- इसके अंतर्गत epidermal cells, stomata तथा epidermal appendages (trichomes, hairs) आते हैं।
- Primary plant body की सबसे बाहरी layer, epidermis होती है।
- Epidermis की cells, elongated एवं compactly arranged रहती हैं तथा continuous layer बनाती है।
- Epidermis प्राय: single-layered होती है।
- Epidermis की cells, parenchymatous होती हैं, जिनमें बहुत कम मात्रा में cytoplasm होता हैं, जो cell wall से lined होता है।
- Cytoplasm में एक large vacuole भी होती है।
- Epidermis के बाहर प्राय: wax की thick layer होती है, जिसे **cuticle** कहते हैं।
- Cuticle जल के loss को prevent करती है।
- Roots में cuticle absent होती हैं।
- Stomata एसे structures होते हैं, जो leaves की epidermis पर पाए जाते हैं।
- Stomata, transpiration तथा gaseous exchange को regulate करते हैं।
- प्रत्येक stomata में दो bean-shaped की cells होती हैं, जिन्हें **guard cells** कहते हैं, जो stomatal pore को enclose करती है।
- Grasses में guard cells, dumb-bell shaped होती हैं।
- Guard cells की outer walls पतली तथा inner walls अधिक मोटी होती हैं।
- Outer wall, stomatal pore से दूर (away) होती है तथा inner wall, stomatal pore की ओर होती है।
- Guard cells में chloroplast पाया जाता है तथा यह stomata की opening और closing को regulate करता हैं।
- कभी-कभी कुछ epidermal cells, जो stomata के आस-पास होती हैं उनकी shape तथा size, specialised हो जाती है इन cells को **subsidiary cells** कहते हैं।

- Stomatal aperature, guard cells तथा subsidiary cells मिलकर **stomatal apparatus** बनाती है।
- Epidermis की cells पर अनेक hairs पाए जाते हैं।
- Root hairs, epidermal cells के unicellular elongations होते हैं।
- Root hairs, soil से water तथा minerals के absorption में help करते हैं।
- Stem पर पाए जाने वाले epidermal hairs को **trichomes** कहते हैं।
- Shoot system में trichomes, multicellular होते हैं।
- Trichomes, branched या unbranched तथा soft या stiff हो सकते हैं।
- Trichomes, transpiration से होने वाले waterloss को रोकते हैं।

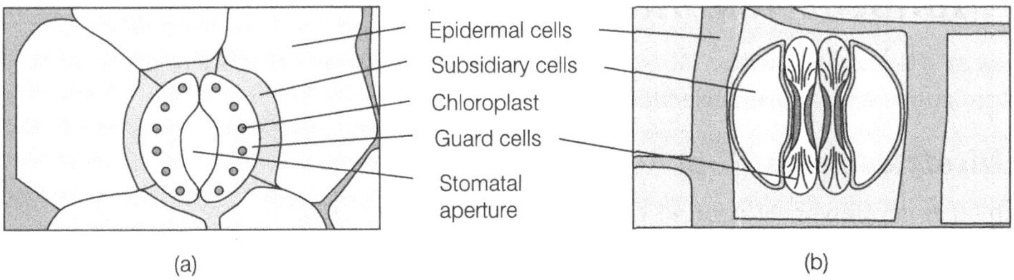

Figure 6.4 Diagrammatic representation: (a) stomata with bean-shaped guard cells (b) stomata with dumb-bell shaped guard cells

6.2.2 Ground Tissue System

- Epidermis तथा vascular bundles के अतिरिक्त सभी tissue, ground tissue बनाते हैं।
- इसमें simple tissue; जैसे— parenchyma, collenchyma तथा sclerenchyma होते हैं।
- Primary stem तथा roots में parenchymatous cells प्राय: cortex, pericycle, pith तथा medullary rays में पायी जाती हैं।
- Leaves में ground tissue, thin wall वाले तथा chloroplast युक्त होते हैं और इसे **mesophyll** कहते हैं।

6.2.3 Vascular Tissue System

- Vascular system में complex tissues, xylem तथा phloem होते हैं।
- Xylem तथा phloem दोनों मिलकर vascular bundle बनाते हैं। (Fig. 6.5)
- Dicot stem में xylem तथा phloem के बीच cambium पाया जाता है।
  - ऐसे vascular bundle, जिनमें cambium पाया जाता है और वे लगातार secondary xylem तथा phloem बनाते रहते हैं इन्हें open vascular bundle कहते हैं।
- Monocot stem के vascular bundles में cambium नहीं पाया जाता है तथा ये secondary tissues नहीं बनाते, इसलिए इन्हें close vascular bundle कहते हैं।

Radial Vascular Bundle

- इस vascular bundle में xylem तथा phloem एक alternate manner में different radii के along लगे रहते हैं, e.g., root.

Conjoint Vascular Bundle

- इसमें xylem तथा phloem संयुक्त रूप से स्थित एक ही radii पर होते हैं, e.g., stem, leaves.
- Conjoint vascular bundle में phloem प्राय: xylem के केवल बाहर की ओर स्थित होते हैं।

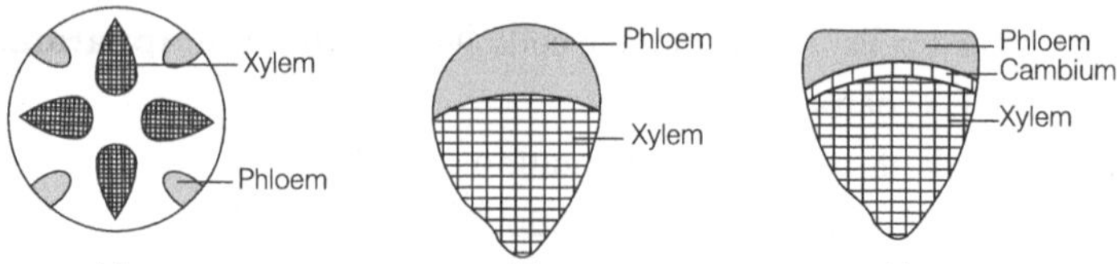

Figure 6.5 Various types of vascular bundles: (a) radial (b) conjoint closed (c) conjoint open

6.3 Anatomy of Dicotyledonous and Monocotyledonous Plants

- Root, stem तथा leaves में tissue की संरचनाओं की अच्छी तरह से study करने के लिए plant के इन organs के mature zones का transverse section करते हैं।

6.3.1 Dicotyledonous Root

- Fig. 6.6 (a) में sunflower की root का transverse section दिखाया गया है।
  – Internal tissue का organisation निम्न प्रकार का है।

Epiblema

- सबसे बाहरी layer epiblema है।
- कई epiblema cells, unicellular root hairs के रूप में बाहर निकली रहती हैं।

Cortex

- Cortex में thin wall वाली parenchyma cells की कई layers होती हैं तथा इनके बीच intercellular space होते हैं।

Endodermis

- Cortex की सबसे inner most layer, **endodermis** होती है।
- Endodermis में barrel-shaped cells की single layer पायी जाती है तथा इन cells में intercellular space नहीं पाए जाते हैं।
- Endodermal cells की tangential तथा radial walls पर **casparian strips** के रूप में water impermeable, waxy material suberin होता है।

Pericycle

- Endodermis में भीतर की ओर thick wall वाली parenchymatous cells की कुछ layers होती हैं, जिन्हें **pericycle** कहते हैं।
- Pericycle cells में secondary growth के दौरान vascular cambium तथा lateral roots का initiation होता है।

Pith

- Small या inconspicuous (अस्पष्ट) होती है।
- Xylem तथा phloem के बीच पायी जाने वाली parenchymatous cells को **conjuctive tissue** कहते हैं।
- Usually 2–4 तक xylem तथा phloem के patches (खण्ड) होते हैं। बाद में xylem तथा phloem के बीच एक cambium ring बनती है।
- Endodermis के अन्दर की ओर पाए जाने वाले सारे tissue; जैसे— pericycle, vascular bundles तथा pith मिलकर **stele** बनाते हैं।

6.3.2 Monocotyledonous Root

- Monocot roots की anatomy अधिकतर dicot roots की anatomy के समान होती है।
- इसमें epidermis, cortex, endodermis, pericycle, vascular bundles तथा pith पाए जाते हैं।

- Monocot roots में xylem bundles की संख्या प्राय: 6 से अधिक (polyarch) होती है, जबकि dicot roots में कुछ ही xylem bundles होते हैं।
- इसमें pith, large तथा well-developed होती है।
- Monocot roots में secondary growth नहीं पायी जाती है।

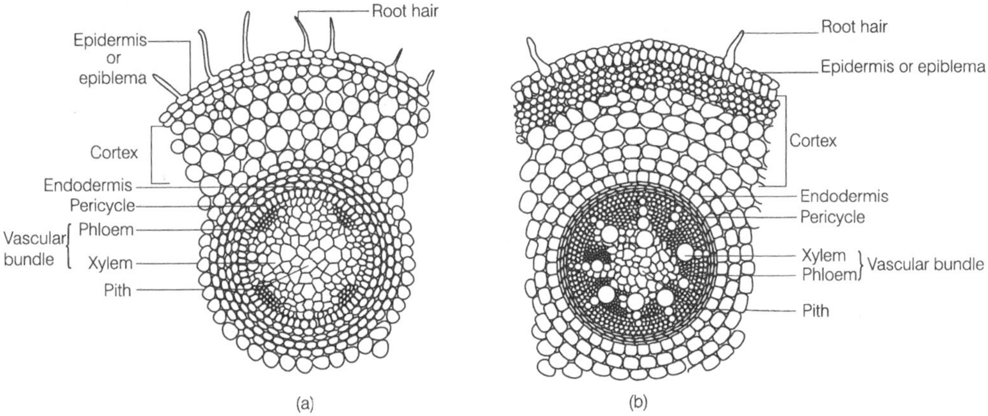

Figure 6.6 TS of root : (a) Dicot (Primary) (b) Monocot

6.3.3 Dicotyledonous Stem

- एक typical young dicot stem के transverse section में निम्न structures होते हैं

Epidermis

- यह stem की सबसे बाहरी protective layer है। (Fig. 6.7 a)
- यह पतली cuticle से ढकी रहती है।
- इस पर trichomes तथा कुछ stomata हो सकते हैं।

Cortex

- Epidermis तथा pericycle के बीच cells की multiple layers होती हैं, जिसे **cortex** कहते हैं।
- Cortex में तीन sub-zones होती हैं
  - Hypodermis (outer)
  - Cortical layers (middle)
  - Endodermis (inner)

Hypodermis

- ये collenchymatous cells की कुछ layers हैं, जो epidermis के just नीचे होती है।
- ये young stem को mechanical strength प्रदान करती है।

Cortical Layer

- यह hypodermis के नीचे होती है।
- इसमें rounded thin wall वाली parenchymatous cells की कुछ layers होती हैं।
- इन cells के बीच स्पष्ट intercellular spaces पाए जाते हैं।

Endodermis

- यह cortex की सबसे inner layer होती है।
- Endodermis की cells में starch grains अत्यधिक मात्रा में पायी जाती है इसलिए इसे **starch sheath** भी कहते हैं।

Pericycle

- यह endodermis के नीचे तथा phloem के ऊपर होती है।
- इसमें sclerenchyma की cells, semi-lunar patches के रूप में होती हैं।
- Vascular bundles के बीच में parenchymatous cells की कुछ layers पायी जाती हैं, जो medullary rays बनाती हैं।
  - Parenchymatous cells, radially placed होती है।
- कई vascular bundles एक ring में होते हैं।
- Vascular bundles का 'ring' में arrangement, dicot stem की characteristic है।
- प्रत्येक vascular bundle, conjoint तथा open होते हैं तथा protoxylem endarch होता है।
- इसमें कई rounded, parenchymatous cells होती हैं तथा cells के बीच large intercellular spaces होते हैं।
- ये cells, stem के central portion को occupy कर pith बनाती हैं।

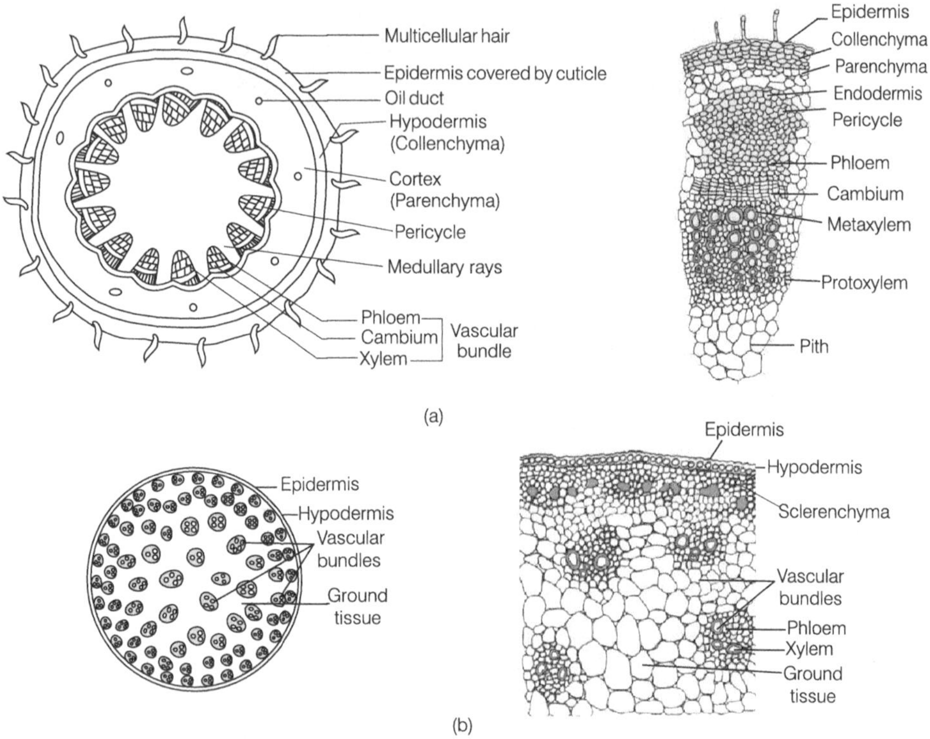

Figure 6.7 TS of stem: (a) Dicot (b) Monocot

6.3.4 Monocotyledonous Stem

- Monocot stem की hypodermis, sclerenchymatous होती है।
- इसमें स्पष्ट parenchymatous ground tissue में sclerenchymatous bundle sheath से घिरे कई vascular bundles बिखरे (scattered) रहते हैं।
- Vascular bundles, conjoint तथा close होते हैं।
- Peripheral side के vascular bundles छोटे होते हैं तथा centre की ओर वाले बड़े होते हैं।
- Vascular bundles में phloem parenchyma नहीं पायी जाती है।
- Vascular bundles में water containing cavities पायी जाती हैं।

6.3.5 Dorsiventral (Dicotyledonous) Leaf

- अगर हम dorsiventral leaf का lamina के through, vertical section देखते हैं, तो 3 main parts दिखाई देते हैं— **epidermis, mesophyll** तथा **vascular system.**

Epidermis

- Epidermis, leaf की upper तथा lower दोनों surface पर होती है।
- Upper surface की epidermis को **adaxial epidermis** तथा lower surface की epidermis को **abaxial epidermis** कहते हैं।
- Epidermis पर स्पष्ट (conspicuous) cuticle होती है।
- Leaf की abaxial epidermis (lower surface) पर अधिक stomata होते हैं।
- Leaf की adaxial epidermis (upper surface) पर stomata कम या कभी-कभी absent होते हैं।

Mesophyll

- Upper तथा lower epidermis के बीच पाए जाने वाले tissue **mesophyll** कहलाते हैं।
- Mesophyll, parenchyma के बने होते हैं।
- Mesophyll में photosynthesis के लिए chloroplast पाया जाता है।
- Mesophyll में दो प्रकार की cells होती हैं— **palisade parenchyma** तथा **spongy parenchyma**.

Palisade Parenchyma

- यह adaxially placed होती है।
- ये elongated cells की बनी होती हैं तथा ये vertically एक-दूसरे के parallel arrange रहती हैं।

Spongy Parenchyma

- यह oval या round होती है तथा loosely arranged रहती हैं।
- यह palisade cells के नीचे होती हैं तथा lower epidermis तक जाती है।
- इन cells के बीच कई large spaces तथा air cavities होती हैं।

Vascular System

- इसमें vascular bundles आते हैं।
- ये veins तथा midrib में देखे जा सकते हैं।
- Vascular bundles का size, vein के size पर depend रहता है।
- Veins की thickness, dicot leaves के reticulate venation में भिन्न होती है।
- Vascular bundles, thick **bundle sheath cells** की बनी layer से घिरे रहते हैं।

6.3.6 Isobilateral (Monocotyledonous) Leaf

- Isobilateral leaf की anatomy तथा dorsiventral leaf की anatomy अधिकतर same होती है, लेकिन इसमें कुछ differences भी होते हैं।
- Monocot leaf, isobilateral होती है।
- इसमें stomata, epidermis की दोनों surface पर होते हैं।
- Monocot की mesophyll, palisade तथा spongy दो भागों में divide नहीं होती है।
- Grasses में कुछ adaxial epidermal cells, veins के साथ मिलकर **bulliform cells** बनाती हैं।
- Bulliform cells, large, empty तथा colourless होती हैं।
- जब bulliform cells जल को absorb करती है, तो ये turgid हो जाती है तथा ये turgid cells मुड़ी हुई पत्तियों को खोलने में सहायता करती हैं।

- जब bulliform cells, water stress के कारण ढ़ीली (flaccid) हो जाती है, तो water loss को कम करने के लिए leaves अन्दर की ओर मुड़ (curl) जाती है।
- Monocot leaves का vertical section देखने पर लगभग similar size के vascular bundle द्वारा parallel venation प्रदर्शित होता है (except main vein)।

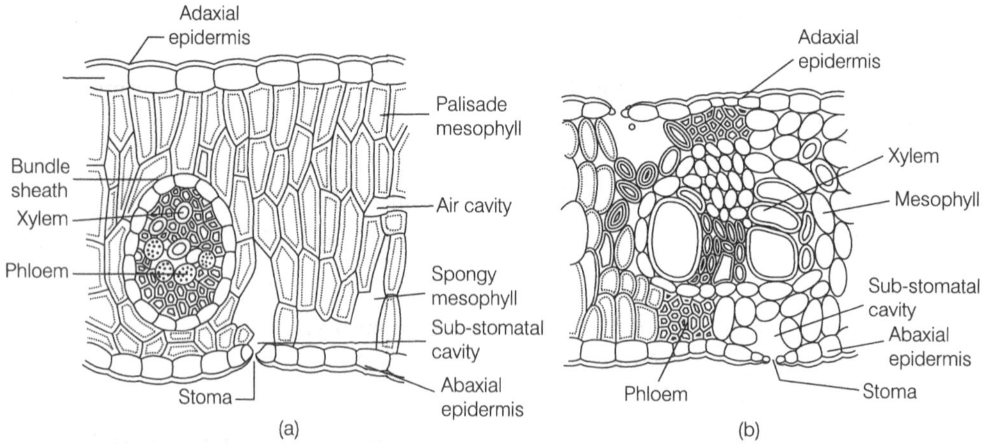

Figure 6.8 T.S. of leaf: (a) Dicot (b) Monocot

6.4 Secondary Growth

- Apical meristem की सहायता से roots तथा stems की लम्बाई में वृद्धि को **primary growth** कहते हैं।
- Most dicot plants में primary growth के अलावा उनकी मोटाई (girth) भी बढ़ती है, जिसे **secondary growth** कहते हैं।
- यह monocot root तथा stem में नहीं होती।
- जो tissue, secondary growth में involve होते हैं उन्हें हम **lateral meristem** कहते हैं। ये दो प्रकार के होते हैं— **vascular cambium** तथा **cork cambium.**

6.4.1 Vascular Cambium

- यह वो meristematic layers हैं; जो vascular tissue (xylem तथा phloem) को काटने के लिए responsible होती है।
- Young stem में यह xylem तथा phloem के बीच patches के रूप में एक layer बनाती है तथा बाद में यह complete ring में convert हो जाती है।

6.4.1.1 Formation of Cambial Ring

- Dicot stem में primary xylem तथा primary phloem के बीच cambium की cells present होती हैं उन्हें **intrafascicular cambium** कहते हैं।
- Medullary rays की cells जो intrafascicular cambium के समीप होती है, वे meristematic हो जाती है तथा **interfascicular cambium** बनाती है।
  - इस प्रकार cambium की एक continuous ring बन जाती है।

6.4.1.2 Activity of the Cambial Ring

- Cambium ring, active हो जाती है तथा बाहर और अन्दर दोनों ओर new cells बनाती हैं।
- Pith की ओर बनने वाली cells, mature होकर secondary xylem बनाती हैं।
- Periphery की ओर बनने वाली cells mature होकर secondary phloem बनाती हैं।

- Cambium अन्दर की तरफ अधिक active होती है जिसके कारण secondary xylem अधिक produce होता है तथा जल्द ही compact mass बनाता है।
- Secondary xylem के लगातार बनने तथा accumulate होने के कारण primary तथा secondary phloem धीरे-धीरे दब (crush) जाते हैं।
- Primary xylem, centre में या centre के around लगभग intact (वैसे ही) बने रहते हैं।
- कुछ स्थानों पर cambium, parenchyma के narrow band बनाती हैं, जो secondary xylem तथा secondary phloem से होकर radial direction में जाती है, इनको **secondary medullary rays** कहते हैं। (Fig. 6.9)।

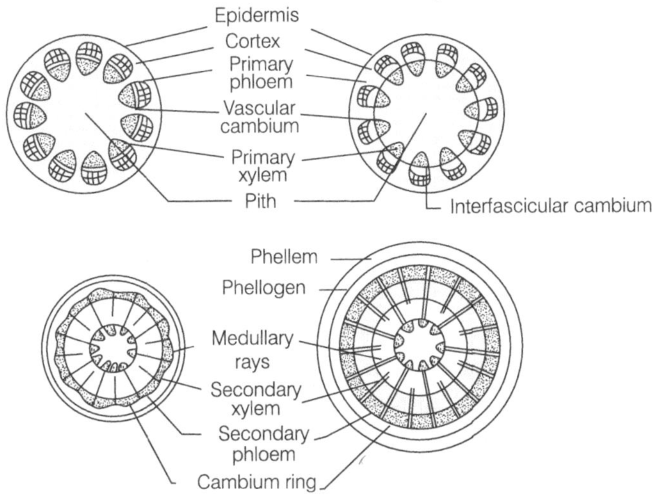

Figure 6.9 Secondary growth in a dicot stem (diagrammatic)-stages in transverse views

6.4.1.3 Spring Wood and Autumn Wood

- Cambium की activity कई physiological तथा environmental factors से control होती हैं।
- Temperate regions में climatic conditions समान नहीं रहती हैं।
- Spring season में cambium बहुत active होती है तथा अधिक संख्या में xylary elements बनते हैं।
  - इन xylary elements में wide cavities वाली vessels होती हैं।
  - Spring season में बनने वाली wood को **spring wood** या **early wood** कहते हैं।
- Winter में cambium बहुत कम active होता है तथा कम संख्या में xylary elements बनते हैं।
  - इन xylary elements में narrow vessels होती हैं।
  - इस wood को **latewood** या **autumn wood** कहते हैं।
- Spring wood का colour, light तथा density low होती है, जबकि autumn wood का colour, dark तथा density high होती है।
- ये दो प्रकार की wood, alternate concentric ring के रूप में होती हैं, जिन्हें annual rings कहते हैं।
  - इन annual rings को गिनकर tree की age का अनुमान लगा सकते हैं।

6.4.1.4 Heart Wood and Sapwood

- Old tree में secondary xylem का अधिकांश भाग specially, stem का central या inner most भाग dark brown colour का हो जाता है।
- यह colour, organic compound, जैसे— tannin, resins, oil, gum, aromatic substances तथा essential oil के कारण होता है।
- ये substances इसे hard, durable तथा insects एवं microorganisms के प्रति resistant बनाते हैं।
- इस region में dead elements होते हैं, जिनकी walls बहुत ही lignified होती हैं इसे **heart wood** कहते हैं।

- Heart wood जल को conduct नहीं करती है तथा यह stem को केवल mechanical support प्रदान करती है।
- Secondary xylem के **peripheral region** में sapwood होती है।
- Sapwood में living, parenchymatous cells होती हैं।
- Sapwood, light colour की होती है, यह root से जल तथा minerals को leaf तक पहुँचाती हैं।

6.4.2 Cork Cambium

- जैसे-जैसे stem की परिधि (girth) में वृद्धि होती जाती है त्यों-त्यों outer cortical तथा epidermis की layers टूटती जाती हैं तथा उन्हें नई protective cell layers की आवश्यकता होती है।
- इसलिए generally, cortical region में एक दूसरा meristematic tissue तैयार हो जाता है, जिसे **cork cambium** या **phellogen** कहते हैं।
- Phellogen दो layer मोटी होती है।
- यह narrow, thin walled तथा rectangular cells की बनी होती हैं।
- Phellogen, cells को दोनों ओर से काटती है।
- Outer cells, differentiate होकर **cork** या **phellem** बनाती हैं, जबकि inner cells, differentiate होकर **secondary cortex** या **phelloderm** बनाती हैं।
- Cork जल के लिए impervious होता है, क्योंकि इसकी cell wall में **suberin** का deposition पाया जाता है।
- Secondary cortex की cells, parenchymatous होती है।
- Phellogen, phellem तथा phelloderm को मिलाकर **periderm** कहते हैं।
- Cork cambium की activity के कारण शेष layers (peripheral to phellogen) पर pressure पड़ता है तथा ultimately ये layers dead हो जाती हैं और हट जाती हैं।
- Vascular cambium के बाहर सभी tissues को non-technically हम **bark** कहते हैं। अत: इसमें secondary phloem भी शामिल है।
- Season की शुरूआत में जो bark बनती है उसे early या soft bark कहते हैं।
- Season के अंत में बनने वाली bark को late या hard bark कहते हैं।
- कुछ भागों की phellogen, बाहर की parenchymatous cells को कुछ स्थानों पर काट देती है तथा ये parenchymatous cells, epidermis को rupture करती है और lens-shape के opening बनाती है, जिन्हें **lenticels** कहते हैं।
- Bark = periderm and secondary phloem.
- Lenticels, outer atmosphere तथा stem के internal tissue के बीच gaseous exchange को permit करती है।
- Lenticels, अधिकतर woody tree में होते हैं।

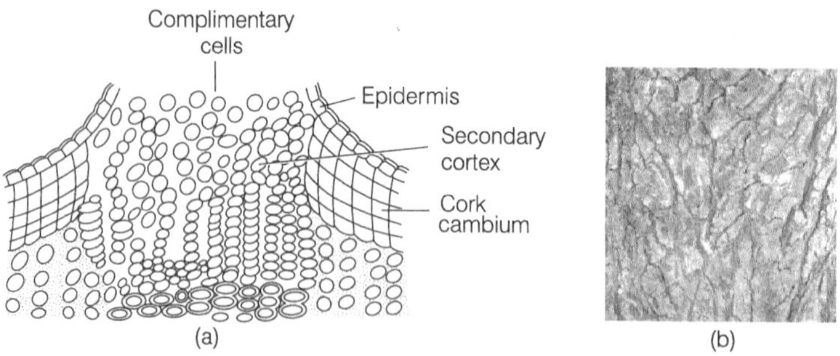

Figure 6.10 (a) Lenticel and (b) Bark

6.4.3 Secondary Growth in Roots

- Dicot roots में vascular cambium, origin में पूरी तरह secondary होती है।
- यह phloem bundle के नीचे स्थित tissue, pericycle tissue के portion, protoxylem के ऊपर स्थित tissue से originate होता है।
- यह complete तथा continuous waxy ring बनाता है, जो बाद में circular बन जाता है। (Fig. 6.11)
- आगे की events, dicot stem की तरह होती है।
- Gymnosperm के stems तथा roots दोनों में भी secondary growth होती है।
- Monocots में secondary growth नहीं होती है।

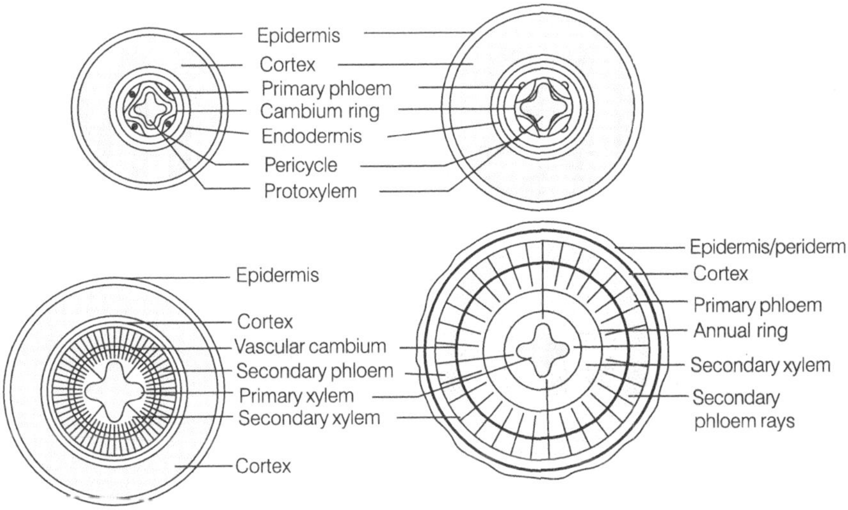

Figure 6.11 Different stages of the secondary growth in a typical dicot root

Chapter Seven

STRUCTURAL ORGANISATION IN ANIMALS

- आपने पिछले chapters में animal kingdom के कई unicellular तथा multicellular organisms का अध्ययन किया होगा।
- Unicellular organisms में जीवन की समस्त जैविक क्रियाएँ, जैसे— digestion, respiration तथा reproduction एक ही cell द्वारा सम्पन्न होती है।
- Multicellular animals की body complex होती हैं तथा इनमें same basic functions भिन्न-भिन्न cell समूहों द्वारा व्यवस्थित रूप से सम्पन्न किए जाते हैं।
- Simple organism जैसे— *Hydra* का शरीर विभिन्न प्रकार की cells का बना होता है, जिसमें प्रत्येक cell की संख्या हजारों में होती हैं।
- विभिन्न कार्यों को perform करने के लिए human body असंख्य cells से मिलकर बनी होती हैं।
  ये **cells, body** में एक साथ कैसे काम करती हैं?
  - Multicellular animals में similar cells के group के साथ intercellular substances एक specific function, perform करते हैं, cells का ऐसा organisation, **tissue** कहलाता है।
- आप यह जानकर surprise हो सकते हैं कि सभी complex animals की body में मात्र चार प्रकार के tissue पाए जाते हैं।
- ये tissue एक specific proportion तथा patterns में organised होकर एक organs का निर्माण करते हैं जैसे— Stomach, lung, heart तथा kidney.
- जब दो या दो से अधिक organs अपने physical एवं chemical interaction के द्वारा एक common function को perform करते हैं, तो वे आपस में मिलकर organ system का निर्माण करते हैं। e.g., **digestive system, respiratory system,** etc.
- Body की सभी biological activities, **cells, tissues, organs** और **organ systems** में division of labour द्वारा पूरी होती है तथा पूरी body को जीवित रखने में योगदान देती हैं।

7.1 Animal Tissues

- Cells के structure उनके कार्य के अनुसार vary करते हैं।
  - इसलिए tissues अलग-अलग होते हैं तथा इन्हें चार भागों में classified किया गया है
    (i) Epithelial tissue
    (ii) Connective tissue
    (iii) Muscular tissue
    (iv) Neural tissue

7.1.1 Epithelial Tissue

- Commonly हम epithelial tissue को epithelium (pl. ; epithelia) कहते हैं।
- इसमें एक free surface होती है, जो body fluid की ओर या बाहरी environment की ओर होती है।
- ये body के कुछ parts की covering या lining बनाते हैं।
- इनकी cells, compactly packed होती हैं, जिनमें little intercellular matrix पाया जाता है।
- Epithelial tissue दो प्रकार के होते हैं—

Simple Epithelium

- यह cells की single layer से बनी होती है।
- यह body cavities, ducts तथा tubes की lining बनाती हैं।

Compound Epithelium

- इसमें दो या दो से अधिक cells layers होती हैं।
- ये protection का कार्य करती हैं जैसे कि हमारी **skin.**

Cells के structural modification के आधार पर simple epithelium तीन प्रकार की होती हैं

(i) Squamous
(ii) Cuboidal
(iii) Columnar

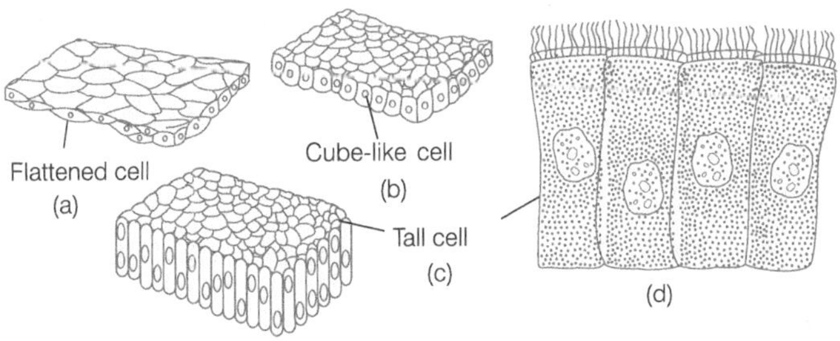

Figure 7.1 Simple epithelium: (a) Squamous (b) Cuboidal (c) Columnar (d) Columnar cells bearing cilia

- **Squamous epithelium** यह flat cells की single thin layer से बनी होती है, जिनकी boundaries irregular होती हैं।
  - ये blood vessels की wall में तथा lungs के air sacs में पायी जाती हैं।

  Functions ये diffusion boundary बनाने का कार्य करती है।
- **Cuboidal epithelium** - यह cube जैसी cells की single layer से बनी होती हैं।
  - यह glands की ducts तथा kidney में nephron के tubular parts में commonly पायी जाती है।

  Functions इसका मुख्य कार्य **secretion** तथा **absorption** है।
- Kidney में nephron के Proximal Convoluted Tubules (PCT) की epithelium में microvilli पाए जाते हैं।

Columnar Epithelium

– यह tall तथा slender cells की single layer से बनी होती है।
– इनमें nuclei, cells के base पर होते हैं।
– Free surface पर microvilli पाए जाते हैं।
– ये stomach तथा intestine की lining में पायी जाती हैं।

Functions ये **secretion** तथा **absorption** का कार्य करती हैं।

- यदि columnar या cuboidal cells की free surface पर cilia उपस्थित हो तो इसे **ciliated epithelium** कहते हैं। (Fig. 7.1 d)
- Ciliated epithelium का कार्य particles अथवा mucus को epithelium के ऊपर एक specific direction में move कराना है।
- Ciliated epithelium मुख्यतया hollow organs की inner surface पर पाए जाते हैं, जैसे– **bronchioles** तथा **Fallopian tube.**

Glandular Epithelium

– कुछ columnar तथा cuboidal cells, secretion के लिए specialised हो जाती है, जिन्हें glandular epithelium कहते हैं। (Fig. 7.2)
– ये mainly दो प्रकार की होती हैं— Unicellular तथा multicellular.

Unicellular

– यह isolated glandular cells से बनी होती हैं। e.g., gobelt cells of the alimentary canal.

Multicellular

– यह cluster of cells से मिलकर बनी होती हैं। e.g., **salivary gland**.

- Secretion के आधार पर glands दो प्रकार की होती हैं— exocrine gland तथा endocrine gland.

Exocrine Gland

– इनसे mucus, saliva, earwax, oil, milk, digestive enzymes तथा other cell products निकलते हैं।
– इनके secretion, ducts या tubes द्वारा निकलते हैं।

Endocrine Gland

– इनमें duct नहीं पायी जाती हैं।
– इनसे hormones produce होते हैं, जो directly उस fluid में secrete होते हैं, जिनमें gland स्थित होती है।

Compound Epithelium

- इनमें cells की एक से अधिक layer (multi layer) पायी जाती हैं।
- इनका secretion तथा absorption में limited role होता है।
- इनका मुख्य कार्य chemical तथा mechanical stress से बचाना है।
- ये निम्न parts को cover करती हैं- skin की dry surface, buccal cavity की moist surface, pharynx, salivary gland की ducts की inner lining तथा pancreatic ducts.
- Epithelium की सभी cells एक-दूसरे से कुछ intercellular material द्वारा जुड़ी रहती है।
- लगभग सभी animal tissues में individual cells के मध्य specialised junctions पाए जाते हैं, जो structural तथा functional link provide करते हैं।
- Epithelium तथा अन्य tissues में तीन प्रकार के cell junctions पाए जाते हैं।

Tight Junctions

- ये tissues के across, substances के leakage को रोकने में सहायता करते हैं।

Adhering Junctions

- यह cementing का कार्य करती है जिस कारण neighbouring cells एक-दूसरे से चिपकी रहती हैं।

Gap Junctions

- Gap junctions में adjacent cells आपस में cytoplasmic connections द्वारा जुड़ी रहती हैं।
- यह junction इन adjoining cells के बीच ions, small molecules तथा कभी-कभी big molecules का rapid transfer कराकर communication में मदद करते हैं।

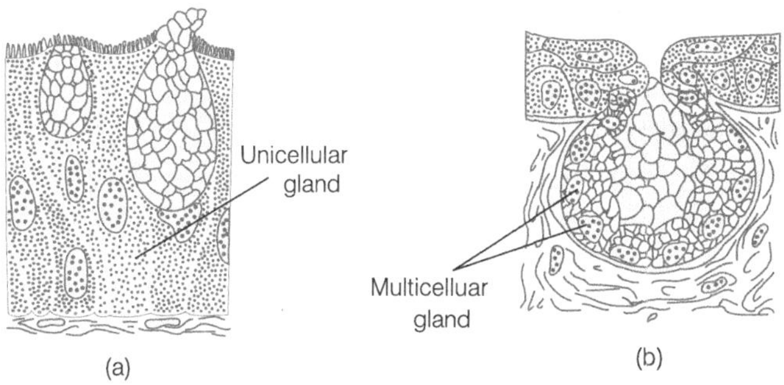

Figure 7.2 Glandular epithelium: (a) Unicellular (b) Multicellular

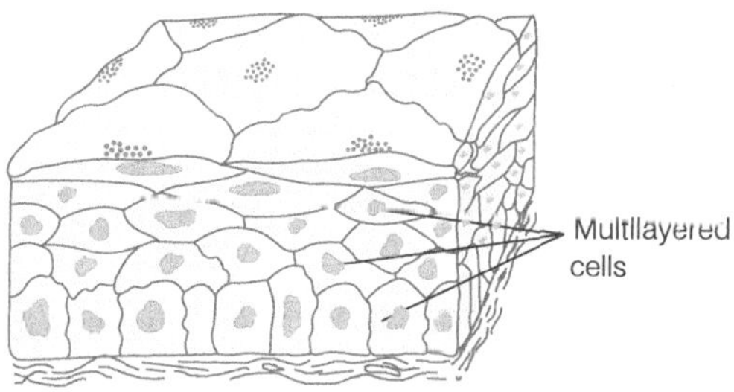

Figure 7.3 Compound epithelium

7.1.2 Connective Tissue

- Complex animals की body में most abundant तथा widely distributed tissue, connective tissue होता है।
- ये body के अन्य tissues/organs को एक-दूसरे से जोड़ते हैं तथा support प्रदान करते हैं इसलिए इनका नाम connective tissue हैं।
- Connective tissues में soft tissue से लेकर specialised types के tissue, जैसे– cartilage, bone, adipose tissue तथा blood शामिल है।
- Blood को छोड़कर सभी connective tissues में cells, structural proteins के fibres secrete करती हैं, जिन्हें collagen या elastin कहते हैं।
- Fibres, tissue को strength, elasticity तथा flexibility प्रदान करते हैं।
- ये cells, modified polysaccharides भी secrete करती हैं, जो cells तथा fibres के बीच एकत्र होकर matrix (ground substance) की तरह से कार्य करता है।
- Connective tissue 3 प्रकार के होते हैं
  - (i) Loose connective tissue
  - (ii) Dense connective tissue
  - (iii) Specialised connective tissue

Loose Connective Tissue

- इसमें cells तथा fibres, semi-fluid ground substance में loosely arranged रहते हैं, e.g., **Areolar tissue**, जो कि skin के नीचे पाए जाते हैं।
  - Areolar tissue, epithelium के लिए प्राय: supportive framework की तरह कार्य करता है।
  - Areolar tissue में fibroblast, macrophages तथा mast cells पायी जाती हैं।

  (Fibroblast-produce and secrete fibres)

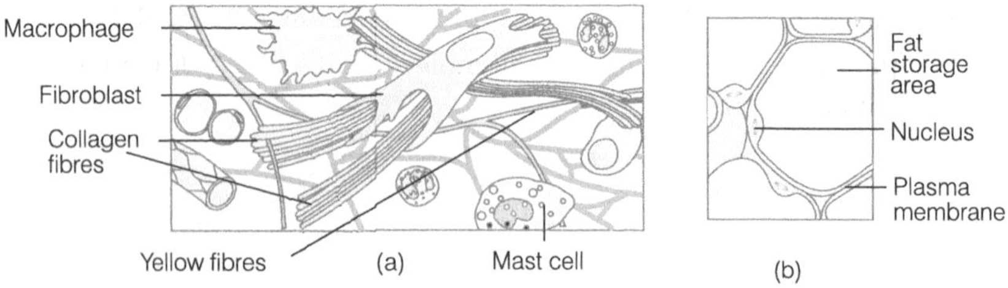

Figure 7.4 Loose connective tissue: (a) Areolar tissue (b) Adipose tissue

- **Adipose tissue** दूसरा loose connective tissue है, जो mainly skin के नीचे पाया जाता है।
  - Adipose tissue की cells, fat storage के लिए specialised होती हैं।
  - भोजन के excess nutrients, जो तुरन्त use नहीं होते हैं, वे fat में convert होकर adipose tissue में store हो जाते हैं।

Dense Connective Tissue

- इसमें fibres तथा fibroblasts, compactly packed रहते हैं।
  - Fibres के orientation के आधार पर dense connective tissue को dense regular तथा dense irregular में divide किया गया है।

Dense Regular Connective Tissue

- इनमें fibres का pattern, regular होता है।
- इनमें अनेक fibres के bundles जो parallel होते हैं, उनके बीच collagen fibres की rows पायी जाती हैं।

e.g., **Tendons** skeletal muscles को bone से जोड़ते हैं।

Ligaments एक bone को दूसरी bone से जोड़ते हैं।

Dense Irregular Connective Tissue

- इसमें fibres का pattern, irregular होता है।
- इसमें fibroblasts तथा कई fibres (mostly collagen) होते हैं, जोकि differently oriented रहते हैं, e.g., यह tissue, skin में पाया जाता है।

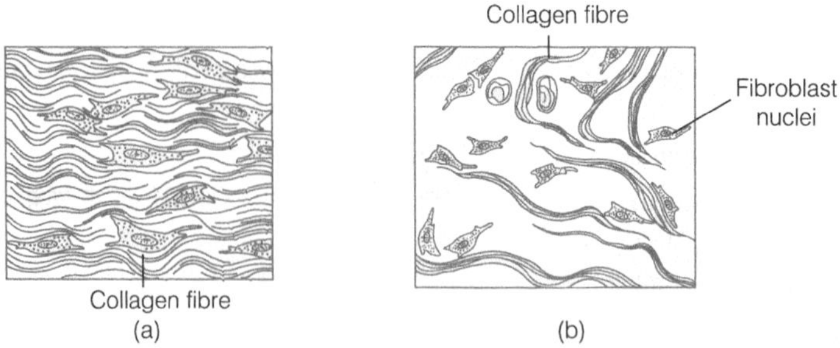

Figure 7.5 Dense Connective tissue: (a) Dense regular (b) Dense irregular

Specialised Connective Tissue

- Specialised connective tissue, विभिन्न प्रकार के होते हैं, जैसे- **cartilage, bones** तथा **blood.**

Cartilage

- इसका intercellular material, solid, pliable तथा compression resistant होता है।
- Cartilage को बनाने वाली cells (chondrocytes) स्वयं के द्वारा secreted matrix में छोटी-छोटी cavities में बन्द हो जाती है।
- Vertebrate embryos में उपस्थित अधिकतर cartilage, adult stage में bones द्वारा replace हो जाती है।
  - Adult में कुछ cartilage के examples निम्न है— nose के tip पर, outer ear joints, vertebral column के adjacent bones के बीच में, limbs तथा hands में।

Bone

- Bones में hard तथा non-pliable ground substance होता है।
- Bones के ground substance में calcium salts तथा collagen fibres अधिक मात्रा में पाए जाते हैं, जो bone को strength देते हैं।
- यह body को structural frame provide करने वाला main tissue है।
- Bones, soft tissue तथा organs को support एवं protect करते हैं।
- Bone की cells (osteocytes) जिन spaces में पायी जाती हैं उन्हें **lacunae** कहते हैं।
- Limb bones,जैसे legs की long bones, weight bear करने का कार्य करती है।
- Bones, skeletal muscles से जुड़कर movement में भाग लेती है।
- कुछ bones के bone marrow में blood cells का production होता है।

Blood

- यह एक **fluid like connective tissue** है।
- इसमें **plasma**, red blood cells **(RBC)**, white blood cells **(WBC)** तथा **platelets** पाए जाते हैं। (Fig. 7.6)
- यह मुख्य **circulating fluid** है, जो various substances के transport में मदद करता है।

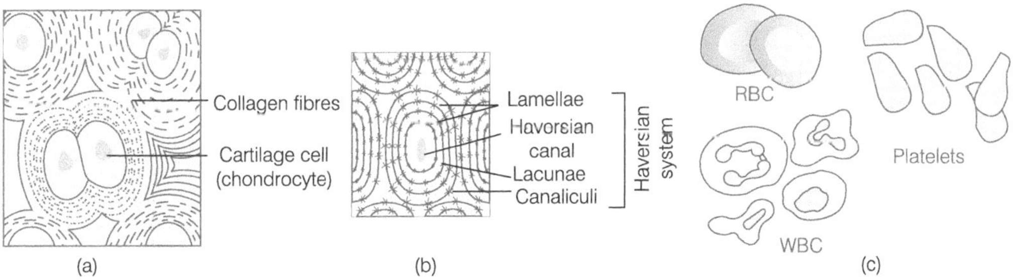

Figure 7.6 Specialised connective tissues : (a) Cartilage (b) Bone (c) Blood

7.1.3 Muscles Tissue

- प्रत्येक muscles कई long तथा cylindrical fibres से मिलकर बने होते हैं।
- ये fibres, parallel array में arrange रहते हैं।
- ये fibres कई पतले fibrils से बने होते हैं, जिन्हें **myofibrils** कहते हैं।
- समस्त muscles fibres एक co-ordinated fashion में contract (shorten) या uncontract (lengthen) हो सकते हैं।
- Muscles tissue के action से शरीर environment में होने वाले changes के अनुसार move करता है तथा शरीर के विभिन्न parts की position को maintain रखता है।
- Generally, body के सभी movements में muscles प्रमुख भूमिका निभाती है।
- Muscles tissue तीन प्रकार के होते हैं— **Skeletal muscles, Smooth muscles** तथा **Cardiac muscles.**

Skeletal Muscles

- ये skeletal bones से जुड़ी रहती हैं।
- एक typical muscles, जैसे biceps में skeletal muscles fibres, parallel fashion में एक bundle में पाए जाते हैं।
- ये striated (striped) होती हैं।
- विभिन्न muscles fibres के bundles, tough connective tissue के आवरण द्वारा घिरे रहते हैं। (Fig. 7.7 a)

Smooth Muscles

- Smooth muscles fibres, fusiform होते हैं इसलिए दोनों end पतले (taper) होते हैं।
- इनमें striations नहीं पायी जाती हैं। (Fig. 7.7 b)
- ये cell junctions द्वारा आपस में बंधे रहते हैं।
- ये connective tissue sheath द्वारा bundle में होते हैं।
- इस प्रकार के muscles tissue, internal organs की wall में दिखते हैं, जैसे– blood vessels, stomach तथा intestine.
- ये **involuntary** होते हैं, क्योंकि इनकी functioning को direct control नहीं किया जा सकता हैं।
- Smooth muscles को हम मात्र सोचने भर से संकुचित नहीं करा सकते हैं, जबकि skeletal muscles को करा सकते हैं।

Cardiac Muscles

- Cardiac muscles tissue एक contractile tissue है, जो केवल heart में पाए जाते हैं।
- Cardiac muscles cells की plasma membrane, cell junction के द्वारा fuse होती है, जो इन्हें आपस में चिपकाए रखती है।
- Communication junctions (intercalated discs) कुछ fusion points पर cell को एक unit के रूप में contract कराती है इसलिए जब एक cell को contract होने का signal मिलता है, तो पास वाली cell भी contraction के लिए stimulate हो जाती है।

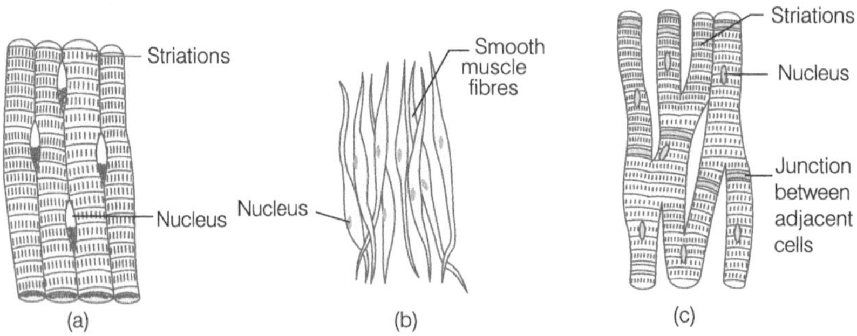

Figure 7.7 Muscle tissue : (a) Skeletal (striated) muscle tissue (b) Smooth muscle tissue (c) Cardiac muscle tissue

7.1.4 Neural Tissues

- Changing conditions के प्रति body की responsiveness को control करने के लिए neural tissue मुख्य रूप से responsible होता है।
- Neural system की unit, **neuron** है। (Fig. 7.8)
- Neurons, excitable cells हैं।
- Neuroglial cells द्वारा neurons को support व protect किया जाता है।
- हमारी body में neuroglia पूरे neural tissue का आधे से अधिक volume बनाती हैं।

- जब एक neuron को suitably stimulate किया जाता है, तो एक electrical disturbance उत्पन्न होता है, जो इसकी plasma membrane के along तेजी से (swiftly) traval करता है।
- Neurons जब stimulate होता है तब disturbance, neuron के अंतिम छोर या output zone पर पहुँचता है तथा adjacent neuron एवं other cells को या तो stimulate करता है अथवा inhibit करता है।

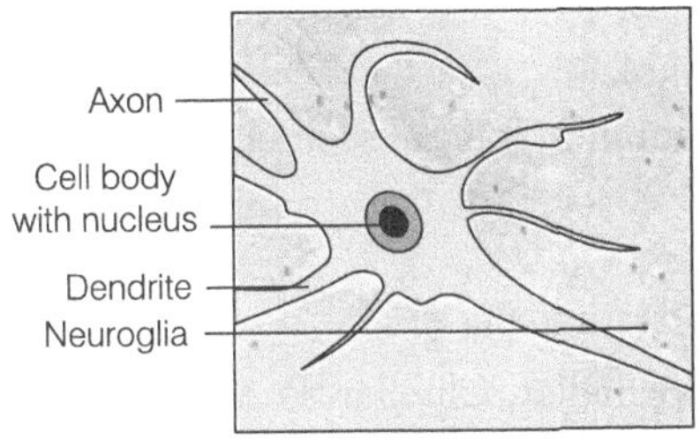

Figure 7.8 Neural tissue (Neuron with neuroglia)

7.2 Organs and Organ System

- Multicellular organism में tissue से मिलकर organs बनते हैं तथा organs आपस में मिलकर organ system बनाते हैं।
- इस प्रकार का association अंसख्य cells द्वारा निर्मित organisms की सभी activities को अधिक efficient तथा better coordinate रूप से चलाने के लिए आवश्यक होता है।
- हमारी body का प्रत्येक organs एक या एक से अधिक प्रकार के tissues से मिलकर बना होता है। **e.g.,** हमारा heart चारों प्रकार के tissues से मिलकर बना होता है— **epithelial, connective, muscular** तथा **neural tissue.**
- ध्यानपूर्वक study करने के बाद हम यह देखते हैं कि organs तथा organ system की complexity एक निश्चित discernible trend (समझने योग्य प्रवृत्ति) को प्रदर्शित करती है।
- इस discernible trend को evolutionary trend कहते हैं।
- यहां पर आपको तीन organism के विभिन्न evolutinary levels के बारे में बताया जा रहा है, जिसमें आपको anatomy तथा morphology के organisation तथा functions के बारे में जानकारी प्राप्त होगी।
- Morphology में आप organism के external structure की study करते हैं।
- Plants तथा microbes के case में term morphology का precisely (वस्तुत:) यही अभिप्राय होता है।
- Animal के case में morphology का अभिप्राय body के external parts की study है।
- Animal के internal organs की morphology की study को anatomy कहते हैं।
- Earthworm, cockroach **invertebrate** को जबकि frog **vertebrate** को represent करता है।

7.3 Earthworm

- Earthworm, reddish brown colour के terrestrial invertebrate है।
- यह moist soil के upper layer में रहते हैं।
- दिन में (day time) ये जमीन के अंदर burrows में रहते हैं।
- Soil की boring तथा swallowing द्वारा burrow का निर्माण होता है।
- Gardens में ये अपने faecal deposits के द्वारा trace (पहचाने) किए जाते हैं।
- Faecal deposits को **castings** कहते हैं।
- *Pheretima* तथा *lumbricus,* common Indian earthworm हैं।

7.3.1 Morphology

- केंचुए की body, long cylindrical होती है।
- इनकी body segmented होती है तथा segment या metameres लगभग 100–120 होते हैं।
- Body के longitudinal axis के along, dorsal surface पर एक dark median **mid dorsal line** होती है, जो dorsal blood vessel है।

- Ventral surface पर genital openings (pores) पाए जाते हैं, जिसके कारण यह dorsal surface से distinguish किया जा सकता है।
- Body के anterior end पर mouth तथा prostomium होते हैं।
- Prostomium एक lobe हैं, जो mouth को ढके रहता है।
- Prostomium मिट्टी में cracks (दरारों) को खोलकर earthworm को उसमें रेंग कर जाने में help करती है।
- Prostomium एक sensory sructure है।
- Body के पहले segment को peristomium (buccal segment) कहते हैं, जिसमें mouth उपस्थित रहता है।
- एक mature warm में 14–16 तक के segment एक prominent dark band द्वारा घिरे रहते हैं। इस भाग को **clitellum** कहते हैं।
- यह dark band, glandular tissue का बना होता है।
- इस प्रकार body के तीन भाग हैं- Preclitellar, Clitellar, Postclitellar. (Fig. 7.9)
- 5th–9th segments में intersegmental grooves के ventro-lateral sides में 4 pairs, **spermathecal apertures** पाए जाते हैं।
- 14th segment के mid-ventral line पर single **female genital pore** पाया जाता है।
- 18th segment के ventro-lateral sides पर one pair **male genital pores** उपस्थित होते हैं।
- बहुत सारे minute pores, body surface पर खुलते हैं जिन्हें **nephridiopores** कहते हैं।
- First, last तथा clitellum वाले भागों को छोड़कर सभी पर S-shaped **setae** पाए जाते हैं, जो प्रत्येक segment में मध्य में स्थित epidermal pits में धँसे (embedded) रहते हैं।
- Setae फैल (extand) या सिकुड़ (retract) सकते हैं।
- Setae का principal role, **locomotion** है।

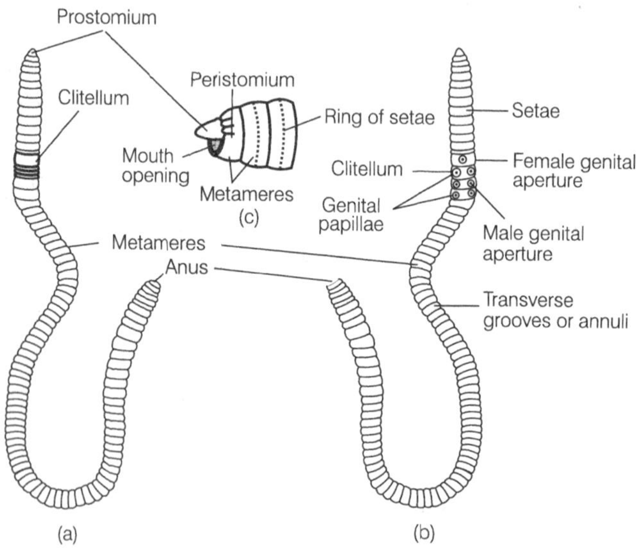

Figure 7.9 Body of earthworm: (a) Dorsal view (b) ventral view (c) lateral view showing mouth opening

7.3.2 *Anatomy*

- Earthworm की body wall एक thin, non-cellular layer से ढकी रहती है, जिसे **cuticle** कहते हैं।
- Cuticle के नीचे epidermis, दो muscle layers तथा सबसे अंदर coelomic epithelium पायी जाती है। (muscle layers - circular तथा longitudinal)।
- इसमें epidermis, columnar epithelial cells की एक single layer बनी होती है, जिसमें secretory gland cells होती हैं।

Alimentary Canal

- यह एक straight tube है, जो पहले से आखिरी segment तक पायी जाती है। (Fig. 7.10)
- इसमें terminal **mouth, buccal cavity** (1–3 segments) में खुलता है, जो **muscular pharynx** की ओर अग्रसर (lead) होती है।
- **Oesophagus** 5th–7th segment (small narrow tube).
- Muscular **gizzard** (8th–9th segments).
- **Stomach** (9th–14th segments).
- Gizzard, decaying leaves तथा soil particles को पीसने (grind) में help करती है।
- Decaying leaves तथा soil में mixed organic matter, earthworm का भोजन है।
- Stomach में पाई जाने वाली **calciferous glands**, humus में उपस्थित humic acids को neutralise कर देती है।

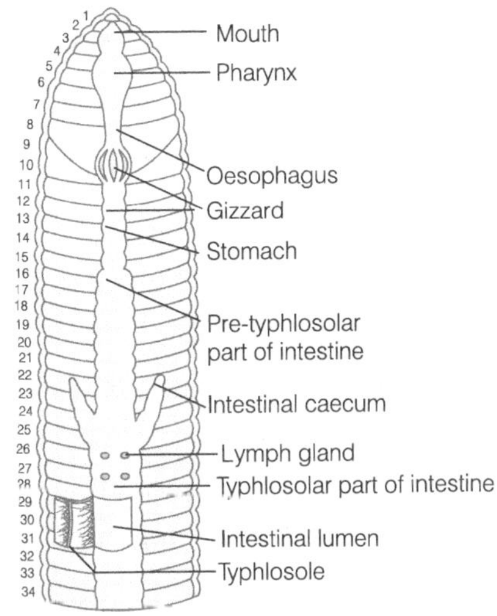

Figure 7.10 Alimentary canal of earthworm

- **Intestine** (15th segment से last segment).
- 26th segment पर intestine से 1 pair short तथा conical, **intestinal caecae** निकले रहते हैं।
- 26th segment के बाद (except last 23rd–25th) intestine की dorsal wall में segment internal median fold पाया जाता है, जिसे **typhlosole** कहते हैं।
- Typhlosole, intestine में absorption के effective area को बढ़ा देते हैं।
- Alimentary canal, anus के द्वारा बाहर खुलती है।
- Anus एक small rounded aperture है।
- Digestive tract में digestive enzymes द्वारा soil में उपस्थित complex food का small absorbable units में breakdown किया जाता है।
- इन digested nutrients को intestinal membrane द्वारा absorb करके उपयोग में लाया जाता है।

Blood Vascular System

- *Pheretima* में blood vascular system, **close type** होता है, जिसमें **blood vessels, capillaries** तथा **heart** आते हैं। (Fig. 7.11)
- Close circulatory system के कारण blood, heart तथा blood vessels तक ही सीमित रहता है।
- Body में contraction के कारण blood एक direction में बहता है।

- Smaller blood vessels, blood को gut, nerve cord तथा body wall तक पहुँचाती है।
- 4th, 5th तथा 6th segments पर **blood glands** पायी जाती हैं।

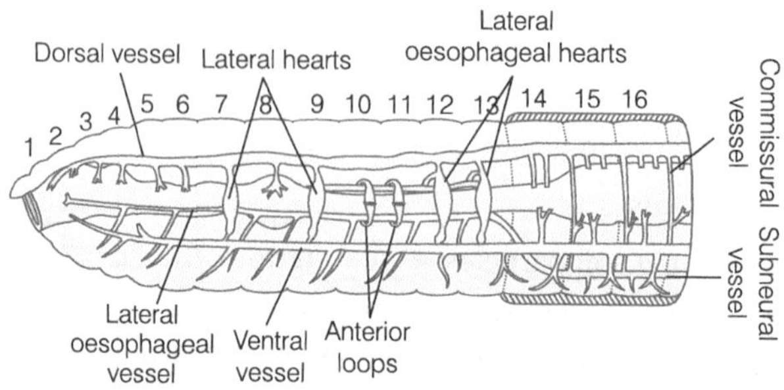

Figure 7.11 Closed circulatory system

- Blood glands, haemoglobin तथा blood cells को produce करती हैं।
- Haemoglobin, blood plasma में dissolve रहता है।
- Blood cells, phagocytic nature की होती है।

Respiration

- Earthworm में specialised breathing devices नहीं होती हैं।
- Respiratory exchange शरीर की moist surface से उनकी blood stream में संपन्न होता है।

Excretion

- Excretory organs, segmentally arranged coiled tubules के बने होते हैं, जिन्हें **nephridia** (sing. : nephridium) कहते हैं।

Nephridia

- Nephridia तीन प्रकार के होते हैं- **Septal nephridia, Integumentary nephridia, Pharyngeal nephridia.**

Septal Nephridia

- ये 15th से last segment में intersegmental septa के दोनों तरफ पाए जाते हैं।
- ये intestine में खुलते हैं।

Integumentary Nephridia

- ये 3rd से last segment तक पाए जाते हैं तथा body wall की lining से जुड़े रहते हैं।
- ये body surface पर खुलते हैं।

Pharyngeal Nephridia

- ये 4th, 5th तथा 6th segment में three paired tufts के रूप में पाए जाते हैं। (Fig. 7.12)
- ये विभिन्न प्रकार के nephridia structure में basically similar होते हैं।
- Nephridia, body fluid के volume तथा composition को regulate करते हैं।
- Funnel, nephridium के tubular part से जुड़ा रहता है, जो wastes को एक pore द्वारा body से collect कर digestive tube में ले जाती है।

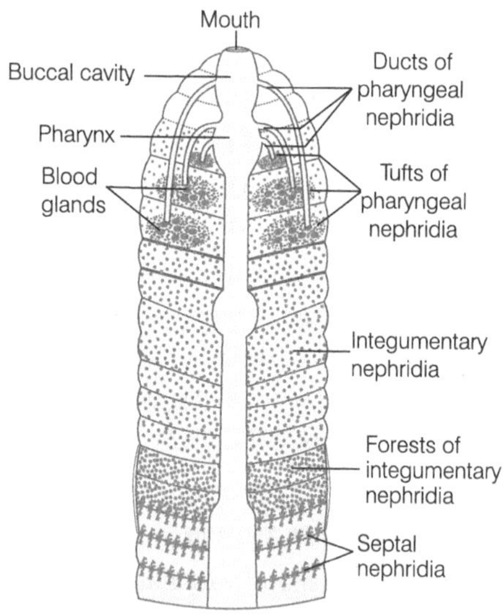

Figure 7.12 Nephridial system in earthworm

Nervous System

- यह ventral, paired cord पर segmentally arranged **ganglia** द्वारा represent किया जाता है।
- Anterior region एवं (3rd एवं 4th segments) पर nerve cord bifurcate होकर laterally pharynx को घेरते हुए dorsal surface पर cerebral ganglia को जोड़कर एक **nerve ring** बनाते हैं।
- Nerve ring, cerebral ganglia के साथ मिलकर **brain** का निर्माण करती है।
- Cerebral ganglia, ring की अन्य nerves के साथ मिलकर sensory input तथा body के muscular responses को command करते हैं।
- **Sensory system** में eyes नहीं होती है, लेकिन इसमें कुछ light तथा touch sensitive organs (receptor cells) पाए जाते हैं, जो light intensities के अंतर का अनुभव कर सकते हैं तथा earth के vibrations को भी अनुभव कर लेते हैं।
- Earthworm में specialised, **chemoreceptors** (taste receptors) होते हैं, जो chemical stimuli के लिए प्रतिक्रिया करते हैं।
- ये sense organs, earthworm के anterior part पर स्थित होते हैं।

Reproductive System

- Earthworm, **hermaphrodite** (bisexual) होता है यानि same individual में testes तथा ovaries उपस्थित होते हैं। (Fig. 7.13)
- इसमें 10th तथा 11th segments में **2 pairs testes** पाए जाते हैं।
- इनकी **vasa deferentia** 18th segment तक जाती है जहाँ ये prostatic duct से जुड़ जाती है।
- 2 pair, **accessory glands** 17th तथा 19th segment में पायी जाती हैं (प्रत्येक एक-एक pair में)।
- Common prostate तथा spermatic duct (vasa deferentia) बाहर की ओर one pair male genital pores द्वारा ventro-lateral side पर खुलती है।

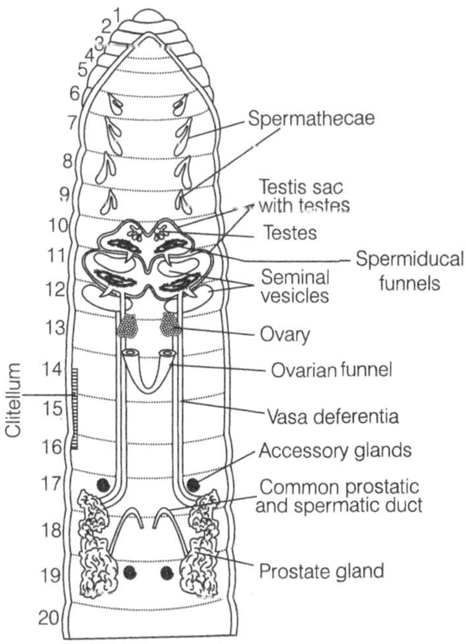

Figure 7.13 Reproductive system of earthworm

- **Male genital pores,** 18th segment पर पाए जाते हैं।
- 6th–9th segments पर 4 pair spermathecae पाए जाते हैं (प्रत्येक पर one pair)।

- ये spermathecae, copulation के दौरान spermatozoa को receive तथा store करते हैं।
- Inter-segmental septum से जुड़ी **one pair ovaries**, 12th तथा 13th segments पर पायी जाती है।
- Ovaries के नीचे ovarian funnels पाई जाती हैं, जो oviduct तक जाती है तथा आपस में मिलकर 14th segment के ventral side पर एक median **female genital pore** के रूप में बाहर खुलती है।
- दो worms के बीच sperm का mutual exchange (आदान-प्रदान) mating के दौरान होता है।
- ये sperms को **spermatophores** (sperm के packets) के रूप में exchange करते हैं।
- ये exchange, juxtaposing (पास-पास) opposite, gonadal openings द्वारा करते हैं।
- Clitellum की gland cells के द्वारा **cocoon** का निर्माण होता है।
- Mature sperm, egg cells तथा nutritive fluid, cocoon में deposite होते हैं।
- Fertilisation तथा development, cocoon के अंदर होता है, जिसे worm soil में छोड़ देता है।
- Cocoon के अंदर fertilisation होता है।
- Worm, cocoon को अपनी body से अलग कर देता है तथा soil के ऊपर या अंदर छोड़ देता है।
- Cocoon में worm embryos रहते हैं।
- लगभग 3 weeks के बाद cocoon द्वारा 2–20 baby worms उत्पन्न होते हैं (average-4)।
- Earthworm का development, direct होता है यानि इसमें larva नहीं बनता है।
- Earthworm को **'Friends of farmers'** कहते हैं।
- यह soil में छोटे-छोटे बिल (burrow) बनाता है, जिससे soil porous हो जाती है, जो plant roots के respiration तथा penetration में help करती है।
- Earthworm के द्वारा soil की fertility को बढ़ाने के process को **vermicomposting** कहते हैं।
- ये मछली पकड़ने के लिए bait (चारे) के रूप में भी use किए जाते हैं।

7.4 Cockroach

- Cockroach brown या black colour का कीट है जिसे phylum-**Arthropoda** के class-**Insecta** में रखा गया है।
- Tropical regions में यह bright yellow, red तथा green colour के cockroach अक्सर दिखाई दे जाते हैं।
- इनका size 1/4-3 इंच (0.6–7.6 सेमी) होता है।
- इनमें लंबी antenna, पैर तथा upper body wall में flat extension होती है, जो head को ढके रहती है।
- ये damp places (नम स्थान) पर पूरे विश्व में पाए जाते हैं।
- ये nocturnal तथा omnivores होते हैं।
- ये मनुष्य के घर में रहकर serious pests तथा बहुत सारी disease का vector होता है।

7.4.1. Morphology

- सामान्य adults cockroach, ***Periplaneta americana*** 34–53 मिमी लंबा होता है, जिसमें wings पाए जाते हैं।
- Male cockroach में wings, abdomen की tip के आगे भी फैले रहते हैं।
- Cockroach का शरीर segmented होता है।
- इसका शरीर 3 parts में divide होता है— **head, thorax** और **abdomen** (Fig. 7.14)
- Cockroach का पूरा शरीर hard brown, **chitinous exoskeleton** के द्वारा ढका होता है।
- प्रत्येक segment में exoskeleton, hard plates का बना होता है जिन्हें **sclerites** कहते हैं। (**tergites** dorsal side में तथा **sternite** ventral side में होते हैं।)
- Sclerites आपस में thin तथा flexible **articular membrane** (arthrodial membrane) से जुड़े होते हैं।
- Body के anterior side में triangular head होता है।

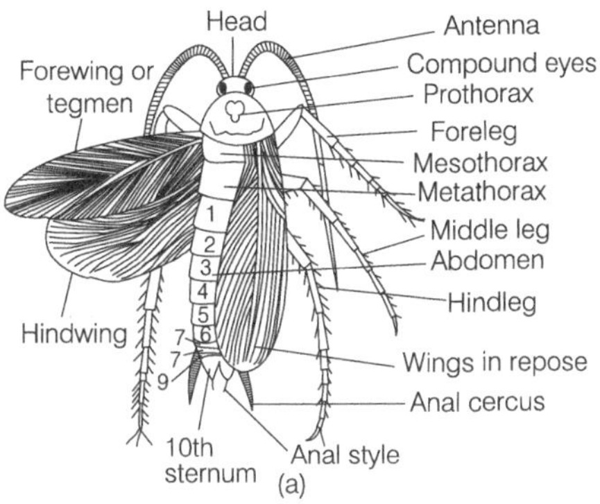

Figure 7.14 External features of Cockroach

- Head शरीर के longitudinal axis के साथ right angle बनाता है।
- Head, six segments के fusion से बना होता है तथा अपनी flexible neck के कारण सभी direction में घूम सकता है। (Fig. 7.15)
- Head capsule पर one pair compound eye पाए जाते हैं।
- आँखों के आगे membranous sockets से धागे जैसी 1 pair antennae निकलती हैं।
- Antennae में sensory receptors होते हैं, जो environment monitoring में help करते हैं।
- Head के anterior end पर appendages पाए जाते हैं, जिनसे biting और chewing type के mouth parts बनते हैं।
- Mouth parts में एक **labrum** (upper lip), one pair **mandibles**, one pair **maxillae** तथा single **labium** (lower lips) होते हैं।
- एक median flexible lobes जिसे hypopharynx कहते हैं, जो tongue का कार्य करता है।
- Tongue, mouth parts से घिरी हुई cavity में उपस्थित होती है। (Fig. 7.15 b)
- Thorax मुख्यतया 3 parts में divide होता है— **prothorax, mesothorax** और **metathorax.**

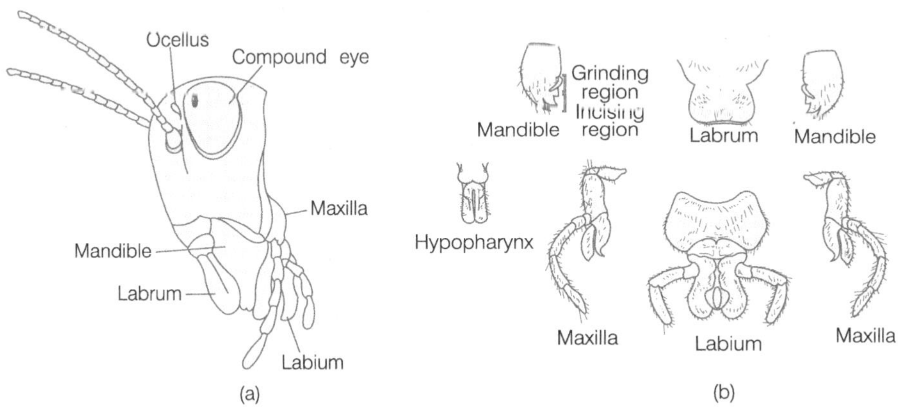

Figure 7.15 Head region of cockroach: (a) parts of head region (b) mouth parts

- Prothorax के short extension के द्वारा head, thorax से जुड़ा रहता है जिसे neck कहते हैं।
- प्रत्येक thoracic segment में 1 pair walking legs पाए जाते हैं।
- Wings का पहला pair, mesothorax से निकलता है तथा दूसरा pair, metathorax से निकलता है।
- Forewings (mesothoracic) को **tegmina** कहते हैं, जो opaque dark तथा leathery होते हैं।
- Resting अवस्था में forewings द्वारा hind wings ढ़के रहते हैं।
- Hind wings, transparent तथा membranous होते हैं और यह उड़ने में help करते हैं।

- Male तथा female दोनों के abdomen में 10 segments पाए जाते हैं।
- Female में 7th sternum, **boat-shaped** होती है, जो कि 8th तथा 9th sterna से मिलकर **brood** या **genital pouch** बनाती है।
- Genital pouch के anterior part में **female gonopore, spermathecal pores** तथा **collateral glands** पायी जाती हैं।
- Male में genital pouch या chamber, abdomen के hind end पर होता है।
- 9th तथा 10th tegra, genital pouch को dorsal side से bound करते हैं तथा 9th sternum, ventral side से bound करती है।
- इसमें **dorsal** anus तथा **ventral** male genital pore और gonapophysis होता है।
- Males में छोटे धागे जैसे 1 pair **anal styles** होते हैं, जो female में absent होते हैं।
- Male तथा female दोनों में 10th segment पर 1 pair jointed filamentous structure होती है जिसे **anal cerci** कहते हैं।

7.4.2 Anatomy

- Alimentary canal, body cavity में present होती है।

Alimentary Canal

- Alimentary canal, 3 regions में divide होती हैं— **Foregut, midgut, hindgut** (Fig. 7.16)
- Mouth, short tubular **pharynx** में खुलता है, जिससे एक narrow tubular passage निकलती है, जिसे **oesophagus** कहते हैं।
- Oesophagus आगे जाकर sac-like structure में खुलती है, जिसे **crop** कहते हैं।
- Crop में food store होता है।
- Crop आगे **gizzard** या **proventriculus** में खुलता है।
- Gizzard में thick circular muscle की बनी outer layer पायी जाती है।
- इसकी inner thick cuticle से 6 highly chitinous plates बनती हैं, जिन्हें teeth कहते हैं।
- Gizzard, food particles को grind (पीसना) करने में help करती है।
- Forgut, cuticle से lined होती है।

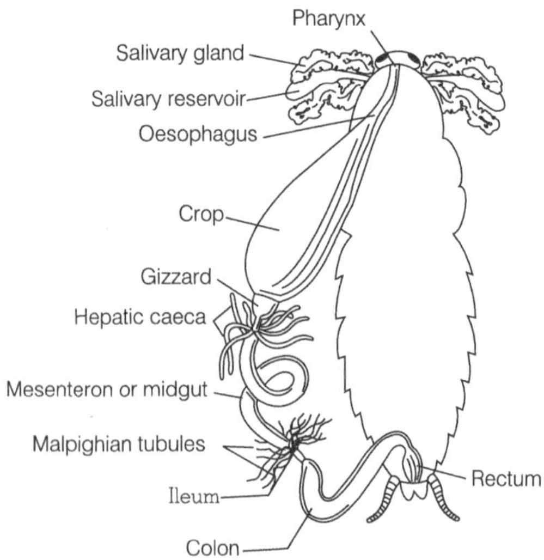

Figure 7.16 Alimentary canal of cockroach

- Foregut तथा midgut के junction पर 6–8 blind tubules की एक ring पायी जाती है, जिसे **hepatic** या **gastric caeca** कहते हैं।

- Gastric caeca, digestive juice secrete करती है।
- Midgut तथा hindgut के junction पर लगभग 100–150 पीले रंग की thin filamentous, **Malpighian tubules** पायी जाती हैं।
- Malpighian tubules, haemolymph से excretory product को remove करने में help करती है।
- Hindgut, midgut से broad होती है।
- Hindgut निम्न में differentiate होती है— **ileum, colon** और **rectum.**
- Rectum, anus द्वारा बाहर खुलता है।

Blood Vascular System

- Cockroach में **open type** का blood vascular system पाया जाता है। (Fig. 7.17)
- इसकी blood vessels, poorly developed होती है तथा यह space **(haemocoel)** में खुलती है।
- Visceral organs, haemocoel में होते हैं तथा blood **(haemolymph)** में डूबे रहते हैं।

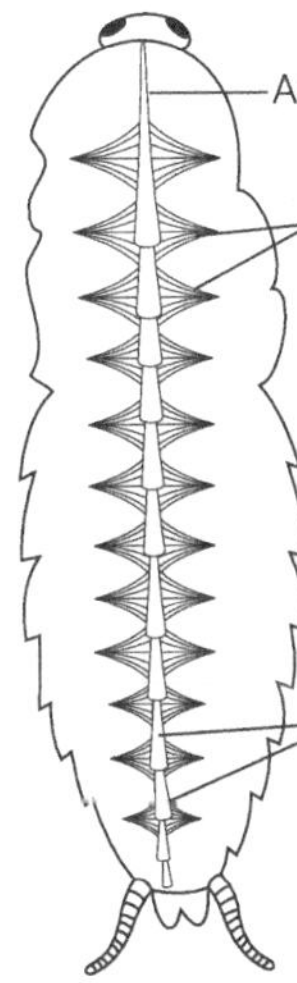

Figure 7.17 Open circulatory system of cockroach

- Haemolymph : colourless plasma तथा haemocytes से बना होता है।
- Cockroach का heart एक elongated muscular tube कीं तरह होता है, जो thorax और abdomen की mid dorsal line के along स्थित रहता है।
- Heart में funnel-shaped chambers पाए जाते हैं तथा chambers के दोनों ओर ostia होते हैं।
- Blood, ostia के द्वारा sinus से heart में enter करता है, जो आगे sinuses में दोबारा pump कर दिया जाता है।

Respiratory System

- Respiratory system में trachea का network पाया जाता है, जो 10 pairs छोटे holes द्वारा बाहर खुलता है।
- इन holes को **spiracles** कहते हैं, जो body के lateral side में present होते हैं।
- Tracheal tubes, divide होकर **tracheoles** बनाते हैं, जो air को body के सभी parts तक पहुँचाते हैं।
- Spiracles की opening, sphincters द्वारा regulate होती है।
- Tracheoles में exchange of gases, diffusion के द्वारा होता है।

Excretion

- Cockroach में excretion **Malpighian tubules** के द्वारा होता है।
- प्रत्येक tubules, glandular तथा ciliated cells द्वारा lined होती है।
- ये tubules, nitrogenous waste products को absorb करती है तथा इसे uric acid में convert करती है।

- Uric acid, hindgut से बाहर निकाल दिया जाता है इसलिए insects को हम **uricotelic** कहते हैं।
- इसके अलावा **fat body, nephrocytes** तथा **uricose glands** भी excretion में help करती हैं।

Nervous System

- Cockroach में nervous system में fused, segmentally arranged **ganglia** की series पायी जाती है, जो ventral side पर paired longitudinal connection द्वारा जुड़ी रहती हैं।
- 3 ganglia thorax में तथा 6 ganglia abdomen में होते हैं।
- Cockroach का nervous system पूरे शरीर में फैला रहता है।
- Head में nervous system का small part होता है, जबकि बचा हुआ part शरीर के दूसरे भागों में ventral side (belly) के along उपस्थित रहता है।

  *अब आप यह जान चुके होगें कि **cockroach** का **head cut** करने पर भी वह **one week** तक जीवित क्यों रहता है?*
- Head region में brain को हम **supra-oesophageal ganglion** के द्वारा represent करते हैं, जो antennae और compound eyes को nerve supply करता है।

Sense Organs

- Cockroach में sense organs पाए जाते हैं; जैसे— **Antennae, eyes, maxillary pulps, labial pulps, anal cerci,** आदि।
- Head के dorsal surface पर compound eyes पाए जाते हैं।
- प्रत्येक eye में लगभग 2000 hexagonal **ommatidia** (sing. -ommatidium) पाए जाते हैं।
- Ommatidia की सहायता से cockroach किसी object की बहुत सारी image को receive कर सकता है।
- इस प्रकार के vision को **mosaic vision** कहते हैं, जिसकी sensivity अधिक होती है, लेकिन resolution कम होता है।
- यह vision, night में common होता है इसलिए इसे **nocturnal vision** कहते हैं।

Reproductive System

- Cockroach, **dioecious** होता है तथा दोनों sex में well-developed reproductive organs पाए जाते हैं।

  Male reproductive system- इसमें one pair **testes** होते हैं, जो 4th–6th abdominal segments के lateral side में लगे रहते हैं।
- Ejaculatory duct, male gonopore में खुलती है, जो anus के ventral side में पाया जाता है।
- 6th–7th abdominal segment में एक characteristic **mushroom-shaped gland** पायी जाती है, जो accessory reproductive gland की तरह कार्य करती है।
- **Male gonapophysis** या **phallomere**, external genitalia को represent करता है।
- Phallomere, chitinous asymmetrical structures हैं, जो male gonopore को surround करते हैं।
- Sperm, **seminal vesicles** में store होते हैं तथा bundles के रूप में एक-दूसरे से चिपक जाते हैं।
- इन bundles को **spermatophores** कहते हैं।
- Spermatophores, copulation के समय discharge कर दिए जाते हैं।

  Female reproductive system- इसमें दो बड़ी ovary होती हैं।
- Ovaries, 2nd – 6th abdominal segment के lateral side में स्थित होती है।
- प्रत्येक ovary, 8 **ovarian tubules** या **ovarioles** के groups से बनी होती है।
- Ovary में developing ova की एक chain पायी जाती है।
- प्रत्येक ovary की oviducts मिलकर एक **median oviduct** (vagina) बनाती हैं, जो genital chamber में खुलती है।
- 6th segment में 1 pair **spermatheca** पायी जाती है जो genital chamber में खुलती है।
- Sperms, spermatophores द्वारा transfer होते हैं।

- इनके fertilised eggs एक capsule में बंद होते हैं जिसे **ootheca** कहते हैं।
- Ootheca, dark raddish से blackish brown capsule होता है।
- Ootheca की लम्बाई लगभग 3/8 inch (8 mm) होती है।
- ये ootheca दरारों (crack या crevice) में humid तथा भोजन वाले स्थानों पर चिपका दिए जाते हैं।
- औसतन one female, 9–10 ootheca उत्पन्न करती हैं।
- प्रत्येक ootheca में 14–16 eggs होते हैं।
- *P. americana* का development, **paurometabolous** type का होता है, यानि इसके development में nymphal stage मुख्य रूप से पायी जाती है।

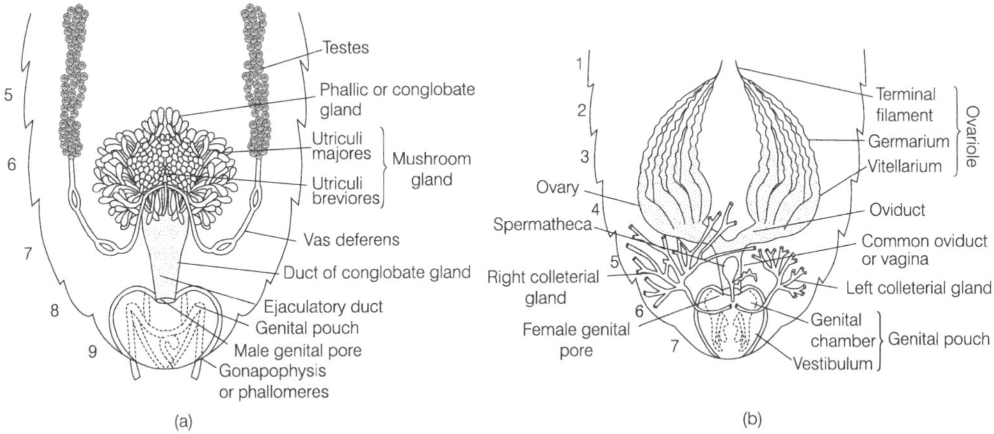

Figure 7.18 Reproductive system of cockroach : (a) Male (b) Female

- Nymphs, adults के समान दिखते हैं।
- Nymph में growth, moulting के द्वारा होती है तथा लगभग 13 moulting के बाद यह adult बदल जाता है।
- Last से पहले वाली nymphal stage में wing pads पाई जाती हैं।
- Wings केवल adult cockroach में पाए जाते हैं।
- Cockroach की बहुत सारी wild species पायी जाती हैं तथा इनका कोई economical importance नहीं होता है।
- कुछ species मनुष्य के habitat के चारों ओर फलती-फूलती है।
  - ये pest की तरह कार्य करती है, क्योंकि food को destroy करने के साथ-साथ अपनी smelly excreta के द्वारा contamination भी करती है।
  - ये food materials के contamination द्वारा बहुत सारी bacterial disease को transmit करती है।

7.5 Frogs

- Frog, land तथा freshwater दोनों पर रह सकता है।
- Frog का phylum-**Chordata** तथा class–**Amphibia** है।
- India में पायी जाने वाली frog की most common species, ***Rana tigrina*** है।
- Frog की body का temperature constant नहीं होता है।
- Frog के body का temperature environment के temperature के साथ change होता रहता है।
- इस प्रकार के animal को **cold-blooded** animal या **poikilothermous** कहते हैं।
- Frog जब grasses या फिर dry land पर रहता है, तो आपने इसके colour changing पर ध्यान दिया होगा।
- Frog में अपने शत्रुओं से छिपने के लिए colour change करने की योग्यता होती है, जिसे **camouflage** कहते हैं।
- इस protective coloration को **mimicry** कहते हैं।
- आपने यह भी देखा होगा कि frog, peak summer तथा peak winter में दिखाई नहीं देते हैं।

- इस duration में ये extreme, heat या cold से बचने के लिए गहरे गड्ढों में चले जाते हैं।
- इस process को हम summer sleep (**Aestivation**) तथा winter sleep (**Hibernation**) कहते हैं।

7.5.1 Morphology

क्या आपने कभी frog की skin को touch किया है?

- Mucus की उपस्थिति के कारण frog की skin smooth तथा slippery होती है।
- Frog की skin हमेशा moist condition को बनाए रखती है।
- Frog की dorsal side की skin, uniformly **olive green** colour की होती हैं तथा इस पर dark irregular spots पाए जाते हैं।
- Frog के ventral side की skin, uniformly **pale yellow** colour की होती हैं।
- Frog कभी पानी नहीं पीता, लेकिन skin के through absorb करता है।
- Frog की body, **head** तथा **trunk** में divide होती है। (Fig. 7.19)

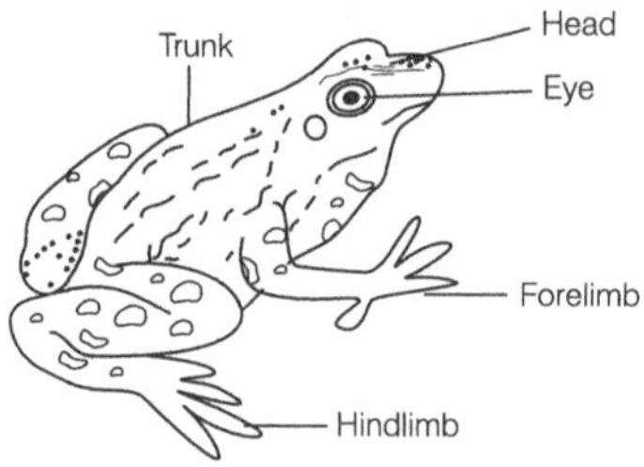

Figure 7.19 External features of frog

- इनमें neck तथा tail, absent होती हैं।
- Mouth के ऊपर one pair nostrils पाए जाते हैं।
- Eyes बाहर की तरफ निकली हुई तथा nictitating membrane द्वारा covered रहती हैं।
- जब frog पानी में रहता है, तो nictitating membrane, eyes को protect करती हैं।
- Eyes के दोनों ओर **membranous tympanum** (ear) होते हैं, जो sound signal को receive करते हैं।
- **Forelimbs** और **hindlimbs**, swimming, walking, leaping तथा burrowing में सहायता करते हैं।
- Hind limbs में 5 digits होती हैं तथा ये fore limbs की तुलना में बड़े तथा muscular होते हैं।
- Forelimbs में 4 digits पायी जाती हैं।
- Feet में **webbed digits** पायी जाती हैं, जो swimming में सहायता करती हैं।
- Frogs में **sexual dimorphism** पायी जाती है।
- Male frog, female frog से भिन्न होता है, क्योंकि male frog में sound producing **vocal sacs** तथा fore limb की first digit में **copulatory pad** पाया जाता है, जोकि female में absent होते हैं।

7.5.2 Anatomy

- Frog की body cavity में different **organ systems** जैसे कि digestive, circulatory, respiratory, nervous, excretory तथा reproductive system पाए जाते हैं, जो structurally तथा functionally, well-developed होते हैं। (Fig. 7.20)

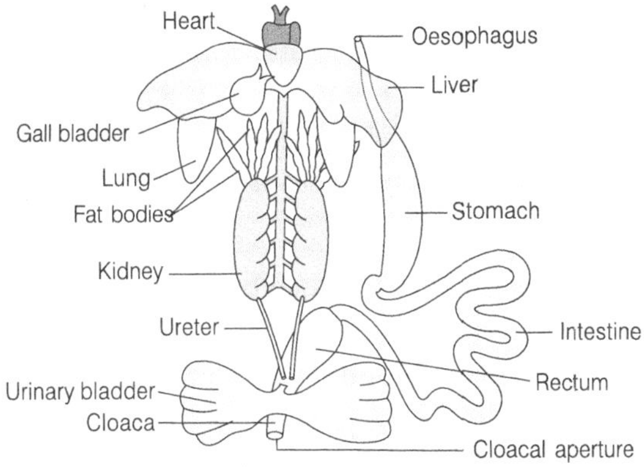

Figure 7.20 Diagrammatic representation of internal organs of frog showing complete digestive system

Digestive System

- Digestive system में alimentary canal तथा digestive glands पायी जाती हैं।
- Alimentary canal, short होती है, क्योंकि frogs carnivores होते हैं इसलिए intestine की length reduced हो जाती है।
- Mouth, buccal cavity में खुलता है।
- Buccal cavity, pharynx से होते हुए oesophagus में खुलती है।
- Oesophagus एक short tube है, जो stomach में खुलती है।
- Oesophagus आगे intestine, rectum में continue रहता है तथा rectum, finally cloaca के द्वारा बाहर खुलती हैं।
- Bile का secretion, liver द्वारा होता है तथा bile का storage, gall bladder में होता है।
- Pancreas एक digestive gland है, जिसके द्वारा pancreatic juice produce होता है, जिसमें digestive enzymes पाए जाते हैं।
- Frog, bilobed tongue द्वारा food capture करता है।
- Stomach के wall से gastric juice तथा HCl का secretion होता है, जो food के digestion में help करता है।
- Partially digested food को **chyme** कहते हैं, जोकि stomach से intestine के first part duodenum में transfer हो जाता है।
- Duodenum, common bile duct के द्वारा gall bladder से bile तथा pancreas से pancreatic juice receive करता है।
- Bile, fat को emulsify करता है और pancreatic juice, **carbohydrates** तथा **proteins** को digest करता है।
- Food finally intestine में digest होता है।
- Intestine के inner wall में बहुत से finger-like projection पाए जाते हैं, जिन्हें villi तथा microvilli कहते हैं, जो digested food को absorb करने में सहायता करते हैं।
- Undigested solid waste rectum से move करते हुए cloaca के through बाहर निकल जाता है।

Respiratory System

- Frog, land तथा water में दो different methods से respiration करता है।
- Water में skin, aquatic respiratory organ की तरह काम करती है। **(Cutaneous respiration)**
- Water में dissolve oxygen का exchange, skin से diffusion द्वारा होता है।
- Land पर buccal cavity, skin तथा lungs, respiratory organs की तरह काम करते हैं।

- Lungs के द्वारा respiration को **pulmonary respiration** कहते हैं।
- एक pair lungs elongated, pink colour का sac-like structure होता है, जो कि trunk region (thorax) के upper part पर उपस्थित होते हैं।
- Air nostrils के द्वारा buccal cavity में प्रवेश करती है, उसके बाद lungs में पहुँचती हैं।
- Aestivation और hibernation के समय gaseous exchange, skin के द्वारा होता है।

Circulatory System

- Frog का vascular system well-developed तथा closed type का होता है।
- Frog में lymphatic system भी present होता है।
- Blood vascular system के अन्तर्गत **heart, blood vessels** तथा **blood** आता हैं।
- Lymphatic system के अन्तर्गत **lymph, lymph channels** तथा **lymph node** आते हैं।
- Heart एक muscular structure है, जो body cavity के upper part पर situated रहता है।
- Heart, three chambered होता है, जिसमें two atria और one ventricle होता है।
- Heart एक membrane द्वारा covered रहता है जिसे **pericardium** कहते हैं।
- एक triangular structure जिसे **sinus venosus** कहते हैं, जो right atrium से जुड़ा रहता है।
- Sinus venosus, major veins द्वारा blood receive करता है, जिन्हें **vena cava** कहते हैं।
- Heart के ventral side पर sac-like structure **conus arteriosus** होता है, जिसमें ventricle open होता है।
- Heart से blood को body के सभी parts से arteries में ले जाती हैं। **[atrial system]**
- Body के different parts से blood को collect कर veins, heart में पहुँचाती है, इसे **venous system** कहते हैं।
- Frog में liver और intestine के बीच तथा इसके साथ-साथ kidney और body के lower parts के बीच एक special venous connection पाया जाता है।
- Frog में liver तथा intestine के बीच स्थित special venous connection को **hepatic portal system** कहते हैं।
- Kidney और body के lower parts बीच स्थित special venous connection को **renal portal system** कहते हैं।
- **Blood**, plasma तथा cells से मिलकर बना होता है।
- Blood cells

  –RBC (Red Blood Cells) या **Erythrocytes.**

  – WBC (White Blood Cells) या **Leucocytes**

  – Platelets
- RBC, nucleated होते हैं और उसमें red colour का pigment, **haemoglobin** present होता हैं।
- Lymph, blood से भिन्न होता है।
- Lymph में कुछ proteins तथा RBC absent होते हैं।
- Circulation के समय nutrients, gases तथा water को blood उनकी respective sites तक ले जाता हैं।
- Blood का circulation, muscular heart के pumping action द्वारा होता है।

Excretory System

- Nitrogenous wastes का elimination, एक well- developed excretory system द्वारा होता है।
- Excretory system में एक pair kidney, ureters, cloaca तथा urinary bladder उपस्थित होता है।
- **Kidney** compact, dark red तथा bean-like structures हैं।
- यह body cavity में थोड़ा पीछे की ओर vertebral column के दोनों ओर स्थित होता है।
- प्रत्येक kidney बहुत सारी uriniferous tubules या nephron से मिलकर बनी होती है।

- **Nephrons** को kidney की structural तथा functional unit कहते हैं।
- Male frog में दो ureters, kidneys से बाहर निकलते हैं।
- Ureters, urinogenital duct की तरह काम करते हैं, जो कि cloaca में खुलते हैं।
- Female frog में ureters तथा oviduct, separately cloaca में खुलते हैं।
- Urinary bladder, thin-walled होता है, यह rectum के ventral side पर उपस्थित होता है तथा यह भी cloaca में खुलता है।
- Frog, urea excrete करता है और इसलिए यह **ureotelic animal** है।
- Blood, excretory wastes को kidneys तक ले जाता है जहाँ पर इसका separation तथा excretion होता है।

Neuro-endocrine System

- Frog में control और co-ordination system highly evolved है।
- इसमें neural system और endocrine gland आते हैं।
- Body के different parts में chemical co-ordination, **hormones** के द्वारा होता है, जिसे endocrine gland secrete करती है।
- Frog में पाए जाने वाली prominant endocrine glands निम्न हैं— **Pituitary, thyroid, parathyroid, thymus, pineal body, pancreatic islets, adrenals** और **gonads.**
- Nervous system निम्न से मिलकर बना होता है—
  - Central nervous system (brain और spinal cord)
  - Peripheral nervous system (cranial और spinal nerves)
  - Autonomic nervous system (sympathetic और para sympathetic)
- Brain से 10 pairs cranial nerves निकलती हैं।
- Brain एक bony structure में बंद रहता है, जिसे brain box (cranium) कहते हैं।
- Brain 3 parts में divide होता है— Fore brain, Mid brain, Hind brain
- **Fore brain** में olfactory lobes, paired cerebral hemispheres तथा unpaired diencephalon होते हैं।
- **Mid brain** में एक pair optic lobes होते हैं।
- **Hind brain** में cerebellum और medulla oblongata पाए जाते हैं।
- Medulla oblongata, foramen magnum के द्वारा बाहर निकलता है तथा यह spinal cord में continue रहता है, जोकि vertbral column द्वारा enclosed रहता है।
- Frog में विभिन्न प्रकार के **sense organs** पाए जाते हैं जैसे कि **organ of touch** (sensory papillae), **taste** (taste buds), **smell** (nasal epithelium), **vision** (eyes) और **hearing** (tympanum with internal ears).
- इनमें से eyes और internal ears, well-organised structure होते हैं तथा बचे हुए nerve ending के around cellular aggregation बनाते हैं।
- Frog में एक pair spherical eyes होती हैं, जो कि skull के orbit में स्थित होती हैं।
- Frog में simple eyes पायी जाती हैं। (possessing only one unit).
- Frog में external ear, absent होता है केवल tympanum को ही हम बाहर से देख सकते हैं।
- Ear, hearing और balancing (equilibrium) दोनों organs की तरह काम करता है।

Reproduction

- Frogs में well-organised male तथा female reproductive system होता है।
- **Male reproductive organs** में एक pair yellowish ovoid testes पाए जाते हैं। (Fig. 7.21)
- Testes, kidney के upper part में peritoneum की double fold जिसे mesorchium कहते हैं, से चिपका रहता है

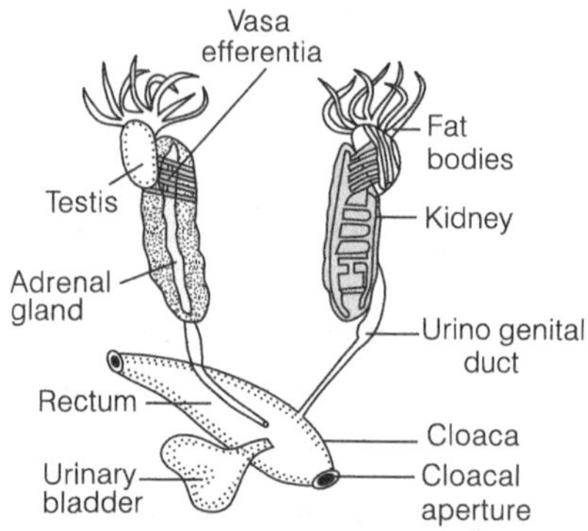

Figure 7.21 Male reproductive system

- Vasa efferentia की संख्या 10–12 होती हैं, जो कि testes से arise होते हैं।
- Vasa efferentia अपने ओर की kidney में प्रवेश करते हैं तथा bidder's canal में खुलते हैं।
- Finally ये urinogenital duct के साथ communicate करता है, जोकि kidney से बाहर निकल आता है तथा cloaca में खुलता है।
- Cloaca, एक small median chamber होता है, जिसके द्वारा faecal matter, urine तथा sperm बाहर निकलते हैं।
- **Female reproductive organ** में एक pair ovaries होती हैं।
- Ovary, kidney के पास होती है, परन्तु kidney के साथ इसका कोई functional connection नहीं होता है।
- Ovary से एक pair oviduct, arise होते हैं, जो separately cloaca में open होते हैं।
- एक mature female एक बार में 2500-3000 अण्डे दे सकती हैं।

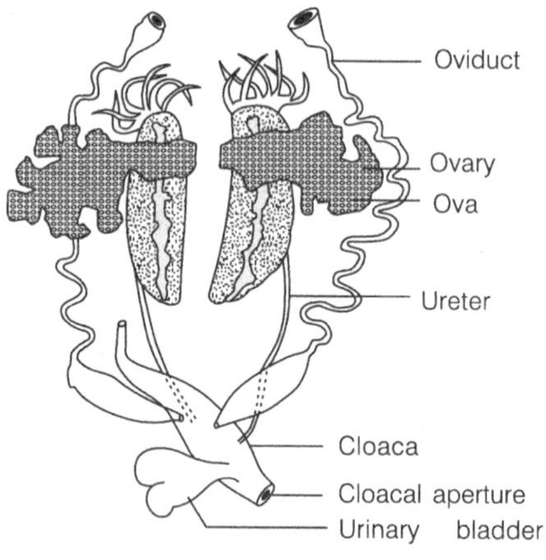

Figure 7.22 Female reproductive system

- Fertilisation external होता है तथा यह water में होता है।
- Frog के development में larval stage पायी जाती है जिसे **tadpole** कहते हैं।
- Tadpole, **metamorphosis** द्वारा adult में बदल जाता है।
- Frogs, mankind लिए beneficial होते हैं, क्योंकि ये insects को खाकर crops को protect करते हैं।
- Frog, ecological balance को maintain रखते हैं, क्योंकि ecosystem में ये food chain तथा food web के बीच important link का कार्य करते हैं।
- कुछ countries में मनुष्य की muscular legs को भोजन के रूप में प्रयोग करते हैं।

UNIT-III

CELL : STRUCTURE AND FUNCTIONS

GN RAMACHANDRAN
(1922-2001)

- G. N. Ramachandran, protein structure के क्षेत्र में outstanding figure थे।
- यह Mardras school of conformational analysis of biopolymers के founder (संस्थापक) थे।
- इन्होंने 1954 में nature में published collagen के triple helicle structure की खोज की।
- 'Ramachandran plot' के उपयोग से इन्होंने protein के conformation की analysis की इसलिए structural biology के क्षेत्र में इन्हें most outstanding rank प्राप्त हुई।
- इनका जन्म 8 October 1922 को South Indian में Cochin के निकट एक small town में हुआ था।
- इनके पिता एक स्थानीय college में mathematics के professor थे इसलिए Ramachandran का mathematics के प्रति interest पैदा हो गया।
- इन्होंने school years, complete करने के बाद Madras university से 1942 में physics में B.Sc (Honors) से top rank प्राप्त की।
- 1949 में Cambridge University से Ph.D की उपाधि प्राप्त की।
- Cambridge में Ramachandran की मुलाकात Linus Pauling से हुई तथा यह Pauling के α-helix तथा β-sheet structure के models पर published कार्य से बहुत प्रभावित थे जिसकी वजह से आपका ध्यान collagen के structure को solve करने की ओर गया।
- इनकी मृत्यु 78 वर्ष की आयु में 7 April 2001 को हुई।

Chapter Eight

CELL : THE UNIT OF LIFE

- जब आप अपने चारों ओर देखते हैं, तो living व non- living organism दोनों को देखते हैं।
  आप आश्चर्यचकित होकर अपने से पूछते ही होगें कि किस कारण जीव (organism), living कहलाते हैं और एक inanimate (निर्जीव) living नहीं हो सकते?
  – इसका answer, सभी living organisms में cell का होना है।
  – cell–the basic unit of life.
- सभी organism, cells से मिलकर बने होते हैं।
- एक cell से बने organisms को **unicellular**, जबकि अनेक cells से मिलकर बने organisms को **multicellular** कहते हैं।

8.1 What is a Cell?

- Unicellular organisms में independent existence तथा life के लिए आवश्यक कार्य करने की क्षमता होती है।
- Cell के बिना किसी का भी independent living existence नहीं हो सकता।
  – इस कारण cell सभी living organism की **fundamental, structural and functional unit** होती है।
- **Anton van Leeuwenhoek** ने पहली बार live cell को देखा और describe किया।
- बाद में Robert Brown ने nucleus को discover किया।
- Microscope की खोज तथा इसके बाद बने electron microscope की सहायता से cell की detail में study सम्भव हो सकी।

8.2 Cell Theory

- 1838 में German Botanist **Matthias Schleiden** ने बहुत सारे plants को examin करने के बाद पाया कि सभी plants विभिन्न प्रकार की cells से मिलकर बने होते हैं, जो plants में tissue का निर्माण करती हैं।
- लगभग इसी समय 1839 में British Zoologist **Theodore Schwann** ने विभिन्न प्रकार की animal cells की study करने के बाद पाया कि cells के बाहर एक thin layer होती है, जिसे plasma membrane कहते हैं।
  - Schwann ने plant tissue की study के बाद पाया कि cell wall, plant cells का एक unique character है।
  - इस आधार पर Schwann ने एक hypothesis दी कि animals और plants का शरीर cell व cell के product से मिलकर बना होता है।
- Schleiden तथा Schwann ने मिलकर cell theory को formulate किया।
  - यह cell theory ये बताने में असफल रही कि new cells कैसे बनती हैं?
- **Rudolf Virchow** (1855) ने सबसे पहले बताया कि cell में division होता है तथा new cells पहले से उपस्थित cells के division से बनती है। ***(omnis cellula-e-cellula)***
  - Virchow ने Schleiden और Schwann की hypothesis को modify कर cell theory को final shape दिया।

  cell theory को हम इस प्रकार से समझ सकते हैं—
  - सभी living organism, cell व cell के product से मिलकर बने होते हैं।
  - सभी cells पहले से उपस्थित cells से बनती हैं।

8.3 An Overview of Cell

- प्रत्येक cell के अन्दर dense structure होता है, जिसे nucleus कहते हैं।
- Nucleus में chromosomes होते हैं, जिसमें genetic material DNA होता है।
- Eukaryotes में nucleus, membrane bound होता है, जबकि prokaryotes में membrane bound nucleus नहीं पाया जाता।
- सभी cells का volume एक semi-fluid matrix द्वारा occupied होता है, जिसे cytoplasm कहते हैं।
- Cytoplasm, plant एवं animal दोनों cells में पाया जाता है, जो cellular activities का मुख्य स्थल है।
- Cells को living state में बनाए रखने के लिए सभी chemical reactions, cytoplasm में ही चलती है।
- Eukaryotes cells में nucleus के अतिरिक्त दूसरे membrane bound structures होते हैं, जिन्हें **organelles** कहते हैं।

  Example : ER, Golgi complex, lysosome, mitochondria, microbes and vacuoles.
- Prokaryotes में membrane bound organelles नहीं पाए जाते हैं।
- राइबोसोम्स, non-membrane bound organelles हैं, जो prokaryotes और eukaryotes दोनों में पाए जाते हैं।
  - राइबोसोम्स cytoplasm के अलावा chloroplasts (in plants), mitochondria और rough endoplasmic reticulum में भी होते हैं।
- Animal cell में एक दूसरा non-membrane bound organelle भी होता है, जिसे **centriole** कहते हैं, जो cell division में सहायता करता है।
- **Cells** size, shape और activity की दृष्टि से भिन्न होती है।
- **Mycoplasma**, smallest cells है, जिसकी length 0.3 μm होती है।
- Bacteria की लम्बाई 3-5 μm तक हो सकती है।
- Human RBC - round एवं biconcave होती है एवं इसका Diameter 7.0 μm होता है।
- Ostrich के egg को सबसे बड़ी isolated cell माना जाता है।

- Nerve cell को सबसे लम्बी cell के रूप में जाना जाता है।
- Cell अपने shape में भी vary करती है ये disc-like, polygonal, columnar, cuboid, thread-like या irregular हो सकती है।
- Cell के function के अनुसार cell का shape, vary कर सकता है।

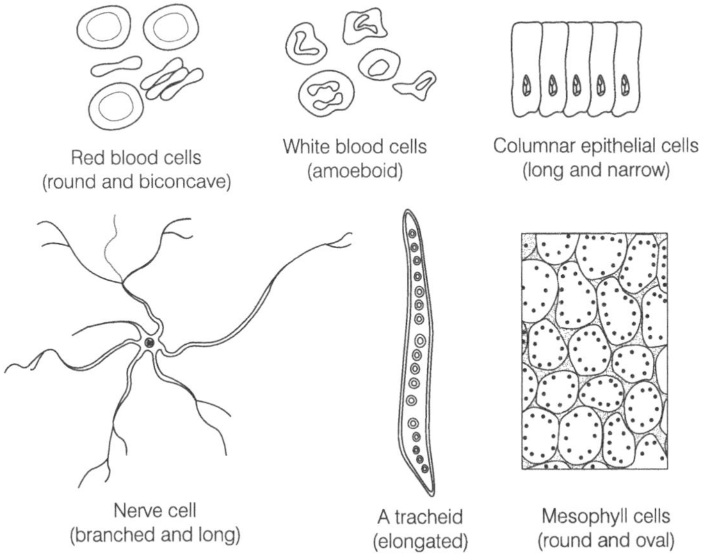

Figure 8.1 Diagram showing different shapes of the cells

8.4 Prokaryotic Cells

- Prokaryotic cells को bacteria, blue-green algae, mycoplasma और PPLO (Pleuro Pneumonia Like Organism) द्वारा represent करते हैं।
- ये सामान्यतया eukaryotes से छोटी होती हैं तथा बहुत तेजी से multiply करती हैं।
- ये shape तथा size में vary कर सकती हैं।
- Bacteria के चार प्रकार के basic shapes होते हैं
  - Bacillus (rod-like)
  - Coccus (spherical)
  - Vibrio (comma)
  - Spirillum (spiral)
- Prokaryotic cells के shape तथा functions में wide variety होने के अलावा prokaryotic cells का organisation समान होता है।
- Mycoplasma को छोड़कर सभी prokaryotes में cell membrane पायी जाती है, जोकि cell membrane को surround करती है।
- Cell के अन्दर उपस्थित matrix को cytoplasm कहते हैं।
- Prokaryotes में well-defined nucleus नहीं पाया जाता है।
- Genetic material basically naked होता है अर्थात् nuclear membrane द्वारा घिरा नहीं होता है।
- बहुत सारे bacteria में genomic DNA के बाहर small circular DNA पाया जाता है, जिसे **plasmids** कहते हैं। (Genomic DNA - single chromosome/circular DNA).

- Plasmid DNA, bacteria के **unique phenotypic characters** को बताते हैं, जैसे antibiotic के प्रति resistance.
- Bacterial transformation की monitoring में plasmid DNA के साथ foreign DNA का use होता है।
- Ribosome के अलावा prokaryotes में eukaryotes के जैसे organelles नहीं पाए जाते हैं।
- Prokaryotes में inclusions का पाया जाना unique होता है।
- **Mesosome,** cell membrane का specialised differentiated रूप है।
- Mesosome का पाया जाना prokaryotes मुख्य characteristic है।
- **Mesosome,** essentially cell membrane की infolding होती हैं।

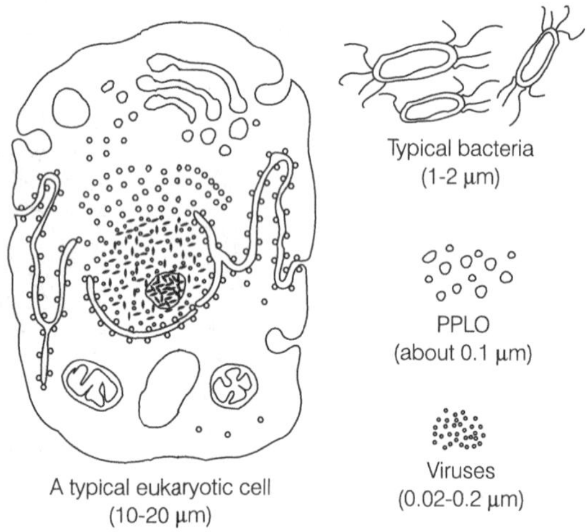

Figure 8.2 Diagram showing comparison of eukaryotic cell with other organisms

8.4.1 Cell Envelope and its Modification

- अधिकतर prokaryotic cells विशेष कर bacterial cell में chemically complex, envelope पाया जाता है।
- Cell envelope में tightly bound तीन layer होती हैं।
  - Glycocalyx (outer)
  - Cell wall (middle)
  - Plasma membrane (inner)
- Cell envelope की प्रत्येक layer का कार्य भिन्न (distinct) होता है।
- ये तीनों layer मिलकर single protective unit की तरह कार्य करती है।
- Cell envelope के differences तथा **Gram** द्वारा विकसित Gram staining procedure के response के आधार पर bacteria को दो group में classify किया गया है
  - **Gram positive,** जो Gram stain ग्रहण करते हैं।
  - **Gram negative,** जो Gram stain नहीं लेते हैं।
- विभिन्न bacteria में glycocalyx की मोटाई और chemical composition अलग-अलग होता है।
  - Glycocalyx कुछ जीवाणुओं में loose sheath के रूप में हो सकती है, जिसे **slime layer** कहते हैं, जबकि अन्य जीवाणुओं में thick व tough होती है, जिसे **capsule** कहते हैं।
- Cell wall, cell को shape तथा structural support प्रदान करती है।
  - Cell wall, bacteria को brust या collapse होने से बचाती है।
- **Plasma membrane** ये semi-permeable nature की होती है, जिसके द्वारा cell बाहरी world से आदान-प्रदान (interact) करती है।

- यह structure में eukaryotes के समान होती है।
- **Mesosome**, cell में plasma membrane के extension से बनने वाला एक membranous structure है।
  - ये **extensions** vesicles, tubules एवं lamellae के रूप में होते हैं।

Functions of Mesosome

- मीसासोम्स cell wall formation, DNA का replication एवं daughter cells में distribution, respiration, secretion, plasma membrane का surface area तथा enzymatic content को बढ़ाते हैं।

Chromatophore

- कुछ prokaryotes जैसे cyanobacteria के cytoplasm में plasma membrane के extension को chromatophore कहते हैं।
- Chromatophores में pigment होते हैं।

- Bacterial cells motile या non-motile होती हैं।
  - Motile, cell wall में flagella होते हैं।
  - Flagella, cell wall से पतले filament के रूप में निकलते हैं।
- Bacteria में **flagella** की संख्या तथा arrangement भिन्न होता है।
- Flagella तीन parts में विभाजित होता है
  - Filament
  - Hook
  - Basal body
- Filament सबसे longest भाग होता, जो cell surface से बाहर की तरफ निकलता है।
- **Pili** और **fimbriae** भी surface structure होते हैं, लेकिन ये motility में कोई भूमिका नहीं निभाते हैं।
- Pili (sing : pilus) elongated tubular संरचना है, जो विशेष प्रोटीन **pilin** से बना होता है।
- Fimbriae छोटे bristle जैसे fibres होते हैं, जो cell से बाहर की तरफ निकले होते हैं।
- ये fimbriae कुछ bacteria को जल की धारा में चट्टानों से attach करने में सहायता करते हैं तथा host tissue से चिपकने में भी सहायता करते हैं।

8.4.2 Ribosomes and Inclusion Bodies

- Prokaryotes में राइबोसोम्स plasma membrane से जुड़े रहते हैं।
- इनका size 15nm–20nm होता है।
- Eukaryotes में 80S ribosome जबकि prokaryotes में 70S ribosomes होते हैं।
- प्रत्येक ribosome में दो subunits होती है– एक बड़ी तथा एक छोटी।
- 80S ribosome की दो subunits 60S और 40S है तथा 70S की subunits 50S तथा 40S है।
- यहाँ S (Svedberg's unit) है जिसे sedimentation coefficient कहते हैं। ये indirectely, density तथा size की माप है।

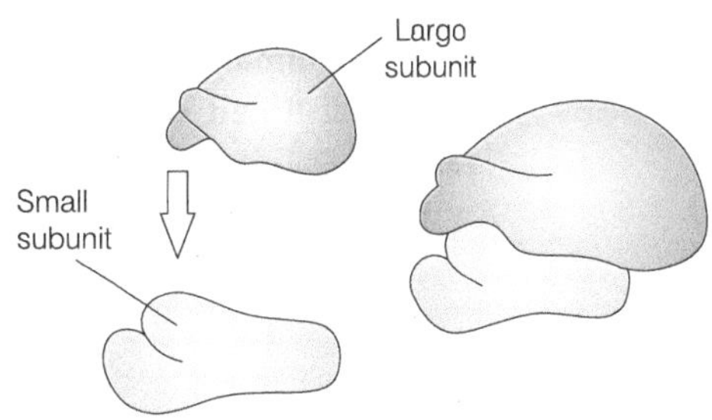

Figure 8.3 Ribosomes

- Ribosomes में protein synthesis होती है।
- बहुत सारे ribosomes एक *m*RNA से जुड़कर एक chain बनाते हैं जिसे **polyribosomes** या **polysome** कहते हैं।
- एक polysome के ribosomes, *m*RNA को protein में translate करते हैं।

Inclusion Bodies

- Prokaryotic cells के cytoplasm में reserve material का storage, inclusion bodies के रूप में होता है।
- ये किसी membrane system से bound नहीं होते हैं तथा cytoplasm में freely पड़े रहते हैं।
  Example, Phosphate granules, cyanophycean granules और glycogen granules.
- **Gas vacuoles**, blue-green bacteria और purple तथा green photosynthetic bacteria में पाए जाते हैं। (Fig. 8.3 a)

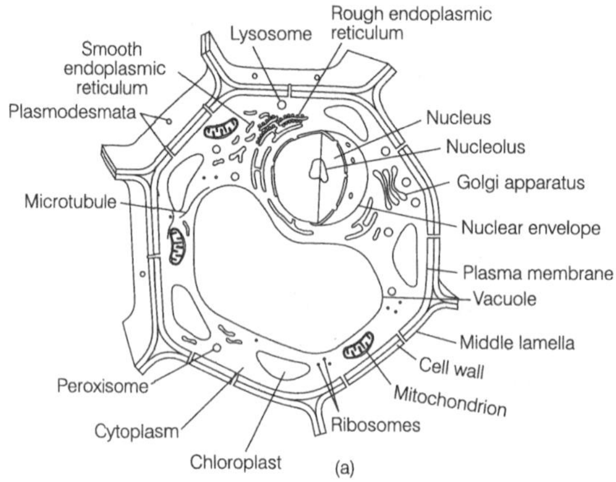

Figure 8.4 (a) Plant cell

8.5 Eukaryotic Cells

- सभी protists, plants, animals तथा fungi को **eukaryotes** में शामिल किया गया है।
- इनमें membrane bound organelles के कारण से cytoplasm में extensive compartmentisation पाया जाता है।
- इसमें membrane bound **organised nucleus** पाया जाता है।
- इसके अलावा इसमें complex locomotory तथा cytoskeletal structures की variety पायी जाती है।
- इनमें genetic material, organise होकर chromosomes बनाता है।
- सभी eukaryotic cells एक जैसी नहीं होती हैं।
- Plant और animal cells भिन्न होती हैं।
  - Plant cell में **cell wall, plastids** तथा एक large central **vacuoles** होती है, जो animal cells में absent होती हैं।

  Animal cells में **centrioles** होते हैं, जो plant cells में लगभग absent होते हैं। (Fig. 8.3 b)

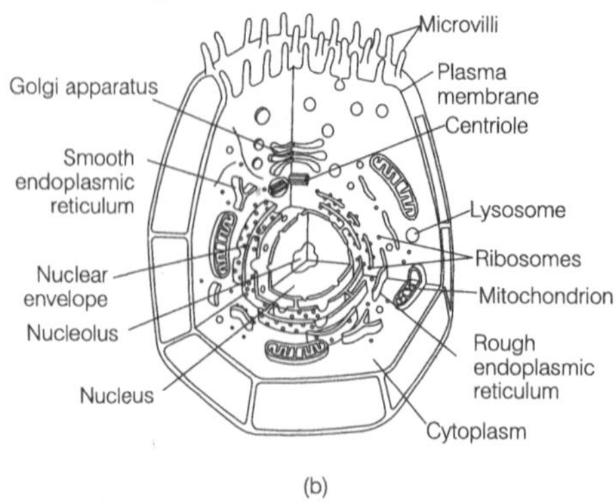

Figure 8.4 (b) Animal cell

8.5.1 Cell Membrane

- 1950s में electron microscope की खोज के बाद cell membrane की structure को study किया गया।
- इस बीच especially मनुष्य की RBC की cell membrane पर chemical study करने के बाद वैज्ञानिकों को plasma membrane की positive structure के बारे में जानकारी मिली।
- इन studies के बाद पता चला कि cell membrane लिपिड की बनी होती है तथा लिपिड्स bilayer में रहते हैं।
- लिपिड इस तरह से membrane में arrange रहते हैं कि बाहर की ओर इनका **polar head** तथा अंदर की ओर **hydrophobic tail** होती है।
- इससे पता चलता है कि cell membrane में saturated hydrocarbon की बनी non-polar tail, aqueous environment से protect रहती है। (Fig. 8.4)
- Membrane के lipid component में मुख्यतया phosphoglycerides होते हैं।
- इसके बाद में biochemical खोज से यह स्पष्ट हुआ कि cell membrane में **protein** तथा **carbohydrates** भी होते हैं।
- अलग-अलग cells में protein तथा lipids का ratio vary करता है।
  - मनुष्य की erythrocytes की membrane में लगभग 52% proteins तथा 40% lipids होते हैं।
- Ease of extraction के आधार पर membrane की proteins दो प्रकार की होती हैं— **integral** और **peripheral.**
  - **Integral protein** ये partially या पूरी तरह से membrane में धँसी (buried) रहती है।
  - **Peripheral protein** ये membrane की surface पर होती है।
- **Singer** और **Nicolson** ने cell membrane की structure के लिए improved model सन् 1972 में propose किया। इसे **fluid mosaic model** कहते हैं।
  - इसके अनुसार lipid के quasi-fluid (अर्द्धतरलीय) स्वभाव के कारण overall bilayer में प्रोटीन्स **lateral movement** करती है।
  - Membrane में protein की move करने की ability उसकी fluidity के रूप में measure किया जाता है।
- Membrane का **fluid nature**– Cell growth, intercellular junction का formation, secretion, endocytosis, cell division, आदि के लिए महत्त्वपूर्ण है।
- Membrane का मुख्य कार्य molecules के transport में सहायता करना है।
- Membrane अपने दोनों ओर उपस्थित molecules के लिए selective permeable होती है।
- **Passive transport** इसमें बिना energy खर्च किए membrane के दोनों ओर molecules का transport होता है।
- Neutral solute, **simple diffusion** द्वारा membrane के दोनों ओर along concentration gradient, move कर सकते हैं।
  - **Along concentration gradient** (i.e., from higher concentration to lower concentration).
- Diffusion के द्वारा जल का movement **osmosis** कहलाता है।
- Non-polar lipid bilayer द्वारा polar molecules, pass नहीं हो सकते हैं तथा इन्हें आर या पार जाने के लिए **carrier protein** की आवश्यकता होती है।
- **Active transport** कुछ ions या molecules का membrane के आर-पार transport, concentration gradient के विरुद्ध होता है। इसका अभिप्राय यह है कि molecules का movement, lower concentration से higher concentration की ओर होता है।
  - इसमें ATP की आवश्यकता होती है। e.g., **Na^+ / K^+ Pump.**

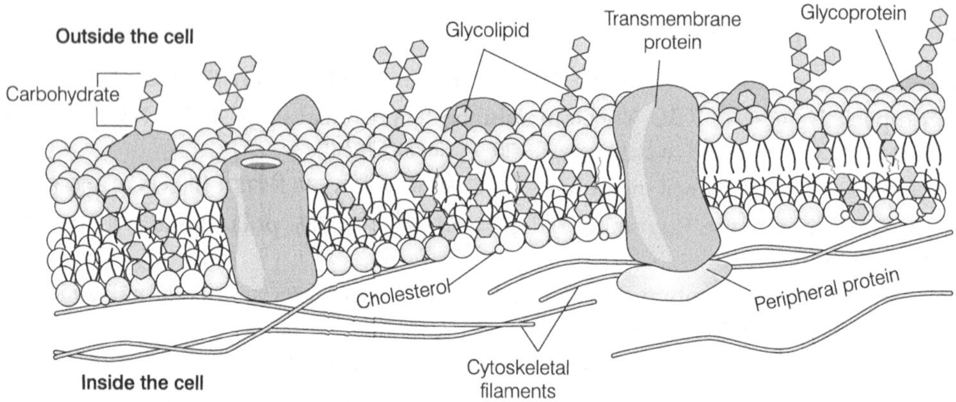

Figure 8.5 Fluid mosaic model of plasma membrane

8.5.2 Cell Wall

- ये **non-living** rigid structure हैं, जो fungi तथा plants की plasma membrane का बाहरी आवरण बनाती हैं।
- Cell wall, cell को shape प्रदान करने के साथ-साथ cell को mechanical damage तथा infection से बचाती है।
- Cell wall, **cell-to-cell interaction** में भी सहायता करती है तथा undesirable macromolecules के लिए **barrier** प्रदान करती है।
- **Algae** की cell wall, cellulose, galactans, mannans तथा minerals जैसे calcium carbonate की बनी होती है। जबकि दूसरे plants में यह cellulose, hemicellulose, pectins तथा proteins की बनी होती है।

  Young plant cell की cell wall, growth करने में सक्षम होती है इसे **primary wall** कहते हैं।
  – Growth की क्षमता cell की maturity के साथ घटती जाती है तथा cell के अन्दर की ओर (toward membrane) **secondary wall** का formation होने लगता है।
- Middle lamella मुख्यतया calcium pectate की बनी layer है, जो आस-पास की different cells को चिपकाए व पकड़े रहती हैं।
- Cell wall तथा middle lamella, plasmodesmata द्वारा आर-पार (transverse) आ-जा सकते हैं।
- Plasmodesmata आस-पास की cell के cytoplasm को connect करते हैं।

8.5.3 Endomembrane System

- प्रत्येक membranous organelles के structures तथा functions एक-दूसरे से काफी अलग होते हैं।
  – लेकिन इनमें कई ऐसे organelles होते हैं, जिनके functions एक-दूसरे से जुड़े (coordinated) रहते हैं इनको **endomembrane system** में रखते हैं।
- इसमें ER, Golgi complex, lysosomes तथा vacuoles आते हैं।
- Mitochondria, chloroplast तथा peroxysome के कार्य ऊपर दिए organelles से सम्बन्धित नहीं होते हैं इसलिए इन्हें endomembrane system में नहीं रखते हैं।

8.5.3.1 The Endoplasmic Reticulum (ER)

- Electron microscope द्वारा eukaryotic cells के अध्ययन से पता चला कि cells के cytoplasm में tiny tubular structures के network फैले रहते हैं, जिन्हें ER कहते हैं।
- ER, intracellular space को दो distinct compartments में divide करता है
  – **Luminal compartment** (inside ER)

– **Extra luminal compartment** (cytoplasm)

– **Rough Endoplasmic Reticulum** (RER) :

- इसकी surface पर ribosomes होते हैं।
- Protein synthesis तथा secretion करने वाली cells में RER में आसानी से observe की जाती है।

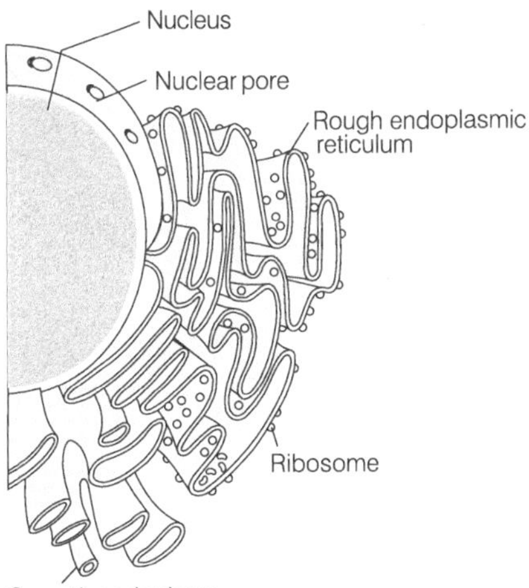

Figure 8.6 Endoplasmic reticulum

- यह nucleus की outer membrane के साथ continuous रहती है।

Smooth Endoplasmic Reticulum (SER) :

- इसमें ribosomes, absent होते हैं।
- यह lipid synthesis के मुख्य स्थल हैं।
- Animal cells की SER में lipids जैसे steroidal hormones की synthesis होती है।

8.5.3.2 Golgi Apparatus

- 1898 में Camillo Golgi ने पहली बार nucleus के पास dense stain लेने वाले reticular structures देखें थे। जिनको बाद में Golgi bodies कहा गया।
- इनमें कई flat, disc-shaped sacs या cisternae होती हैं, जिनका diameter 0.5–1.0 μm होता है।
- ये cisternae एक-दूसरे के parallel लगी रहती हैं।
- Golgi complex में उपस्थित cisternae की संख्या अलग-अलग होती है।
- Golgi की cisternae, nucleus के पास concentric रूप में लगी रहती है।
- Cisternae में दो face होते हैं- ***Cis*** तथा ***trans***
- *Cis* को **convex side** या **forming face** कहते हैं तथा *trans* को **concave** या **maturing face** कहते हैं।
- *Cis* तथा *trans* पूरी तरह से भिन्न होते हैं, लेकिन आपस में जुड़े (interconnected) रहते हैं।
- Golgi apparatus का मुख्य कार्य materials की packaging तथा materials को intracellular targets तक पहुँचाना या cells के बाहर secrete करना है।
- ER से material, vesicle के रूप में packaged होकर *cis* face से fuse हो जाता है तथा maturing face की ओर move करता है। इससे explain होता है कि Golgi complex का ER से close association है।
- ER पर ribosomes द्वारा बनी प्रोटीन्स Golgi apparatus के *trans* face के द्वारा release होने से पहले Golgi की cisternae में modify होती है।
- Golgi apparatus, glycoproteins तथा glycolipids के formation का प्रमुख स्थल है।

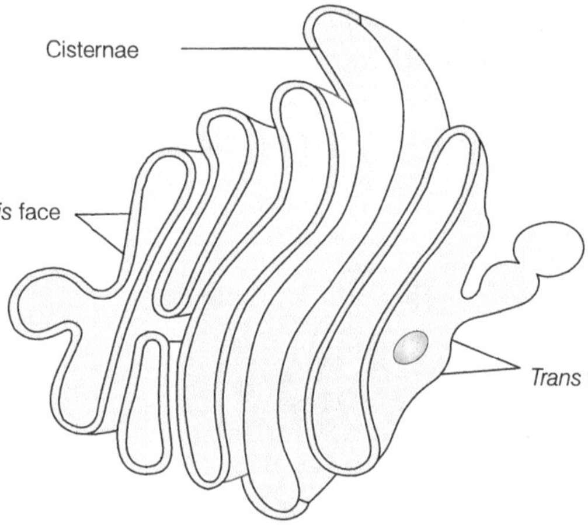

Figure 8.7 Golgi apparatus

8.5.3.3 Lysosomes

- ये membrane bound **vesicular structures** हैं।
- ये packaging process द्वारा Golgi apparatus में बनते हैं।
- Isolated lysosomal vesicles में लगभग सभी प्रकार के **hydrolytic enzymes** (hydrolases– lipases, proteases, carbohydrases) पाए जाते हैं।
- ये enzymes, acidic pH पर active होते हैं।
- ये एंजाइम्स carbohydrates, proteins, lipids तथा nucleic acids को digest करने के योग्य होते हैं।

8.5.3.4 Vacuoles

- Vacuoles, cytoplasm में पाया जाना वाला membrane-bound space है।
- इनमें water, sap, excretory product तथा cell के लिए useless दूसरे materials भी होते हैं।
- Vacuoles के चारों ओर single membrane पायी जाती है, जिसे **tonoplast** कहते हैं।
- Plant cells में ये cell का 90% volume घेरती हैं।
- Plant में tonoplast कई ions तथा materials को vacuoles के अंदर transport करने में सहायता करती है।
  - ये transport, concentration gradient के against होता है।
  - इसलिए vacuoles के अन्दर इनकी concentration, cytoplasm से अधिक होती है।
- *Amoeba* में contractile vacuole, excretion के लिए महत्वपूर्ण होती है।
- कई cells जैसे protists में food vacuoles का निर्माण food particles के निगलने (engulf) द्वारा होता है।

8.5.4 Mitochondria

Mitochondria (sing ; mitochondiron)

- Mitochondria को stain करने के बाद microscope में आसानी से देखा जा सकता है।
- प्रत्येक cell में mitochondria की संख्या variable होती है तथा ये cells की physiological activity पर depend करती है।
- यह shpae और size में भी variable होती है।
- यह sausage-shape या cylindrical होते हैं।
- इनका diameter 0.2–1.0 μm (average 0.5 μm) तथा length 1.0–4.1 μm होती हैं।
- Mitochondria एक double membrane bound संरचना है।
  - Outer membrane
  - Inner membrane

- ये membrane, माइटोकॉण्ड्रिया के lumen को दो aqueous compartments में divide करती हैं।
  – i.e., outer compartment तथा inner compartment.
- Inner compartment को matrix कहते हैं।
- Outer membrane, mitochondria की continuous limiting boundry बनाती है।
- Inner membrane में matrix की ओर कई infoldings होती हैं, जिन्हें **cristae** (sing: crista) कहते हैं।
- Cristae, surface area को बढ़ाते हैं।
- दोनों membrane के पास अपने-अपने specific enzymes होते हैं, जो mitochondria के functions से सम्बन्धित होते हैं।
- Mitochondria में aerobic respiration होता है।
- ये ATP के रूप में energy produce करते हैं इस कारण इन्हें cell का **power house** कहते हैं।
- Mitochondria के matrix में single circular DNA, कुछ RNA, 70S ribosomes तथा protein synthesis के लिए आवश्यक component होते हैं।
- माइटोकाण्ड्रिया **fission** द्वारा divide होती है।

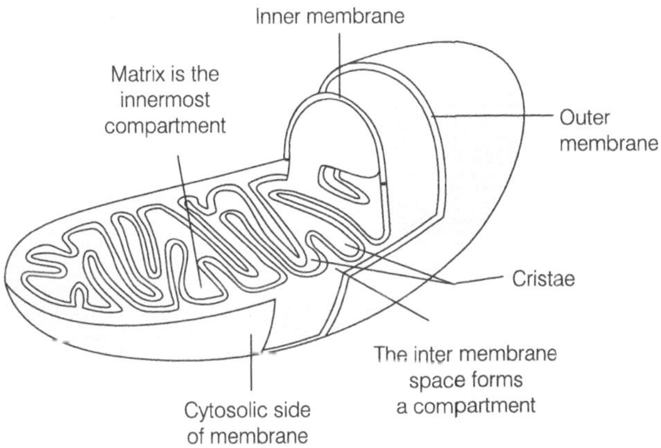

Figure 8.8 Structure of mitochondrion (Longitudinal section)

8.5.5 Plastids

- ये सभी plant cells और euglenoides में पाए जाते हैं।
- ये बड़े होते हैं इसलिए microscope में आसानी से देखे जा सकते हैं।
- इनमें कुछ specific pigments होते हैं, जिसके कारण ये plants को specific colour प्रदान करते हैं।
- Pigments के type के आधार पर plastids को **chromoplast, leucoplast** तथा **chloroplast** में classify करते हैं।

Chromoplasts

- इनमें fat में घुलनशील **carotenoid** pigments पाए जाते हैं; जैसे- carotene, xanthophylls तथा अन्य।
- यह plants को yellow, orange तथा red colour प्रदान करते हैं।

Leucoplasts

- ये colourless होते हैं तथा इनका shape और size अलग-अलग होता है।
- ये nutrients को store करते हैं, जैसे—
  Amyloplasts – Carbohydrates (starch) को store करते हैं, e.g., potato
  Elaioplasts – Store oils and fats
  Aleuroplasts – Store proteins

Chloroplasts

- इनमें **chlorophyll** और **carotenoid** नामक pigment होते हैं, जो photosynthesis के लिए आवश्यक light energy को trap करते हैं।
- Green plants में अधिकतर chloroplasts पत्तियों की mesophyll cells में पाए जाते हैं।
- ये lens-shaped, oval, spherical, discoid या ribbon-like **organelles** हैं।
- इनकी length 5–10 μm तथा width 2–4 μm होती है।
- इनकी संख्या vary करती है जैसे— *Chlamydomonas* (a green algae) में एक cell में एक chloroplast पाया जाता है तथा mesophyll cells में 20–40 chloroplast प्रति cell पाए जाते हैं।
- ये double membrane bound होते हैं।
- Chloroplast की inner membrane, outer की तुलना में कम permeable होती है।
- Inner membrane द्वारा limited space को **stroma** कहते हैं।
- Stroma में कई organised flat membranous sac होती है, जिन्हें **thylakoids** कहते हैं।
- **Thylakoids,** coins के ढेर (pile) के रूप में रहते हैं, जिन्हें हम **grana** (sing : granum) या **intgranal** thylakoids कहते हैं।
- इसके अलावा **stroma lamellae**, fat membranous tubules होती है, जो अलग-अलग grana के thylakoids को जोड़ती है।
- Thylakoids की membrane द्वारा घिरा space, **lumen** कहलाता है।
- Chloroplast के stroma में carbohydrates व proteins की synthesis के लिए आवश्यक enzymes पाए जाते हैं।
- Stroma में double-stranded DNA तथा ribosomes होते हैं।
- Chlorophyll, thylakoids में उपस्थित होते हैं।
- Chloroplasts के ribosomes (70S), cytoplasmic ribosomes (80 S) से छोटे होते हैं।

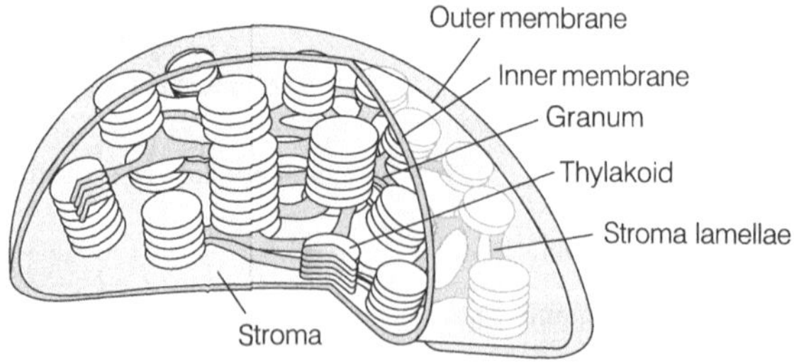

Figure 8.9 Sectional view of chloroplast

8.5.6 Ribosome

- इसे सबसे पहले George Palade ने 1953 में electron microscope द्वारा dense particles के रूप में देखा था।
- ये किसी membrane से घिरे नहीं रहते हैं।
- ये RNA और protein के बने होते हैं।
- Eukaryotes में 80S, जबकि prokaryotes में 70S ribosome होते हैं।
  - यहाँ 'S' (Svedberg's unit) **sedimentation coefficient** है, जो indirectly, density तथा size को नापता है।
- 70S तथा 80S ribosomes दो subunits से मिलकर बनते हैं।

8.5.7 Cytoskeleton

- ये cytoplasm में उपस्थित filamentous protein का बना elaborate network है।

  Functions mechanical support, motility तथा maintenance of cell shape.

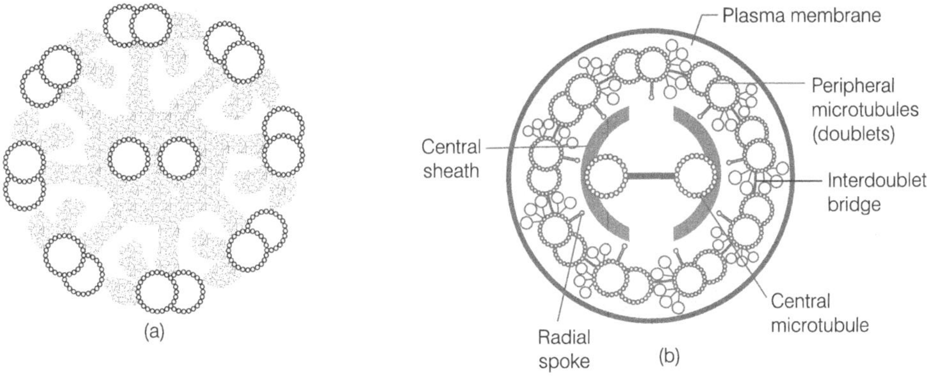

Figure 8.10 Section of cilia/flagella showing different parts :
(a) Electron micrograph, (b) Diagrammatic representation of internal structure

8.5.8 Cilia and Flagella

Cilia (sing. : cilium), Flagella (sing. : flagellum)

- ये cell membrane पर पायी जाने वाली hair-like outgrowths है।
- Cilia छोटे होते हैं, जो **Oars** (पतवार) की तरह कार्य करते हैं।
- Cilia, cell या इसके चारों ओर उपस्थित fluid में movement प्रदान करते हैं।
- Flagella, cilia से बड़े होते हैं और cell के movement के लिए responsible होते हैं।
- Prokaryotic bacteria में भी flagella पाए जाते हैं, लेकिन ये संरचना में eukaryotic flagella से भिन्न होते हैं।
- Electron microscopic study से पता चलता है कि cilia या flagella, plasma membrane से ढके रहते हैं।
- इनके core को **axoneme** कहते हैं, जिसमें कई microtubules होते हैं।
- ये microtubules, long axis के parallel होते हैं।
- Axoneme के centre में one pair microtubule होती है।
- Axoneme के periphery में microtubule के 9 pairs doublets पाए जाते हैं, जो radialy arranged रहते हैं।
- Axoneme की microtubule के इस arrangement को **9 + 2 array** कहते हैं।
- Central वाले tubules, bridge द्वारा जुड़े होते हैं तथा central sheath से घिरे भी होते हैं।
- प्रत्येक peripheral doublet की एक tubule, radial spoke द्वारा central sheath से जुड़ी होती है।
  - इस प्रकार 9 radial spoke बनती हैं।
- Peripheral doublets भी आपस में linkers द्वारा जुड़े होते हैं।
- Cilium तथा flagellum दोनों centriole जैसी structure से निकलते हैं, जिन्हें basal bodies कहते हैं।

8.5.9 Centrosome and Centrioles

- Centrosome एक organelles है, जिसमें प्राय: दो cylindrical संरचनाएं होती हैं, जिन्हें centrioles कहते हैं।
- ये amorphous pericentriolar materials से घिरे रहते हैं।
- दोनों centrioles से एक-दूसरे के perpendicular होते हैं, जिसमें प्रत्येक का organisation बैलगाड़ी के पहिए (cartwheel) जैसा होता है।
- Centrioles समान दूरी पर स्थित 9 peripheral fibrils से बने होते हैं।

- Fibrils, **tubulin** protein से बने होते हैं।
- प्रत्येक peripheral fibril एक triplet होता है।
- Adjacent triplet आपस में जुड़े होते हैं।
- Centrioles के proximal region का central part भी प्रोटीन का बना होता है, जिसे **Hub** कहते हैं।
- Hub, radial spokes द्वारा peripheral triplets की tubules से जुड़ा होता है।
- Radial spokes प्रोटीन के बने होते हैं।

  Centrioles, cilia या flagella की basal body बनाते हैं तथा spindle fibres बनाते हैं।
  - Spindle fibres, animal में cell division के दौरान spindle appratus बनाते हैं।

8.5.10 Nucleus

- Nucleus को as a cell organelles सबसे पहले **Robert Brown** ने सन् 1831 में desdribe किया था।
- बाद में **Flemming** ने nucleus के material को basic dye द्वारा stain किया तथा **chromatin** नाम दिया।

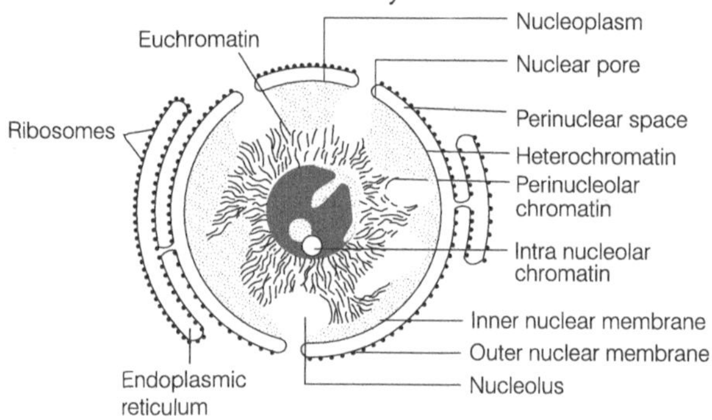

Figure 8.11 Structure of nucleus

- Interphase nucleus में chromatin, nuclear matrix तथा एक या एक से अधिक spherical **nucleoli** होते हैं।
  - Interphase nucleus : जब cell divide नहीं करती है।
  - Nucleoli (sing : nucleolus)
- Chromatin, nucleoprotein के बने highly extended तथा elaborate fibres होते हैं।

Nuclear Enevelop

- इसमें दो parallel membrane होती हैं।
- दोनों membrane के बीच के space को **perinuclear space** (10–50 nm) कहते हैं।
- यह cytoplasm तथा nucleus में उपस्थित materials के लिए barrier का काम करती हैं।
- Nucleus की बाहरी membrane, ER के साथ continuous रहती हैं तथा इस पर ribosomes भी लगे रहते हैं।
- Nuclear envelope में छोटे-छोटे pores होते हैं, जोकि nucleus की दोनों membrane के fusion से बनते हैं।
- ये pores RNA व protein के nucleus तथा cytoplasm के मध्य movement के लिए passages का काम करते हैं।
- Normaly एक cell में एक nucleus होता है, लेकिन nucleus के number में variation भी देखने को मिलती हैं।
- कुछ mature cell में nucleus नही होता है जैसे कई mammals के **erythrocytes** और vascular plants की **sieve tube cell.**

  क्या ये **cell living** है?

Nuclear matrix or Nucleoplasm

- इसमें nucleolus तथा chromatin उपस्थित होते हैं।
- Nucleoli, spherical होते हैं।
- Nucleolus का content, nucleoplasm के सीधे सम्पर्क में होता है, क्योंकि इस पर membrane नहीं होती है।

- यहाँ *r* RNA की active synthesis होती है।
- Active protein synthesis करने वाली cells में nucleoli बड़े और अधिक होते हैं।

  interphase nucleus में nucleoprotein fibres का एक loose और indistinct network होता है, जिसे chromatin कहते हैं। लेकिन cell division की different stages के दौरान cell में nucleus की जगह structured chromosomes दिखायी देते हैं।
- Chromatin में DNA, कुछ basic proteins (histone) कुछ non-histon protein तथा RNA भी होते हैं।
- एक single human cell में लगभग दो मीटर लम्बा DNA का धागा होता है, जो 46 (23 pair) chromosomes में distributed रहता है।

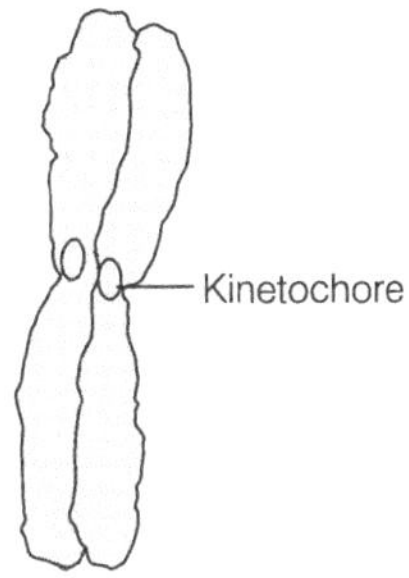

Figure 8.12 Chromosome with kinetochore

- प्रत्येक chromosomes में एक primary constriction **(centromere)** होता है, जिसके sides पर disc-shaped संरचनाएँ होती है, जिन्हें **kinetochores** कहते हैं।
- Centromere की position के आधार पर chromosomes चार प्रकार के हो सकते हैं।

Matacentric Chromosome

- Centromere मध्य में होता है तथा chromosomes की दोनों arms equal होती हैं।

Sub-metacentric Chromosome

- Centromere मध्य से कुछ दूर होता है, जिससे chromosomes की एक arm shorter तथा एक arm long होती है।

Acrocentric Chromosome

- Centromere, chromosome के end के पास होता है, जिससे एक arm extremely short तथा एक arm very long होती है।

Telocentric Chromosome

- Centromere, chromosome के terminal पर होते हैं।

- कुछ chromosomes में constant स्थान पर non-staining **secondary constrictions** पाया जाता है।
  - इस कारण से chromosomes पर एक छोटा fragment दिखता है, जिसको satellite कहते हैं।

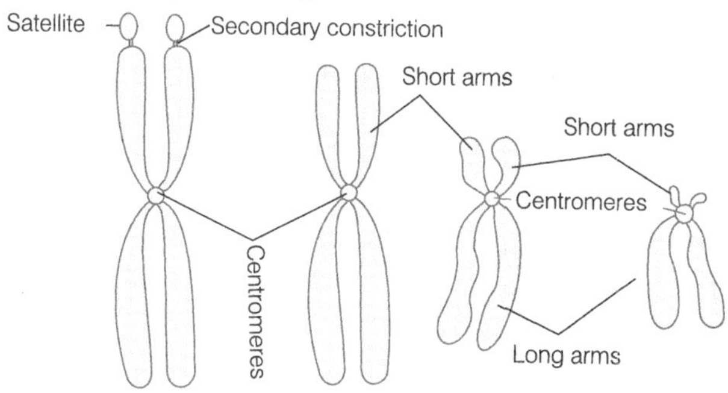

Figure 8.13 Types of chromosomes based on the position of centromere

8.5.11 Microbodies

- ये membrane द्वारा ढकी हुई कई छोटी-छोटी vesicles हैं, जिनमें various enzymes पाए जाते हैं।
- ये दोनों plants तथा animal cells में पायी जाती है।

Chapter Nine

BIOMOLECULES

- Living organisms की हमारे biosphere में wide diversity पाई जाती है।
- हमारे mind में question आता है कि क्या सभी living organism समान chemicals, i.e., elements या compounds से मिलकर बने होते हैं?
- Plant tissue, animal tissue या microbial paste की elemental analysis करने पर हमें C, H, O तथा अन्य elements की एक list प्राप्त होती है।
- यदि हम non-living earth's crust के एक टुकड़े की analysis करें तब भी हमें similar list प्राप्त होती है।

  इन दोनों list में क्या difference है?

  – Absolutely इनमें कोई difference नहीं मिलते हैं।
- Earth's crust के sample में उपस्थित सभी elements, living tissue के sample में भी पाए जाते हैं।
- फिर भी closer examination से पता चलता है कि living organism में C तथा H की मात्रा अन्य elements की अपेक्षा अधिक होती है। (Table 9.1)

Table 9.1 A Comparison of Elements Present in Non-living and Living Matter*

Element	% Weight of	
	Earth's crust	Human body
Hydrogen (H)	0.14	0.5
Carbon (C)	0.03	18.5
Oxygen (O)	46.6	65.0
Nitrogen (N)	Very little	3.3
Sulphur (S)	0.03	0.3
Sodium (Na)	2.8	0.2
Calcium (Ca)	3.6	1.5
Magnesium (Mg)	2.1	0.1
Silicon (Si)	27.7	Negligible

* Adapted from CNR Rao, *Understanding Chemistry,* Universities Press, Hyderabad.

9.1 How to Analyse Chemical Composition?

Living organism में organic compounds किस रूप में मिलते हैं?

- इसका answer पाने के लिए हमें chemical analysis करनी पड़ेगी।
- हम किसी living tissue को लेते हैं (vegetable या liver का टुकड़ा, आदि)।
- Mortar (बड़ा बर्तन) तथा pestle (मूसल) की सहायता से living tissue को trichloroacetic acid (CCl_3COOH) के साथ पीसते हैं। जिससे हमें thick slurry प्राप्त होती है।
- Slurry को cheese cloth या cotton cloth से छानने पर हमें दो fractions प्राप्त होते हैं। Filtrate तथा retentate.
  - Filtrate (acid-soluble pool)
  - Retentate (acid-insoluble fraction)
- वैज्ञानिकों ने देखा कि acid-soluble pool में हजारों organic compounds पाए जाते हैं।
- किसी extract में मिलने वाले विशेष compound को अन्य compounds से अलग करने के लिए विभिन्न separation techniques अपनाते हैं, जब तक कि वह अलग नहीं हो जाता है।
- दूसरे शब्दों में isolate एक pure compound होता है।
- Analytical techniques द्वारा किसी भी compound का molecular formula तथा सम्भावित structure पता कर सकते हैं।
- Living tissue में पाए जाने वाले सभी carbon compounds को biomolecules कहते हैं। लेकिन living organism में inorganic elements तथा compounds भी मिलते हैं।
  - ***हम यह कैसे जान पाते हैं?***
  - एक थोड़ा different लेकिन destructive experiment करना पड़ेगा।
- Living tissue (a leaf या liver) की थोड़ी मात्रा को तोलकर (weight) सुखा लें, जिससे पूरा पानी evaporate हो जाए, फलस्वरूप बचे material से dry weight प्राप्त होता है।
- Tissue को पूरी तरह जलाने पर सभी कार्बन कम्पाउन्ड्स oxidise होकर गैस के रूप में (CO_2, water vapour) अलग हो जाते हैं तथा बचे हुए material को 'ash' कहते हैं।
- Ash में Ca, Mg, आदि जैसे inorganic elements पाए जाते हैं।
- Acid soluble fraction में SO_2, PO_4, आदि जैसे inorganic compounds भी पाए जाते हैं।
- इस प्रकार elemental analysis द्वारा किसी living tissue के elemental composition की जानकारी प्राप्त होती है; जैसे— H, O, Cl, C, आदि। जबकि compounds की analysis से living tissue में उपस्थित organic तथा inorganic constituents के बारे में जानकारी प्राप्त होती है।
- Chemistry के point of view से functional groups, जैसे— aldehyde, ketone, aromatic compounds, आदि की पहचान की जा सकती हैं। लेकिन biology के point of view से इन्हें amino acid, nucleotide base, fatty acid, आदि में classify करते हैं।
- अमीनो अम्ल organic compounds होते हैं, जिसमें substituents के रूप में same carbon (α-carbon) पर एक amino group तथा एक acidic group होते हैं। इस कारण इन्हें α-amino acid कहते हैं।
  - Amino acid, **substituted methanes** होते हैं।
- 4 valency वाले carbon से 4 substituent groups जुड़े रहते हैं।
- Substituent group निम्नलिखित हैं— Hydrogen, carboxyl group, amino group तथा variable R-group.
- R-group के nature के आधार पर amino acids कई प्रकार के होते हैं।
- Protein में उपलब्धता के आधार पर amino acid केवल 20 प्रकार के होते हैं।
- Glycine में R-group, hydrogen होता है।
- Alanine में R-group, methyl होता है।

- Serine में R-group, hydroxy methyl होता है।
- Amino acids की physical तथा chemical properties मुख्यतया amino, carboxyl तथा R-group पर depend करती है।
- Amino तथा carboxyl group की संख्या के आधार पर अमीनो एसिड्स acidic, basic तथा neutral हो सकते हैं।
  - Acetic amino acid (glutamic acid), basic amino acid (lysine), neutral amino acid (valine).
  - Aromatic amino acid (tyrosine, phenylalanine, tryptophan).
  - NH_2 तथा –COOH groups का ionisable nature अमीनो अम्ल की एक particular property है।
  - इसलिए अलग-अलग pHs वाले solution में amino acid का structure बदलता रहता है।

$$\underset{(A)}{H_3^+\text{—}\overset{\overset{R}{|}}{C}H\text{—}COOH} \rightleftharpoons \underset{(B)}{H_3^+N\text{—}\overset{\overset{R}{|}}{C}H\text{—}COO^-} \rightleftharpoons \underset{(C)}{H_2N\text{—}\overset{\overset{R}{|}}{C}H\text{—}COO^-}$$

B is called zwitter ionic form.

Table 9.2 A List of Representative Inorganic Constituents of Living Tissues

Component	**Formula**
Sodium	Na^+
Potassium	K^+
Calcium	Ca^{2+}
Magnesium	Mg^{2+}
Water	H_2O
Compounds	NaCl, $CaCO_3$, PO_4^{3-}, SO_4^{2-}

- **Lipid :** ये generally, water insoluble होते हैं।
- ये simply fatty acids हो सकते हैं।
- Fatty acid में एक carboxy group होता है, जो R-group से जुड़ा होता है।

R - group हो सकते हैं:
- Methyl ($-CH_3$)
- Ethyl ($-C_2H_5$)
- Higher number वाले CH_2 group (1-19 carbon)

Example – Palmitic acid में 16 C मिलते हैं (including carboxyl carbon)।
– Arachidonic acid में 20 C होते हैं (including carboxyl carbon)।

- Saturated fatty acids में दो carbon के बीच double bond नहीं पाए जाते हैं।
- Unsaturated fatty acids में दो carbon के बीच एक या एक से अधिक double bond पाए जाते हैं।
- दूसरा simple लिपिड glycerol है, जिसको हम trihydroxy propane कहते हैं।
- कई lipids में fatty acids तथा glycerol दोनों पाए जाते हैं।
- यहाँ fatty acid, glycerol से esterified होकर monoglycerides, diglycerides तथा triglycerides बना सकते हैं।
- Melting point के आधार पर लिपिड दो तरह के होते हैं— Fat तथा oils.
- Oil का melting point कम होता है, इसलिए winter में भी ये oil ही रहते हैं (e.g. **gingelly oil**)।
  *क्या आप market में **fat** को identify कर सकते हैं?*
- कुछ lipids में phosphorus तथा phosphorylated organic compounds पाए जाते हैं। ये phospholipid कहलाते हैं।
  - कुछ tissues, especially neural tissue में अधिक complex structure वाले lipids पाए जाते हैं।

- Living organisms में कई ऐसे carbon compound होते हैं जिनमें heterocyclic rings हो सकती हैं। इनमें से कुछ nitrogen bases हैं; जैसे— adenine, guanine, cystosine, uracil तथा thymine.
  - Nitrogen base, sugar से जुड़कर nucleoside बनाते हैं।
  - यदि इनमें phosphate group भी sugar से esterified रूप में उपस्थित हो, तो इन्हें nucleotide कहते हैं।

  Nucleosides e.g., Adenosine, guanosine, thymidine, uridine तथा cytidine.

  Nucleotides e.g., Adenylic acid, thymidylic acid, guanylic acid, uridylic acid तथा cytidylic acid.
- DNAतथा RNAमें केवल nucleotides होते हैं।
- DNA तथा RNA, genetic material की तरह कार्य करते हैं।

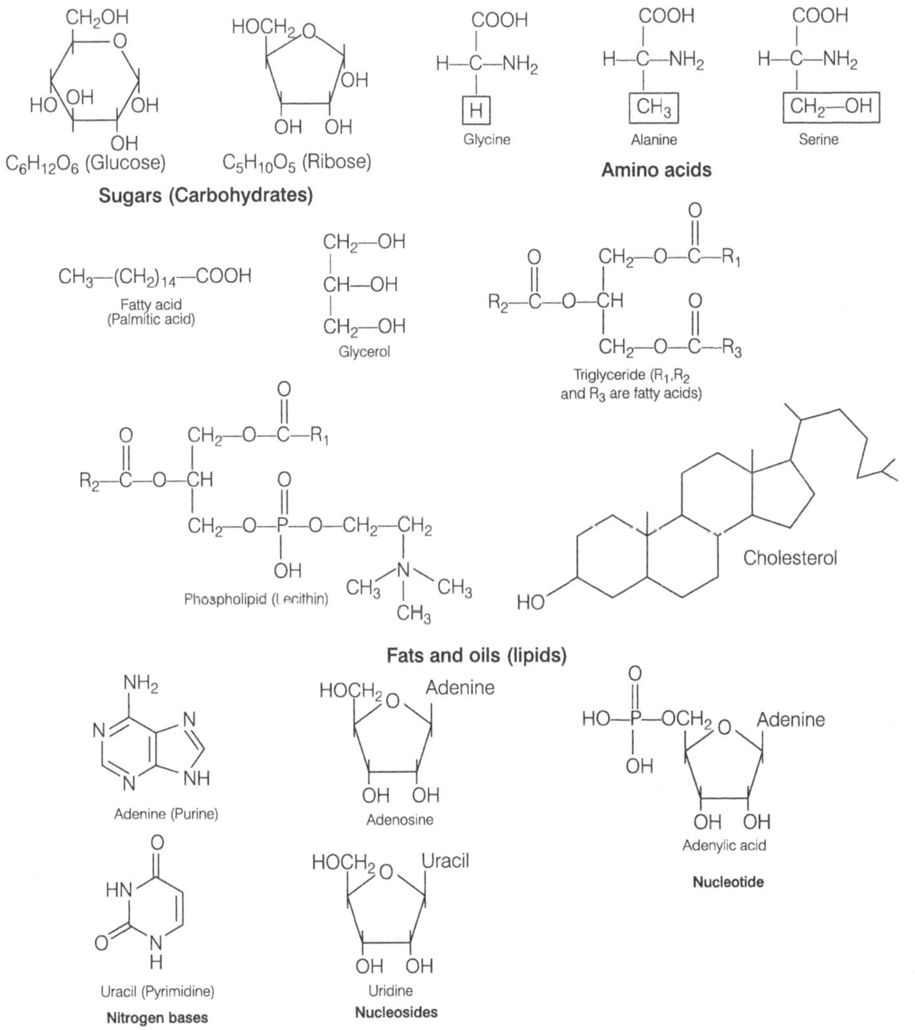

Figure 9.1 Diagrammatic representation of small molecular weight organic compounds in living tissues.

9.2 Primary and Secondary Metabolites

- Chemistry में हजारों छोटे तथा बड़े compounds को isolate किया जाता है तथा उनके structure की जानकारी प्राप्त करने के साथ-साथ synthesis भी किया जाता है।
- **Primary metabolites** Fig. 9.1 में दिए compound को animal tissue में notice कर सकते हैं।

- **Secondary metabolites** Plants, fungi तथा microbial cells की analysis करने पर primary metabolities के अतिरिक्त भी हजारों compounds मिलते हैं, जिन्हें secondary metabolites कहते हैं; जैसे— Alkaloids, flavonoids, rubber, essential oil, antibiotics coloured pigments, scents, gum, spices. (Table 9.3)

Table 9.3 Some Secondary Metabolites

Pigments	Carotenoids, anthocyanins, etc.
Alkaloids	Morphine, codeine, etc.
Terpenoids	Monoterpenes, diterpenes etc.
Essential oils	Lemon grass oil.
Toxins	Arbin, ricin, etc
Lectins	Concanavalin-A
Drugs	Vinblastin, curcumin, etc.
Polymeric substances	Rubber, gums, cellulose.

- Primary metabolites के कार्य ज्ञात (identifiable function) होते हैं तथा सामान्य physiological processes में known roles play करते हैं।
- Host organism में उपस्थित सभी secondary metabolites का role या function हमें अभी पता नहीं है फिर भी कई human welfare के लिए महत्त्वपूर्ण होते हैं; जैसे— rubber, drugs, spices, scent तथा pigments.
- कुछ secondary metabolites, ecologically महत्त्वपूर्ण होते हैं।

9.3 Biomacromolecule

- Acid soluble fraction में पाए जाने वाले सभी compounds का molecular weight 18-800 daltons (da) के आस-पास होता है।
- Acids insoluble fraction में केवल चार प्रकार के organic compounds होते हैं; जैसे—protein, nucleic acid, polysaccharides तथा lipids.
  - Lipid के अतिरिक्त इस class के compounds का molecular weight 10000 daltons या अधिक होता है।
- इस कारण से biomolecules दो प्रकार के होते हैं— Micromolecules तथा biomacromolecules.

  Biomolecules- living organism में पाए जाने वाले chemical compounds.
- Micromolecule को simply biomolecules कहते हैं, जिनका molecular weight 1000 daltons से कम होता है।
- **Biomacromolecules** या **macromolecules** ये acid insoluble fraction में पाए जाते हैं।
- Lipid को छोड़कर insoluble fraction में पाए जाने वाले molecules, polymeric substances होते हैं।

  Lipids *का molecular weight 800 से अधिक नहीं होता फिर ये acid insoluble fraction या macromolecular fraction में क्यों आते हैं?*
  - वास्तव में lipid का molecular weight कम होता है ये केवल (as scuh ही नहीं मिलते, बल्कि cell membranes तथा other membranes जैसी structures में भी लगे होते हैं।
  - जब हम एक tissue को पीसते हैं, तो cell की संरचना disrupt (टूट) हो जाती है।
  - पीसने से cell membrane तथा other membranes टुकड़ों में टूट कर vesicles बनाती हैं।

  ये vesicles जल में insoluble होते हैं इस कारण इन vesicles के रूप में membrane के टुकड़े acid insoluble pool के साथ अलग हो जाते हैं, इसलिए ये macromolecular fraction में होते हैं।
- सही अर्थ में लिपिड्स macromolecules नहीं होते हैं।
- Acid soluble pool वास्तव में cytoplasm के composition को represent करता है।
- Cytoplasm तथा organelles में पाए जाने वाले macromolecules, acid insoluble fraction का part होते हैं।

- Soluble तथा insoluble fraction आपस में मिलकर living tissues या organisms के entire chemical composition को represent करते हैं।
- Living tissue में chemical composition का class-wise arrangement **table 9.4** में दिया गया है।
  - Living organism में water सर्वाधिक मात्रा में पाया जाने वाला chemical है।

Table 9.4 Average Composition of Cells

Component	% of the total cellular mass
Water	70–90
Proteins	10–15
Carbohydrates	3
Lipids	2
Nucleic acids	5–7
Ions	1

9.4 Protein

- प्रोटीन polypeptides होते हैं।
- ये amino acid की linear chains हैं, जो peptide bonds से जुड़ी होती है। (Fig. 9.3)।
- प्रत्येक प्रोटीन amino acid का polymer है।
- Amino acid, 20 प्रकार के होते हैं, e.g. alanine, cysteine, proline, tryptophan, lysine, etc.
- प्रोटीन एक heteropolymer है ना कि homopolymer.
- Homopolymer को बनाने के लिए एक ही प्रकार के monomer use होते हैं।
- कुछ amino acid स्वास्थ्य के लिए essential होते हैं, जिनकी supply diet द्वारा होती है।
- Amino acid दो प्रकार के होते हैं— **essential** तथा **non-essential**.
- हमारी body में बनने वाले amino acids को non-essential amino acid कहते हैं।
- Diet/food द्वारा प्राप्त होने वाले amino acids को essential amino acid कहते हैं।

  Functions of protein : (Table 9.5)
  - कुछ प्रोटीन cell membrane द्वारा nutrients के transport में help करती हैं।
  - कुछ प्रोटीन infectious organisms से लड़ने में use होती हैं।
  - कुछ प्रोटीन hormones, enzymes, आदि होते हैं।
- Animal world में सबसे अधिक पाई जाने वाली प्रोटीन **collagen** है।
- पूरे biosphere में सबसे अधिक पाई जाने वाली प्रोटीन **Ribulose Bisphosphate Carboxylase-Oxygenase (RuBisCO)** है।

Table 9.5 Some Proteins and their Functions

Protein	Functions
Collagen	Intercellular ground substance
Trypsin	Enzyme
Insulin	Hormone
Antibody	Fights infectious agents
Receptor	Sensory reception (smell, taste, hormone, etc.)
GLUT-4	Enables glucose transport into cells

9.5 Polysaccharides

- Polysaccharides (carbohydrates) भी acid insoluble pellet में आते हैं।
- ये polysaccharides, sugars की एक लम्बी chain होती है।
- ये threads की तरह (cotton के रेशे) विभिन्न प्रकार के monosaccharides से मिलकर बने होते हैं।

  Example Cellulose एक polymeric polysaccharide है, जो केवल एक ही प्रकार के monosaccharide (glucose) से बना होता है अर्थात् cellulose एक homopolymer है।
- Plant tissue में energy के store house के रूप में **starch** पाया जाता है तथा animals में **glycogen** होता है।
- Inulin, fructose का polymer है।
- एक polysaccharide chain (जैसे- glycogen) में right end को reducing end तथा left end को non-reducing end कहते हैं।

  – इसमें branches होती हैं, जो cartoon के रूप में दिखाई गई हैं (Fig. 9.2)।

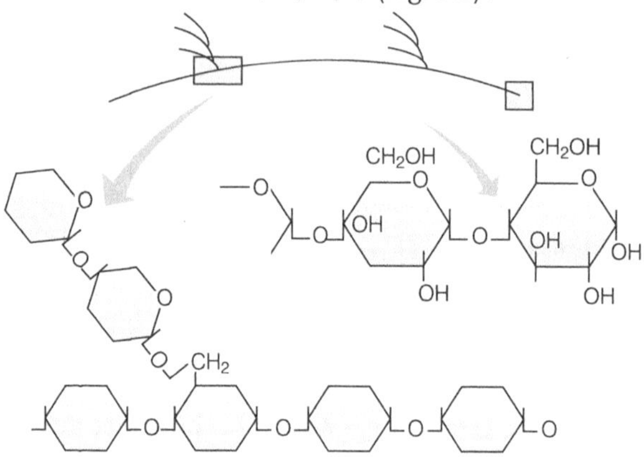

Figure 9.2 Diagrammatic representation of a portion of glycogen

- स्टार्च helical secondary structures बनाते हैं।
- वास्तव में starch अपने helical portion में I_2 molecules को hold कर सकते हैं, जो **blue colour** देता है।
- Cellulose में complex helices नहीं पाए जाते हैं, इसलिए यह I_2 को hold नहीं कर सकता है।
- Plant की cell wall, cellulose की बनी होती है।
- Plant के pulp (लुगदी) से बने paper तथा cotton fibre, cellulosic होते हैं।
- Nature में कई complex polysaccharides पाए जाते हैं। ये amino-sugar तथा chemically modified sugars (जैसे–glucosamine, N-acetyl galactosamine, आदि) से मिलकर बनते हैं।
- Arthropods का exoskeleton एक complex polysaccharide से बना होता है, जिसे **chitin** कहते हैं।
- ये complex polysaccharides मुख्यतया homopolymers होते हैं।

9.6 Nucleic Acid

- यह किसी भी living tissue के acid insoluble fraction में मिलने वाला macromolecule है। ये **polynucleotides** होते हैं।
- Living tissue या cell के true macromolecular fraction में nucleic acids, polysaccharides तथा polypeptides होते हैं।
- Nucleic acids, nucleotides से मिलकर बनते हैं।
- एक nucleotide में तीन भिन्न chemical component पाए जाते हैं।

  – **Heterocyclic compound**

  – **Monosaccharide**

  – **Phosphoric acid** या **phosphate**

- **Nitrogenous bases**, heterocyclic compounds होते हैं; जैसे— adenine, guanine, uracil, cytosine व thymine.
- Adenine तथा guanine, substituted **purines** हैं, जबकि अन्य तीन substituted **pyrimidines** है।
- Skeletal heterocyclic rings को क्रमश: purine तथा pyrimidine कहते हैं।
- Polynucleotides में पाई जाने वाली sugar, **ribose** (a monosaccharide pentose) या **2' deoxyribose** होती है।
- जिस nucleic acid में deoxyribose होती है उसे **Deoxyribonucleic Acid** (DNA) तथा जिनमें ribose होती है उन्हें **Ribonucleic Acid** (RNA) कहते हैं।

9.7 Structure of Proteins

- प्रोटीन्स **heteropolymer** होते हैं, जिनमें amino acids की strings पाई जाती हैं।
- Molecules के structure का अर्थ विभिन्न contexts में अलग-अलग होता है।
- **Inorganic chemistry** में structure का सम्बन्ध molecular formulae से होता है (जैसे- NaCl, $MgCl_2$, आदि)।
- **Organic chemistry** जब molecular structure को represent करते हैं, तो हमेशा 2-dimensional view में व्यक्त करते हैं।
- **Physicists protein** के molecular structures को 3-dimensional view में जबकि **biologist** प्रोटीन के structure को four levels से व्यक्त करते हैं।
- Protein में amino acid के sequence तथा position के बारे में जानकारी protein का **primary structure** कहलाता है (Fig. 9.3)।

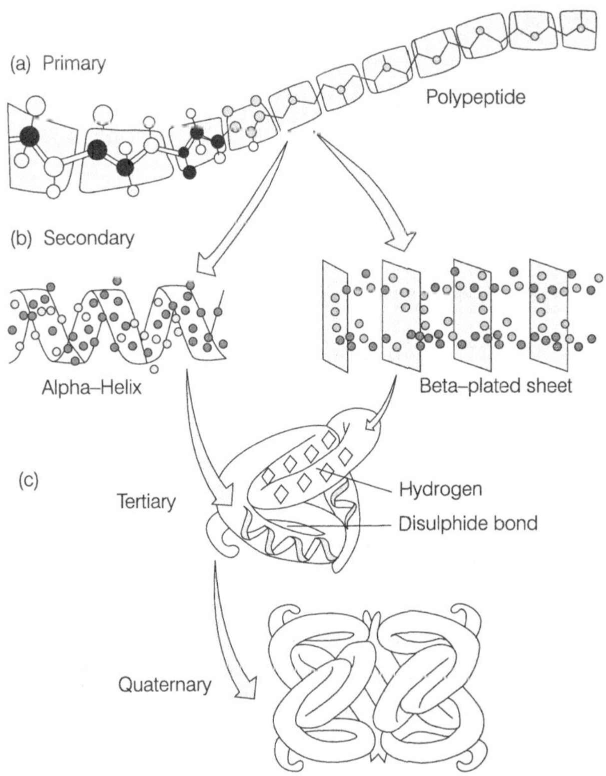

Figure 9.3 Various levels of Protein Structure

- Protein को एक line की तरह imagine करें, इसके left end पर first व right end पर last amino acid मिलता है।
- First amino acid को **N-terminal** amino acid तथा last amino acid को **C-terminal** amino acid कहते हैं।
- Protein thread सदैव extended rigid rod जैसी रचना नहीं होती है। यह thread एक helix की तरह (revolving staircase- घूमती सीढ़ी की तरह) मुड़ा रहता है।
- वास्तव में protein thread का केवल कुछ भाग helix के रूप में arrange रहता है।
- Protein में केवल right-handed helices मिलते हैं।
- अन्य स्थानों पर protein thread दूसरे रूप में मुड़ी हुई होती है, इन्हें secondary structure कहते हैं।
- इसके अतिरिक्त protein की लम्बी chain अपने ऊपर भी hollow wollen ball की तरह मुड़ी हुई होती है, जिसे protein का **tertiary structure** कहते हैं, यह हमें protein का 3-dimensional view प्रदान करता है (Fig. 9.4 a, b)।

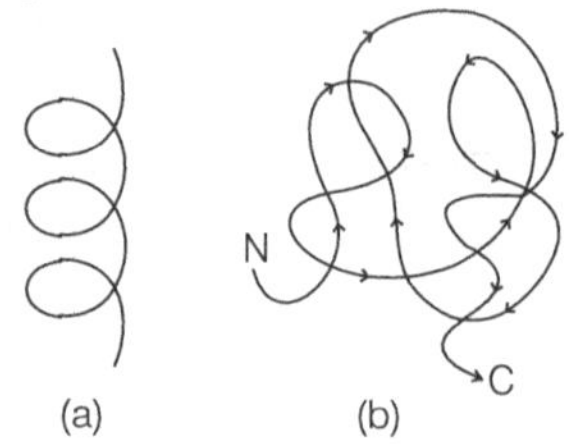

Figure 9.4 Cartoon showing : (a) A secondary structure and (b) A tertiary structure of proteins

- Tertiary structure प्रोटीन की कई biological activities के लिए आवश्यक होती है।
- कुछ protein एक से अधिक polypeptides या subunits के समूह होते हैं।
- इन individual folded polypeptides या subunits का एक-दूसरे के सापेक्ष arrange होने का ढंग protein का architecture है, जिसे protein का **quatenary structure** कहते हैं।

  Example–Spheres का सीधी string में arrangement होना, cube या plate के रूप में spheres का एक-दूसरे के ऊपर arrange होना, आदि।
- Adult मनुष्य का haemoglobin चार subunits का बना होता है इसमें दो subunits एक-दूसरे के identical होते हैं।
- दो subunits α व दो subunits β type के होते हैं, जो आपस में मिलकर मनुष्य का haemoglobin (Hb) बनाते हैं।

9.8 Nature of Bond Linking Monomers in a Polymer

- Polypeptide या protein के अमीनो अम्ल **peptide bond** द्वारा जुड़े होते हैं।
- Peptide bond, एक amino acid के carboxyl (–COOH) group व अगले amino acid के amino ($-NH_2$) group के बीच reaction के उपरान्त water molecule के निकलने के बाद बनता है (इस process को dehydration कहते हैं)।
- Polysaccharide में individual monosaccharide, glycosidic bonds द्वारा जुड़े रहते हैं। यह bond भी dehydration द्वारा बनता है।
- Adjacent monosaccharide के दो carbon atom के बीच glycosidic bond बनता है।
- Nucleic acid में एक nucleotide के sugar का 3′-carbon तथा succeeding nucleotide के sugar के 5′-carbon से **phosphate group** द्वारा जुड़ा रहता है।
- Phosphate तथा sugar के hydroxyl group के बीच उपस्थित bond को **ester bond** कहते हैं।
- Ester bond दोनों ओर मिलता है। अत: इसे phosphodiester bond कहते हैं (Fig. 9.5)।

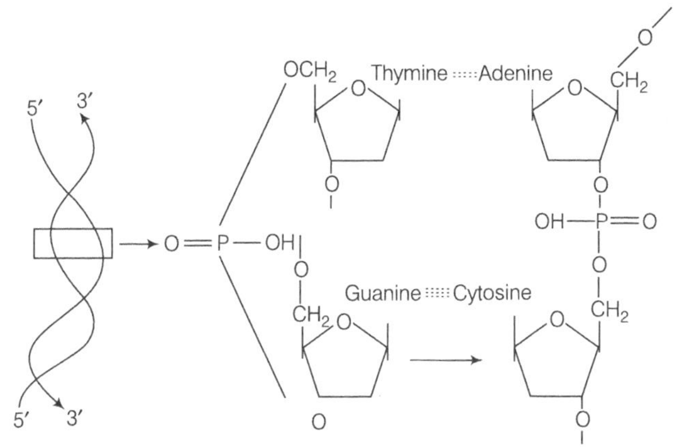

Figure 9.5 Diagram indicating secondary structure of DNA

- Nucleic acids, secondary structures की wide variety प्रदर्शित करते हैं; जैसे— **Watson-Crick** का famous model, DNA के secondary structure को प्रदर्शित करता है।
- इस model के अनुसार, DNA एक double helix के रूप में मिलता है।
- Polynucleotides के दो strands **antiparallel** होते हैं, यानि एक-दूसरे के opposite direction में होते हैं।
- इनकी back bone, **sugar-phosphate-sugar** chain से बनी होती है।
- Nitrogen bases इस back bone पर लगभग perpendicular होती हैं तथा इनका face अन्दर की ओर होता है।
- एक strand के base **A** तथा **G** दूसरे strand के base क्रमशः **T** तथा **C** के साथ pairs बनाते हैं।
- A तथा T के बीच दो hydrogen bond, जबकि G तथा C के बीच तीन hydrogen bonds होते हैं।
- प्रत्येक strand एक helical staircase (सीढ़ी) जैसी प्रतीत होती है।
- सीढ़ी का प्रत्येक step एक base pair को represent करता है।
- सीढ़ी का प्रत्येक step दूसरे step से 36° के angle पर घूमा होता है।
- Helical strand के एक fullturn में 10 steps या ten base pairs पाए जाते हैं।
- एक fulltrun की length 34Å होती है, जबकि दो base pairs के बीच दूरी 3.4Å होती हैं।

  ऊपर दिए गए features **B-DNA** *के हैं।*
- Higher classes में आप पढ़ेंगे कि एक दर्जन से भी अधिक DNA होते हैं जिनका नाम unique structural features के साथ english alphabate के आधार पर लिखा जाता है।

9.9 Dynamic State of Body Constituents - Concept of Metabolism

- Living organism हजारों organic compounds से मिलकर बने होते हैं।
- ये compounds या biomolecules एक निश्चित concentration में पाए जाते हैं। इन्हें mols/cell या mols/litre, आदि में express करते हैं।
- Observation द्वारा एक प्रमुख जानकारी प्राप्त हुई है कि सभी biomolecules में turnover होता रहता है यानि ये लगातार दूसरे नए biomolecules में change होते रहते हैं तथा दूसरे biomolecules से मिलकर बनते भी रहते हैं।
- Organisms में यह टूटना और बनना chemical reactions के द्वारा लगातार होता रहता है इन सभी reactions को metabolism कहते हैं।
- प्रत्येक metabolic reaction द्वारा biomolecules का transformation होता रहता है।
- कुछ metabolic transformations के example हैं
  - Amino acid से CO_2 निकलने के बाद amino acid का amine में बदलना।
  - Nucleotide base से amino group का अलग होना।
  - Disaccharide में glycosidic bond का hydrolysis.

*इस तरह हम 10 से हजारों **examples** की **list** बना सकते हैं।*

- अधिकतर इस प्रकार की metabolic reactions अकेले नहीं होती हैं बल्कि हमेशा दूसरी reactions से जुड़ी रहती हैं।
- Metabolites का transformation आपस में जुड़ी हुई reactions की chain से होता हैं, जिन्हें metabolic pathways कहते हैं।
- ये pathways, city के automobile traffic की तरह होती हैं।
- ये pathways, linear या circular होते हैं।
- ये pathways एक-दूसरे से criss-cross traffic के junction जैसे दिखाई पड़ते हैं।
- Metabolic pathway द्वारा metabolite का flow, automobile traffic की तरह definite rate तथा direction में होता है।
- यह metabolite का flow शरीर के constituents का dynamic state कहलाता है।
- सबसे महत्त्वपूर्ण यह है कि interlinked metabolic traffic आसानी से बिना दुर्घटना के healthy condition बनाए रखने के लिए होती रहती है।
- Metabolic reaction की दूसरी विशेषता यह है कि प्रत्येक chemical reaction, **catalytic reaction** है।
- Living system में कोई भी metabolic transformation बिना catalyst के सम्पन्न नहीं होता है।
- CO_2 का जल में घुलना एक physical process है, लेकिन living system में यह एक catalysed reaction है।
- Metabolic conversion के rate को बढ़ाने वाले catalysts प्रोटीन होते हैं।
- Catalyst की क्षमता रखने वाली proteins को **enzymes** कहते हैं।

9.10 Metabolic Basis for Living

- Metabolic pathways द्वारा simple substance से complex substance (जैसे- acetic acid से cholestrol का बनना) तथा complex substance से simple substance (जैसे- skeletal muscles में glucose से lactic acid) का निर्माण होता है।
- पहले case को biosynthetic pathways या **anabolic pathways** कहते हैं।
- दूसरे case में degradation (विखण्डन) होता है, इसलिए इसे **catabolic pathways** कहते हैं।
- Anabolic pathway में energy consume (खर्च) होती है।
  - Amino acid से protein के बनने में energy consume होती है।
- Catabolic pathway में energy release होती है; जैसे— skeletal muscles में glucose से lactic acid बनता है, तो energy release होती है।
  - Glucose से lactic acid का निर्माण 10 metabolic steps में पूर्ण होता है तथा इसे **glycolysis** कहते हैं।
- Living organism में degradation द्वारा निकलने वाली energy, chemical bond के रूप में store कर ली जाती है।
- यह bond energy आवश्यकता वाली जगह पर use होती हैं; जैसे— biosynthesis, osmotic तथा mechanical work.
- Living system में energy currency का सबसे महत्त्वपूर्ण रूप एक chemical का bond energy के रूप में पाया जाना है, जिसे ATP कहते हैं।

  आप higher classes में **'bioenergetics'** में पढ़ेगें कि
  - *Organisms अपनी energy कैसे प्राप्त करते हैं?*
  - *Organisms में किस तरह की strategies विकसित हुई है?*
  - *Organisms इस energy को किस रूप में store करती हैं?*
  - *Organisms इस energy को कैसे कार्य में बदलते हैं?*

9.11 The Living State

- Living organism में एक निश्चित concentration में असंख्य chemical compounds पाए जाते हैं, जिन्हें metabolites या biomolecules कहते हैं।
- सामान्य स्वस्थ मनुष्य के blood में sugar की मात्रा 4.5–5.0 millimole, जबकि hormones की nanogram/mL होती है।

- Living system में सभी organism एक steady-state में मिलते हैं, जिनमें सभी biomolecules की एक निश्चित मात्रा होती है।
- ये biomolecules एक metabolic flux में रहते हैं।
- कोई भी chemical या physical process स्वत: equilibrium को प्राप्त करता है।
- Steady state एक non-equilibrium अवस्था है।
- Physics के सिद्धान्त के अनुसार, कोई भी system, equilibrium में काम नहीं कर सकता है।
- Organisms हमेशा कार्य करते हैं उनमें कभी भी equilibrium की स्थिति नहीं हो सकती है। अत: living state एक non-equilibrium state होती है, जिससे कार्य सम्पन्न होता है।
- Equilibrium से बचने के लिए living process एक constant प्रयास है और इसके लिए सदैव energy की आवश्यकता होती है।
- Metabolism वह process है, जिससे energy प्राप्त होती है।
- Living state तथा metabolism एक-दूसरे के synonyms होते हैं।
- Metabolism के बिना, living state प्राप्त नहीं हो सकते हैं।

9.12 Enzymes

- Almost सभी enzymes प्रोटीन होते हैं।
- कुछ nucleic acids एन्जाइम की तरह behave करते हैं, इन्हें ribozymes कहते हैं।
- किसी भी enzyme को line diagram द्वारा चित्रित कर सकते हैं।
- एक enzyme में भी protein की तरह primary structure मिलते हैं, जो protein के amino acid के sequence से बना होता है।
- Protein की तरह enzyme में secondary तथा tertiary structure पाए जाते हैं।
- जब आप tertiary structure को देखेंगे तो ध्यान देंगे कि protein chain का backbone अपने ऊपर स्वयं folded रहता है तथा chain स्वयं criss-cross रूप में रहता है, फलस्वरूप इससे chain में बहुत-सी cervices (दरारें) या pockets बन जाती हैं।
- इन pockets को **'active site'** कहते हैं।
- Enzyme की active site वे cervices या pockets है, जिसमें substrate आकार fit होते हैं।
- इस प्रकार एन्जाइम अपनी active sites द्वारा reactions को तेज गति से catalyse करते हैं।
- Enzyme catalysts कई प्रकार से inorganic catalysts से भिन्न होते हैं।
- सबसे महत्त्वपूर्ण अंतर यह है कि inorganic catalysts, high temperature तथा high pressure पर efficiently काम करते हैं, जबकि enzymes, high temperature (40°C से ऊपर) पर damage हो जाते हैं।
- High temperature (e.g., hot vents तथा sulphur spring) में पाए जाने वाले thermophilic organisms से प्राप्त enzymes, thermostable होते हैं और ये 80–90°C पर भी काम करते हैं।

9.12.1 Chemical Reaction

- Chemical compounds में दो तरह के changes होते हैं।
- पहला physical change है जिसमें बिना bond के टूटे compounds के shape में परिवर्तन आता है।
- अन्य physical process में matter की अवस्था में परिवर्तन होता है; जैसे— ice का melt होकर पानी में बदलना या पानी का vapour में बदलना।
- Transformation के समय bond का टूटना तथा नए bond का बनना ही chemical reation होती है; जैसे—

$$Ba(OH)_2 + H_2SO_4 \longrightarrow BaSO_4 + 2H_2O$$

यह एक inorganic reaction है।

- Starch की hydrolysis से glucose का बनना एक organic reaction है।
- Physical या chemical process की rate का सीधा सम्बन्ध per unit time में बनने वाले product से होता है।

$$\text{Rate} = \frac{\delta P}{\delta t}$$

- अगर direction निर्धारित हो, तो rate को velocity भी कहते हैं।
- Physical तथा chemical process की rate अन्य factors के साथ-साथ temperature द्वारा भी प्रभावित होती है।
- प्रत्येक 10°C temperature के बढ़ने या घटने पर rate कमश: double या half हो जाती है।
- Catalysed reaction की rate, uncatalysed reaction के rate से ज्यादा होती है; जैसे—

$$\underset{\text{Carbon dioxide}}{CO_2} + \underset{\text{Water}}{H_2O} \xrightarrow{\text{Carbonic anhydrase}} \underset{\text{Carbonic acid}}{H_2CO_3}$$

- Enzyme की अनुपस्थिति में ये reaction बहुत slow होती है अर्थात् एक घण्टे में H_2CO_3 के 200 molecules बनते हैं। लेकिन यही reaction, cytoplasm में उपस्थित एन्जाइम **carbonic anhydrase** की उपस्थिति में fast हो जाती है।
- Carbonic anhydrase की उपस्थिति में H_2CO_3 के 600,000 molecules per second बनते हैं। अत: enzyme ने rate को 10 million times बढ़ा दिया।

Enzyme की यह power वास्तव में incredible लगती है।

- Enzymes हजारों प्रकार के होते हैं जिनमें प्रत्येक एक unique chemical या metabolic reaction को catalyse करता है।
- Multistep chemical reaction में जहाँ प्रत्येक step एक ही complex enzyme या विभिन्न प्रकार के enzymes द्वारा catalysed होता है, तो इन्हें metabolic pathway कहते हैं।

$$\text{Glucose} \longrightarrow 2 \text{ Pyruvic acid}$$

$$C_6H_{12}O_6 + O_2 \longrightarrow 2C_3H_4O_3 + 2H_2O$$

- Glucose से pyruvic acid का निर्माण एक chemical pathway द्वारा होता है जिसमें 10 विभिन्न प्रकार के एन्जाइम metabolic reactions को catalyse करते हैं।
- एक ही metabolic pathway एक या दो additional reactions के द्वारा विभिन्न प्रकार के metabolic product बनाता है।
- हमारी skeletal muscles में anaerobic condition में lactic acid बनता है, जबकि normal aerobic condition में pyruvic acid बनता है।
- Yeast में fermentation के दौरान anaerobic condition में ethanol (alcohol) बनता है।

*इसलिए **different condition** में **different products** का बनना सम्भव है।*

9.12.2 How to Enzymes bring about such High Rates of Chemical Conversions?

- Product में convert होने वाले chemical को substrate कहते हैं।
- एन्जाइम एक active site सहित 3-dimensional structure वाला protein है, जो एक substrate *(S)* को product *(P)* में बदलता है। Symbolically हम इसे इस प्रकार लिखते हैं

$$S \rightarrow P$$

- Substrate (S) एन्जाइम के active site से जुड़ जाता है।
- Substrate, active site की ओर diffuse होते हैं इस प्रकार Enzyme-Substrate complex (ES) का अवकिल्पीय (obligatory) formation होता है।
- इस complex का निर्माण एक transient phenomena है।
- Enzyme की active site से जब substrate जुड़ता है, तो substrate का नया structure बनता है जिसे **transition state structure** कहते हैं।
- इसके बाद जल्द ही expected bond के टूटने या बनने के बाद active site से product release होता है। मतलब substrate का structure, product के structure में बदल जाता है।
- Stable substrate तथा product के बीच में बहुत सारी altered structural states हो सकती हैं। मतलब बनने वाली सभी intermediate structural states, unstable होती हैं।

- Stability का सम्बन्ध molecules के energy status या structure से जुड़ा होता है।
- *y*-axis, potential energy content को represent करता है।
- *x*-axis, transition state द्वारा structural transformation या state की progress को represent करता है।
- दो बातें ध्यान देने योग्य हैं : *S* तथा *P* के बीच energy level में अन्तर।
  – यदि *P* का level, *S* से कम है, तो reaction exothermic होगी। इस state में product के बनने में energy supply (heating द्वारा) की आवश्यकता नहीं होती है।
- Reaction चाहे **exothermic** हो या **endothermic,** substrate को higher energy state या transition state से गुजरना पड़ता है (exothermic or spontaneous; endothermic or energy requiring)।
- Substrate व transition stage के बीच average energy के difference को **activation energy** कहते हैं।
- Enzymes इस activation energy को घटाकर *S* से *P* के transition को आसान बनाते हैं।

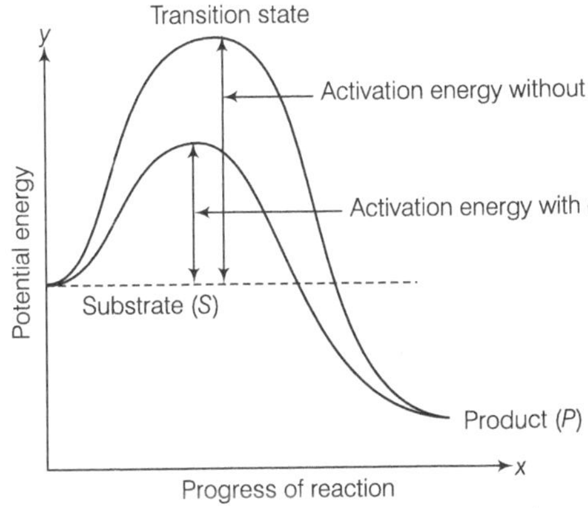

Figure 9.6 Concept of activation energy

9.12.3 Nature of Enzyme Action

- प्रत्येक enzyme (E) में substrates (*S*) binding site होते हैं, जो substrate से होकर Enzyme-Substrate (ES) complex बनाते हैं।
- यह complex short-lived होता है, जो product (*P*) तथा unchanged enzyme में dissociate हो जाता है। इसके पहले intermediate के रूप में enzyme-product complex भी बनता है।
- Catalysis के लिए ES complex बनना आवश्यक है

$$E + S \rightleftharpoons ES \longrightarrow EP \longrightarrow E + P$$

- एक enzyme action की catalytic cycle को following steps में describe किया जा सकता है।
  (i) सबसे पहले substrate एन्जाइम के active site में fit होकर bind हो जाता है।
  (ii) बंधने वाला substrate एन्जाइम के shape में इस प्रकार बदलाव लाता है कि substrate एन्जाइम से मजबूती से बंध जाता है।
  (iii) Enzyme का active site अब substrate के काफी पास होता है, जिसके फलस्वरूप substrate के chemical bonds टूट जाते हैं और नए enzyme-product complex का formation होता है।
  (iv) एन्जाइम product को release करता है तथा एन्जाइम free होकर substrate के दूसरे molecules से bind होने के लिए तैयार हो जाता है, इस प्रकार पुन: catalytic cycle start हो जाती है।

9.12.4 Factors Affecting Enzyme Activity

- Factors जो प्रोटीन की tertiary structure को change करते हैं वे enzyme की activity को भी प्रभावित करते है; जैसे– temperature, pH, substrate की concentration में change या किसी specific chemicals की enzyme से binding.

Temperature and pH

- Enzyme सामान्यतया temperature तथा pH की narrow range में कार्य करते हैं (Fig. 9.7)।

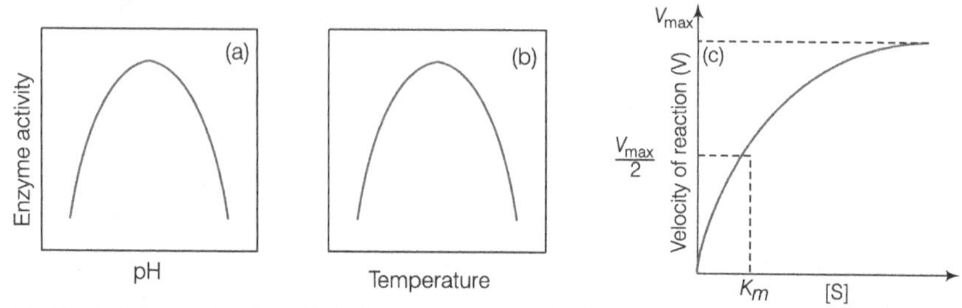

Figure 9.7 Effect of change in : (a) pH (b) Temperature and (c) Concentration of substrate on enzyme activity

- प्रत्येक enzyme की highest activity एक particular temperature तथा pH पर ही होती है, जिसे क्रमश: optimum temperature व pH कहते हैं।
- इस optimum value के ऊपर या नीचे होने पर activity घट जाती है।
- Low temperature एन्जाइम को temporarily inactive state में preserve रखता है।
- High temperature enzyme की activity को destroy कर देता है, क्योंकि high temperature enzyme के protein को denatured कर देता है।

Concentration of Substrate

- Substrate की concentration बढ़ने के साथ-साथ पहले तो enzymatic reaction की velocity बढ़ती है तथा ultimately maximum velocity (V_{max}) प्राप्त करने के बाद substrate की concentration बढ़ाने पर भी velocity नहीं बढ़ती है।
- शुरूआत में velocity बढ़ती है, क्योंकि enzyme के molecules की संख्या substrate से कम होती है।
- Enzyme molecule के saturation के बाद इससे substrate नहीं जुड़ते हैं।
- **Specific chemicals** की उपस्थिति भी enzymatic activity के लिए sensitive होती है।
- Chemicals के enzyme से जुड़ने पर अगर enzyme की activity कम हो जाती है, तो इस process को inhibition कहते हैं तथा chemical को inhibitor कहते हैं।
- Inhibitor का molecular structure अगर substrate से काफी समान है और inhibitor एन्जाइम की activity को inhibit करता है, तो इसे **competitive inhibitor** कहते हैं।
  - Enzyme की substrate-binding site पर substrate की जगह inhibitor जुड़कर competition करता है और enzyme की activity को घटाता है।

  Example-Succinic dehydrogenase का malonate द्वारा inhibition होता है। यहाँ **malonate** का structure, **succinate** (substrate) के काफी समान होता है।

  ऐसे competitive inhibitors का उपयोग bacterial pathogen को control करने में होता है।

9.12.5 Classification and Nomenclature of Enzymes

- हजारों enzymes की खोज, study तथा isolation किया जा चुका है।
- अलग-अलग reactions की catalysis के आधार पर enzyme को different groups में classify किया गया है।
- Enzyme को 6 classes व प्रत्येक class को 4–13 subclasses में divide किया गया है।
- जिनका नाम four-digit number पर आधारित है।

Oxidoreductases/dehydrogenase

ये enzymes दो substrates S व S' के बीच oxidoreduction को catalyse करते हैं; जैसे—

$$S \text{ reduced} + S' \text{ oxidised} \rightarrow S \text{ oxidised} + S' \text{ reduced}$$

Transferases

ये enzymes substrate के एक pair S व S' के बीच एक group, G (except hydrogen) के transfer को catalyse करते हैं; जैसे— $S\text{–}G + S' \rightarrow S + S'\text{–}G$

Hydrolases

ये एन्जाइम्स ester, ether, peptide, C-C, C-halide या P-N bonds की hydrolysis करते हैं।

Lyases

Hydrolysis के अतिरिक्त एन्जाइम substrates से groups के अलग होने को catalyse करते हैं, जिनके फलस्वरूप double bonds का formation होता है।

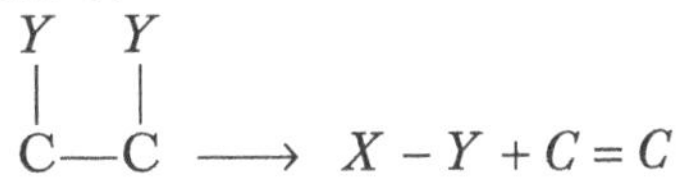

Isomerases

ऐसे enzyme जो optical, geometric या positional isomers के inter-conversion को catalyse करते हैं।

Ligases

ये enzymes दो compounds के आपस में जुड़ने को catalyse करते हैं, जो C-O, C-S, C-N, P-O, आदि bonds की joining को catalyse करते हैं।

9.12.6 Cofactors

- Enzyme एक या अनेक polypeptide chains से मिलकर बना होता है।
- कुछ cases में enzyme को catalytically active बनाने के लिए non-protein भाग जुड़ा रहता है, जिसे cofactor कहते हैं।
- इस case में enzyme के प्रोटीन वाले भाग को **apoenzyme** कहते हैं।
- Cofactor तीन प्रकार के होते हैं

1. Prosthetic groups 2. Coenzymes 3. Metal ions

Priosthetic Group

- ये organic compounds होते हैं।
- ये apoenzymes से tightly bound होते हैं, जबकि अन्य cofactor bound नहीं होते हैं।

Example–एन्जाइम **peroxidase** तथा **catalase**, H_2O_2 (hydrogen peroxide) को oxygen व water में break करते हैं, इनमें **haem** prosthetic group होता है तथा यह enzyme के active site का part होता है।

Coenzymes

- ये भी organic compounds होते हैं।
- Apoenzyme से इनका सम्बन्ध अस्थायी transient होता है, जो सामान्यतया catalysis के दौरान बनता है।
- Coenzyme विभिन्न enzyme catalysed reaction में cofactor के रूप में कार्य करते हैं।
- अनेक coenzyme के मुख्य chemical component **vitamins** होते हैं, जैसे— coenzyme **Nicotinamide Adenine Dinucleotide** (NAD) तथा **NADP**, vitamin **niacin** से सम्बन्धित होते हैं।

Metal Ions

- कई enzyme की activity के लिए metal ions की आवश्यकता होती है।
- ये enzyme की active site पर side chain से coordination bond बनाते हैं तथा उसी समय एक या एक से अधिक coordination bonds द्वारा जुड़े होते हैं।

  Example : Proteolytic enzyme **carboxypeptidase** में zinc एक cofactor होता है।
- Enzyme से यदि cofactor को अलग कर दिया जाए, तो enzyme की activity समाप्त हो जाती है।

इससे स्पष्ट है कि cofactor एन्जाइम्स की catalytic activity में crucial role निभाते हैं।

Chapter Ten

CELL CYCLE AND CELL DIVISION

- सभी organisms चाहे सबसे बड़ा ही क्यों न हो, life की शुरूआत single cell से करते हैं।
- आप आश्चर्यचकित हो सकते हैं कि कैसे single cell से इतने बड़े organism का निर्माण होता है।
- Growth तथा reproduction सभी cells की ही नहीं, सभी living organism की भी विशेषता है।
- सभी cells दो parts में divide होकर reproduction करती है, जिसमें प्रत्येक parent cell divide होकर दो new daughter cells का formation करती है।
- ये newly formed cells स्वयं growth एवं division कर सकती हैं।
- Single parent cell तथा इसकी progeny, growth व division के बाद एक नई cell population का formation करती हैं।
- इस प्रकार की growth व division के कई cycles के बाद एक cell से लाखों cells वाले structure का formation होता है।

10.1 Cell Cycle

- Cell division सभी living organism के लिए बहुत importent process है।
- Cell division के दौरान DNA replication व cell growth होती है।
- ये सभी process; जैसे— cell division, DNA replication और cell growth एक-दूसरे के साथ cordinated होकर इस प्रकार चलते हैं कि cell division सही तरीके से होता है तथा daughter cells में इनकी parent cells का genome होता है।
- Cell cycle घटनाओं का वह sequence है, जिसमें cell अपने genome का duplication व अन्य constituents की synthesis करती है तथा अन्त में divide होकर दो daughter cells का निर्माण करती हैं।

- Cell growth (cytoplasm के सन्दर्भ में) एक continuous process होता है, जिसमें DNA synthesis, cell division के एक specific stage में होती है।
- Cell division के दौरान replicated chromosome (DNA) complex processes के दौरान daughter nuclei में distribute हो जाते हैं।
- ये events, genetic control के under में होते हैं।

10.1.1 Phases of Cell Cycle

- एक typical eukaryotic cell cycle (human cell) लगभग प्रत्येक 24 घण्टे में divide हो जाती है।
- Cell cycle की duration, organism to organism तथा cell type to cell type भी बदल सकती है। e.g., yeast के cell cycle में लगभग 90 मिनट लगते हैं।
- Cell cycle को दो basic phases में divide किया जाता है
  - **Interphase**
  - **M-phase** (mitosis phase)
- M-phase उस अवस्था को represent करता है, जिसमें actual cell division या mitosis होता है।
- Interphase दो successive M-phases के बीच की अवस्था को represent करता है।
- Human cell की cell cycle का average time 24 घण्टे होता है, जिसमें cell division सिर्फ 1 घण्टे में पूरा होता है।
  - Interphase, cell cycle का 95% से अधिक time लेती है।
- M-phase की शुरूआत nuclear division (karyokinesis) से होती है तथा अन्त cytoplasm के division (cytokinesis) के साथ होता है।
- Interphase को resting phase भी कहते हैं इसमें cell, division के लिए तैयार हो रही होती है तथा इस दौरान एक क्रमबद्ध तरीके से cell growth व DNA दोनों होते हैं।
- Interphase को three phases में divide किया गया है
  - G_1- phase (Gap 1)
  - S - phase (Synthesis)
  - G_2 - phase (Gap 2)
- **G_1- phase,** mitosis तथा DNA replication के initiation के बीच interval को represent करता है।
  - G_1- phase में cell, metabolically active होती है तथा लगातार grow करती है, लेकिन अपना DNA, replicate नहीं करती है।
- **S या Synthesis phase** इस phase के दौरान DNA की synthesis अथवा replication होता है।
  - इस दौरान DNA का amount दो गुना हो जाता है।
  - यदि DNA का initial amount 2C हो, तो यह बढ़कर 4C हो जाता है।
  - यदि G_1-phase में cell, diploid ($2n$) हो, तो S-phase के बाद भी cell $2n$ ही रहती है।
  - Chromosomes का number, same रहता है।
- Animal cells में S-phase के दौरान DNA का replication, nucleus में होता है तथा centriole का duplication, cytoplasm में होता है।
- **G_2-phase** इस phase में cell growth के साथ mitosis के लिए protein का formation होता है।
- Adult animals में कुछ cells, divide नहीं होती (e.g., heart cell) तथा injured या dead cells को replace करने के लिए कुछ cells कभी-कभी (occasionally) divide होती हैं।
  - आगे divide न होने वाली cells, G_1- phase से exit हो जाती हैं और एक inactive stage में चली जाती हैं, जिसे **quiescent stage** (G_0) कहते हैं।
  - G_0-phase की cells, metabolically active होती हैं, लेकिन divide नहीं होती हैं। इनका division, organism की आवश्यकतानुसार होता है।
- Animals में mitosis केवल diploid somatic cells में होती हैं।

- Plants में mitosis, haploid एवं diploid दोनों प्रकार की cells में हो सकती हैं। आप onion की root tip की cells में mitosis की study कर चुके होंगे। इसकी प्रत्येक cell में 16 chromosomes होते हैं।
  क्या आप बता सकते हैं कि G_1, S एवं G_2- phase के बाद cells में कितने chromosome होंगे?
  सभी phases में 16 chromosomes होंगे।
- यदि cell में M phase के बाद DNA की मात्रा 2C हैं, तो G_1-phase में इसकी मात्रा 2C तथा S एवं G_2-phase में 4C होगी।

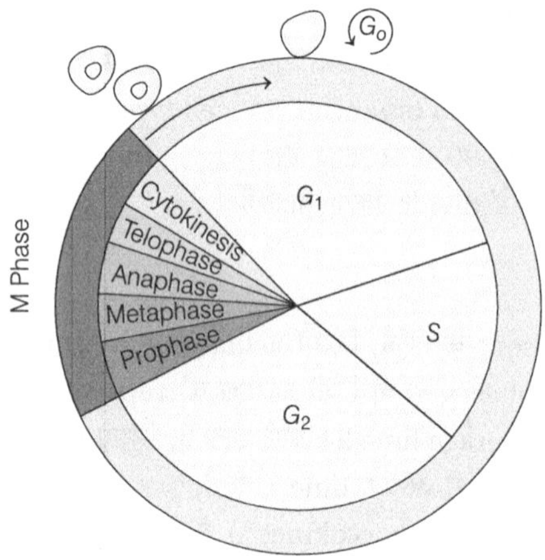

Figure 10.1 A diagrammatic view of cell cycle indicating formation of two cells from one cell

10.2 M-Phase

- यह cell cycle का most dramatic period है, जिसमें cell के सभी components का major reorganisation होता है।
- Parent एवं progeny cells में chromosomes की संख्या same होती हैं, इसलिए इसे equational division कहते हैं।
- Mitosis में nuclear division को four stages में divide किया गया है।
- Cell division एक progressive process है तथा इसकी विभिन्न stages के मध्य clear-cut line खींचना कठिन हो सकता है।
- Mitosis को four stages में divide किया गया है
  – Prophase – Metaphase –Anaphase – Telophase

10.2.1 Prophase

- Interphase की S व G_2- phase के बाद prophase आती है।
- यह mitosis में karyokinesis की पहली अवस्था है।
- S व G_2- phase में नए DNA molecule बन तो जाते हैं, लेकिन आपस में गुंथे (intertwined) होने के कारण स्पष्ट नहीं होते हैं।
- Chromosomal material के condensation की शुरूआत ही prophase की पहचान है।
- Chromatin condensation के समय ही chromosomal material स्पष्ट (untangled) होने लगते हैं।
- Interphase की S-phase के समय duplicate हुआ centriole opposite pole की ओर move करना प्रारम्भ कर देता है।
- Prophase complete होने के दौरान होने वाली characteristic events निम्न हैं
  - Chromosomal material, condens होकर compact mitotic chromosome बन जाता है।
  - Chromosome दो chromatid से मिलकर बना होता है, जो आपस में centromere द्वारा जुड़े रहते हैं।
- Interphase के दौरान centrosome का duplication होता है जो यहाँ opposite poles की तरफ move करना शुरू कर देते हैं।

- प्रत्येक centrosome से microtubules निकलते हैं जिन्हें asters कहते हैं।
- दो asters, spindle fibres के साथ मिलकर mitotic apparatus बनाते हैं।
- Prophase के अन्त में cell को microscope से देखने पर इसमें Golgi complexs, ER, nucleolus तथा nuclear envelope नहीं दिखाई देते हैं।

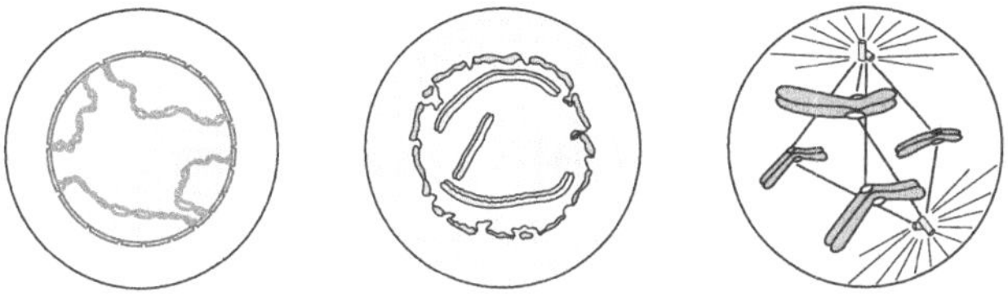

Figure 10.2 A diagrammatic view prophase

10.2.2 Metaphase

- यह mitosis की दूसरी अवस्था है।
- इसकी शुरूआत nuclear envelop के complete disintegration के साथ होती है, जिसके कारण chromosome, cell के cytoplasm में फैले रहते हैं।
- इस अवस्था में chromosome का condensation पूरा हो जाता है।
- Metaphase के दौरान chromosome की morphology का अध्ययन करते हैं।
- Chromosome को microscope से आसानी से देखा जा सकता है।
- Metaphase chromosome दो sister chromatids से मिलकर बना होता है, जो आपस में centromere द्वारा जुड़े होते हैं। (Fig. 10.2.)।

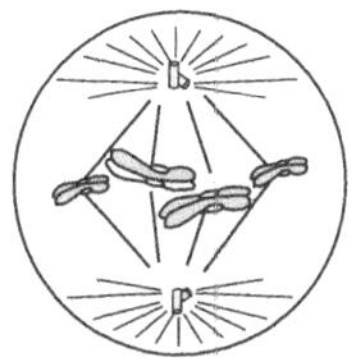

Figure 10.3 Metaphase

- Centromeres के surface पर छोटे disc-shaped structures होते हैं जिन्हें kinetochores कहते हैं।
- इस phase की विशेषता है कि इसमें सभी chromosomes, equator पर आ जाते हैं।
- दोनों poles के spindle fibres, kinetochores द्वारा chromatids से जुड़े होते हैं।
- Chromosome जिस plane पर व्यवस्थित (alignment) होते हैं उसे metaphasic plate कहते हैं।
- Metaphase के key features निम्न हैं
  - Spindle fibres क्रोमोसोम के kinetochores से जुड़े रहते हैं।
  - क्रोमोसोम्स equator की ओर जाकर metaphasic plate पर व्यवस्थित (align) होकर poles से spindle fibres द्वारा जुड़ जाते हैं।

10.2.3 Anaphase

- Anaphase की शुरूआत में metaphasic plate पर व्यवस्थित chromosome एकसाथ अलग होने लगते हैं जिन्हें daughter chromatids कहते हैं।
- Daughter chromatids, cell division के बाद बनने वाले daughter nuclei के chromosome बनेंगे।

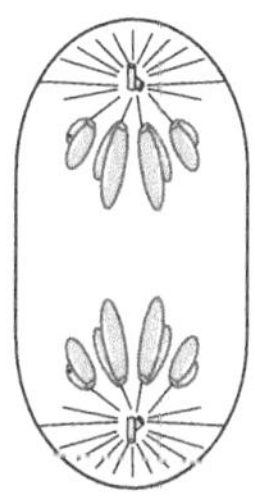

Figure 10.4 Anaphase

- Chromatids, opposite poles की ओर जाने लगते हैं।
- जब प्रत्येक क्रोमोसोम equatorial plate से दूर जाने लगते हैं, तब प्रत्येक क्रोमोसोम्स के centromere poles की ओर होते हैं।
- क्रोमोसोम के poles की ओर जाने का नेतृत्व (lead) centromere करते हैं, साथ ही chromosomes की arm पीछे आती है।
- Anaphase को निम्न events द्वारा characterise करते हैं
  - Centromere spliot होते हैं तथा chromatid अलग होने लगते हैं।
  - Chromatids, opposite poles की ओर जाने लगते हैं।

10.2.4 Telophase

- यह karyokinesis की final stage है।
- इसके प्रारम्भ में poles पर आए क्रोमोसोम्स decondensed होकर अपनी individuality खो देते हैं।
- Individual chromosomes दिखाई नहीं देते हैं।
- Chromatin material का प्रत्येक set दोनों poles की ओर collect हो जाते हैं।
- Metaphase की key events निम्न हैं
  - Chromosomes, opposite poles की ओर एकत्रित (clustered) हो जाते हैं तथा इनकी identity समाप्त हो जाती है।
  - Chromosome clusters के चारों ओर nuclear envelop बन जाती है तथा प्रत्येक pole पर दो daughter nuclei बन जाती है।
- Nucleolus, Golgi complex तथा ER का reformation हो जाता है।

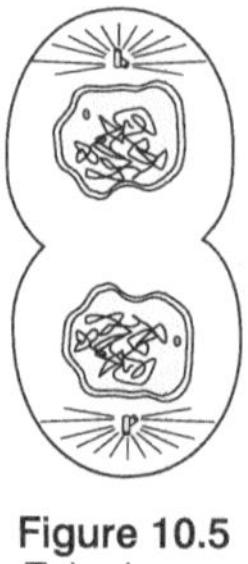

Figure 10.5 Telophase

10.2.5 Cytokinesis

- Mitosis केवल duplicate chromosomes का daughter nuclei में segregate होना ही नहीं है बल्कि cell स्वयं cytoplasm के विभाजन द्वारा दो cells में टूट जाता है।
- Cytoplasm के division को cytokinesis कहते हैं, इसमें दो daughter cells का formation होता है।
- Animal cells में cytokinesis के दौरान plasma membrane में एक furrow बन जाती है।
- Furrow धीरे-धीरे गहरी (deep) हो जाती है तथा centre में आकर मुड़ जाती है, जिससे cell cytoplasm दो भागों में बँट जाता है।
- Plant cells में inextensible cell wall पाई जाती है।
- Plant cells में wall formation, cell के centre से शुरू होकर बाहर की ओर grow करती है तथा lateral walls से जुड़ जाती है।
- नई cell wall का formation एक simple precursor से प्रारम्भ होता है, जिसे cellplate कहते हैं।
- Cell plate बाद में middle lamella में बदल जाती है।
- Middle lamella दो adjacent cells के बीच पाई जाती हैं।
- Cytoplasmic division के समय organelles; जैसे- mitochondria, plastids, आदि daughter cells में distribute हो जाते हैं।
- कुछ organism में karyokinesis के बाद cytokinesis नहीं होती है, जिसके फलस्वरूप multinucleated condition बनती है ऐसी multinucleated cell को synchytrium (e.g. liquid endosperm in coconut) कहते हैं।

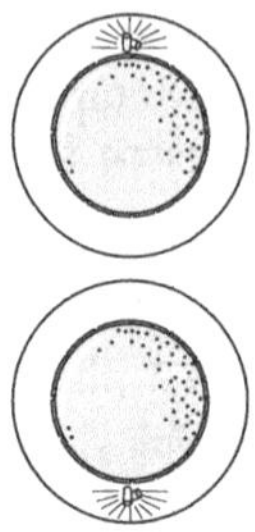

Figure 10.6 Cytokinesis

10.3 Significance of Mitosis

- Mitosis या equational division प्राय: diploid cells में होता है।
- कुछ lower plants तथा कुछ social insects में haploid cells भी mitosis द्वारा divide होती हैं।
- Mitosis द्वारा diploid daughter cells उत्पन्न होती हैं, जिनमें identical genetic complement होता है।
- Multicellular organism की वृद्धि mitosis के कारण होती है।
- Cell की growth के परिणामस्वरूप nucleus तथा cytoplasm के बीच ratio, distrub हो जाता है।
- इसलिए nucleocytoplasmic ratio को restore करने के लिए cells, divide होती हैं।
- Mitosis, cell के repair होने में सहायता प्रदान करती है।
- Upper layer of epidermis, cell lining of gut तथा blood cells लगातार replaced होती रहती हैं।
- Plants के meristematic tissue (the apical and lateral meristem) में mitotic division द्वारा growth पूरे जीवन होती रहती है।

10.4 Meiosis

- Sexual reproduction द्वारा offspring के बनने में दो gamete का fusion होता है।
- प्रत्येक gamete में chromosomes का एक haploid set होता है।
- Gamete का निर्माण specialised diploid cells से होता है।
- Meiosis द्वारा बनने वाली haploid daughter cells में chromosomes की संख्या आधी हो जाती है।
- Meiosis के द्वारा sexually reproduce होने वाले organism की life cycle में haploid phase उत्पन्न होता है, जबकि fertilisation द्वारा diploid phase दोबारा आ जाता है।
- Plants और animals में gametogenesis के दौरान meiosis होती है, जिसके फलस्वरूप haploid gamete बनते हैं।
- Meiosis के key features निम्न हैं
  - Meiosis में nuclear तथा cell division की दो sequential cycle चलती हैं, इन्हें **meiosis-I** तथा **meiosis-II** कहते हैं, परन्तु DNA replication की केवल single cycle चलती है।
  - S-phase में parental chromosomes के replication के साथ identical sister chromatid बनने के बाद meiosis-I शुरू होती है।
  - Meiosis में homologous chromosomes की pairing तथा homologous chromosome के non-sister chromatids के बीच recombination होता है।
  - Meiosis-II के अंत में four haploid cells बनती हैं।
- Meiotic division के निम्न phase होते हैं

Meiosis-I	Meiosis-II
Prophase-I	Prophase-II
Metaphase-I	Metaphase-II
Anaphase-I	Anaphase-II
Telophase-I	Telophase-II

10.4.1 Meiosis-I

Prophase-I

- Mitosis के prophase की तुलना में यह लम्बी तथा अधिक complex होती है।
- Chromosome के behaviour के आधार पर इसको 5 phase में subdivide करते हैं; जैसे— Leptotene, zygotene, pachytene, diplotene तथा diakinesis.

Leptotene

- Light microscope से देखने पर इस stage में chromosome धीरे-धीरे दिखने लगते हैं।
- इस stage के दौरान chromosomes का compaction लगातार होता है।

Zygotene

- इसमें similar chromosomes की आपस में pairing होने लगती है तथा association के इस process को synapsis कहते हैं।
- Paired chromosomes को homologous chromosomes कहते हैं।
- Electron micrograph यह दर्शाती है कि chromosome synapsis के दौरान एक complex बनता है, जिसे **synaptonemal complex** कहते हैं।
  - इस complex का निर्माण एक जोड़ी synapsid homologous chromosomes द्वारा होता है।
- Synapsid homologous chromosome का प्रत्येक pair, **bivalent** या **tetrad** कहलाता है।
  - ये next stage में अच्छी तरह से दिखाई पड़ते हैं।
  - Pachytene की तुलना में leptotene तथा zygotene short-lived होती हैं।

Pachytene

- इसमें प्रत्येक bivalent chromosome के चार chromatids स्पष्ट हो जाते हैं तथा tetrads के रूप में clear दिखाई देने लगते हैं।
- Recombination nodule का appearance इस stage की विशेषता है।
- Recombination nodule पर homologous chromosome के non-sister chromatid के बीच crossing over होता है।
- दो homologous chromosomes के बीच genetic material के आदान-प्रदान (exchange) को crossing over कहते हैं।
- Crossing over एक enzyme-mediated process है, जिसमें recombinase नामक enzyme participate करता हैं।
- Crossing over के फलस्वरूप homologous chromosomes पर genetic material का recombination होता है।
- Pachytene के end में recombination पूरा हो जाता है।
  - Crossing over वाले स्थान पर क्रोमोसोम्स linked रहते हैं।

Diplotene

- इसकी शुरूआत में synaptonemal complex का dissolution हो जाता है।
- Bivalent के homologous क्रोमोसोम्स crossing over point को छोड़कर एक-दूसरे से अलग होने लगते हैं।
- Crossing over वाले स्थान पर X-shaped structures को chiasmata कहते हैं।
- कुछ vertebrates की oocyte में diplotene महीनों या वर्षों तक रह सकती हैं।

Diakinesis

- यह prophase-I का अन्तिम stage है।
- इसमें chaismata का terminalisation होता है।
- Chromosomes पूरी तरह condensed हो जाते हैं।
- Meiotic spindle एकत्रित (assemble) होकर homologous chromosomes को अलग करने में सहयोगी होते हैं।
- Diakinesis के अंत तक nucleolus disappear हो जाता है तथा nuclear envelope का भी breakdown हो जाता है।
- Diakinesis, metaphase की ओर transition को represent करता है।

Metaphase-I

- Bivalent क्रोमोसोम्स equatorial plate पर पंक्तिबद्ध (align) हो जाते हैं।
- Opposite poles के spindle की microtubules समजात chromosomes के pair से चिपक जाते हैं।

Anaphase-I

- इसमें homologous chromosomes अलग हो जाते हैं, जबकि sister chromatids अपने centromeres से जुड़े रहते हैं।

Telophase-I

- Nuclear membrane तथा nucleolus, reappear हो जाते हैं तथा cytokinesis शुरू हो जाती है तथा cell की इस अवस्था को (युग्म) कहते हैं।
- कई cases में chromosomes का कुछ dispersion (छितराव) हो जाता है तथा ये interphase nucleus की extremely extended state में नहीं पहुँचते हैं।
- दो meiotic divisions के बीच की stage को interkinesis कहते हैं।
- Interkinesis सामान्यतया short-lived होती है तथा interkinesis के दौरान DNA का replication नहीं होता है।
- Interkinesis के बाद prophase-II आती है, जो prophase-I से अधिक simple होती है।

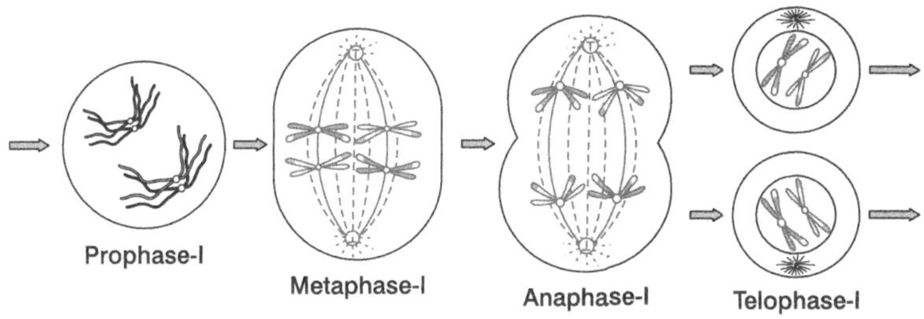

Figure 10.3 Stages of Meiosis-I

10.4.2. Meiosis-II

Prophase-II

- Meiosis-II की शुरूआत cytokinesis के तुरन्त बाद व chromosomes के full elongation से पहले होती है।
- Meiosis-I के विपरीत meiosis II, mitosis के समान ही होता है।
- Prophase-II के अन्त में nuclear membrane disappear हो जाती है।
- Chromosomes पुन: compact हो जाते हैं।

Metaphase-II

- क्रोमोसोम्स equator पर align (पंक्तिबद्ध) हो जाते हैं।
- Opposite poles के spindle की microtubules, sister chromatids के kinetochores से जुड़ जाती हैं।

Anaphase-II

- इस phase की शुरूआत में chromosomes के centromere टूटते हैं तथा kinetochores से जुड़े microtubule छोटे होने लगते हैं जिससे sister chromatids, poles की ओर चले जाते हैं।
- Centromere, sister chromatids को आपस में जोड़ता है।

Telophase-II

- गह meiosis की end stage है।
- Chromosomes के दो groups पुन: nuclear envelope द्वारा घिर जाते हैं।
- Cytokinesis के बाद चार haploid daughter cells का निर्माण होता है, जिन्हें tetrad of cells कहते हैं।

10.5 Significance of Meiosis

- Meiosis के फलस्वरूप sexual reproduction करने वाले प्रत्येक spindle chromosome की संख्या पीढ़ी-दर-पीढ़ी conserve रहती है।
- Organism में population एक generation से दूसरी generation तक genetic variation बढ़ाता है।
- Variation, evolution के process में बहुत महत्त्वपूर्ण होती है।

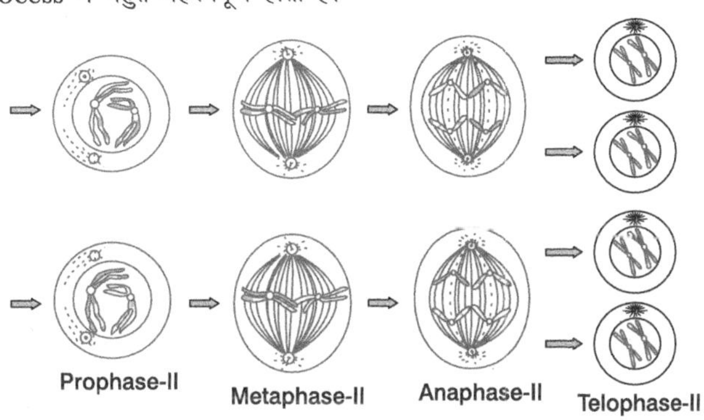

Figure 10.4 Stages of Meiosis-II

UNIT-IV

PLANT PHYSIOLOGY

MELVIN CALVIN
(1911)

- Melvin Calvin का जन्म April 1911, Minnesota में हुआ था।
- इन्होंने University of Minnesota से chemistry में Ph.D प्राप्त की।
- यह Universtiy of California, Berkeley में chemistry के professor के पद पर कार्यरत रहें।
- World War II, के ठीक बाद जब विश्व Hiroshima-Nagasaki bomb विस्फोट के दौरान radio-activity के बुरे प्रभाव को देख रहा था, उस समय Calvin तथा उनके co-workers ने radio activity के लाभदायक use को बताया।
- इन्होंने J. A. Bassham के साथ CO_2 में C^{14} की labelling द्वारा green plants में raw material जैसे CO_2, H_2O तथा minerals से sugar तथा अन्य substances बनाने वाली reactions की study की।
- Calvin ने बताया कि pigment के एक organised array तथा अन्य substances में electron के transfer द्वारा पौधे light energy को chemical energy में बदल देते हैं।
- Calvin ने photosynthesis में carbon assimilation के pathway की mapping की, इसलिए इनको 1961 में Nobel Prize प्रदान किया गया।
- Calvin द्वारा स्थापित photosynthesis के principles का उपयोग आजकल हो रहा है।
- Material तथा energy के लिए renewable resources का अध्ययन करने में।
- Solar energy research में basic अध्ययन करने में।

Chapter Eleven

TRANSPORT IN PLANTS

- Tall plants में water top पर कैसे पहुँचता है?
- Substance का movement एक cell से दूसरी cell में क्यों होता है?
- क्या substances समान प्रकार से एक ही direction में move करते हैं?
- क्या इन substances को move करने के लिए metabolic energy की आवश्यकता पड़ती है?
- Plants को animals की अपेक्षा कहीं अधिक दूरी तक molecules को ले जाने की आवश्यकता होती है, जबकि उनमें किसी प्रकार का circulatory system भी नहीं होता है।
- Root द्वारा absorb किया गया water, stem की tip तक plant के सभी parts में पहुँचता है।
- Photosynthesis के फलस्वरूप leaves द्वारा बना भोजन भी soil के अन्दर root tip सहित plant के सभी भागों तक पहुँचता है।
- Cell के अन्दर, membrane के across तथा tissues के अन्दर एक cell से दूसरी cell तक के movement को short-distance movement कहते हैं।
- Plants में होने वाली इस transport process को समझने के लिए हमें सबसे पहले cells के structure तथा plant body की anatomy के बारे में basic जानकारी भी प्राप्त करनी होगी।
- जब हम substances के movement की बात करते हैं, तो सबसे पहले हमें यह defined करना आवश्यक होता है कि हम किस type के movement तथा किस substance की चर्चा कर रहे हैं?
- Flowering plants में water, mineral nutrients, organic nutrients तथा plant growth regulators के transportation की आवश्यकता होती है।
- Small distance तक substance का movement, diffusion तथा active transport द्वारा supplemented (पूरक), cytoplasmic streaming की सहायता से हो सकता है।

- Long distance transport, vascular system (xylem and phloem) के द्वारा होता है तथा इसे translocation कहा जाता है।
- एक important पहलू जिस पर ध्यान देने की आवश्यकता है वह transport की direction है।
- Rooted plants में water तथा minerals का xylem के द्वारा transport, unidirectional अर्थात root से stem तक होता है।
- Organic तथा mineral nutrients का transport, multidirectional होता है।
- Photosynthetic leaves द्वारा बने हुए organic compound को storage organ सहित plant के सभी parts तक पहुँचाया जाता है।
- Storage organs से बाद में इन्हें re-export किया जाता है।
- Root के द्वारा mineral nutrients को absorb करके उसे stem, leaves तथा growing regions तक upward transport किया जाता है।
- जब किसी plant का कोई भाग senescence हो जाता है तो उस region के nutrients को वहाँ से withdraw करके growing parts की ओर भेज दिया जाता है।
- Small amount में hormones या plant growth regulators तथा अन्य chemical stimuli भी transport होते हैं। कभी-कभी ये जहाँ synthesised होते हैं वहाँ से दूसरे part तक strictly polarised या unidirectional manner में transport किए जाते हैं।
- Flowering plants में compounds के complex traffic (probably very orderly) का movement different direction में होता है।
- प्रत्येक organ कुछ substances को प्राप्त करता है तथा कुछ substances दूसरों को दे देता है।

11.1 Means of Transport

11.1.1 Diffusion

- Diffusion द्वारा passive movement होता है।
- Diffusion, cell के एक part से दूसरे parts तक या एक cell से दूसरी cell में हो सकता है, या small distance जैसे leaf के intercellular spaces से बाहर भी हो सकता है।
- Diffusion में energy का expenditure (खर्च) नहीं होता है।
- Diffusion में molecules, random fashion में move करते हैं।
- Substances, high concentration से low concentration की ओर जाते हैं।
- Diffusion एक slow process है।
- यह living system पर depend नहीं करता है।
- Liquid तथा gases में diffusion स्पष्ट होता है, जबकि solid में diffusion अधिक common है।
- Plants के लिए diffusion बहुत ही important है, क्योंकि plants body में gaseous movement का यह एक मात्र medium है।
- Diffusion rate को प्रभावित करने वाले factors हैं—concentration gradient, membrane की permeability, temperature तथा pressure.

11.1.2 Facilitated Diffusion

- Diffusion होने के लिए एक gradient का already present होना आवश्यक है।
- Diffusion rate, substance के size पर depend करता है।
- Small substance का diffusion, fast होता है।
- Membrane के across किसी भी substance का diffusion उसकी lipid में solubility पर भी depend करता है।
- Lipid में soluble substances, membrane के द्वारा तेजी से diffuse होते हैं।

- जिन substances में hydrophilic moiety होती है उनका membrane के द्वारा pass होना कठिन होता है, अत: उनका movement, facilitated होता है।
- ऐसे molecules को cross कराने के लिए membrane protein स्थान प्रदान करती है।
- वे concentration gradient स्थापित नहीं कर पाते हैं जबकि molecules के diffusion के लिए concentration gradient आवश्यक रूप से present होना चाहिए चाहे protein द्वारा ही facilitated क्यों न किया गया हो?
- इस process को facilitated diffusion कहते हैं।
- Facilitated diffusion में membrane के आर-पार substances के movement में special protein help करती है तथा इसमें ATP (energy) खर्च नहीं होते हैं।
- Facililated diffusion में molecules का transport, low concentration से high concentration की ओर नहीं हो सकता।
- Low concentration से high concentration की ओर substance को transport करने में energy की आवश्यकता होती है।
- Transport rate maximum होता है जब सभी protein transporters का use हो जाए अर्थात् saturate अवस्था में जाए।
- Faciliated diffusion बहुत ही specific होता है।
- Uptake के लिए यह cells को substances को select करने की छूट देता है।
- यह उन inhibitors के प्रति sensitive होता है, जो protein side chain से react करते हैं।
- Membrane के द्वारा molecules को pass करने के लिए प्रोटीन membrane में channels बनाती हैं।
- कुछ channels सदैव open होते हैं तथा कुछ controlled किए जा सकते हैं।
- कुछ channels बड़े होते हैं, जो different types के molecules को cross करने की छूट देते हैं।
- Porins एक प्रकार की protein है, जो plastid, mitochondria तथा कुछ bacteria की outer membrane में huge pores का निर्माण करती है, जिसके द्वारा small proteins के size के molecule भी pass हो सकें।
- Fig.11.1 प्रदर्शित करता है कि एक extracellular molecule, transport protein से bound रहता है और यही transport protein बाद में rotate होकर cells के भीतर molecules को release कर देती है। e.g., Water channels, जो 8 विभिन्न प्रकार के aquaporins से बने होते हैं।

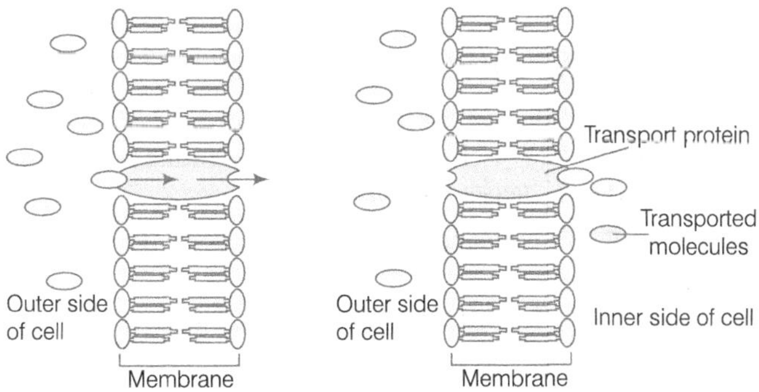

Figure 11.1 Facilitated diffusion

11.1.2.1 Passive Symports and Antiports

- कुछ carrier या transport proteins, diffusion को तभी allow करते हैं, जब दो प्रकार के molecules एक साथ move करते हैं।
- **Symport** जब दोनों molecules एक ही direction में membrane को cross करते हैं।
- **Antiport** जब दोनों molecules opposite direction में move करते हैं। (Fig. 11.2)
- **Uniport** जब एक molecule दूसरे molecule से independent होकर membrane को cross करता है।

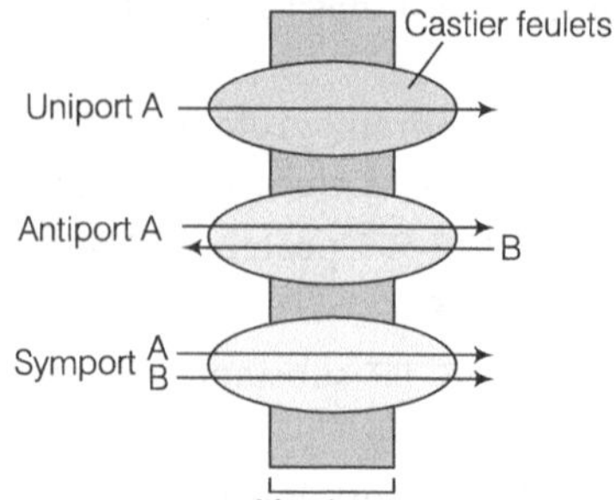

Figure 11.2 Facilitated diffusion in passive symport and antiport

11.1.3 Active Transport

- Active transport में molecules को concentration gradient के against, transport या pump करने में energy का use होता है।
- Active transport, membrane proteins द्वारा complete किया जाता है।
- अत: membrane में different proteins, active तथा passive दोनों प्रकार के transport में major role play करती हैं।
- Pumps वे proteins हैं, जो membrane के across substances को carry करने के लिए energy का use करती हैं।
- ये pumps, substances को low concentration से high concentration की ओर transport करा सकते हैं (uphill transport)।
- Transport का rate maximum तब होता है जब transport कराने वाले सभी protein transporters का use हो रहा हो (वह saturated condition में हो)।
- Enzyme की तरह carrier protein भी membrane से cross करने वाले substances के प्रति अत्यधिक specific होते हैं।
- ये proteins उन inhibitors के प्रति sensitive होते हैं, जो protein side chain के साथ react करते हैं।

11.1.4 Comparison of Different Transport Processes

- Membrane proteins, facilitated diffusion तथा active transport दोनों के लिए ही responsible होती है इसलिए यह highly selective होने के सामान्य characterstics जैसे— saturate होना, inhibitor के प्रति response तथा hormonal regulation प्रदर्शित करते हैं।
- Diffusion चाहे facilitated हो या नहीं, concentration gradient के along होता है तथा इसमें energy का use नहीं होता है।

Table 11.1 Comparison of Different Transport Mechanisms

Property	Simple Diffusion	Facilitated Transport	Active Transport
Requires special membrane proteins	No	Yes	Yes
Highly selective	No	Yes	Yes
Transport saturates	No	Yes	Yes
Uphill transport	No	No	Yes
Requires ATP energy	No	No	Yes

11.2 Plant-Water Relations

- Plants की सभी physiological activities के लिए जल essential है तथा यह सभी living organism में important role play करता है।
- यह ऐसा medium प्रदान करता है, जिसमें अधिकतर substances dissolve हो जाते हैं।
- Cell का protoplasm कुछ और नहीं बल्कि water है, जिसमें विभिन्न molecules, dissolve तथा (several particles) suspended रहते हैं।
- Water melon में 92% जल होता है।
- अधिकतर herbaceous plants में लगभग 10 से 15% fresh weight, dry matter की तरह होता है।
- Plants में water का distribution vary करता है।
- Woody parts में relatively बहुत कम water, जबकि soft parts में अधिकतर water होता है।
- एक seed dry दिख सकता है परन्तु फिर भी उसमें water की कुछ मात्रा होती है अन्यथा यह जीवित नहीं रहेगा तथा respiration भी नहीं करेगा।
- Terrestrial plants daily basis पर भारी मात्रा में water absorb करते हैं, परन्तु leaves से इसका maximum part evaporation के द्वारा हवा में lost हो जाता है इसे transpiration कहते हैं।
- एक mature corn plant (मक्के का पौधा) एक दिन में लगभग 3 litre जल absorb करता है।
- एक mustard plant (सरसों का पौधा) लगभग 5 घण्टे में अपने weight के बराबर जल absorb करता है।
- Agriculture तथा natural environments में plants की growth तथा productivity के लिए limiting factor प्राय: water ही होता है।

11.2.1 Water Potential

- Plant water relation को समझने के लिए कुछ standard terms को समझना आवश्यक है।
- Water potential (ψ_w), water के movement को समझने का fundamental concept है।
- Water potential को determine करने के दो main components हैं– Solute potential (ψ_s) तथा Pressure potential (Ψ_p).
- Water molecules में kinetic energy पायी जाती है।
- Liquid तथा gaseous form में ये random motion में होते हैं, जो rapid और constant होती है।
- किसी system में water की concentration जितना अधिक होगी उसमें kinetic energy या water potential भी उतना ही अधिक होगा।
- अत: pure water का water potential सबसे अधिक होगा।
- यदि कोई दो water containing system contact में हों तो water molecules के random movement के कारण water का net movement, high energy system से low energy system की ओर होगा।
- Water, high water potential से low water potential system की ओर move करता है।
- Substances के इस तरह के movement को diffusion कहते हैं।
- Water potential को Greek symbol ψ (Psi) से denote किया जाता है तथा इसे pascals (Pa) में express किया जाता है।
- Standard temperature तथा बिना किसी pressure पर pure water का potential zero होता है।
- यदि pure water में कुछ solute dissolve किया जाए तो solution में free water की कमी हो जाती है तथा water की concentration (free energy) कम हो जाती है, जिससे water potential भी कम हो जाता है।
- सभी solution का water potential, pure water से कम होता है।
- Solute के dissolution के कारण water potential के magnitude में जो कमी आ जाती है उसे solute potential or Ψ_s कहते हैं।
- ψ_s सदैव negative होता है।

- Solute के molecules जितने अधिक होते हैं, ψ_s उतना ही कम (more negative) होता है।
- Atmospheric pressure पर एक solution का water potential (ψ_w), solute potential (ψ_s) के बराबर होता है ($\psi_w = \psi_s$)।
- यदि solution या pure water पर atmospheric pressure से अधिक pressure लगाया जाए तो उसका water potential (ψ_w) बढ़ जाता है।
  – यह एक स्थान से दूसरी स्थान पर water को pump करने के equivalent होता है।
- *क्या आप हमारी body के किसी system के बारे में सोच सकते हैं जहाँ pressure buildup होता है?*
- जब diffusion के कारण plant की cells में जल प्रवेश करता है तो वह cell wall के against pressure build-up करती है जिसके कारण cell, turgid हो जाती है तथा इस process से pressure potential बढ़ जाता है।
- Pressure potential, usually positive होता है।
- Negative pressure potential या tension, xylem के water column में होता है, जो stem में water transport के लिए मुख्य भूमिका निभाता है।
- Pressure potential को ψ_p से denote करते हैं।
- Cells के water potential को solute तथा pressure potential दोनों ही प्रभावित करते हैं।
  – इनके बीच में निम्न सम्बन्ध हैं

$$\psi_w = \psi_s + \psi_p$$

11.2.2 Osmosis

- **Plant cell, cell membrane** तथा cell wall द्वारा घिरी होती है।
- Cell wall, water तथा solution में substances के लिए freely permeable होती है। अत: cell wall, movement के लिए barrier नहीं है।
- Plants की cells में usually एक large central vacuole होती है, जिसमें vacuolar sap होता है।
- Vacuolar sap, cell के solute potential में contribution करता है।
- Plants cells में, cell membrane तथा tonoplast, दोनों एक साथ मिलकर cell के अन्दर या बाहर molecules के movement को determine करने के लिए important होते हैं।
- Osmosis शब्द का उपयोग किसी differentially या semi-permeable membrane के आर-पार water के diffusion के लिए किया जाता है।
- Driving force के response में osmosis स्वत: उत्पन्न होता है।
- Osmosis की net direction तथा rate, pressure gradient तथा concentration gradient पर depend करती है।
- Water अपने high chemical potential (या concentration) से low chemical potential की ओर तब तक move करता है जब तक कि equilibrium पर न पहुँच जाए।
- Equilibrium पर दोनों chambers का water potential same होना चाहिए।
- **Potato osmometer** एक potato tuber लो और इसमें एक छेद करके concentrated sugar solution डालो।
  – अब इसको water में रख दो। कुछ समय पश्चात् potato की cavity में रखा sugar solution water को collect कर लेता है, ऐसा osmosis के कारण से होता है।

Fig. 11.3 में A तथा B नाम के दो chambers में solution है, जो semi-permeable membrane द्वारा separated हैं।

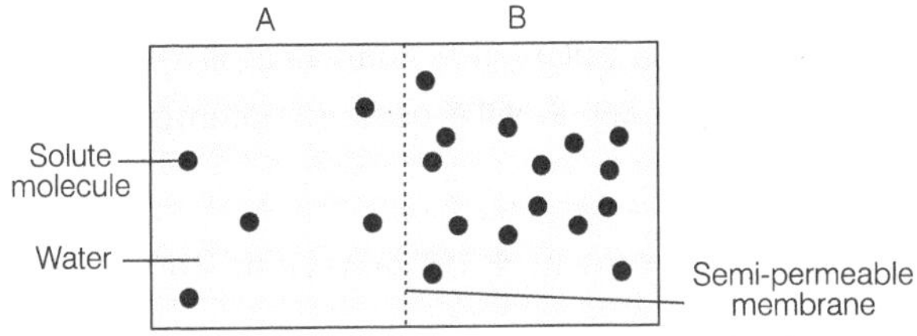

Figure 11.3 Diagram showing separated molecules

(a) किस chamber के solution में lower water potential है? → B

(b) किस chamber के solution में lower solute potential है? → A

(c) Osmosis किस direction में होगी? A→ B

(d) किस solution का solute potential high है? → B

(e) Equilibrium पर किस chamber का lower water potential होगा? → A

(f) यदि एक chamber में ψ का मान – 2000 kPa है और दूसरे का – 1000 kPa है, तो किस chamber में ψ higher होगा? → A

- आइए एक-दूसरे experiment को discuss करें जहाँ sucrose solution को एक funnel में लिया गया है जिसे एक beaker में रखे pure water से semi-permeable membrane द्वारा separate किया गया है। (Fig. 11.4)
- आप semi-permeable membrane को egg से प्राप्त कर सकते हैं।
- आप egg के corner पर एक छोटा छेद करके सारा yolk और albumin निकाल लें तथा फिर egg के shell को dil. HCl में कुछ घण्टे के लिए रख दें।
- Egg shell dissolve हो जाएगी तथा intact membrane प्राप्त हो जाएगी।
- जल funnel में जाता है, जिससे funnel में solution का level बढ़ जाता है तथा यह process तब तक चलती है जब तक equilibrium न आ जाए।

यदि किसी कारणवश sucrose, membrane से diffuse हो जाए तब क्या कभी equilibrium की स्थिति आएगी?

- यदि funnel के ऊपरी भाग पर external pressure लगाया जाता है, तो membrane के द्वारा funnel में जल का diffusion नहीं होता है।
- यह pressure जो जल के diffusion को रोकता है, इसे osmotic pressure कहते हैं।
- Osmotic pressure, solute concentration का function है।

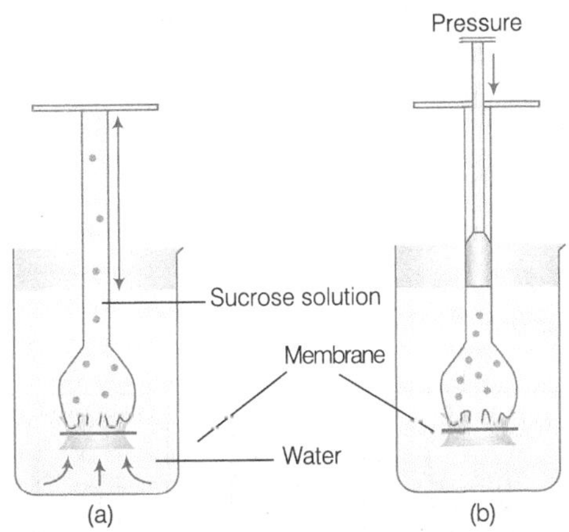

Figure 11.4 A demonstration of osmosis. A thistle funnel is filled with sucrose solution and kept inverted in a beaker containing water. (a) Water will diffuse across the membrane (as shown by arrows) to raise the level of the solution in the funnel (b) Pressure can be applied as shown to stop the water movement into the funnel

- Solute concentration अधिक होने पर, water को diffuse होने से रोकने के लिए अधिक pressure की आवश्यकता होगी।
- Numerically osmotic pressure, osmotic potential के equivalent होता है परन्तु sign opposite होता है। Osmotic pressure, positive pressure होता है जबकि osmotic potential, negative होता है।

11.2.3 Plasmolysis

- Plants cells या tissue में water के movement के प्रति behaviour उसके आस-पास के solution पर depend करता है।
- यदि external solution, cytoplasm के osmotic pressure को balance करता है, तो उसे हम **isotonic solution** कहते हैं।
- यदि external solution, cytoplasm से अधिक dilute है, तो उसे हम **hypotonic solution** कहते हैं।
- यदि external solution, cytoplasm से अधिक concentrated है, तो उसे हम **hypertonic solution** कहते हैं।
- Cells, hypotonic solution में **swell** कर जाती है तथा hypertonic solution में **shrink** कर जाती है।
- **Plasmolysis**–जब cells से water बाहर move करता है तथा plant cells की cell membrane shrink होकर cell wall से अलग हो जाती है।
  – यह तब होता है जब किसी cell या tissue को hypertonic solution में डाला जाता है।
- Water पहले cytoplasm से बाहर आता है तथा फिर vacuole से।
- जब cells से diffusion द्वारा water बाहर निकलकर extracellular fluid में जाता है तब protoplast, shrink होकर cell wall से अलग हो जाता है और ऐसी cells, plasmolysed कहलाती हैं।
- Cell से बाहर water का movement, membrane के आर-पार high water potential से low water potential area में होता है। (Fig. 11.5)

  Plasmolysed cells में cell wall एवं shrunken protoplast के बीच के space को कौन occupied करता है?
- जब cell या tissue को isotonic solution में रखा जाता है, तो water का net flow अन्दर या बाहर की ओर नहीं होता है।
- यदि external solution, cytoplasm के osmotic pressure को balance रखता है तब इसे isotonic कहते हैं।
- जब cells में water अन्दर और बाहर समान रूप से flow करता है, तो cells equilibrium में कही जाती हैं तब cells को flaccid कहा जाता है।
- Plasmolysis की process प्राय: reversible होती है।
- जब cells को hypotonic solution (higher water potential या cytoplasm की तुलना में dilute solution) में रखा जाता है तब जल cells में diffuse होता है। जिस कारण Cytoplasm, cell wall के against एक pressure build up करता है जिसे **turgor pressure** कहते हैं।
- Water की entry के कारण rigid wall के against protoplast द्वारा लगाए गए pressure को **pressure potential** या (ψ_p) कहते हैं।
- Cell wall की rigidity के कारण cells rupture नहीं होती हैं।
- Turgor pressure, cells के enlargement तथा extension growth के लिए responsible होता है।

  *एक **flaccid cells** का ψ_p क्या होगा?*

  Plants के अतिरिक्त किस organism में cell wall पायी जाती है?

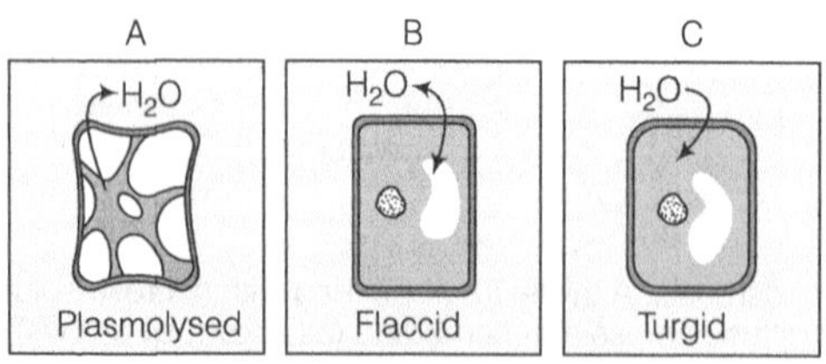

Figure 11.5 Plant cell plasmolysis

11.2.4 Imbibition

- Imbibition एक special type का diffusion है।
- जब solids (colloids) द्वारा water को absorb किया जाता है, तो इस कारण इसका volume बढ़ जाता है।
- **Imbibition** के **classical examples**-seeds तथा dry wood द्वारा water का absorption.
- Wood की swelling के कारण उत्पन्न होने वाले pressure का उपयोग prehistoric man, rocks तथा boulders (शिलाखण्ड) को तोड़ने में करते थे।
- Imbibition pressure के कारण ही seedlings, मिट्टी से बाहर निकल कर grow करते हैं।
- Imbibition भी एक प्रकार का diffusion है।
- Imbibition में water का movement, concentration gradient के along होता है।
- Seeds या ऐसे ही अन्य material में water लगभग नहीं के बराबर होता है। अत: यह easily water को absorb कर लेते हैं।
- Imbibition के लिए absorbent तथा imbibed liquid के बीच water potential gradient आवश्यक है।
- किसी substance के द्वारा किसी liquid को imbibe करने के लिए absorbent तथा liquid के बीच affinity का होना आवश्यक है।

11.3 Long Distance Transport of Water

- Earlier stage में आपने एक experiment किया होगा जहाँ experiment के दौरान आपने coloured water में white flower वाली twig (टहनी) को डाला होगा तथा colour change को भी देखा होगा।
- Twig के कटे end को कुछ घण्टों तक solution में रहने के बाद आपने निश्चित ही उस region को ध्यान से देखा होगा जिसमें से coloured water का movement होता है।
- यह experiment आसानी से प्रदर्शित है कि water का movement, vascular bundle, xylem के द्वारा होता है।
- Plant के अन्दर long distance तक substance का transport केवल diffusion के द्वारा नहीं हो सकता है।
- Diffusion एक slow process है।
- Diffusion में मात्र short distance तक ही molecules का movement हो सकता है।

  e.g., एक typical plants cell (about 50 μm) के आर-पार molecules को move करने के लिए लगभग 2.5 second का time लगता है।

  क्या आप इस rate से calculate कर सकते हैं कि plant के अन्दर 1 meter की distance तय करने में molecules को diffusion के द्वारा कितने year लगेंगे?
- Large तथा complex organism में substance का movement प्राय: large distance तक होता है।
- कभी-कभी production या absorption एवं storage की site एक-दूसरे से काफी दूर होते हैं। अत: इनके लिए diffusion एवं active transport पर्याप्त नहीं है।
- इसलिए special long distance transport system आवश्यक हो जाता है ताकि substance, faster rate से **long distance** तक move कर सके।
- Water, mineral तथा food सामान्यतया **mass** या **bulk flow system** द्वारा move करते हैं।
- Mass या bulk flow system में substance का एक point से दूसरे point तक movement दोनों point के मध्य pressure difference के कारण होता है।
- Mass flow की यह विशेषता है कि इसमें substance (solution हो या suspension) same space में flow करते हैं, जैसे- बहती नदी का प्रवाह। लेकिन diffusion में different substance अपनी concentration gradient के अनुसार स्वतन्त्र रूप से move करते हैं।
- Bulk flow को या तो positive hydrostatic pressure gradient (e.g., garden hose) या negative hydrostatic pressure gradient (e.g., suction through a straw) द्वारा प्राप्त किया जा सकता है।
- Plant के conducting या vascular tissue के द्वारा substances के bulk movement को **translocation** कहते हैं।

- ***क्या आपको याद है जब आपने* higher plants *की root, stem तथा leaves के cross section को देखा था तथा उनके vascular system का अध्ययन किया था?***
- Higher plants में highly specialised vascular tissues पाए जाते हैं। e.g., xylem तथा phloem.
- Xylem mainly water, mineral salts, कुछ organic nitrogen तथा hormones को root से plant के arial parts तक translocate करते हैं।
- Phloem विभिन्न प्रकार के organic या inorganic solute को mainly leaves से plants के other parts तक translocate करते हैं।

11.3.1 How do Plants Absorb Water?

- Plant के लिए अधिकतर जल का absorption, root द्वारा होता है इसलिए soil को जल दिया जाता है।
- Water तथा minerals के absorption की responsibilty, specifically root hairs की होती है।
- Root tips पर लाखों (millions) root hairs पाए जाते हैं।
- Root hairs, epidermal cells के **slender expensions** होते हैं।
  – ये thin walled होते हैं।
- Root hairs, absorption के लिए surface area को बढ़ाते हैं।
- Root hairs की सहायता से diffusion के द्वारा water तथा mineral solutes का absorption होता है।
- Aborbed water जड़ों की deep layers तक दो pathways द्वारा move कर सकता है।
  दो different pathway हैं–
  (1) Apoplast pathway (2) Symplast pathway

Apoplastic Pathway

- यह adjacent cell walls का system है, जो root में endodermis की casparian strips को छोड़कर पूरे plant में continuous रहता है। (Fig. 11.6) Water का apoplastic movement विशेषतौर पर intercellular space तथा cells की walls के द्वारा होता है।
- Apoplast के माध्यम से होने वाला movement, cell membrane को पार नहीं करता है।
- Apoplastic movement, gradient पर depend करता है।
- Apoplast, water movement में बाधक नहीं होता तथा water movement, mass flow के द्वारा होता है।
- जैसे ही जल intercellular spaces या environment में evaporates होता है तो apoplast में water की continuous stream में tension develop होता रहता है।
- अत: जल का mass flow जल के adhesive तथा cohesive गुण के कारण होता है।

Symplastic Pathway

- Interconnected protoplasts के system को symplastic system कहते हैं।
- पड़ोसी cells आपस में cytoplasmic strands द्वारा connect रहती हैं, जो plasmodesmata द्वारा extend (फैलती) करती हैं।
- Symplastic movement के दौरान water cells के द्वारा travel करता है।
- इनके cytoplasm का intercellular movement, plasmodesmata द्वारा होता है।
- जल cells के अन्दर cell membrane के द्वारा प्रवेश करता है इसलिए movement relatively slow होता है।
- यह movement फिर से potential gradient को कम करता है।
- Symplast movement में cytoplasmic streaming सहायता कर सकती है।
- आप cytoplasmic streaming को *Hydrilla* की leaf cells में देख सकते हैं।
  – Cytoplasmic streaming के कारण chloroplast का movement आसानी से दिखाई पड़ता है।
- Roots में अधिकतर water का flow apoplast के माध्यम से होता है, क्योंकि cortical cells, loosely packed रहती हैं। अत: ये water के movement में किसी प्रकार का resistance produce नहीं करती हैं।

- Cortex की inner boundary water के लिए impervious होती है जिसे **endodermis** कहते हैं तथा यह impervious स्वभाव **suberised matrix** के कारण होता है जिसे **casparian strip** कहते हैं।
- Water के molecules, layers को penetrate नहीं कर पाते इसलिए ये wall region (non-suberised) की ओर चले जाते हैं, जोकि membrane के द्वारा cell में जाता है।
- इसके पश्चात् water symplast के द्वारा move करता है तथा xylem की cells तक पहुँचने के लिए पुन: membrane को cross करता है।
- Root की layers के द्वारा water का movement, endodermis में ultimately symplastic होता है।
- Water तथा अन्य solute को vascular cylinder में प्रवेश कराने का केवल यही एक मात्र मार्ग हैं।
- Xylem के भीतर पहुँचने के बाद जल पुन: cells के मध्य तथा उनके द्वारा move करने के लिए free हो जाता है।
- Young root में जल सीधे xylem vessels या tracheids में प्रवेश करता है।
- यह non-living, conduits (pipes) हैं इसलिए इन्हें apoplast का part माना जाता है।
- कुछ पौधों में जल तथा mineral को absorb करने के लिए additional structure होते हैं।

  e.g., : Mycorrhizae (fungus का root system के साथ symbiotic association)
- Fungal filament, young roots के around network बनाते हैं या वह root की cells को penetrate करते हैं।
- Fungal hyphae का surface area बहुत अधिक होता है, जो soil से water तथा minerals को बहुत अधिक मात्रा में absorb कर लेते हैं, जो शायद root नहीं कर सकती।
- Fungus, root को water एवं mineral प्रदान करते हैं और बदले में root भी mycorrhizae को sugar तथा nitrogen containing compounds प्रदान करती हैं।
- कुछ plants का mycorrhiza के साथ obligate association होता है।

  e.g., : Mycorrhizae के बिना *Pinus* के seed न तो germinate कर सकते हैं और न ही establish हो सकते हैं।

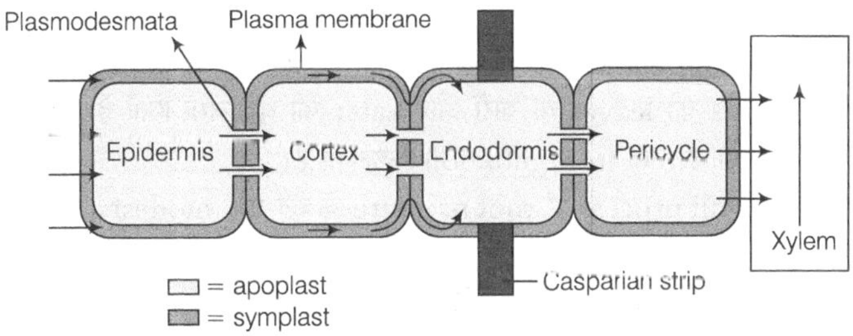

Figure 11.6 Pathways of water movement in the roots

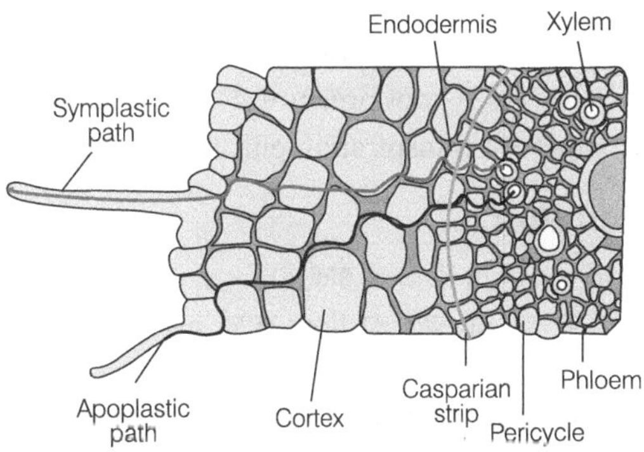

Figure 11.7 Symplastic and apoplastic pathways of water and ion absorption and movement in roots

11.3.2 Water Movement up a Plant

- Plants soil से water को कैसे absorb करते हैं?
- इसे vascular tissue में कैसे पहुँचाते हैं?
- Water, plants के different parts तक कैसे पहुंचता है?
- Water का यह movement, active है या अभी भी passive है?
- चूँकि water plants के stem में gravity के against move करता है, तो इसके लिए energy कौन provide करता है?

11.3.2.1 Root Pressure

- Soil के विभिन्न ions, root के vascular tissue में actively transport होते हैं।
- Water इस potential gradient को follow करता है तथ xylem के अन्दर pressure बढ़ाता है।
- यह positive pressure, **root pressure** कहलाता है।
- Root pressure, stem में जल को small height तक ऊपर भेजने लिए responsible होता है।

हम कैसे देख सकते हैं कि root pressure exist करता है?

- एक soft-stem का पौधा लें तथा early morning (जब atmospheric moisture अधिक हो) में stem के base से horizontally cut करें।
  – कटे भाग से solution ooze की बूँदे बाहर आने लगती हैं तथा ऐसा positive root pressure के कारण होता है।
- यदि आप उस cut stem में एक rubber tube चढ़ा दें तो आप वास्तव में exudate को collect कर सकते हैं तथा exudation की rate को measure कर सकते हैं।
- Exudate के composition को भी determine कर सकते हैं।
- Root pressure के effect को night तथा early morning के समय भी देखा जा सकता है, जब evaporation कम होता है।
- रात तथा सुबह जब evaporation कम होता है, तो grass blades की tip के पास veins की special opening तथा कई herbaceous plants की leaves के चारों ओर water की बूँदे जमा होती हैं।
  – इस तरह liquid के रूप में जल का loss, guttation कहलाता है।
- Water transport के over-all process में root pressure केवल एक modest (हल्का) push ही प्रदान कर सकता है।
- Tall trees में water के movement में इसका कोई major role नहीं होता है।
- Root pressure का greatest contribution, xylem में water molecules की continuous chain को re-establish करना है।
  —यह chain, transpiration के द्वारा उत्पन्न हुए tension से टूट जाती है।
- Majority of water को transport करने में root pressure का कोई role नहीं है।
- अधिकतर plants में water की आवश्यकता transpiration pull द्वारा पूरी होती है।

11.3.2.2 Transpiration Pull

- Plants में heart या circulatory system, absent होता है।
- इसके अतिरिक्त xylem के द्वारा ऊपर की ओर जल का flow काफी high rate से होता है। (upto 15 meter/hrs).
- यह **movement** कैसे होता है?
- Plants के द्वारा water ऊपर की ओर push किया जाता है या pull किया जाता है।
- अधिकतर researchers सहमत हैं कि पौधों द्वारा water pull किया जाता है तथा इस process का driving force, transpiration है।
- यह water transport का cohesion-tension-transpiration pull model कहलाता है। परन्तु इस **transpiration pull** को **generate** कौन कर रहा है?
- Plants में water **transient** है।

- Leaves में पहुँचने वाले water में से 1% से भी कम जल photosynthesis तथा plant growth में use होता है। अधिकतर जल पत्तियों में उपस्थित stomata द्वारा loss हो जाता है।
- Water का यह loss, **transpiration** कहलाता है।
- आप cobalt chloride paper का use करके leaves से होने वाले water loss की study कर सकते हैं।
- Water absorb करने पर cobalt chloride का रंग बदलता है।

11.4 Transpiration

- Plants द्वारा जल का evaporative loss होना transpiration कहलाता है।
- यह मुख्यतया leaves में पाए जाने वाले stomata के द्वारा होता है।
- Leaves में छोटे-छोटे pores होते हैं जिन्हें stomata कहते हैं। (sing. : stoma)
- Transpiration के अतिरिक्त O_2 एवं CO_2 exchange भी stomata के द्वारा होता है।
- Normally, stomata दिन में open रहते हैं तथा रात में close हो जाते हैं।
- Stomata की opening या closing का कारण gaurd cells की turgidity में change होना है।
- प्रत्येक gaurd cells की inner wall, pore या stomata aperture की ओर होती है।
- प्रत्येक stomatal aperture के sides पर दो gaurd cells पायी जाती हैं, दोनों gaurd cells में जब turgidity बढ़ती है, तो thin outer wall बाहर की ओर उभरती है तथा inner wall को crescent shape में आने को force करती है Inner wall, thick एवं elastic होती है।
- Stomata की opening में gaurd cells की cell well में उपस्थित microfibrils के orientation भी help करते हैं।
- Microfibril, cellulose से बने होते हैं।
- Stomata के opening आसानी से हो सके इसलिए microfibril radially oriented रहते हैं न कि longitudinally.
- Water loss या water stress के कारण जब gaurd cells की turgidity समाप्त हो जाती है, तो elastic inner walls पुन: अपने original shape में आ जाती है, guard cells flaccid हो जाती है तथा stomata बन्द हो जाते हैं।
- Dorsiventral (often dicot) leaf की निचली सतह में stomata की संख्या अधिक होती हैं, जबकि isobilateral (often monocot) leaf के दोनों सतहों में stomata की संख्या लगभग बराबर होती है। *Transpiration को प्रभावित करने वाले factors :*

  External factor-temperature, light, humidity, wind speed, आदि।

  Plant factor stomata का number तथा distribution, open stomata की संख्या का percentage, plants में water का status तथा canopy structure, आदि।
- Transpiration के कारण xylem sap का ऊपर चढ़ना मुख्यतया water की निम्न physical properties पर निर्भर करता है—

  Cohesion : water molecules के बीच mutual attraction.

  Adhesion : polar surface (जैसे tracheary element की surface) की ओर water molecules का attract होना।
- **Surface Tension :** gaseous phase की तुलना water molecules, liquid phase में एक दूसरे की ओर अधिक attract होते हैं।
- ये properites जल को high tensile strength तथा high capillarity प्रदान करती हैं।
- High tensile strengh (pulling force को रोकने की क्षमता)
- High capillarity (thin tube में rise होने की क्षमता)
- Small diameter वाले tracheary elements जैसे **tracheids** एवं **vessel elements** द्वारा plant में capillarity को सहायता दी जाती है।
- Photosynthesis के लिए water की आवश्यकता होती है।

- Xylem vessels आवश्यकता के अनुसार roots से लेकर leaves की vein तक water पहुँचाती हैं। लेकिन यह कौन-सा force है जो plant, leaves की parenchyma cells तक water के molecule को move करने के लिए use करते हैं।
- जैसे ही water stomata द्वारा evaporates होता है वैसे ही जल की thin film, cells के ऊपर लगातार बनती हैं।
  - जिसके परिणाम स्वरूप water xylem से leaves तक molecules by molecule खिंचता है।
- Substomatal cavity तथा intercellular space की अपेक्षा atmosphere में water vapour की concentration कम होती है।
  - अत: जल surrounding air में diffuse हो जाता है और यह एक 'pull' को create करता है। (Fig. 11.9)
- Transpiration के द्वारा उत्पन्न pressure, xylem sized water के column को 130 meter ऊँचा उठाने के लिए sufficient होता है।

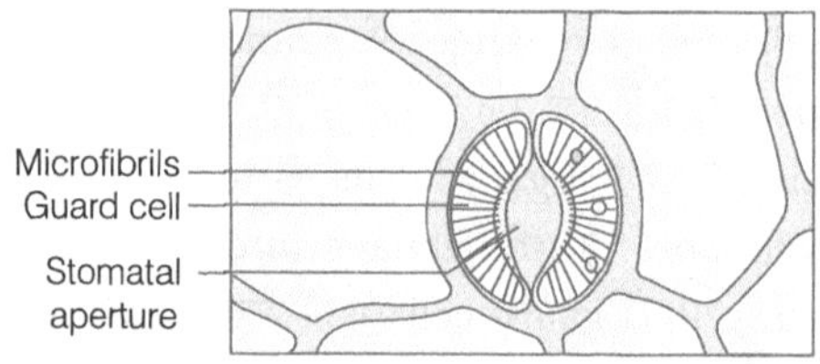

Figure 11.8 A stomatal aperture with guard cells

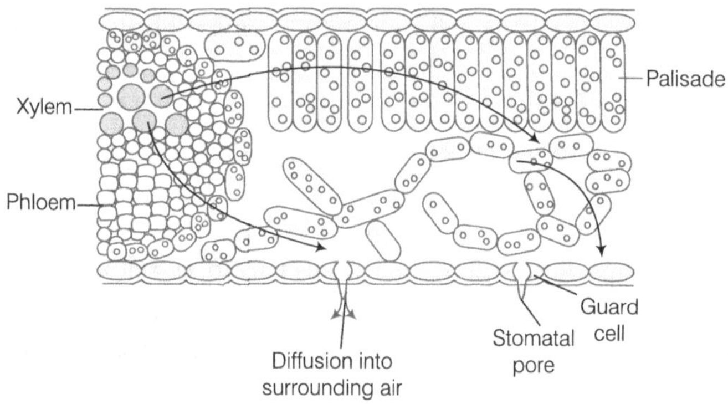

Figure 11.9 Water movement in the leaf. Evaporation from the leaf set up a pressure gradient between the outside air and the air spaces of the leaf. The gradient is transmitted into the photosynthetic cells and on the water-filled xylem in the leaf vein.

11.4.1 Transpiration and Photosynthesis-a Compromise

Transpiration के एक से अधिक purpose होते हैं जैसे–

- Plants में absorption तथा transport के लिए transpiration pull create करता है।
- Photosynthesis के लिए water supply करता है।
- Soil से प्राप्त minerals को plants के सभी parts तक transport करता है।
- Evaporative cooling द्वारा पत्तियों की surface को 10-15 degree तक cool करता है।
- Cells को turgid रखते हुए plants के shape तथा structure को maintain रखता है।

- एक actively photosynthesis करने वाले plant को water की insatiable (असंतृप्त) आवश्यकता होती है।
- Photosynthesis में available water एक limiting factor की तरह काम करता है तथा यह water transpiration द्वारा swiftly (तेजी से) loss हो जाता है।
- Rain forest की humidity अधिकतर इसी water-cycle के कारण होती है।
- **Water-cycle :** Root → leaf → atmosphere → back to soil

- C_4- photosynthetic system का evolution सम्भवतया CO_2 की availability को maximise करने तथा water loss को minimise करने के लिए हुआ है।
- Carbon fixing (making sugar) की दृष्टि से C_4-plants, C_3-plants की तुलना में दो गुना efficient होते हैं।
- जब कि C_4 – plants, C_3 – plants की तुलना में CO_2 के same amount को fix करने के लिए half amount में water को loss करते हैं।

11.5 Uptake and Transport of Mineral Nutrients

- पौधे carbon एवं अधिकतर oxygen, atmosphere में उपस्थित CO_2 से प्राप्त करते हैं।
- हालांकि उनकी शेष nutritional requirements, minerals द्वारा प्राप्त होती है तथा water के लिए hydrogen, soil से प्राप्त होती है।

11.5.1 Uptake of Mineral Ions

- Water के विपरीत सभी minerals, roots द्वारा passively absorb नहीं किए जा सकते हैं।
- इसके लिए दो factor responsible हैं–
  - (i) Soil के अन्दर minerals, charge particles (ions) के रूप में रहते हैं, जो cell membrane के आर-पार नहीं जा सकते हैं।
  - (ii) Soil में minerals की concentration, roots की तुलना में कम होती है।
- इसलिए अधिकतर minerals, roots की epidermal cells के cytoplasm में **active absorption** द्वारा प्रवेश करते हैं।
- Active absorption में ATP के रूप में energy की आवश्यकता होती है।
- Ions को active uptake जड़ों में water potential gradient के लिए partly responsible होता है और इसलिए water का uptake, osmosis द्वारा होता है। कुछ ions भी epidermal cells में passively move करते हैं।
- Soil से ions, passive तथा active दोनों transport द्वारा absorb किए जाते हैं।
- Root hairs cell की specific membrane proteins, ions को मिट्टी से epidermal cells के अन्दर actively pump करती हैं।
- सभी cells की भाँति, endodermal cells की plasma membrane में भी कई transport proteins embedded रहती हैं तथा वे कुछ solute को membrane के आर-पार जाने देती है लेकिन अन्य को नहीं जाने देती हैं।
- Endodermal cells की transport proteins, control point होते हैं जहाँ xylem में पहुँचने वाले solute की quantity एवं type को plant adjust करता है।
- Root endodermis में suberin की layer के कारण ions को एक ही direction में actively transport करने की क्षमता होती है।

11.5.2 Translocation of Mineral Ions

- जब ions, active या passive uptake या फिर दोनों process के माध्यम से xylem में पहुँच जाते हैं तब उनका transportation stem से लेकर plant के सभी भागों तक transpiration stream के द्वारा होता है।
- Minerals elements के लिए chief sinks होते हैं–growing region जैसे- apical एवं lateral meristem, young leaves, developing flowers, fruits, seed तथा storage organs.
- Fine vein की ending पर mineral ion की unloading, diffusion के द्वारा होती है तथा इन cells के द्वारा active uptake होता है।
- Mineral ions, older senescing parts से frequently remobilised हो जाते हैं।
- Older dying leaves अपने अधिकतर mineral content को younger leaves में export कर देती हैं।
- Decidous plant में leaf के गिरने से पहले minerals दूसरे भागों में चले जाते हैं।

- **Most readily mobilised elements**-phosphorus, sulphur, nitrogen तथा potassium हैं। कुछ elements जो structural component होते हैं, जैसे- calcium, ये remobilised नहीं होते हैं।
- Xylem exudates की analysis यह दर्शाती है कि कुछ nitrogen, inorganic ions के रूप में तथा इसका अधिकतर भाग Organic रूप जैसे- amino acid तथा related compound के रूप में travel करता है।
- इसी तरह phosphorus एवं sulphur की कुछ मात्रा भी organic compound के रूप में पहुँचती है।
- इसके अतिरिक्त xylem एवं phloem के बीच कुछ मात्रा में materials का exchange होता है। अत: हम स्पष्ट नहीं कह सकते हैं कि xylem केवल inorganic nutrients को ही transport करता है, जबकि phloem केवल organic minerals को ही transport करता है जैसे कि traditionally believe किया जाता था।

11.6 Phloem Transport : Flow From Source to Sink

- Food (primarily **sucrose), phloem** के द्वारा source से sink की ओर transport होता है।
- **Source :** plant का वह भाग जहाँ food synthesised होता है, जैसे—leaf
- **Sink :** वह भाग जहाँ food की आवश्यकता होती है, या store किया जाता है।
- Source तथा sink change भी हो सकते हैं, ये season या need पर निर्भर करता है।
- Early spring के दौरान roots में store sugar mobilised होकर food का source बन जाती हैं तथा tree buds की ओर चली जाती है, क्योंकि photosynthetic apparatus की growth एवं development के लिए energy की आवश्यकता होती है।
- इस प्रकार root एक source तथा bud एक sink की तरह काम करती है।
- चूँकि source एवं sink का relation variable होता है इसलिए phloem में movement की direction, **upward** या **downward** अर्थात् **bi-directional** हो सकती है।
- Xylem में movement सदैव unidirectional अर्थात् **upward** होता है।
- Transpiration में water का flow, one way होता है परन्तु phloem के sap में food का transport किसी भी direction में तब तक हो सकता है जब तक source तथा sink की sugar को use, store या remove करने की क्षमता होती है।
- Phloem sap में मुख्यतया water तथा sucrose होता है, परन्तु अन्य sugars, hormones तथा amino acid भी phloem के द्वारा **transport** या **translocate** होते हैं।

11.6.1 The Pressure Flow or Mass Flow Hypothesis

- Source से sink की ओर sugar के translocation के लिए accepted mechanism को pressure flow hypothesis कहते हैं। (Fig. 11.10)
- जैसे ही photosynthesis द्वारा source पर glucose synthesis होता है, तो यह sucrose (dissacharide) में convert कर दिया जाता है।
- Sugar, sucrose के रूप में active transport के द्वारा पहले companian cells में तथा उसके बाद living phloem sieve tube cells में जाती है।
- Source पर loading की यह process, phloem में hypertonic condition उत्पन्न कर देती है।
- **Adjacent** xylem का जल osmosis के द्वारा phloem में चला जाता है।
- जब phloem में osmotic pressure build up हो जाता है, तो phloem sap, low pressure वाले area की ओर move करेगा।
- Sink पर osmotic pressure निश्चित तौर पर reduce होना चाहिए।
- एक बार फिर phloem sap से sucrose को बाहर करने तथा उन cells (जहाँ पर sugar, energy, starch या cellulose में change होती है) तक ले जाने के लिए active transport की आवश्यकता होती है।
- जैसे ही sugar, remove होती है तो osmotic pressure घटता है तथा जल phloem से बाहर चला जाता है।
- Phloem में sugar का movement, source से शुरू होता है जहाँ active transport द्वारा sugar को sieve tube में load किया जाता है।

- Phloem की यह loading एक water potential gradient को तैयार करता है, जो phloem में mass movement को आसान बनाता है।
- Phloem tissue, sieve tube cells से बना होता है, जो long columns बनाते हैं, जिनकी end walls में छिद्र होते हैं, जिन्हें sieve plates कहते हैं।
- Cytoplasmic strands, sieve plates के holes द्वारा गुजरते हैं तथा continuous filaments बनाते हैं।
- जैसे ही hydrostatic pressure phloem के sieve tube में बढ़ता है, तो pressure flow शुरू हो जाता है तथा phloem द्वारा sap move करता है।
- इस बीच sink पर आने वाले sugar को phloem से बाहर actively transport कर दिया जाता है तथा complex carbohydrates के रूप में remove हो जाता है।
- Solute के losses से phloem में एक high water potential produce होता हैं, जिससे जल बाहर निकल कर अन्त में xylem के पास आ जाता है।
- Food के transport में use होने वाले tissue को identify करने के लिए एक simple experiment किया जाता है जिसे **girdling** कहा जाता है।
- Tree के trunk (तना) से bark की एक ring (phloem layer तक) सावधानीपूर्वक हटाओ।
- Food के downward movement न होने के कारण कुछ weeks बाद ring के ऊपर bark का हिस्सा फूल जाता है।
- यह experiment दर्शाता है कि phloem भोजन के translocation के लिए responsible है तथा यह transport की एक ही direction में होता है। i.e., toward the roots.

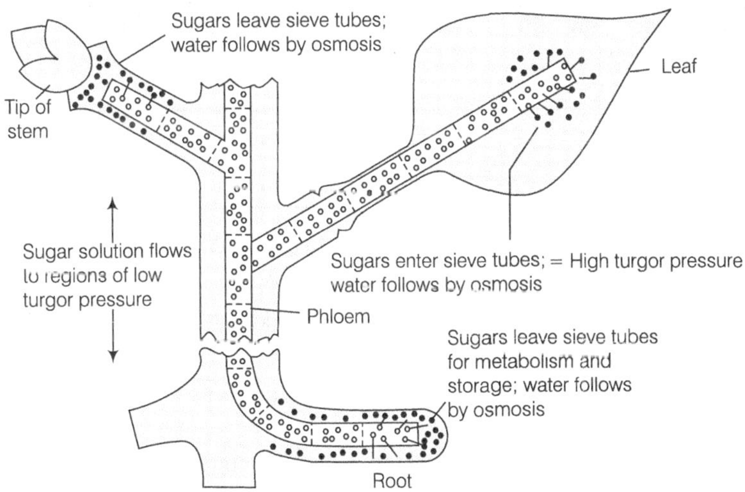

Figure 11. 10 Diagrammatic representation of mechanism of translocation

Chapter Twelve

MINERAL NUTRITION

- सभी living organisms की basic need, essentially same होती है। उनको अपनी growth एवं developement के लिए macromolecules; जैसे— carbohydrates, proteins, fats एवं minerals की आवश्यकता होती है।
- यह chapter mainly "inorganic plant nutrition" पर केन्द्रित है।
- इसमें आप plants की growth एवं development के लिए essential elements को पहचानने के methods तथा उनकी essentiality निर्धारित करने वाले criteria की study करेंगे।
- आप इन essential elements के role, उनकी कमी से होने वाले symptoms तथा absorption की mechanism को भी study करेंगे।
- Biological N_2-fixation की mechanism के significance को भी इस chapter में introduce किया गया है।

12.1 Methods to Study the Mineral Requirements of Plants

- 1860 में एक prominent German Botanist, **Julius von Sachs** ने सबसे पहले demonstrate किया कि defined nutrient solution (soil free) में plants को maturity तक grow किया जा सकता है।
- Nutrient solution में plants के growing की यह technique, **hydroponics** के नाम से जानी जाती है। इसके बाद plants के लिए mineral nutrients की आवश्यकता को determine करने के लिए कई improve methods प्रयोग में लाए गए।
- इन सभी methods का निष्कर्ष soil free defined mineral solution में plants को उगाना है। इन methods में purified water तथा mineral nutrient salts की आवश्यकता होती है।

  क्या आप explain कर सकते हैं कि यह इतना essential क्यों है?

- Series of experiment के बाद पौधों की growth के लिए एक suitable mineral solution प्राप्त होता है जिसके अन्तर्गत plants की roots को nutrient solution में डुबाया गया और उसमें एक element को डाला और हटाया गया तथा अलग-अलग concentration दी गई।
- इस method के द्वारा essential elements को identify किया गया तथा उनकी कमी से होने वाले symptoms की खोज की गई।
- Hydroponics technique का प्रयोग vegetables के commercial production के लिए किया जाता है; जैसे—tomato, seedless cucumber तथा lettuce.
- Plants की optimum growth के लिए nutrient solution को पर्याप्त aerated रखना चाहिए।

*यदि **solutions, poorly aerated** होगा तो क्या होगा?*

- Hydroponics की technique को नीचे चित्रों में दर्शाया गया है।

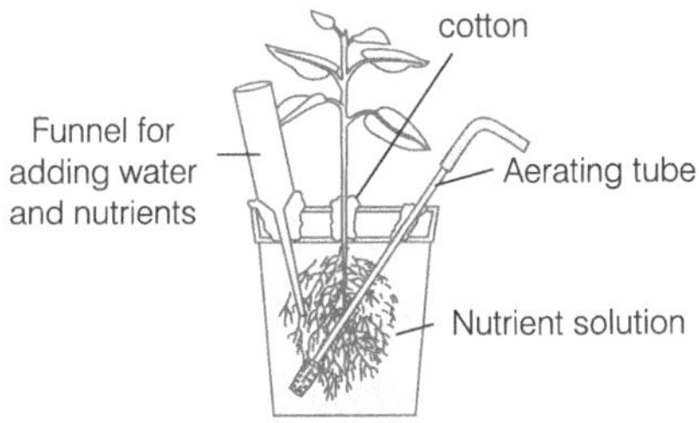

Figure 12.1 Diagram of a typical set-up for nutrient solution culture

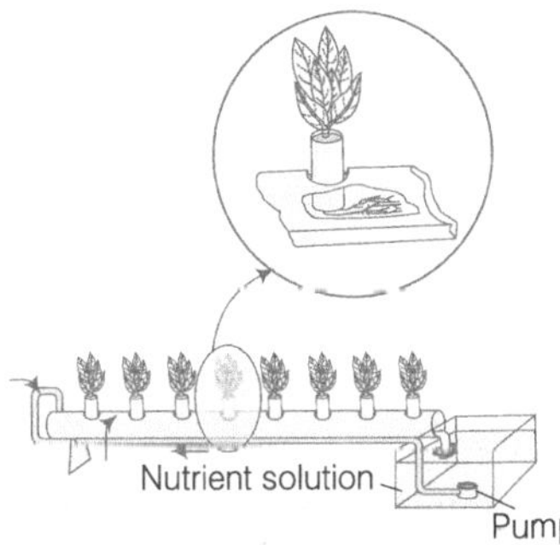

Figure 12.2 Hydroponic plant production Plants are grown in a tube or through placed on a slight incline. A pump circulates a nutrient solution from a reservoir to the elevated end of the tube. The solution flows down the tube and returns to the reservoir due to gravity. Inset shows a plant whose roots are continuously bathed in aerated nutrient solution. The arrows indicates the direction of the flow.

12.2 Essential Mineral Elements

- Soil में उपस्थित अधिकांश minerals, root के द्वारा पौधों में प्रवेश कर सकते हैं।
- वास्तव में, खोजे गए 105 elements में से 60 से अधिक elements different plants में पाए जाते हैं।
- कुछ plant species में selenium तथा कुछ में gold, accumulate रहता है।
- कुछ पौधे, जो nuclear test वाले area के समीप grow करते हैं, वे radioactive strontium लेते हैं।
- Plants में minerals की बहुत कम concentration (10^{-8} g/mL) को भी detect करने की technique उपलब्ध है।
- *क्या सभी diverse mineral elements जो plants में पाए जाते हैं (for example ऊपर दिया गया gold एवं selenlum plants के लिए आवश्यक है?*

  हम यह कैसे decide करें कि plants के लिए कौन essential है कौन नहीं है?

12.2.1 *Criteria for Essentiality*

- किसी element की essentiality को निर्धारित करने के criteria निम्नलिखित हैं
  (a) पौधे की normal growth तथा reproduction के लिए element अतिआवश्यक होना चाहिए तथा इस element की अनुपस्थिति में plant अपनी lifecycle को पूरा ना कर पाए अथवा seed को भी धारण (set) ना कर पाए।
  (b) Element की requirement, 'specific' होनी चाहिए तथा इसे किसी अन्य element द्वारा replace करना सम्भव नहीं होना चाहिए। दूसरे शब्दों में, किसी एक element की कमी को किसी अन्य element के द्वारा पूरा नहीं किया जा सकता है।
  (c) Element पौधे के metabolism में directly involved होना चाहिए।

  उपरोक्त criteria के आधार पर केवल कुछ ही element ऐसे पाए गए हैं, जो plants की growth तथा metabolism के लिए absolutely essential होते हैं।
- इन सभी elements को quantitative requirements के आधार पर दो broad categories में बाँटा गया है–
  - Macronutrients
  - Micronutrients

Macronutrients

- ये plants tissues में generally large amount में पाए जाते हैं (10 m mole kg^{-1} of dry matter से अधिक)।
- Macronutrient के अन्तर्गत carbon, hydrogen, oxygen, nitrogen, phosphorus, sulphur, potassium, calcium तथा magnesium आते हैं। इनमें से carbon, hydrogen तथा oxygen, मुख्यतया CO_2 तथा H_2O से प्राप्त होते हैं, जबकि दूसरे soil से mineral nutrition की तरह absorb किए जाते हैं।

Micronutrients or Trace Elements

- ये बहुत कम मात्रा में (10 m mole kg^{-1} of dry matter से कम) आवश्यक होते हैं।
- Micronutrient के अन्तर्गत iron, manganese, copper, molybdenum, zinc, boron, chlorine तथा nickel आते हैं।
- ऊपर दिए 17 essential elements के अलावा कुछ beneficial element जैसे— sodium, silicon, cobalt तथा selenium, higher plants के लिए आवश्यक होते हैं।
- Essential elements को भी उनके diverse function के आधार पर चार broad categories में बाँटा जा सकता है, ये categories हैं–
  (i) Essential elements, cell के biomolecules के components होते हैं और इसलिए cell के structural element के component (e.g., cargbon, hydrogen, oxygen तथा nitrogen) हैं।
  (ii) Essential element जो plants में **energy-related chemical compounds** के component (e.g., chlorophyll) में magnesium तथा ATP में phosphorus) हैं।
  (iii) Essential element जो enzymes को activate या inhibit करते हैं।

  For example :
  - Mg^{++}, **Ribulose bisphosphate carboxylase-oxygenase** तथा **phosphoenol pyruvate carboxylase** दोनों के लिए activator हैं।
  - ये दोनों enzyme, photosynthetic carbon fixation के critical enzymes हैं।
  - Nitrogen metabolism के समय **alcohol dehydrogenase** के लिए activator Zn^{++} तथा nitrogenase के लिए Mo हैं।

  (iv) कुछ essential elements, cell के osmotic potential को alter कर सकते हैं।
  - Stomata की opening तथा closing में potassium, important role play करता है।
  - Cell के water potential को determine करने में आप minerals की solute के रूप में भूमिका निभाते हैं।

12.2.2 Role of Macro and Micronutrients

- Essential elements, कई functions को perform करते हैं।
- ये plant cells में विभिन्न metabolic processes में भाग लेते हैं; जैसे— cell membrane की permeability में cell sap के osmotic concentration को maintain करने में, electron transport systems, buffering action, enzymatic activity तथा macromolecules तथा coenzymes के major constituents में।
- **Essential nutrient elements** के विभिन्न forms तथा functions नीचे दिए गए हैं–

Nitrogen

- Nitrogen plants में सर्वाधिक मात्रा में आवश्यक होता है।
- यह मुख्य रूप से NO_3^- के रूप में absorb किया जाता है, परन्तु कुछ NO_2^- या NH_4^+ के रूप में भी absorb किया जाता है।
- Plants के सभी parts को nitrogen की आवश्यकता होती है, इसकी सबसे अधिक आवश्यकता meristematic tissues तथा metabolically active cells में होती है।
- यह proteins, nucleic acids, vitamins तथा hormones का एक major constituent है।

Phosphorus

- Plants द्वारा phosphorus का absorption, **phosphate ions** ($H_2PO_4^-$ अथवा HPO_4^{2-}) के रूप में होता है।
- यह cell membrane, कुछ protein, सभी nucleic acids एवं nucleotides का constituent है।
- सभी phosphorylation reactions में phosphorus की आवश्यकता होती है।

Potassium

- यह potassium ions (K^+) के रूप में absorb होता है।
- यह अधिक मात्रा में meristematic tissues, buds, leaves तथा root tips के लिए आवश्यक होता है।
  यह cells में anion-cation balance को maintain रखने में सहायता करता हैं।
- यह protein synthesis, stomata की opening तथा closing, enzyme activation एवं cells की turgidity को maintain करने में involve रहता है।

Calcium

- Calcium को soil से calcium ions (Ca^{2+}) के रूप में absorb किया जाता है।
- यह meristematic तथा differentiating tissues के लिए आवश्यक होता है।
- Cell division के समय cell wall की synthesis में used होता है जो, particularly calcium pectate के रूप में जो middle lamella में होता है।
- यह mitotic spindle formation के समय भी आवश्यक होता है।
- यह older leaves में accumulate होता है।
- यह cell membrane की normal functioning में involve रहता है।
- यह कुछ enzymes को activate करता है तथा metabolic activities को regulate करने में important role play करता हैं।

Magnesium

- यह पौधों द्वारा divalent magnesium ions (Mg^{2+}) के रूप में absorb किया जाता है।
- यह photosynthesis एवं respiration के enzymes को activate करता है।
  DNA और RNA की synthesis में involve होता है।
- Chlorophyll की ring structure का एक constituent है।
- यह ribosome के structure को maintain करने में सहायता करता है।

Sulphur

- Plant, sulphur को sulphate ions (SO_4^{2-}) के form में प्राप्त करते हैं।
  Sulphur दो amino acids में present होता है—**cysteine** तथा **methionine**
- यह कई coenzymes, vitamins (thiamine, biotin, Co - A तथा ferredoxin का मुख्य constituent है।

Iron

- पौधे iron को ferric ions (Fe^{3+}) के रूप में प्राप्त करते हैं।
- यह अन्य micronutrients की तुलना में अधिक मात्रा में आवश्यक होता है।
- यह electron के transfer में involve होने वाली proteins; जैसे— **ferredoxin** एवं **cytochromes** का एक important constituent है।
- यह **electron transfer** के समय Fe^{2+} से Fe^{3+} में reversibly oxidise हो जाता है।
- यह catalyse enzyme को activate करता है तथा chlorophyll के formation के लिए आवश्यक होता है।

Manganese

- यह manganous ions (Mn^{2+}) के रूप में absorb होता है।
- यह photosynthesis, respiration तथा nitrogen metabolism में involve होने वाले कई enzymes को activate करता है।
- Manganese का **best defined function,** photosynthesis के समय water की splitting कर oxygen उत्पन्न करना है।

Zinc

- पौधे zinc को, (Zn^{2+}) के रूप में प्राप्त करते हैं।
- अनेक enzymes, especially carboxylase को activate करते हैं।
- Auxin की synthesis में भी आवश्यकता है।

Copper

- यह cupric ions (Cu^{2+}) के रूप में absorb होता है।
- Copper plants की overall metabolism के लिए आवश्यक होता है।
- Iron की तरह यह **redox reactions** में involve कुछ enzymes से जुड़ा रहता है तथा Cu^{+} से Cu^{2+} में reversibly oxidise हो जाता है।

Boron

- यह BO_3^{3-} या $B_4O_7^{2-}$ ions की form में absorb होता है।
- Boron, Ca^{2+} के uptake तथा utilisation, membrane functioning, pollen germination, cell elongation, cell differentiation तथा carbohydrate translocation के लिए आवश्यक होता है।

Molybdenum

- पौधे इसे molybdate ions (MoO_2^{2+}) की form में प्राप्त करते हैं।
- यह **nitrogenase** तथा **nitrate reductase** सहित कई **enzyme** का component है।
- ये दोनों enzyme, nitrogen metabolism में participate करते हैं।

Chlorine

- यह chloride anion (Cl^{-}) के रूप में **absorb** होता है।
- यह Na^{+}, K^{+} के साथ मिलकर **solute concentration** तथा **cells** में **anion-cation balance** को **determine** करने में सहायता करता है।
- यह photosynthesis की **water-splitting reaction** (एक **reaction** जिसमें oxygen evolve होती है) के लिए आवश्यक होता है।

12.2.3 Deficiency Symptoms of Essential Elements

- जब essential elements की supply, limited हो जाती है, तो **plants** की **growth** रुक जाती है।
- Essential elements की वह concentration जिसके कम होने से **plants growth** रुक जाती है। उसे **critical concentration** कहते हैं।
- Element को deficient तब कहा जाएगा जब वह critical concentration के नीचे हो।
- प्रत्येक element को पौधों में एक या एक से अधिक specific structural या functional role होता है किसी particular element का अनुपस्थिति में पौधें कुछ morphological change show करते हैं।
- ये morphological changes, element की deficiency को indicate करते हैं, जिन्हें deficiency symptoms कहते हैं।
- ये deficiency symptoms, element to element vary करते हैं तथा जब deficient mineral nutrient पौधों को दे दिया जाता है तब ये symptoms गायब हो जाते हैं। यदि यह कमी लगातार बनी रहे तो पौधे की मृत्यु हो सकती है।
- Plants के जो भाग deficiency symptoms show करते हैं, ये plant में elements की mobility पर भी depend करता है, जो element, plants में actively mobile होते हैं तथा young developing tissue में जाते हैं उनके deficiency symptoms older tissues में पहले दिखते हैं; जैसे— Nitrogen, potassium और magnesium के deficiency symptoms, senescent leaves में पहले दिखते हैं।
- Older leaves में ये elements रखने वाले biomolecules टूट जाते हैं तथा ये elements, younger leaves में जाने के लिए उपलब्ध रहते हैं।
- यदि element, immobile हो तथा mature organs से बाहर transport न हो तो deficiency symptoms सबसे young tissue में दिखते हैं।

  जैसे, Calcium; जैसे— element, cell के structural component का भाग होते हैं। अत: आसानी से release नहीं होते हैं।
- Plants में mineral nutrition का यह पहलू agriculture तथा horticulture के लिए आवश्यक एवं महत्वपूर्ण है।
- Plants द्वारा show होने वाले deficiency symptoms हैं—chlorosis, necrosis, stunted plant growth, leave तथा buds का pre-mature fall तथा cell division का inhibition, आदि।
- Chlorophyll loss के फलस्वरूप leaves का पीला हो जाना chlorosis कहलाता है।
- Elements; जैसे— N, K, Mg, S, Fe, Mn, Zn और Mo की deficiency से chlorosis के symptoms दिखते हैं।
- Ca, Mg, Cu और K की deficiency से necrosis या tissue (particularly leaf tissue) की death हो जाती है।
- N, K, S तथा Mo की अनुपस्थिति या low level के कारण cell division,inhibit हो जाता है।
- कुछ elements; जैसे— N, S तथा Mo की low concentration से flowering, delay हो जाती है।
- उपरोक्त विवरण से आप देख सकते हैं कि किसी एक element की deficiency से multiple symptoms दिख सकते हैं तथा same symptoms एक या कई elements की deficiency के द्वारा दिख सकते हैं।
- अत: deficient elements को पहचानने के लिए plants के विभिन्न भागों में प्रकट होने वाले सभी symptoms की study करते हैं तथा उपलब्ध standard tables से compare करते हैं।
- हमें इस बात से aware रहना चाहिए कि same elements की कमी होने पर different types के plants, different response देते हैं।

12.2.4 Toxicity of Micronutrients

- **Micronutrients** की आवश्यकता हमेशा कम मात्रा में होती है।
- इनके थोड़ा घटने से भी deficiency symptoms तथा थोड़ा बढ़ने से **toxicity** उत्पन्न होती है।
- दूसरे शब्दों में, concentrations की एक narrow range पर ही elements, **optimum** होते हैं।
- Tissue में किसी mineral ions की वह concentration, जो tissue के dry weight को 10% reduce कर दे, उसे toxic माना जाता है।
- विभिन्न micronutrients में इस तरह की critical concentration, vary करती हैं।

- Toxicity के symptoms को identify करना कठिन होता है।
- Different plants के लिए किसी elements की toxicity का level भी अलग-अलग होता है।
  कई बार किसी एक element की अधिकता दूसरे element के uptake को inhibit करती है।
  For example–Manganese toxicity का prominent symptom, brown spots का appearance है जो chlorotic veins द्वारा घिरा रहता है।
- ये जानना आवश्यक है कि manganese, uptake के लिए iron तथा magnesium के साथ competition करता है तथा magnesium के साथ enzyme से binding के लिए competition करता है।
- Manganese, shoot apex में calcium के translocation को भी inhibit करता है। इसलिए manganese की अधिकता वास्तव में iron, magnesium तथा calcium की deficiency को induce करती हैं।
- अत: manganese की जो toxicity हमें दिखती है वह actually iron, magnesium तथा calcium के deficiency symptoms हैं।
  *क्या ये **knowledge** एक **farmer** या **gardner** या आपके **kitchen-garden** के लिए कुछ **importance** रखती है?*

12.3 Mechanism of Absorption of Elements

- Plants द्वारा **elements** के **absorption** की **mechanism** पर अधिकतर अध्ययन **isolated cells, tissues** या **organs** में किया गया है।
- ये अध्ययन प्रदर्शित करते हैं कि **absorption** के **process** को दो **main phases** में **demarcated** किया जा सकता है।
- प्रथम **phase** में, cells के 'free space' या 'outer space' (apoplast) में ion का initial rapid uptake, passive absorption है।
- Uptake के द्वितीय phase में, cells के inner space (symplast) में ion का uptake, slow होता है।
- **Apoplast** में ions का passive movement, usually ion channels द्वारा होता है।
- **Ion channels, trans-membrane proteins** होते हैं, जो **selective pores** की तरह कार्य करते हैं।
- दूसरी ओर **symplast** से **ions** की **entry** तथा **exit** में **metabolic energy** की आवश्यकता होती है जोकि एक **active process** है।
- Ions के movement को usually 'flux' कहते हैं।
- Cells में ions के inward movement को **'influx'** तथा **outward movement** को **'efflux'** कहते हैं।

12.4 Translocation of Solutates

- Water की **ascending stream** के साथ mineral salts भी xylem के द्वारा **translocate** होते हैं, जिन्हें पौधे **transpirational pull** के द्वारा ऊपर खींचते हैं।
- **Xylem sap** की **analysis** से ज्ञात हुआ है कि इसमें **mineral salts** उपस्थित होते हैं।
- **Plants** में **mineral elements** के **radioisotopes** के use से भी यह प्रमाणित हो गया है कि **mineral elements** का transport, xylem के द्वारा होता है।

12.5 Soil as Reservoir of Essential Elements

- Plants की growth तथा development के लिए अधिकतर आवश्यक **nutrients, rocks** के breakdown एवं weathering से प्राप्त होते हैं तथा root के लिए available रहते हैं।
- ये processes, soil को dissolved ions तथा inorganic salts से enrich बनाते हैं। चूँकि ये rocks में उपस्थित minerals से प्राप्त होते हैं इसलिए plant nutrition में इनकी भूमिका को mineral nutrition कहा जाता है।
- Soil में substances की wide variety पायी जाती है।
- Soil केवल minerals की supply ही नहीं करती बल्कि nitrogen-fixing bacteria तथा other microbes को भी संरक्षित (harbour) करती है।

- Soil, water को hold करती है, root को air supply करती है तथा plant को stabilise करने के लिए matrix की तरह कार्य करती है। चूँकि essential minerals की कमी crop की yield को प्रभावित करती है। अत: इनकी supply के लिए प्राय: fertilisers की आवश्यकता होती है।
- Macronutrients (N,P,K,S, etc.) तथा micronutrients (Cu, Zn, Fe, Mn, etc.) दोनों ही fertilisers के component होते हैं तथा अपनी आवश्यकता के अनुसार डाले जाते हैं।

12.6 Metabolism of Nitrogen

12.6.1 Nitrogen Cycle

- Living organisms में carbon, hydrogen तथा oxygen के अलावा nitrogen, **most prevalent element** होता है।
- **Nitrogen**–amino acid, proteins, hormones, chlorophylls तथा कई vitamins का एक constituent है।
- पौधे soil में उपलब्ध limited nitrogen के लिए microbes के साथ compete करते हैं। इस प्रकार nitrogen, natural तथा agricultural दोनों ecosystem के लिए एक limiting nutrient है।
- Nitrogen (N_2) में दो nitrogen atoms होते हैं, जो strong triple covalent bond द्वारा जुड़े रहते हैं। ($N \equiv N$).
- Nitrogen (N_2) का ammonia में conversion के process को **nitrogen-fixation** कहते हैं।
- Nature में lightening तथा ultraviolet radiation, nitrogen को nitrogen के oxides (NO, NO_2, N_2O) में convert करने के लिए sufficient energy provide करता है।
- Industrial combustions, forest fires, automobile exhausts तथा power-generating stations भी atmospheric nitrogen oxides के sources हैं।
- Dead plants तथा animals में उपस्थित organic nitrogen का ammonia में decomposition, **ammonification** कहलाता है।
- इसमें से कुछ अमोनिया volatilise होकर atmosphere में re-enter करती है, परन्तु इसमें से अधिकांश NH_3 soil bacteria द्वारा nitrate में convert कर दी जाती है;

जैसे–

$$2NH_3 + 3O_2 \rightarrow 2\,NO_2 + 2H^+ + 2H_2O \qquad \ldots(i)$$

$$2NO_2^- + O_2 \rightarrow 2NO_3^- \qquad \ldots(ii)$$

- Ammonia पहले ***Nitrosomonas*** and/or *Nitrococcus* bacteria द्वारा nitrite में oxidise हो जाती है। ***Nitrobacter*** नामक bacteria nitrite को nitrate में oxidise कर देता है। ये steps, nitrification कहलाते हैं। (Fig. 12.3)
- Nitrifying bacteria, **chemoautotrophs** होते हैं।
- इस प्रकार बनी nitrate को पौधे absorb कर पत्तियों में transport कर देते हैं।
- पत्तियों में यह reduce होकर ammonia बनाता है, जो finally amino acids का amine group बनाता है।
- Soil में उपस्थित nitrate भी nitrogen में reduce हो जाता है इस process को **denitrification** कहते हैं।
- Denitrification, *Pseudomonas* तथा ***Thiobacillus*** नामक bacteria द्वारा सम्पन्न होता है।

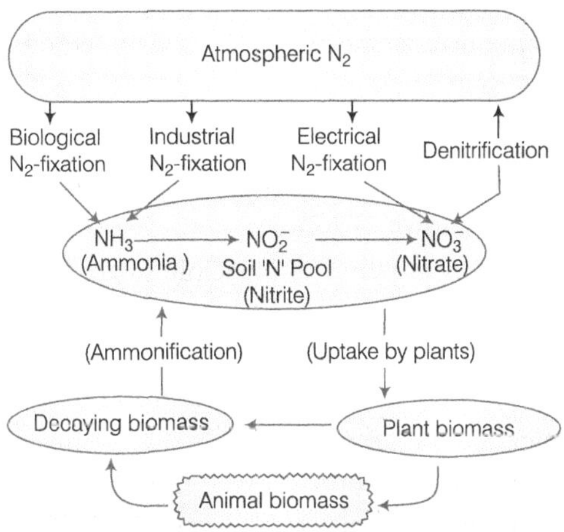

Figure 12.3 The nitrogen cycle showing relationship between the three main nitrogen pools-atmospheric soil and biomass

12.6.2 Biological Nitrogen Fixation

- Air में अत्यधिक मात्रा में available होने पर भी केवल कुछ ही living organisms, nitrogen को N_2 के रूप में utilise कर सकते हैं।
- केवल कुछ prokaryotic species ही nitrogen को fix करने में capable हैं।
- Living organisms द्वारा nitrogen का ammonia में reduction, **'biological nitrogen fixation'** कहलाता है।
- Nitrogen के reduction के लिए capable enzyme, **nitrogenase** है।
- Nitrogenase enzyme केवल prokaryotes में पाया जाता है। ऐसे microbes N_2-fixers कहलाते हैं।

$$N \equiv N \xrightarrow{\text{Nitrogenase}} NH_3$$

- Nitrogen-fixing microbes, free-living या symbiotic हो सकते हैं।
- Free-living nitrogen-fixing 'aerobic' microbes के example ***Azotobacter*** तथा ***Beijernickia*** है जबकि ***Rhodospirilium*** एक 'anaerobic' तथा *Bacillus* free-living है। इसके साथ ही कई cyanobacteria भी free-living nitrogen-fixers है। e.g., ***Anabaena*** तथा ***Nostoc***.

symbiotic biological nitrogen fixation

- हम कई प्रकार के symbiotic association को जानते हैं, जो biological nitrogen fixation करते हैं। इनमें सबसे प्रमुख legume-bacteria relationship है।
- Rod-shaped ***Rhizobium*** की species कई legumes; जैसे— alfalfa, sweet clover, sweet pea, lentils, garden pea, broad bean, clover bean, आदि की roots के साथ relationship बनाते हैं।
- Roots पर most common association, nodules के रूप में होता है। ये nodules, roots पर small outgrowths के रूप में होती है।
- Non-leguminous plants (*e.g.*, *Alnus*) की roots पर ***Frankia*** नामक microbes भी nitrogen-fixing nodules पैदा करता है।
- *Rhizobium* तथा *Frankia* दोनों ही soil में free-living होते हैं, परन्तु symbionts के रूप में atmospheric nitrogen को fix कर सकते हैं।
- Flowering से पहले किसी common pulse के एक पौधे को जड़ से उखाड़े, आप roots पर लगभग spherical outgrowths देखेंगे, ये nodules होते हैं।
  – यदि आप nodules को काटेंगे तो देखोगे कि इसका central portion, red या pink होता है।

  Nodules को pink कौन बनाता है?

  – Leguminous haemoglobin या leg-haemoglobin की presence के कारण nodule का colour pink होता है।

Nodule Formation

- Nodule के formation में host plants की root तथा *Rhizobium* के बीच multiples interactions का sequence, involve रहता है।
  – Nodule के formation की principle stages निम्नलिखित हैं
- Rhizobia, multiply होकर roots के चारों ओर colonise हो जाते हैं तथा epidermal एवं root hair cells से attach रहते हैं।
- Root-hairs, curl हो जाते हैं तथा बैक्टीरिया root-hair पर invade करते हैं।
- एक infection thread produce हो जाता है, जो bacteria को roots के cortex तक ले जाता है जहाँ root की cortex में वे nodule formation को initiate करते हैं।
- Bacteria, thread से release होकर cells में चले जाते हैं जिससे specialised nitrogen fixing cells का differentiation हो जाता है। इस प्रकार से nodule बन जाता है।

- Nodule, nutrients के exchange के लिए host के साथ एक direct vascular connection establish कर लेता है। ये events निम्नचित्र में दर्शायी गयी हैं।

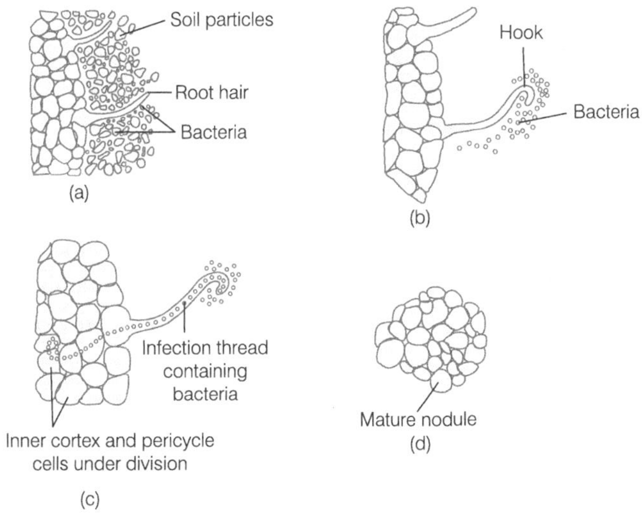

Figure 12.4 Development of root nodules in soyabean : (a) *Rhizobium* bacteria contact a susceptible root hair, divide near it, (b) Successful infection of the root hair causes it to curl, (c) Infected thread carries the bacteria to the inner cortex. The bacteria get modified into rod-shaped bacteroids and cause inner cortical and pericycle cells to divide. Division and growth of cortical and pericycle cells lead to nodule formation, (d) A mature nodule is complete with vascular tissues continuous with those of the root.

- Nodule में nitrogenase enzyme एवं legheamoglobin जैसे सभी biochemical components उपस्थित होते हैं।
- Nitrogenase enzyme एक Mo-Fe protein है, जो atmospheric nitrogen के ammonia में conversion को catalyse करता है। (Fig. 12.5)

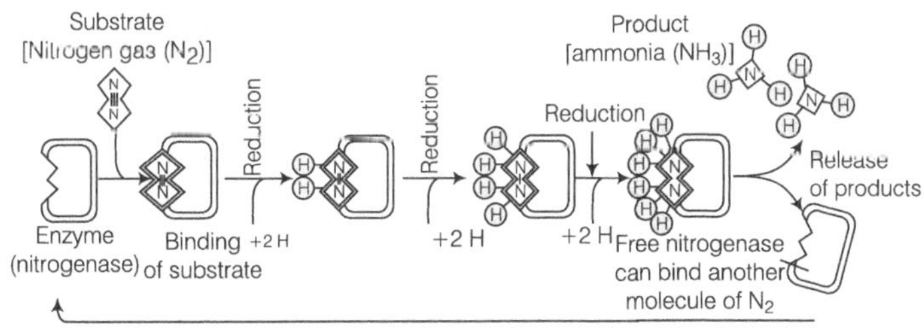

Figure 12.5 Steps of conversion of atmospheric nitrogen to ammonia by nitrogenase enzyme complex found in nitrogen-fixing bacteria.

- Nitrogen fixation का **first stable product**, ammonia होता है।

Reaction इस प्रकार है–

$$N_2 + 8e + 8H^+ + 16ATP \longrightarrow 2NH_3 + H_2 + 16\ ADP + 16Pi$$

- Nitrogenase enzyme, molecular oxygen के प्रति highly sensitive होते हैं।
- Nitrogenase enzyme को anaerobic conditions की आवश्यकता होती है।
- Nodules में ऐसा adaptation होता है, जो यह ensure करता है कि nitrogenase enzyme oxygen से protected रहें।
- Nitrogenase enzymes को protect करने के लिए nodules में एक oxygen scavenger होता है, जिसे **leghaemoglobin** कहते हैं।

- यह note करना intresting है कि free-living conditions में ये microbes, aerobes की तरह रहते हैं (जब nitrogenase operational नहीं होता है) परन्तु nitrogen-fixing events के दौरान ये anaerobic हो जाते हैं इसलिए nitrogenase enzyme को protect करते हैं।
- दी गई reaction में आपने देखा होगा कि nitrogenase enzymes के द्वारा ammonia synthesis के समय के समय अत्यधिक energy की आवश्यकता होती है। (प्रत्येक NH_3 के production के लिए 8ATP)।
- यह आवश्यक energy, host cells के respiration द्वारा प्राप्त होती है।

Fate of Ammonia

- Physiological pH पर अमोनिया protonated होकर NH_4^+ (ammonium ion) का निर्माण करती है। जबकि अधिकांश plants, nitrate as well as (के साथ-साथ) ammonium ions को भी assimilate कर सकते हैं।
- Ammonium ions पौधों के लिए अधिक toxic होते हैं, इसलिए पौधे इनको accumulate नहीं करते हैं।

आइए देखते हैं कि कैसे ammonium ions (NH_4^+) का use करके पौधे amino acid की synthesis करते हैं?

- इसके लिए दो main reactions हैं–

1. Reductive Aminations

इस process में ammonia, α-ketoglutaric acid से **reacts** कर **glutamic acid** बनाती है, जो नीचे equation में दिया गया है–

$$\alpha\text{ - ketoglutaric acid} + NH_4^+ + NADPH \xrightarrow[\text{Dehydrogenase}]{\text{Glutamate}} \text{Glutamate} + H_2O + NADP$$

2. Transamination

- इसमें एक amino acid से amino group एक keto acid के keto group तक transfer होता है।
- Glutamic acid मुख्य amino acid है जिससे amino group (NH_2) का transfer होता है तथा दूसरे amino acid का निर्माण transamination द्वारा होता है।
- ऐसी सभी reactions को **transaminase** नामक एन्जाइम catalyse करता है for example–

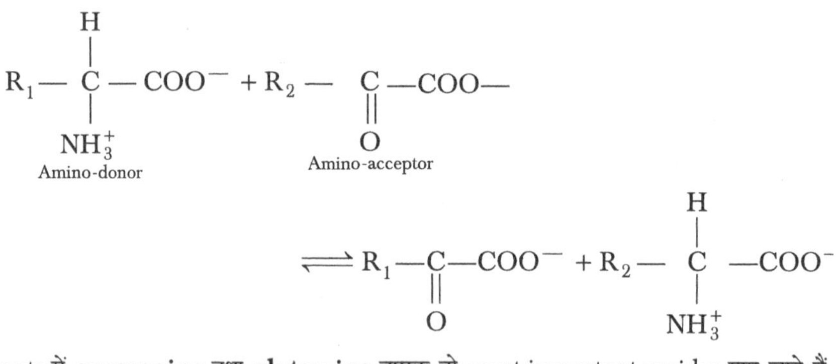

- Plants में **asparagine** तथा **glutamine** नामक दो most important amides पाए जाते हैं, जो proteins के structural part होते हैं।
- ये क्रमश: दो amino acid से बनते हैं **aspartic acid** तथा **glutamic acid** (प्रत्येक में 'amino group' के addition से) इस reaction में acid का hydroxyl part, NH_2^- radicle के द्वारा replace हो जाता है।
- Amides में nitrogen की मात्रा amino acid से अधिक होती हैं।
- Amides, xylem vessels के द्वारा plants के दूसरे parts में transport किए जाते हैं।
- Transpiration stream के साथ कुछ plants (e.g., soybean) के nodules, fixed nitrogen को **ureides** के रूप में export करते हैं।
- इन compounds (ureids) में भी carbon की अपेक्षा nitrogen का ratio अधिक होता है।

Chapter Thirteen

PHOTOSYNTHESIS IN HIGHER PLANTS

- मानव सहित सभी animals भोजन के लिए plants पर depend रहते हैं।
  क्या आपने कभी सोचा है कि plants अपना भोजन कहाँ से प्राप्त करते हैं।
- वास्तव में green plants अपना food स्वयं बनाते हैं तथा अन्य सभी organism भोजन के लिए plants पर depend रहते हैं।
- Green plants, **photosynthesis** करते हैं।
- Photosynthesis एक **physico chemical process** है।
- Green plants, photosynthesis के द्वारा light energy का use करके organic compounds बनाते हैं।
- Ultimately, earth पर उपस्थित सभी living forms, energy के लिए sunlight पर depend रहते हैं।
- Plants द्वारा photosynthesis में use हुई sun energy पृथ्वी पर जीवन का आधार है।
- Photosynthesis के important होने के दो निम्न कारण हैं
  - Photosynthesis earth पर समस्त food का primary source है।
  - Green plants के द्वारा atmosphere में oxygen release करने के लिए photosynthesis responsible होता है।
- ***क्या आपने कभी सोचा है कि यदि breathing के लिए oxygen न हो तो क्या होगा?***

13.1 What do We Know ?

- Earlier classes में आपने कुछ simple experiments perform किए होंगे जिनसे यह पता लगा होगा कि chlorophyll, light तथा CO_2 photosynthesis के लिए आवश्यक हैं।
- Chlorophyll leaf का green pigment है।
- आपने starch formation को देखने के लिए दो पत्तियों पर experiment किए होंगे– Variegated leaf या black paper से partially covered leaf तथा light में रखी leaf.
- इन leaves में starch की testing से यह clear होता है कि photosynthesis केवल **leaves** के green parts में light की उपस्थिति में होती है।

Half Leaf Experiment

- इसमें leaf के आधे भाग को test tube के अन्दर रखा जाता है तथा इसमें KOH से भीगी हुई cotton भी रखी जाती है, (KOH, CO_2 को absorb करता है) तथा leaf के दूसरे आधे भाग को air में रहने दिया जाता है, इसके बाद इस setup को कुछ समय के लिए light में रखा जाता है।
  - Test tube के अन्दर वाला भाग starch के लिए negative test देगा तथा बाहर वाला भाग starch के लिए positive test देगा।
  - इस experiment से पता चलता है कि CO_2, photosynthesis के लिए आवश्यक है।

13.2 Early Experiments

- उन simple experiments के विषय में जानना काफी interesting होगा जिनसे photosynthesis को समझने का gradual development हुआ।
- **Joseph Priestley** (1733-1804) ने 1770 में बहुत सारे experiments perform किए, जिनसे पता लगा कि green plants की growth में air की महत्त्वपूर्ण भूमिका होती है।
- आपको याद होगा कि Priestley ने 1774 में oxygen को discover किया था।
- Priestley ने देखा कि एक closed space (bell jar) में burning candle जल्दी बुझ जाती है। (Fig. 13.1 a, b, c, d)

Figure 13.1 Priestley's experiment

- इसी प्रकार (similarly) एक closed space में उपस्थित mouse जल्द ही suffocate हो जाता है।
- इसलिए इन्होंने निष्कर्ष निकाला कि burning candle या animal जो air breath करता है दोनों air को damage करते हैं, लेकिन जब उन्होंने उसी bell jar में एक mint plant को रखा तो देखा कि mouse जिन्दा रहा और candle लगातार जलती रही।
- Priestley ने बताया इन्होंने कहा कि mouse और जलती candles जो air remove करते हैं plant उसी air को restore करता हैं।
- **Jan Ingenhousz** (1730-1799) ने Priestley जैसे similar setup का use करते हुए setup को बारी-बारी dark place एवं sunlight की presence वाले स्थान पर रखा और देखा कि plant process के लिए sunlight आवश्यक होती है तथा यह plant process किसी-न-किसी प्रकार burning candle या breathing animal के द्वारा fouled air को purify करते हैं।
  - Ingenhousz ने अपने **elegant experiment** में aquatic plant का use करते हुए यह दिखाया कि bright sunlight में पौधों के green part के चारों ओर small bubbles बनते हैं, जबकि dark place पर रखे गए plant में bubbles नहीं बनते हैं।
  - बाद में इन्होंनें identify किया कि ये bubbles oxygen हैं।
  - उन्होंने दिखाया कि plants के केवल green parts ही oxygen release कर सकते हैं।
- 1854 से पहले तक इसकी जानकारी नहीं थी, परन्तु **Julius von Sachs** ने यह प्रमाण दिया कि जब पौधा grow करता है, तो glucose बनता है। Glucose प्राय: starch के रूप में store होता है।
  - Sachs ने बाद की studies से यह पता लगा कि plant में green substances (chlorophyll) special bodies में स्थित रहते हैं, जिन्हें chloroplast कहते हैं।
  - Sachs ने बताया कि plant के green parts में glucose बनता है, जो प्राय: starch के रूप में store होता है।

- **TW Engelmann** (1843-1909) ने prism का use करते हुए light को spectral components में अलग किया और फिर एक green algae *Cladophora* को illuminate किया, जिसे aerobic bacteria के suspension में रखा गया था।
- Bacteria का उपयोग oxygen निकलने की site का पता लगाने के लिए किया गया था Engelmann ने पाया कि bacteria मुख्य रूप से split spectrum के blue तथा red region में एकत्र हो गए थे।
- इस तरह photosynthesis के first action spectrum को describe किया गया, यह chlorphyll- *a* और *b* के absorption spectra से मिलता-जुलता है।
- 19th century के मध्य तक plant photosynthesis के सभी key features के बारे में पता चल चुका था जैसे कि पौधे CO_2 तथा H_2O से light की उपस्थिति में carbohydrate बनाते हैं।

$$CO_2 + H_2O \xrightarrow{\text{Light}} C_m (H_2O)_n + O_2$$

यहाँ पर carbohydrate को प्रदर्शित करता है। [*e.g.*, Glucose six carbons का एक sugar है]

- A microbiologist, Cornelius Bernardus van Niel [1897-1985] के experiment ने photosynthesis को समझने में मील के पत्थर जैसा काम किया।
  - Niel की study purple और green bacteria पर based थी।
  - Niel ने इन्होंने बताया कि photosynthesis एक light dependent reaction है, जिसमें oxidisable compound से प्राप्त hydrogen, CO_2 को carbohydrate में reduce कर देती है।
- इसे निम्नलिखित रूप से express किया जा सकता है

$$2H_2A + CO_2 \xrightarrow{\text{Light}} 2A + CH_2O + H_2O$$

- Green plants में H_2O, hydrogen donor है और यह oxidise होकर O_2 देती है।
- कुछ organisms, photosynthesis के द्वारा O_2 release नहीं करते हैं।
- Purple तथा green sulphur bacteria में hydrogen donor, H_2S होता है तथा organism के अनुसार इसका oxidation product ऑक्सीजन ना होकर sulphur या sulphate होता है।
- बाद में radioisotopic techniques ने इसे सही prove किया।
- Photosynthesis की overall process को represent करने वाली equation नीचे दी गई है–

$$6CO_2 + 12H_2O \xrightarrow{\text{Light}} C_6H_{12}O_6 + 6\,H_2O + 6\,O_2$$

- इस प्रकार green plants से निकलने वाली oxygen, H_2O से प्राप्त होती ना कि CO_2 से।
- यहाँ पर $C_6H_{12}O_6$ glucose है तथा O_2 water से release होता है जिसे radioisotope techniques से prove किया गया था।
- Photosynthesis एक single reaction नहीं है, बल्कि यह multistep process है।

ऊपर दी गई equation में substrate के रूप में 12 molecule H_2O का use क्यों करते हैं?

13.3 Where does Photosynthesis Take Place ?

- Photosynthesis reaction, green leaves के chloroplast में तथा अन्य पौधों के सभी green parts में होती हैं।
- Leaves में mesophyll cells होती हैं, जिनमें large number of chloroplast पाए जाते हैं।
- Incident light का optimum amount प्राप्त करने के लिए chloroplast सामान्यतया mesophyll cell की wall के साथ align रहते हैं।

आपके अनुसार chloroplast कब अपने flat surface wall के parallel align होता हैं? या incident light से perpendicular होता होगा?

- Chloroplast में एक membranous system होता है, जिसमें grana, stroma lamellae तथा matrix stroma पाए जाते हैं।
- Chloroplast में clear division of labour पाया जाता है।

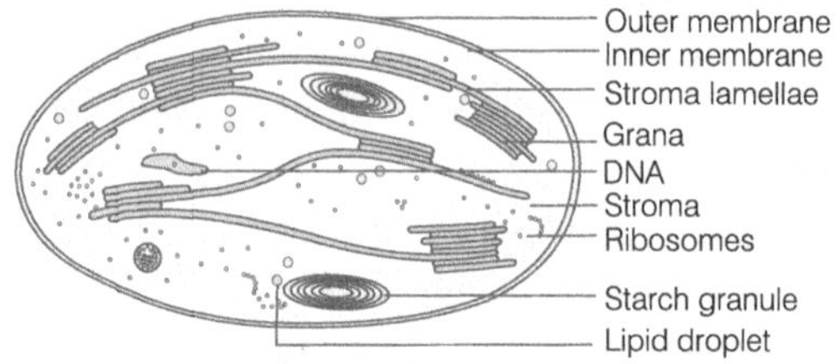

Figure 13.2 Diagrammatic representation of an electron micrograph of a section of chloroplast

- ATP तथा NADPH की synthesis के लिए तथा light energy को trap करने के लिए membrane system उत्तरदायी होता है।
- Stroma की enzymatic reactions sugar की synthesis करती है, जो बाद में starch में convert हो जाता है।
- पहली वाली reaction को light reaction (photochemical) कहा जाता है, क्योंकि यह directly light पर आधारित है।
- बाद वाली reaction directly light के द्वारा drive नहीं होती है, लेकिन यह light reaction के products (ATP and NADPH) पर dependent रहती हैं। इसलिए बाद वाली reactions को dark reaction (carbon reactions) कहते हैं, लेकिन इसका मतलब यह नहीं हैं कि ये reaction dark place पर होती है या फिर ये light dependent नहीं होती है।

13.4 How Many Pigments are Involved in Photosynthesis?

- ***जब आप किसी plant को देख रहे होते हैं तो क्या कभी आश्चर्य हुआ है कि same plant की leaves के कई green shades क्यों और कैसे हैं?***
- हम इस question का answer देने के लिए किसी भी green plant के leaf pigments को **paper chromatography** के द्वारा अलग कर सकते हैं।
- Leaf pigments के chromatographic separation से यह पता लगा कि leaves का green colour किसी single pigment के कारण नहीं बल्कि 4 pigments के कारण होता है।
  - Chlorophyll-*a* [Chromotogramमें bright या Blue green]
  - Chlorophyll-*b* [yellow green]
  - Xanthophyll [yellow]
  - Carotenoids [yellow to yellow orange]
- आइए अब देखें कि photosynthesis में different pigments का क्या role है?
- Pigment ऐसे substances होते हैं, जिनमें light की specific wavelength को absorb करने की क्षमता होती है।

अनुमान लगाएँ कौन-सा plant pigment विश्व में सर्वाधिक पाया जाता है?

- आइए chloroplast-*a* के द्वारा विभिन्न wavelength की light को absorb करने की क्षमता को graph में study करें। [Fig. 13.3 a]

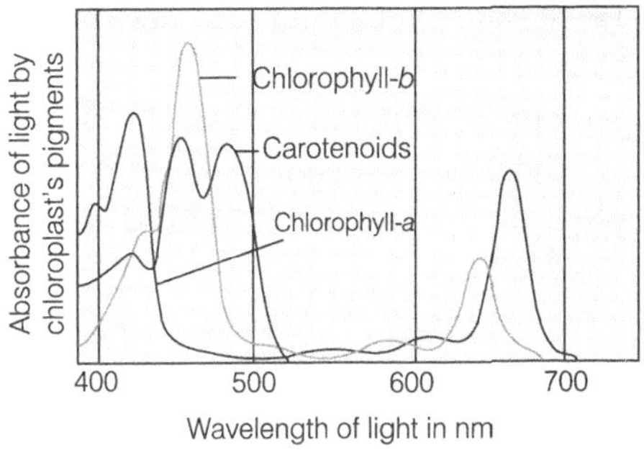

Figure 13.3 (a) Graph showing the absorption spectrum of chlorophyll *a*, *b* and carotenoids

- आप light के visible spectrum की wavelength एवं VIBGYOR से परिचित होंगे।

***Fig. 13.3 a* को देखकर क्या आप बता सकते हैं कि किस *wavelength* पर *chlorophyll- a* सबसे अधिक *absorption* करेगा?**

क्या आपको किसी अन्य *wavelength* पर कोई अन्य *absorption peak* दिखते हैं? यदि हाँ तो वह कौन-सा *peack* है?

- Figure 13.3 b को देखें इसमें उन wavelengths को दिखाया गया है जहाँ पर plants में maximum photosynthesis होता है।
- Chlorophyll- *a* के द्वारा maximum absorption, blue तथा red region में होता है।
- Chlorophyll-*a*, photosynthesis का chief pigment है।

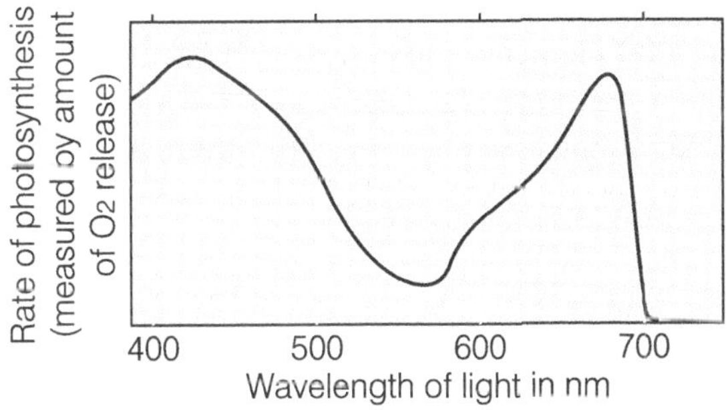

Figure 13.3 (b) Graph showing action spectrum of photosynthesis

- ***Figure 13.3 (c)* को देखने पर क्या आप कह सकते हैं कि *chlorophyll-a* के *absorption spectrum* तथा *photosynthesis* के *action sepctrum* के बीच *complete one-to-one overlaping* है?**

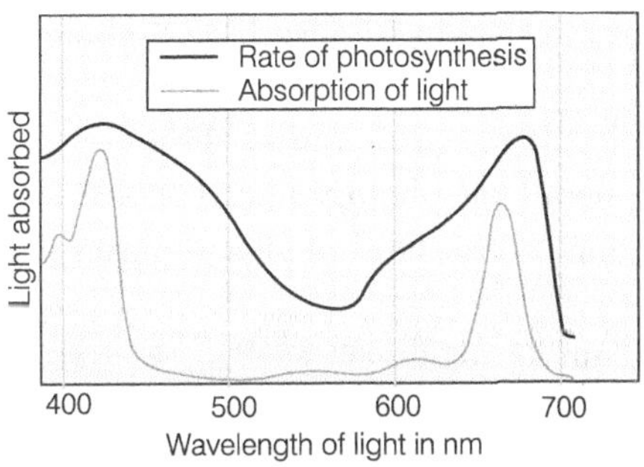

Figure 13.3 (c) Graph showing action spectrum of photosynthesis superimposed on absorption spectrum of chlorophyll- *a*

- ये graph एकसाथ यह बता रहे हैं कि अधिकतर photosynthesis, spectrum के blue और red region में होती है।
- कुछ photosynthesis visible spectrum की अन्य wavelengths पर भी हो सकती हैं।
- यद्यपि chlorophyll-*a*, light को trap करने के लिए major pigment है फिर भी अन्य thylakoid pigments जैसे— chlorophyll-*b*, xanthophyll तथा carotenoid भी प्रकाश को absorb करते हैं तथा absorbed energy को chlorophyll- *a* में transfer कर देते हैं।
- Chlorophyll-*b*, xanthophyll तथा carotenoids को **accessory pigments** कहते हैं।
- वास्तव में accessory pigment ना केवल photosynthesis में उपयोगी light की wavelength की एक wide range प्रदान करते हैं, बल्कि ये **pigment chlorophyll-*a*** को photo-oxidation से protect भी करते हैं।

13.5 What is Light Reaction ?

- Light reaction photochemical phase कहलाती है।
- Light reaction में include होता हैं।–light का absorption, water splitting, oxygen release, ATP और NADPH का formation.
- ATP तथा NADPH high energy chemical intermediates हैं।
- इस process में बहुत सारे complexes involve होते हैं।
- Pigments, PS-I तथा PS-II के अन्दर दो discrete photochemical light harvesting complexes (LHC) में व्यवस्थित (organised) रहते हैं।
- PS-I तथा PS-II को इनका नाम खोज के sequence के अनुसार दिया गया है ना कि light reaction के दौरान कार्य के sequence के अनुसार।
- LHC, proteins से bound हजारों pigments, molecules से बने होते हैं।
- प्रत्येक photosystem में उपस्थित सभी molecules, pigments होते हैं (except one molecule of chlorophyll-*a*) तथा light harvesting system बनाते हैं, जिसे **antennae** भी कहते हैं। (Fig. 13.4)

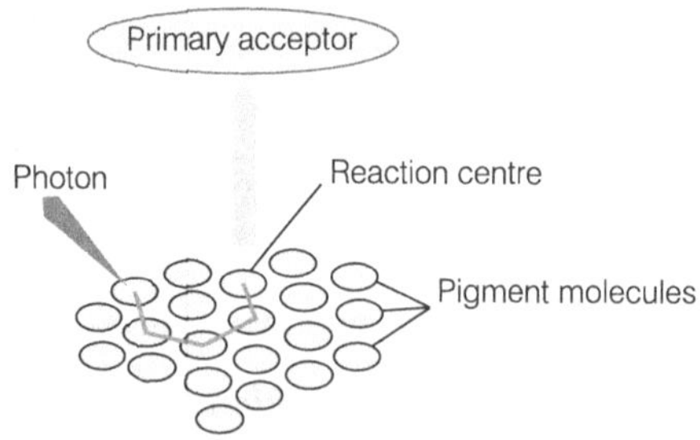

Figure 13.4 The light harvesting complex

- ये pigments, light की different wavelength को absorb करके photosynthesis को more efficient बनाते हैं।
- Chlorophyll-*'a'* का single molecule **reaction centre** बनाता है।
- Reaction centre दोनों photosystem-I और photosystem-II में अलग-अलग होता है।
- Photosystem- (PS-I) का reaction centre chlorophyll-a का absorption peak 700 nm पर होता है। अत: इसे P_{700} कहते हैं।
- PS-II में absorption peak 680 nm पर होता है। अत: इसे P_{680} कहते हैं।

13.6 The Electron Transport

- Photosystem-II में reaction centre में उपस्थित chlorophyll-*a*, 680 nm वाली red light को absorb करता है, जिससे electrons excite होकर atomic nucleus से दूर चले जाते हैं।
- इन electrons को electron acceptor ले लेता है।
- Electron acceptor इन electrons को electron transport system तक pass कर देता है।
- Electron transport system में cytochromes होते हैं।
- Oxidation-reduction या redox potential scale के आधार पर electron का नीचे की ओर movement होता है, जिसे downhill कहते हैं।
- जब electrons, electron transport chain से pass होते हैं तब उनका use नहीं होता है बल्कि ये electrons PS-I के pigment पर चले जाते हैं।
- इसके साथ ही साथ PS-I के reaction centre में electrons भी red light की 700 nm wavelength को absorb कर excite हो जाते हैं तथा ये electrons अधिक redox potential वाले अन्य acceptor molecule पर transfer हो जाते हैं।
- इन electrons का movement भी downhill होता है, परन्तु इस बार electron, energy rich $NADP^+$ molecules की ओर जाते हैं।
- इन electrons के addition से $NADP^+$ का $NADPH + H^+$ में reduction हो जाता है।
- Electrons के transfer की पूरी scheme, PS-II से start होकर uphill to the acceptor, down the electron trasnsport chain to PS-I, excitation of electrons, transfer to another acceptor तथा अन्त में downhill to $NADP^+$ तथा $NADP^+$ से $NADPH + H^+$ में reduce होता है।

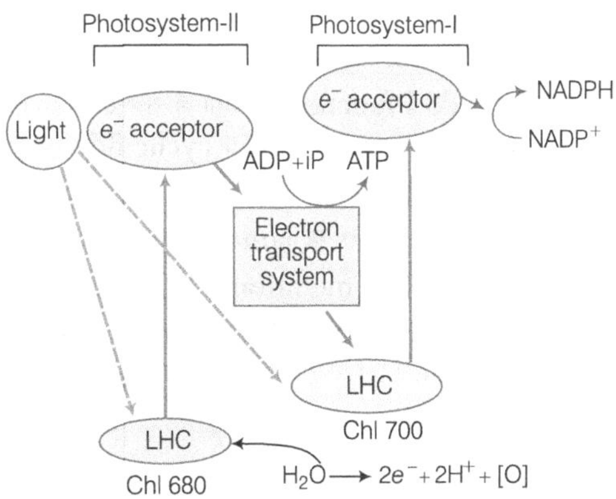

Figure 13.5 Z-scheme of light reaction

- इस सारी scheme का shape Z जैसा होता है इसलिए इसे Z-scheme भी कहते हैं।
- जब सारे carriers एक sequence में redox potential scale पर होते हैं तब 'Z' shape बनती है।

13.6.1 Splitting of Water

अब आप पूछेंगें कि PS-II, electrons की supply continuously कैसे करता है?

- Photosystem-II से move हुए electrons को replace करना आवश्यक होता हैं।
- ये electron water की splitting से available होते हैं।
- Water की splitting, PS-II से available होती है।
- Water, H^+, [O] तथा electrons में split होता है।
- splitting से oxygen produce होती है, जो photosynthesis के net products में से एक हैं।
- Photosystem-I से निकलने वाले electrons, photosystem-II से provide कराए जाते हैं।

$$2H_2O \longrightarrow 4H^+ + O_2 + 4e^-$$

- Water splitting complex, PS-II के साथ associate रहता है, जो thylakoid की membrane के inner side पर होता है।
- Water की splitting से बनने वाले proton तथा O_2 कहाँ release होते हैं—Lumen में या Membrane के बाहर?

13.6.2 Cyclic and Non-cyclic Photophosphorylation

- Living organism में oxidisable substances से enegy प्राप्त करने तथा उसे bond energy के रूप में store करने की क्षमता होती है।
- ATP इस energy को अपने chemical bonds में save रखते हैं।
- Cell के mitochondria तथा chloroplasts द्वारा ATP synthesis के process को **phosphorylation** कहते हैं।
- Light की उपस्थिति में ADP तथा inorganic phosphate से ATP की synthesis को **photophosphorylation** कहते हैं।
- जब दोनों photosystems पहले PS-II और उसके बाद PS-I series में work करते हैं, तो इस process को **non-cyclic photophosphorylation** कहते हैं।
- दोनों photosystems, electron transport chain द्वारा जुड़े होते हैं, जैसा कि पहले हम Z-scheme में देख चुके हैं।
- इस प्रकार के electron flow द्वारा ATP तथा $NADPH + H^+$ दोनों synthesise होते हैं।
- जब केवल PS-I functional होता है तब electrons, photosystem में ही circulate होते रहते हैं तथा phosphorylation इलेक्ट्रॉन के cyclic flow के कारण होता है। (Fig. 13.5)
- Cyclic flow generally, **stroma lamellae** में होता है।
- Grana mambrane या lamellae में PS-I तथा PS-II दोनों होते हैं।
- Stroma lamellae membranes में PS-II और NADP reductase enzyme नहीं होते हैं।
- Excited electron $NADP^+$ में pass नहीं होता, बल्कि वापस PS-I complex में electron transport chain द्वारा circulate होता रहता है। (Fig. 13.6)

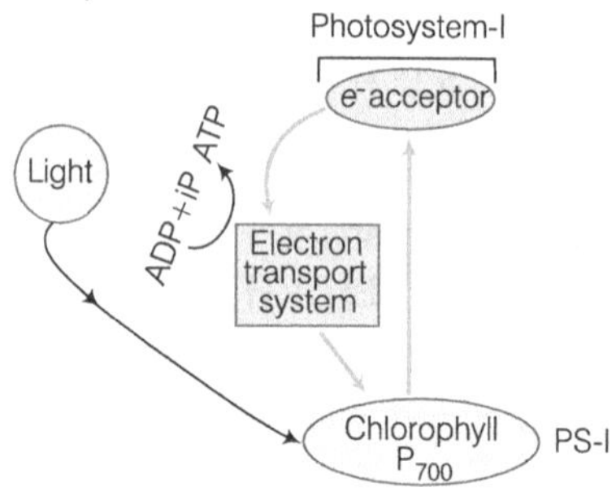

Figure 13.6 Cyclic photophosphorylation

- Cyclic flow में केवल ATP की synthesis होती है ना कि $NADPH + H^+$ की।
- Cyclic photophosphorylation तभी होता है, जब excitation के लिए light की wavelength 680 nm से अधिक होती है।

13.6.3 Chemiosmotic Hypothesis

***आइए अब हम यह समझने का प्रयत्न करें कि chloroplast में ATP कैसे synthesise** होता है?*

- इस mechanism को हम chemiosmotic hypothesis द्वारा explain कर सकते हैं।
- Respiration की तरह ही photosynthesis में भी, ATP की synthesis एक membrane के आर-पार proton gradient के development से जुड़ी होती हैं। ये membrane, thylakoid की बनी होती हैं।
- यहाँ पर एक difference यह है कि protons का accumulation membrane के insideअर्थात् lumen में होता है।
- जब electrons, ETS से गुजरते हैं। respiration में protons, mitochondria के intermembranal space में accumulate होते हैं।
- ***आइए यह समझें कि किन कारणों से proton gradient, membrane के across होता है।***

- हमें उन processes पर ध्यान देना होगा, जो electrons के activation और transport के समय होते हैं, ताकि उन steps को समझा जा सकें, जिनके कारण proton gradient development होता है। [Fig. 13.7]

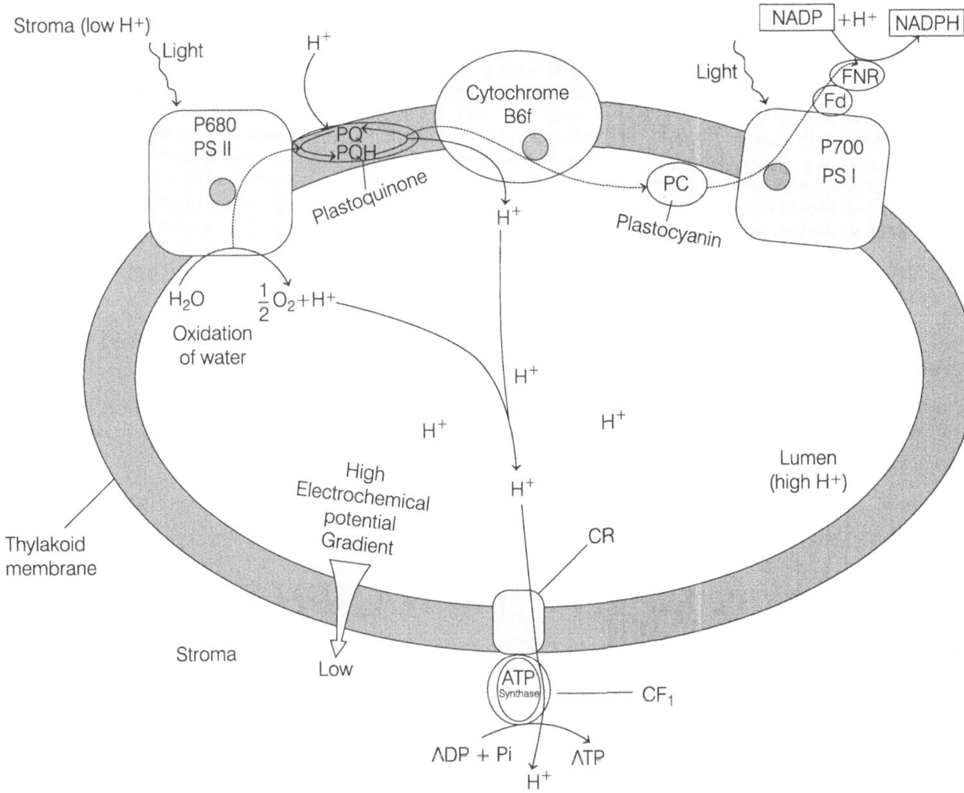

Figure 13.7 ATP synthesis through chemiosmosis

(a) Water की splitting, thylakoid membrane के inner side में होती है, अत: water की splitting से बनने वाले hydrogen ions या protons thylakoids, lumen में accumulate होते हैं।

(b) जैसे ही electron photosystem के माध्यम से move करते हैं, protons, membrane के across transport हो जाते हैं।
- ऐसा इसलिए होता है, क्योंकि electron का primary acceptor, membrane के बाहर स्थित होता है।
- यह अपने electrons को electron carrier के transfer नहीं करता, बल्कि एक hydrogen carrier लिए transfer करता है।
- इसलिए electron transport के समय यह molecule, stroma से एक proton लेता है।
- जब यह molecule अपने electron को membrane के inner side स्थित electron carrier को देता है, तो proton, inner side या membrane के lumen side में release होते हैं।

(c) NADP reductase enzyme, membrane के stomata side पर स्थित होता है।
- PS-I के electron acceptor से आने वाले electrons के साथ-साथ protons, $NADP^+$ को
- $NADPH + H^+$ में reduce करने के लिए आवश्यक होते हैं।
- ये proton, stroma से भी remove होते हैं।

इसलिए chloroplast के stroma में proton की संख्या घटती है, जबकि lumen में protons accumulate होते हैं। यह thylakoid membrane के across एक proton gradient उत्पन्न करता है और साथ-ही-साथ lumen के pH में भी measurable कमी उत्पन्न करता है।

हमारे लिए proton gradient इतना important क्यों है?

- Proton gradient important है, क्योंकि gradient के breakdown से ही ATP की synthesis होती है।
- Proton gradient तब टूट जाता है, जब ATPase के CF_0 transmembrane channel के द्वारा stroma की ओर protons का membrane के आर-पार movement होता है।
- ATPase enzyme के दो भाग होते हैं— इसमें एक CF_0 कहलाता है, जो membrane में धँसा रहता है और transmembrane channel बनाता है, ये membrane के आर-पार proton का facilitated diffusion करता है।
- ATPase enzyme का दूसरा भाग CF_1 कहलाता है। CF_1 thylakoid membrane की outer surface पर उस face में स्थित होता है, जो stroma की ओर होता है।
- Gradient के breakdown से काफी energy निकलती है, जो ATPase के CF_1-particle में conformational change करती है, जिससे enzyme, energy-packed ATP के कई molecules को synthesise करती हैं।
- Chemiosmosis के लिए एक membrane, एक proton pump, एक proton gradient तथा ATP synthase की आवश्यक होती हैं।
- Proton को membrane के across pump करने के लिए energy use होती है, ताकि thylakoid के lumen में एक gradient या proton की high concentration उत्पन्न हो सकें।
- ATP synthase के पास एक channel होता है, जो membrane के across, protons के diffusion को allow करता है तथा इससे निकलने वाली energy ATP synthase enzyme को activate करती है, जो ATP formation को catalyse करती है।
- Electrons के movement से बनने वाले NADPH के साथ ATP भी stroma में होने वाले biosynthetic reaction में use होता है, जो CO_2 के fixation और sugar की synthesis के लिए responsible होते हैं।

13.7 Where are the ATP and NADPH Used ?

- Light reaction के products इस प्रकार हैं–ATP, NADPH और O_2
- इनमें से O_2 chloroplast के बाहर diffuse होती है, जबकि ATP तथा NADPH का उपयोग food अथवा sugar की synthesis करने वाले process में होता है।
- यह photosynthesis का biosynthetic phase होता है।
- यह process, light पर directly depend नहीं होता है, बल्कि यह light reaction के products जैसे–ATP, NADPH के अतिरिक्त CO_2 तथा H_2O पर भी depend होता है।
- Light की अनुपस्थिति के बाद कुछ समय तक biosynthetic process चलता रहता है और कुछ समय बाद बन्द हो जाता है।
- यदि इसके बाद light available होती है, तो synthesis पुन: start हो जाती है।

क्या biosynthetic phase को dark reaction कहना misnomer (मिथ्या) है? अपने साथियों के बीच इसे discuss करें।

- हम पहले भी देख चुके हैं कि H_2O और CO_2 को combine करने से $C_m(H_2O)_n$ या sugars produce होती है।
- World War-II के ठीक बाद beneficial use के लिए radioactive isotopes का use किया गया था तथा इसमें Melvin Calvin का कार्य exemplary (सराहनीय) था।
- Calvin ने algae की photosynthetic studies में radioactive ^{14}C का use किया, जिससे पता लगा कि CO_2 fixation का पहला product एक 3-carbons का organic acid था।
- इसके साथ ही Calvin ने complete biosynthetic pathway की खोज की इसलिए इसे Calvin cycle कहते हैं।
- First product जिसे identify किया गया वह 3-phosphoglyceric acid या PGA था।

Calvin Cycle में कितने carbon atoms होते हैं? 3 carbon

वैज्ञानिकों ने यह भी जानने का प्रयत्न किया कि क्या सभी plants CO_2- fixation के बाद पहला product PGA ही बनाते हैं या फिर दूसरे plants में कोई अन्य product बनता हैं?

- कई plants पर experiments करने के बाद एक-दूसरे group के plants की खोज हुई जहाँ CO_2-fixation का पहला stable product भी organic acid था, लेकिन इसमें carbon की संख्या 4 थी।

- यह acid, **oxaloacetic acid** या OAA था।
- Photosynthesis के दौरान CO_2 assimilation को two main type से बताया गया है।
- जिन plants में CO_2-fixation का पहला product, C_3 acid (PGA) था उसे C_3-**pathway** तथा जिनका पहला product C_4- acid (OAA) था, उसे C_4- **pathway** कहते हैं।

13.7.1 The Primary Acceptor of CO_2

- आइए, अब हम अपने आप से एक question पूछें, जिसे उन scientists द्वारा पूछा गया था, जो dark reaction को समझने के लिए struggle कर रहे थे।
- ***उस molecule में कितने carbon atoms होगें, जो** CO_2 **को accept करने के बाद 3 carbon compound (PGA) बनाते हैं?***
- अध्ययनों से पता लगा कि acceptor molecule एक 5 carbon वाला ketose sugar ribulose 1-5 bisphosphate [RuBP] था।
  क्या आपमें से किसी ने इस possibility के बारे में सोचा था?
- Don't worry वैज्ञानिकों को भी इसे जानने में बहुत समय लगा था तथा इस result तक पहुँचने से पहले बहुत सारे experiments करने पड़े थे।
- Scientists ने उन्हें यह भी विश्वास था कि, चूँकि first product C_3 acid था, इसलिए primary acceptor, 2-carbon compound होगा।
- Scientists ने पहले 2-carbon compound को identify करने के लिए कई वर्ष तक प्रयत्न किए तथा अन्त में इन्होंने 5-carbon वाले RuBP को discover किया।

13.7.2 The Calvin Cycle

- Calvin और उनके coworkers ने whole pathway पर work किया। इन्होंने बताया कि यह pathway cyclic manner में operate होता है तथा RuBP regenerate होता है।
- यह sugar की synthesis के लिए basic pathway है।
- आसानी से समझने के लिए हम **Calvin cycle** को 3 stages में describe कर सकते हैं, **carboxylation, reduction** और **regeneration.** यह क्रिया सारे photosynthetic plants (C_3 या C_4 या कोई अन्य) में होती हैं।

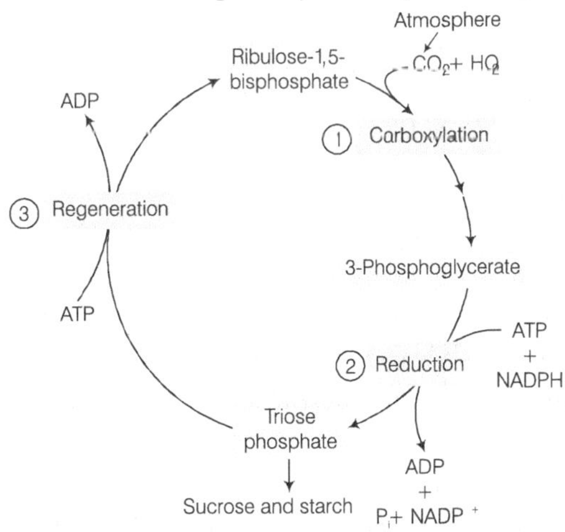

Figure 13.8 The Calvin cycle proceeds in three stages : (1) Carboxylation, during, which CO_2 combines with ribulose-1, 5-bisphosphate; (2) Reduction, during which carbohydrate is formed at the expenes of the photochemically made ATP and NADPH; and (3) Regeneration during which the CO_2 acceptor ribulose-1, 5-bisphosphate is formed again so that the cycle continues.

1. *Carboxylation*

- CO_2 का एक **stable organic intermediate** में fixation, carboxylation कहलाता है।
- Calvin cycle का सबसे crucial step carboxylation है जहाँ RuBP के carboxylation के लिए CO_2 utilise होती है।
- यह reaction **RuBP carboxylase** नामक enzyme द्वारा catalyse होती है, जिसके फलस्वरूप 3-PGA के 2 molecules बनते हैं।
- इस enzyme में oxygenation की activity भी होती है, इसलिए इसे **RuBP carboxylase-oxygenase** या **RuBisCO** कहना अधिक सही है।

2. *Reduction*

- Reduction, reactions की एक series है, जिसमें glucose का formation होता है।
- CO_2 के प्रत्येक molecule के fixation में phosphorylation तथा reduction में क्रमश: 2 ATP तथा 2 NADPH का उपयोग होता है।
- एक glucose को बनाने में Calvin cycle के 6 turn (चक्कर) की आवश्यकता होती है।

3. *Regeneration*

- यदि cycle को बिना interruption के continue रखना है, तो CO_2 acceptor molecule RuBP का regeneration बहुत ही आवश्यक है।
- RuBP बनाने के लिए regeneration steps में phosphorylation के लिए one ATP आवश्यक होता है।
- प्रत्येक CO_2 को Calvin cycle में प्रवेश कराने के लिए 3 ATP molecule तथा 2 NADPH molecules की आवश्यकता होती हैं।
- Dark reaction में use होने वाली ATP तथा NADPH के numbers में यह difference ही cyclic phosphorylation के होने का कारण हैं।
- एक glucose को बनाने में 6 CO_2, 18 ATP तथा 12 NADPH की आवश्यकता होती हैं।
- नीचे दी गई table आपको यह बात समझाने में सहायता करेगी कि Calvin cycle में क्या अन्दर जाता है और क्या बाहर निकलता है?

In	Out
Six CO_2	One glucose
18 ATP	18 ADP
12 NADPH	12 NADP

13.8 The C_4-Pathway

- Plants जो dry tropical region के लिए adapted होते हैं उनमें C_4-pathway होता है।
- इन plants में CO_2-fixation का first product यद्यपि 4 carbon वाला oxaloacetic acid होता है फिर भी इनके main biosynthetic pathway में C_3 cycle या Calvin cycle ही होता है।

Then C_4-plants C_3 plants से किस प्रकार different होते हैं?

- C_4- plants special होते हैं।
- C_4-plants में special type की leaf anatomy होती है।
- C_4-plants, higher temperature को tolerate करते हैं ये high light intensities पर response show करते हैं।
- C_4-plants में photorespiration नहीं होता तथा इनकी productivity of biomass अधिक होती हैं।
- आइए इन्हें one by one समझते हैं।
- आइए, C_3 और C_4 पौधों की पत्तियों के vertical section की study करें।

क्या आपने इन दोनों में कोई difference notice किया है?

क्या दोनों में same type के mesophylls हैं?

क्या इनके vascular bundle sheath के arround similar cells हैं?

- C_4-plants के vascular bundles के चारों ओर बड़ी cells होती हैं, जिन्हें bundle sheath cells कहते हैं तथा इस type की anatomy को **Kranz anatomy** कहते हैं।
- यहाँ Kranz का मतलब 'wreath' अर्थात् घेरना है और यह cells के arrangement का reflextion है।
- Vascular bundle के आस-पास bundle sheath cell की कई layers होती हैं तथा इनमें अधिक संख्या में chloroplast पाए जाते हैं।
- इनकी thick walls, gaseous exchange के लिए प्रबल होती है तथा इनमें intercellular spaces absent होते हैं।
- *आप C_4-plants जैसे maize या Sorghum की पत्तियों का एक section काटें ताकि Kranz anatomy तथा mesophyll cells का distribution देख सको।*
  - *अपने आस-पास के विभिन्न plant species की पत्तियों को collect करो तथा इन पत्तियों का vertical section काटो।*
  - *Microscope में observe करने पर vascular bundle के आस-पास bundle sheath को देखें। Bundle sheath की उपस्थिति C_4-plants को पहचानने में आपकी सहायता करेगी।*
  - *अब Fig. 13.9 में दिखाए गए pathway की study करें।*

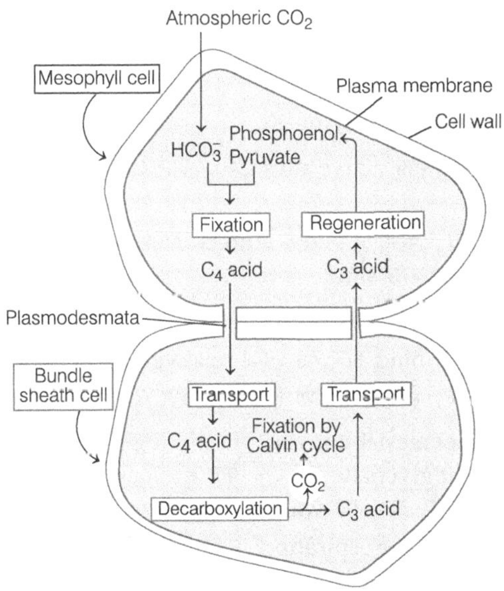

Figure 13.9 Diagrammatic representation of the Hatch and Slack Pathway

- इस pathway को **Hatch and Slack** pathway कहते हैं यह भी एक cyclic process है।
- CO_2 का primary acceptor एक 3-carbon molecule **Phosphoenol Pyruvate** (PEP) है तथा यह mesophyll cells में पाया जाता है।
- यह fixation, **PEP carboxylase** या PEPcase नामक enzyme द्वारा होता है।
- Mesophyll cells में RuBisCO enzyme नहीं होता है।
- C_4-acid **OAA** (Oxalo Acetic Acid) mesophyll cells में बनता है।
- इसके बाद mesophyll cells में अन्य 4-carbon compounds जैसे कि malic acid या aspartic acid बनते हैं, जो bundle sheath cells में transport हो जाते हैं।
- Bundle sheath cells में यह C_4-acids टूटते हैं, जिससे CO_2 तथा एक 3-carbon वाला molecule release होता है।

- 3-carbon molecule पुन: mesophyll cells में लौट आते हैं, जहाँ पर यह PEP के again convert हो जाते हैं और इस तरह से यह cycle complete हो जाती है।
- Bundle sheath cells से release CO_2, C_3 या Calvin pathway में enter करता है, जोकि सभी plants में common pathway होता है।
- Bundle sheath cells, RuBisCO enzyme से rich होता है लेकिन PEPcase enzyme अनुपस्थित होता है।
- इसलिए calvin cycle जोकि basic pathway होता है, जिसमें sugar बनता है यह C_3 और C_4 दोनों में common होता है।

क्या आपने ध्यान दिया कि Calvin pathway सभी C_3 plants की mesophyll cells में पाया जाता है।

- C_4-plants में Calvin cycle, mesophyll cells में नहीं होती हैं, केवल bundle sheath cells में होती है।

13.9 Photorespiration

- आइए हम photorespiration को समझने का प्रयास करते हैं, जो C_3 और C_4-plants में important difference create करता है।
- Photorespiration को समझने के लिए हमें Calvin pathway के first step या CO_2-fixation के first step के विषय में थोड़ी और जानकारी प्राप्त करनी होगी।
- Photorespiration वह reaction है जहाँ RuBis CO एन्जाइम की presence में RuBP, CO_2 से combine होकर 3 PGA के 2 molecule बनाता है।

$$RuBP + CO_2 \xrightarrow{RuBisCO} 2 \times 3PGA$$

- RuBisCO, world में most adundant enzyme है।
- इस enzyme की यह विशेषता है कि इसकी active sites CO_2 और O_2 दोनों से जुड़ सकती है इसलिए इसे RuBisCO कहते हैं।
- RuBisCO में O_2 की तुलना में CO_2 के लिए अधिक affinity होती है।
  Imagine करें अगर ऐसा नहीं होता तो क्या होता?
- यह binding competitive होती है।
- O_2 और CO_2 में से कौन enzyme से bind होगा यह इनकी relative concentration पर depend करता है।
- C_3-plants में कुछ O_2, RuBisCO से bind होती है इसलिए CO_2 का fixation घट जाता है।
- यहाँ पर RuBP, 3PGA के 2 molecules में convert होने के अलावा oxygen से bind होकर pathway में phosphoglycerate और phosphoglycolate का एक-एक molecule बनाता है। इस pathway में ATP या NADPH की synthesis नहीं होती है। अत: यह wastefull process है।
- Photorespiratory pathway को photorespiration कहते हैं।
- Photorespiratory pathway में sugar और ATP की synthesis नहीं होती है, बल्कि इसमें ATP के use द्वारा CO_2 release होती है।
- C_4-plants में photorespiration नहीं होता है इस कारण इनमें ऐसा mechanism होता है, जिसमें enzyme site पर CO_2 की concentration बढ़ जाती है।
- ऐसा तब होता है जब mesophyll cell के C_4 acid, bundle sheath cells में टूटकर CO_2 को release करते हैं। इसके फलस्वरूप CO_2 की intracellular concentration बढ़ जाती है।
- इससे यह ensure हो जाता है कि RuBisCO, carboxylase के रूप में कार्य करता है, जिससे इसकी oxygenase activity कम हो जाती है।
- C_4-plants में photorespiration नहीं होता है।
- अब आप समझ गए होंगे कि C_4-plants में productivity और yields क्यों better होती है?
- इसके अतिरिक्त C_4-plants, high temperature को भी tolerate कर सकते हैं।

Table 13.1 Fill in the Columns 2 and 3 in this table to highlight the difference between C_3 and C_4 plants

Characteristics	C_3 Plants	C_4 Plants	Choose from
Cell type in which the Calvin cycle takes place			Mesophyll/Bundle sheath/Both
Cell type in which the initial carboxylation reaction occurs			Mesophyll/Bundle sheath/Both
How many cell types does the leaf have that fix CO_2			Two: Bundle sheath and mesophyll One : Mesophyll Three: Bundle sheath, palisade, spongy mesophyll
Which is the primary CO_2 acceptor			RuBP/PEP/PGA
Number of carbons in the primary CO_2 acceptor?			5/4/3
Which is the primary CO_2-fixation product			PGA/OAA/RuBP/PEP
No. of carbons in the primary CO_2 fixation product			3/4/5
Does the plant have RuBisCO?			Yes/No/Not always
Does the plant have PEPcase ?			Yes/No/Not always
Which cells in the plant have RuBisCO?			Mesophyll/Bundle sheath/none
CO_2- fixation rate under highlight conditions			Low/high/medium
Whether photorespiration is present at low light intensities			High/negligible /Sometimes
Whether photorespiration is present at highlight intensities			High/Negligible/Sometimes
Whether photorespiration would be present at low CO_2 concentrations			High/Negligible/Sometimes
Whether photorespiration would be present at high CO_2 concentrations			High/Negligible/Sometimes
Temperature optimum			30-40° C/20-25°C/Above 40° C
Examples			Cut vertical sections of leaves of different plants and observe under the microscope for Kranz anatomy and list them in the appropriate columns.

13.10 Factor Affecting Photosynthesis

- Photosynthesis को affect करने वाले factor के विषय में जानना आवश्यक है।
- Photosynthesis का rate, plants की yield जानने में महत्त्वपूर्ण है।
- Photosynthesis कई factors से प्रभावित होता है, जो internal तथा external दोनों हो सकते हैं।
- **Plant factors**—इसमें leaves का number, size, age तथा orientation, mesophyll cells एवं chloroplasts, CO_2 की internal concentration तथा chlorophyll का amount शामिल होता है।
- Plants या internal factors पौधों की वृद्धि तथा genetic predisposition पर निर्भर करते हैं।
- **External factors** में sunlight, temperature, CO_2 concentration और water शामिल हैं।
- जब plant photosynthesis करता है, तो ये सभी factors एकसाथ photosythesis rate को प्रभावित करते हैं।

- यद्यपि बहुत सारे factors, intract करते हैं तथा साथ-साथ photosynthesis या CO_2- fixation को प्रभावित करते हैं फिर भी प्राय: इनमें से कोई एक factor photosynthesis के rate को प्रभावित या limit करने का मुख्य कारण बनता है।
- अत: किसी point पर photosynthesis के rate का निर्धारण sub-optimal levels पर available factor द्वारा होगा।
- जब कई factors किसी (bio) chemical process को प्रभावित करते हैं, तो Blackman's (1905) **law of limiting factors** प्रभाव में आता है।
- इसके अनुसार, जब कोई chemical process एक से अधिक factors द्वारा प्रभावित होते हैं, तो इसके rate का निर्धारण उस nearest factor द्वारा होगा, जिसकी value minimal होगी।
- अगर इस factor की quantity बदल दी जाए, तो ये factor process को direct प्रभावित करता है।
- For example, optimum light और CO_2 की उपस्थिति के बावजूद यदि temperature बहुत कम हो, तो एक green leaf, photosynthesis नहीं करेगी, इस leaf में photosynthesis तभी शुरू होगी जब इसे optimum temperature मिलेगा।

13.10.1 Light

- जब हम light को photosynthesis को प्रभावित करने वाले factor के रूप में लेते हैं, तो हमें light quality, light intensity तथा duration of exposure to light के बीच अन्तर करने की आवश्यकता होती हैं।
- यहाँ low light intensities पर CO_2-fixation rates तथा incident light के बीच linear relationship होता है।
- Higher light intensities पर इस rate में कोई वृद्धि नहीं होती हैं, क्योंकि other factors, limiting हो जाते हैं।
- Light saturation, full sun light के 10 per cent पर होती है।
- Nature में light, rarely limiting factor होती है (except वे पौधे जो shade (छाया) या dense forests में रहते हैं)।
- एक point के बाद incident light को बढ़ाने से chlorophyll का breakdown हो जाता है तथा photosynthesis घट जाती है।

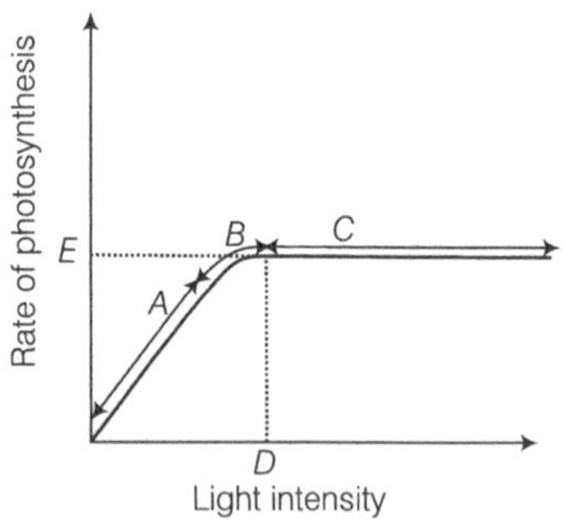

Fig. 13.10 Graph of light intensity on the rate of photosynthesis

13.10.2 Corbon Dioxide Concentration

- Photosynthesis के लिए major limiting factor, CO_2 है।
- Atmosphere में CO_2 की concentration बहुत कम होती है। [between 0.03 to 0.04 per cent]
- CO_2 की concentration में 0.05 per cent तक वृद्धि से CO_2-fixation rate बढ़ सकता है, लेकिन इससे अधिक concentration नुकसानदायक होती है।
- C_3 और C_4- plants, CO_2 concentrations के लिए अलग-अलग response करते हैं।
- Low light condition में दोनों C_3 और C_4- plants, high CO_2 conditions में response नहीं करते हैं।
- High light intensties पर C_3 और C_4-plants दोनों में photosynthesis की rate बढ़ जाती हैं।

- C_4- plants लगभग 360 μlL^{-1}पर saturate हो जाते हैं।
- C_3-plants का saturation 450 μlL^{-1} के बाद ही होता है। इसलिए current CO_2 का level C_3-plants के लिए limiting है।
- C_3-plants, higher CO_2 concentration पर respond करते हैं और इससे photosynthesis की rate बढ़ जाती है और productivity भी बढ़ जाती है।
- इस principle का उपयोग greenhouse crops जैसे— tomato और bell pepper में किया जाता है।
- Greenhouse crops को CO_2 rich वातावरण में grow किया जाता है, जिससे इनकी अधिक production हो।

13.10.3 Temperature

- Dark reaction, enzymes पर depend होती है, इसलिए temperature द्वारा control होती है।
- Light reaction भी temperature sensitive होती है, लेकिन उस पर temperature का काफी कम effect होता है।
- C_4-plants, higher temperature पर respond करते हैं तथा photosynthesis की high rate show करते हैं, जबकि C_3-plants के लिए optimum temperature कम होता है।
- विभिन्न पौधों में photosynthesis के लिए optimum temperature उनके adopted habitat पर निर्भर करता है।
- Tropical plants के लिए optimum temperature, temperate plants की तुलना में अधिक होता है।

13.10.4 Water

- Light reaction में water एक reactant की तरह होता है।
- Factor के रूप में water का प्रभाव पूरे plant पर पड़ता है, ना कि directly photosynthesis पर।
- Water stress, stomata को बन्द कर देता है, इसलिए CO_2 की availability घट जाती है।
- इसके साथ ही water stress से पत्तियाँ मुरझा (wilt) जाती है, जिससे leaf का surface area कम हो जाता है तथा metabolic activity भी कम हो जाती है।

Chapter Fourteen

RESPIRATION IN PLANTS

हम सभी जीवित रहने के लिए breathe करते हैं, परन्तु जीवन के लिए breathing इतनी आवश्यक क्यों है?
जब हम breathe करते हैं, तब क्या होता है?
क्या plants तथा microbes सहित सभी living organisms, breathing करते हैं? यदि हाँ तो कैसे?

- Daily life activities को करने के लिए सभी living organism को energy की आवश्यकता होती है; जैसे— absorption, transport, movement, reproduction, breathing, etc.
  यह समस्त energy कहाँ से आती है?
  हम जानते हैं कि energy के लिए हम food खाते हैं, परन्तु भोजन से energy कैसे प्राप्त होती है?
  ये energy कैसे utilise की जाती है?
  क्या सभी food में energy का amount, same होता है?
  क्या plant, food लेते हैं?
  Plants अपनी energy कहाँ से प्राप्त करते हैं?
  अपनी energy की आवश्यकता के लिए क्या microorganisms भोजन करते हैं?
- आपको ऊपर दिए गए कई सवालों पर आश्चर्य हो सकता है, ये आपस में काफी disconnected दिखाई देते हैं।
- किन्तु वास्तव में breathing के process तथा food से released होने वाली energy के process में काफी अधिक connection होता है।
  आओ कोशिश करें और समझें यह कैसे होता है?
- Life processes के लिए आवश्यक समस्त energy कुछ macromolecules के oxidation से प्राप्त होती है, जिन्हें food कहते हैं।
- केवल green plants तथा cyanobacteria ही photosynthesis द्वारा अपना भोजन स्वयं बना सकते हैं।
- Green plants, light energy को trap करके chemical energy में convert कर देते हैं; जिसको plants carbohydrates जैसे— glucose, sucrose तथा starch के bonds में store करते हैं।

- हमें याद रखना चाहिए कि green plants के सभी cells, tissues तथा organs में photosynthesis नहीं होती है।
- केवल chloroplast वाली cells में photosynthesis होती है, जो अधिकतर superficial layers में स्थित होती हैं।
- Green plants में जो parts non-green होते हैं, उन्हें oxidation के लिए food की आवश्यकता होती है।
  अत: food सभी non-green parts में translocate होना चाहिए।
- Animals, heterotrophic होते हैं अर्थात् वे food को directly (herbivores) या indirectly (carnivores) पौधों से प्राप्त करते हैं।
- Saprophytes, जैसे— fungi, dead या decaying matter पर depend रहते हैं।
- यह जान लेना अति महत्त्वपूर्ण है कि life process हेतु respiration के लिए समस्त food, photosynthesis द्वारा प्राप्त होता है।
- यह chapter में cellular respiration अथवा cells में food materials के टूटने से निकलने वाली energy की mechanism तथा ATP की synthesis को समझाया गया है।
- Photosynthesis, की अभिक्रिया chloroplast में होती है, जबकि energy प्राप्त करने के लिए complex molecules का breakdown, cytoplasm तथा mitochondria में होता है।
- Cells में complex compounds के C-C bonds को oxidation द्वारा तोड़ने से पर्याप्त मात्रा में energy निकलती हैं, इस process को **respiration** कहते हैं।
- वह compounds, जो इस process में oxidise होते हैं, respiratory substrates कहलाते हैं।
  e.g., Carbohydrate, fat, protein, organic acid etc.
  – Usually corbohydrates oxidise होते हैं, परन्तु कुछ plants में protein, fats यहाँ तक कि organic acid भी certain condition में प्रयोग होते हैं।
- एक cell में oxidation के समय, respiratory substrate में उपस्थित energy, cell में freely release नहीं की जाती या single step में release नहीं होती है।
- यह energy, enzyme द्वारा नियन्त्रित slow stepwise reactions की series में release होती है और ये chemical energy ATP के रूप में trap हो जाती है।
- यहाँ यह समझ लेना आवश्यक है कि respiration में oxidation द्वारा निकलने वाली energy, directly use में नहीं होती है, किन्तु यह ATP के synthesis में उपयोगी होती है तथा जब भी (जहाँ भी) need होती है, ATP के breakdown से प्राप्त होती है।
- इस कारण से ATP, cells के लिए energy currency का कार्य करता है।
- ATP में trapped energy, organisms के विभिन्न energy requiring processes में use होती है।
- Respiration के दौरान बनने वाले carbon skeleton, cells में दूसरे molecules की biosynthesis के लिए precursors के रूप काम आते हैं।

14.1 Do Plants Breathe?

- इस question का कोई direct answer नहीं है।
- Plants में respiration के लिए O_2 की आवश्कता होती है तथा plants CO_2 बाहर निकालते हैं।
- इस कारण, plants में ऐसा system पाया जाता है, जो oxygen (O_2) की availability को सुनिश्चित करता है।
- Plants में animal की तरह gaseous exchange के लिए specialised organs नहीं होते हैं, बल्कि इस purpose के लिए plants में **stomata** तथा **lenticels** होते हैं।
- Plants बिना respiratory organs के कैसे respiration कर सकते हैं इसके कई reasons हो सकते हैं।

First

- Plant का प्रत्येक part अपनी gas exchange needs का स्वयं ध्यान रखता है।
- Plants के एक part से दूसरे part में gases का transport बहुत कम होता है।

Second

- Plants में gaseous exchange की बहुत अधिक demand नहीं होती हैं।
- Roots, stems तथा leaves, animal की तुलना में बहुत ही slow rate से respiration करते हैं।
- केवल photosynthesis के दौरान gases की large volume, exchange होती हैं तथा इन periods के दौरान प्रत्येक leaf अपनी आवश्यकता के लिए well-adapted होती है।
- जब cells photosynthesis कर रही होती हैं, तब cells में oxygen की availability समस्या नहीं होती चूँकि oxygen cells के अन्दर release होती रहती हैं।

Third

- Large, bulky plants में भी gases का diffusion बहुत अधिक दूरी तक नहीं होता है।
- Plants में प्रत्येक living cells, plants की surface के बिल्कुल पास स्थित होती है।
- "यह leaves के लिए सच है।"

आप पूछ सकते हैं कि thick woody stems तथा roots में क्या होता है?

- Stem में 'living' cells, back के नीचे तथा अन्दर thin layers के रूप में organise रहते हैं।
- Stem की opening होती है, जिन्हें lenticels कहते हैं।
- Interior की cells, dead होती हैं तथा सिर्फ mechanical support प्रदान करती हैं।
- Plants की अधिकतर cells के surface का कुछ part, air के सम्पर्क में रहता है।
- Respiration leaves, stems तथा roots में parenchymal cell की loose packing के द्वारा आसान हो जाता है, जो air spaces को एक interconnected network प्रदान करती है।
- Glucose के complete combustion से end product के रूप में CO_2 तथा H_2O के साथ energy produce होती हैं।
  - Energy का अधिकतर भाग heat के रूप में निकलता है।

$$C_6H_{12}O_6 + 6\,O_2 \longrightarrow 6CO_2 + 6H_2O + \text{Energy}$$

- यदि यह energy cell के लिए useful है, तो इसका उपयोग cell में दूसरे आवश्यक molecules की synthesis में होना चाहिए।
- Plant cells इस तरह भोजन बनाती है कि glucose molecule के catabolise होने से उत्पन्न पूरी energy, heat के रूप में ना निकल पाए।
- मुख्य बात यह है कि glucose का oxidation एक single step में न होकर बहुत से छोटे-छोटे steps में होता है।
- कुछ steps इतने बड़े होते हैं कि उनसे निकलने वाली पर्याप्त energy ATP की synthesis में उपयोग में आती है।

ये कैसे होता है? वास्तव में respiration की यही story है।

- Respiration के दौरान oxygen, utilise होती है तथा CO_2, H_2O और energy, product के रूप में release होते हैं।
- Combustion reaction के लिए oxygen की आवश्यकता होती है।
- कुछ cells oxygen की presence तथा absence दोनों में ही जीवित रह सकती हैं।

क्या आप ऐसी situation (और organisms) के बारे में में सोच सकते हैं जहाँ O_2 available नहीं होती है?

- विश्वास करने के लिए पर्याप्त कारण यह है कि इस planet की पहली cell ऐसे atmosphere में थी, जहाँ oxygen नहीं थी।
- आज के समय में जो living organisms है उनमें से कुछ organism anaerobic conditions के लिए adapted हो चुके हैं। इनमें से कुछ organisms facultative anaerobes होते हैं, जबकि कुछ obligate anaerobes होते हैं।
- किसी भी case में सभी living organisms में enzyme machinery होती है, जो glucose को बिना oxygen की सहायता से partially oxidise करती हैं।
- Glucose का pyruvic acid में breakdown, glycolysis कहलाता है।

14.2 Glycolysis

- Glycolysis शब्द की origin Greek words ***glycos***–sugar एवं ***lysis***–splitting से हुई है।
- Glycolysis की scheme, **Gustav Embden, Otto Meyerhof** तथा **J Parnas** के द्वारा दी गई, इसलिए इसे **EMP pathway** भी कहते हैं।
- Anaerobic organisms में respiration के लिए केवल यही process (glycolysis) होता है।
- Glycolysis, cytoplasm में सम्पन्न होता है तथा यह सभी living organism में पाया जाता है।
- इस process में glucose के partial oxidation द्वारा pyruvic acid के दो molecules बनते हैं।
- Plants में यह ग्लूकोस sucrose या stored carbohydrate से प्राप्त होता है।

  –Sucrose, photosynthesis का end product होता है।
- Sucrose, invertase नामक enzyme की सहायता से glucose तथा fructose में convert हो जाता है।
- ये दोनों monosaccharides आसानी से glycolytic pathway में enter कर जाते हैं।
- Glucose एवं fructose, **hexokinase** नामक enzyme की activity द्वारा phosphorylated होकर glucose-6-phophate बनाते हैं।
- Glucose का phosphorylated रूप **isomerise** होकर fructose-6-phosphate बनाता है।
- Glucose तथा fructose की metabolism के subsequent (आगामी) steps same होते हैं।
- –Glycolysis के विभिन्न steps को fig. 14.1 में दर्शाया गया है।

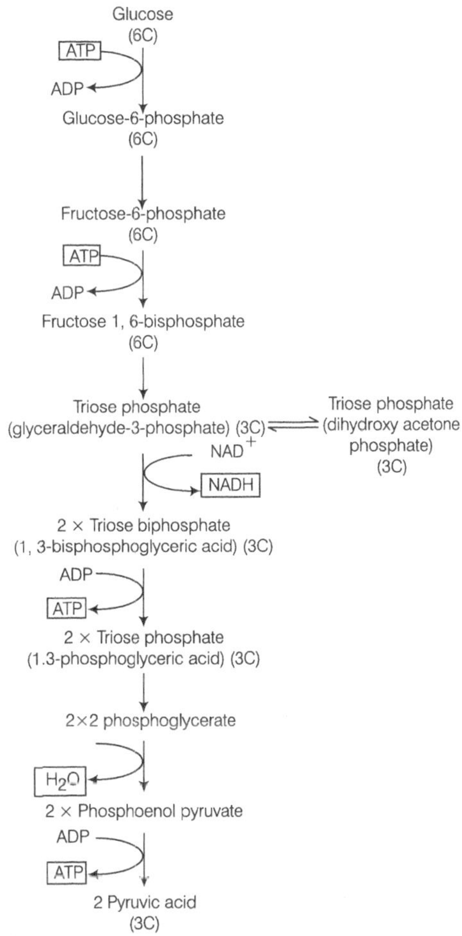

Figure 14.1 Steps of glycolysis

- Glycolysis, 10 reactions की एक chain है, जो विभिन्न enzymes के द्वारा control होती हैं।
- Glycolysis में glucose से pyruvate बनता है।
- Glycolysis के विभिन्न steps के अध्ययन के दौरान उन steps पर ध्यान दें, जिसमें ATP का utilisation अथवा ATP या NADH $+H^+$ की synthesis होती है।
- ATP दो steps में use होता है–

  पहला जब – Glucose का glucose-6-phosphate में conversion होता है– तथा दूसरा जब fructose-6-phosphate का fructose 1, 6-bisphosphate में conversion होता हैं।
- Fructose1, 6-bisphosphate टूटकर dihydroxyacetone phosphate तथा 3-phosphoglyceraldehyde (PGAL) बनाता है।
- एक step ऐसा होता है, जब NAD^+ से NADH + H^+ बनता है। वह step निम्न प्रकार है–

  – जब 3-phosphoglyceraldehyde (PGAL) का 1, 3-bisphosphoglycerate (BPGA) में conversion होता है।
- PGAL से दो redox equivalent (दो hydrogen atoms के रूप में) अलग होकर NAD^+ के एक molecule की ओर transfer हो जाते हैं।
- PGAL, oxidise हो जाता है तथा यह inorganic phosphate से मिलकर BPGA में convert हो जाता है।

- BPGA का 3-phosphoglyceric acid में conversion भी **energy yielding process** है, यह energy ATP formation के द्वारा trap कर ली जाती है।
- दूसरा ATP, PEP से pyruvic acid में conversion के दौरान बनता है।

क्या तुम यह calculate कर सकते हो कि glycolysis pathway में एक glucose molecule से कितने ATP molecules directly बनते हैं?

Glycolysis का **key product**, pyruvic acid होता है।

Pyruvate का metabolic भविष्य क्या होगा?

—यह cellular, need पर निर्भर करता है।

- तीन major रास्ते हैं, जिसमें different cells, glycolysis द्वारा बने pyruvic acid को handle करती हैं—
  Lactic acid fermentation, alcoholic fermentation था **aerobic respiration.**

कई prokaryotes तथा unicellular eukaryotes में **anaerobic condition** में fermentation की क्रिया होती हैं।

- Glucose के complete oxidation के फलस्वरूप CO_2 तथा water बनने हेतु organism में Krebs' cycle चलती है, जिसे **aerobic respiration** भी कहते हैं।
- Aerobic respiration में O_2 की आवश्यकता होती है।

14.3 Fermentation

- Fermentation में yeast द्वारा glucose का anaerobic condition में incomplete oxidation होता है।
- Fermentation में reaction के विभिन्न steps द्वारा **pyruvic acid,** CO_2 तथा ethanol में convert हो जाता है।
- Pyruvic acid decarboxylase तथा alcohol dehydrogenase नामक enzyme इस reaction को catalyse करते हैं।
- Other organism जैसे कुछ bacteria में pyruvic acid से lactic acid का निर्माण होता है।
  – ये steps fig. 14.2 में दर्शाए गए हैं।

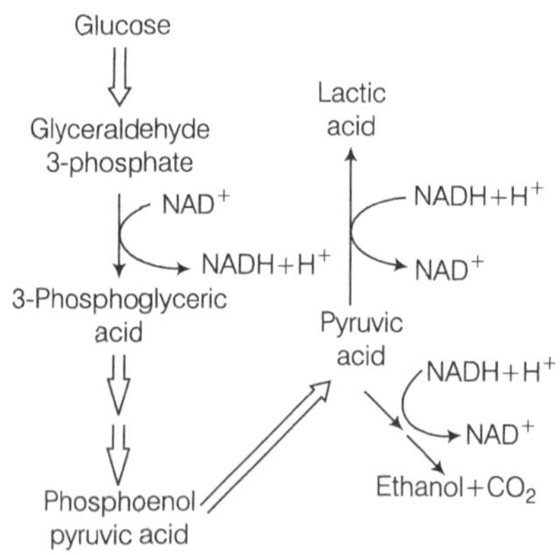

Figure 14.2 Major pathways of anaerobic respiration

- Animals की muscles cells में physical exercise के दौरान जब cellular respiration के लिए पर्याप्त oxygen नहीं मिलती है तब pyruvic acid, lactic dehydrogenase द्वारा lactic acid में reduce हो जाता है।
- Reducing agent, $NADH + H^+$ होता है, जो दोनों processes में NAD^+ में reoxidise हो जाता है।
- Lactic acid तथा alcohol fermentation दोनों में पर्याप्त energy release नहीं होती है।
- Glucose से 7% से कम energy release होती है तथा इसकी समस्त energy का उपयोग ATP के निर्माण में नहीं हो पाता है।

- ATP में high energy bond होते हैं।
- Acid या alcohol बनाने वाले process, hazardous (खतरनाक) होते हैं।

Glucose के एक molecule से fermentation के बाद alcohol या lactic acid बनने के दौरान कितने net ATP synthesis होते हैं?

- Glycolysis के दौरान use होने वाली ATP की संख्या घटाकर calculate करें कि कितने ATP की synthesis होती है?
- जब alcohol की मात्रा 13% या अधिक हो जाती है, तो yeast के लिए यह death का कारण बन जाती है।

Naturally fermented beverage में alcohol की maximum concentration कितनी होगी?

क्या आप सोच सकते हैं कि alcoholic beverages में alcohol की मात्रा, इसमें उपस्थित alcohol की concentration से अधिक कैसे प्राप्त की जा सकती हैं?

वह कौन-सा process है जिसके द्वारा organisms में glucose का complete oxidation होता है तथा इस दौरान released energy, cellular metabolism की आवश्यकता के अनुसार बहुत-से ATP molecules synthesise करती हैं?

- Eukaryotes में ये सभी steps mitochondria में सम्पन्न होते हैं तथा इसके लिए O_2 की आवश्यकता होती है।
- Aerobic respiration वह process होता है, जिसमें O_2 की presence में organic compound का complete oxidation हो जाता है जिसके फलस्वरूप CO_2, H_2O और बहुत-सी energy release होती हैं।
- इस प्रकार का respiration, commonly higher organisms में मिलता हैं।

14.4 Aerobic Respiration

- Aerobic respiration, mitochondria में होता है।
- Aerobic respiration के दौरान glycolysis का final product, pyruvate cytoplasm से mitochondria में transport हो जाता है।

Aerobic respiration के महत्त्वपूर्ण events निम्नलिखित हैं

- सभी hydrogen atoms के stepwise removal द्वारा pyruvate का complete oxidation होता है, जिससे CO_2 के 3 molecules भी release होते हैं।
- Hydrogen atom से remove हुए electrons, O_2 molecule की ओर जाते हैं, जिसके साथ-साथ ATP भी synthesised होते हैं।
- सबसे अधिक interesting बात यह है कि aerobic respiration का पहला process mitochondria के matrix में होता है, जबकि दूसरा process, mitochondria के inner membrane पर सम्पन्न होती है।
- Cytosol में उपस्थित carbohydrates के glycolytic catabolism के फलस्वरूप pyruvate बनता है।
- Pyruvic acid, mitochondria के matrix में प्रवेश करता है, जिसका pyruvic dehydrogenase नामक एन्जाइम से catalysed reactions के complex set द्वारा oxydative decarboxylation होता है।
- Pyruvic dehydrogenase द्वारा catalyse reactions में कई coenzymes भाग लेते हैं। e.g., NAD^+ तथा coenzyme.

$$\text{Pyruvic acid} + \text{Co-A} + NAD^+ \xrightarrow[\text{Pyruvate dehydrogenase}]{Mg^{2+}} \text{Acetyl Co-A} + CO_2 + NADH + H^+$$

- इस process के दौरान pyruvic acid के दो molecules के metabolism से NADH के दो molecules produce होते हैं। (glycolysis के दौरान glucose के एक molecule से pyruvic acid के दो molecules produce होते हैं)।
- Acetyl Co-A एक cyclic pathway, **tricarboxylic acid cycle** में enter करता है, जिसे scientist **Hans Adolf Krebs** के नाम पर commonly **Krebs' cycle** कहते हैं।

14.4.1 Tricarboxylic Acid Cycle

- इसकी शुरुआत acetyl group के Oxaloacetic Acid (OAA) तथा water के साथ condensation से होती है तथा citric acid बनता है। (fig. 14.3)

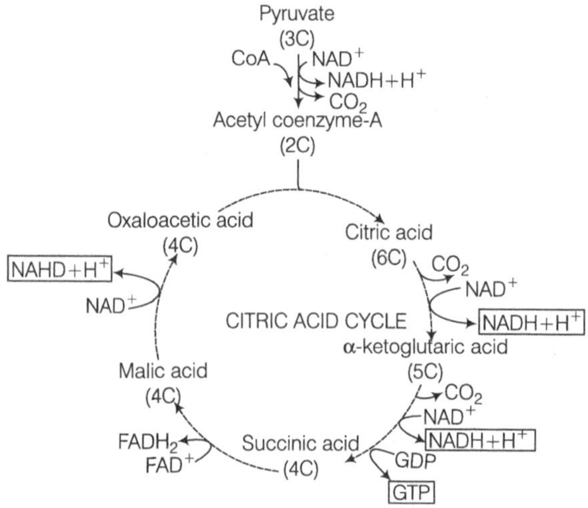

Figure 14.3 The citric acid cycle

- ये reaction **citrate synthase** नामक enzyme द्वारा catalysed होती है तथा Co-A का एक molecule release होता है।
- Citric acid, isocitric acid के रूप में isomerise हो जाता है।
- इसके पश्चात् decarboxylation के दो लगातार steps के फलस्वरूप α-ketoglutaric acid तथा उसके बाद succinyl Co-A का formation होता है।
- Citric acid cycle के बचे हुए steps में succinyl Co-A, oxidised होकर oxaloacetic Acid (OAA) बनाता है, जो cycle को आगे बढ़ाने में सहायक होता है।
- Succinyl Co-A से succinic acid के conversion के दौरान GTP का एक molecule बनता है, जिसे substrate level phosphorylation कहते हैं।
- एक coupled reaction में GTP से GDP बनता है तथा साथ ही ADP से ATP का formation होता है।
- TCA cycle में तीन points ऐसे होते हैं, जहाँ NAD^+, $NADH + H^+$ में reduced हो जाता है तथा एक point पर FAD^+, $FADH_2$ में reduce हो जाता है।
- TCA cycle द्वारा acetyl Co-A के continuous oxidation के लिए oxaloacetic acid के replenishment की आवश्यकता होती है।
- Oxaloacetic acid, TCA cycle का 1st member होता है।
- इसके साथ-साथ NADH से NAD^+ की तथा $FADH_2$ से FAD^+ के regeneration की भी आवश्यकता होती है।
- अत: respiration के इस phase की equation को short में लिख सकते हैं

$$\text{Pyruvic acid} + 4\,NAD^+ + FAD^+ + 2H_2O + ADP + Pi \xrightarrow{\text{Mitochondrial matrix}} 3CO_2 + 4\,NADH + 4H^+ + FADH_2 + ATP$$

- हम जानते हैं कि glucose के breakdown से CO_2 निकलती है तथा $NADH + H^+$ के 8 molecules, $FADH_2$ के दो molecules तथा ATP के दो molecules का निर्माण होता है।
- आप surprise हो रहे होगें कि अभी तक respiration की चर्चा के दौरान न तो O_2 की और ना ही ATP के बहुत सारे molecules के formation की चर्चा हुई है।
- $NADH + H^+$ ***तथा*** $FADH_2$ ***का क्या role है?***

अब हमें समझना होगा कि respiration में O_2 ***का role तथा ATP का formation कैसे होता है?***

14.4.2 Electron Transport System (ETS) and Oxidative Phosphorylation

- Respiratory process के अगले steps में NADH + H^+ तथा $FADH_2$ में store energy, release व utilise होती है। यह तब accomplished होता है, जब NADH + H^+ तथा $FADH_2$ का electron transport system द्वारा oxidation होता है तथा electrons, O_2 पर चले जाते हैं, जिसमें H_2O का formation होता है।
- Metabolic pathway जिसके द्वारा electron एक carrier से दूसरे carrier पर pass होता है, **Electron Transport System (ETS)** कहलाता है। (fig. 14.4)
- ETS, mitochondria के inner membrane पर present होता है।
- Mitochondrial matrix में citric acid cycle के दौरान NADH से बनने वाले electron, **enzyme NADH** dehydrogenase (complex-I) द्वारा oxidised हो जाते हैं इसके बाद electrons, mitochondria के inner membrane में उपस्थित **ubiquinone** के पास transfer हो जाते हैं।
- Ubiquinone, $FADH_2$ के द्वारा reducing equivalents प्राप्त करता है।
- $FADH_2$ (complex-II), citric acid cycle में succinate के oxidation के दौरान produce होते हैं।
- Reduced ubiquinone (ubiquinol) electron को cytochrome-bc_1 complex द्वारा cytochrome-*c* की ओर transfer कर oxidise हो जाता है। **(complex-III)**-Cytochrome-bc_1.
- Cytochrome-*c* एक small protein है, जो inner membrane की outer surface पर attach रहता है।
- Cytochrome-*c*, electron को complex-III तथा complex-IV के बीच transfer करने के लिए mobile carrier के रूप में work करता है।
- **Complex-IV,** cytochrome-*c* oxidase complex है, जिसमें cytochrome-*a*, a_3 तथा दो Cu centres होते हैं।
- जब electrons, electron transport chain में एक carrier से दूसरे carrier तक complex-I से complex-IV के द्वारा pass होते हैं तब ये electrons ATP synthase (complex-V) से coupled होकर ADP व inorganic phosphate से ATP का निर्माण करते हैं।

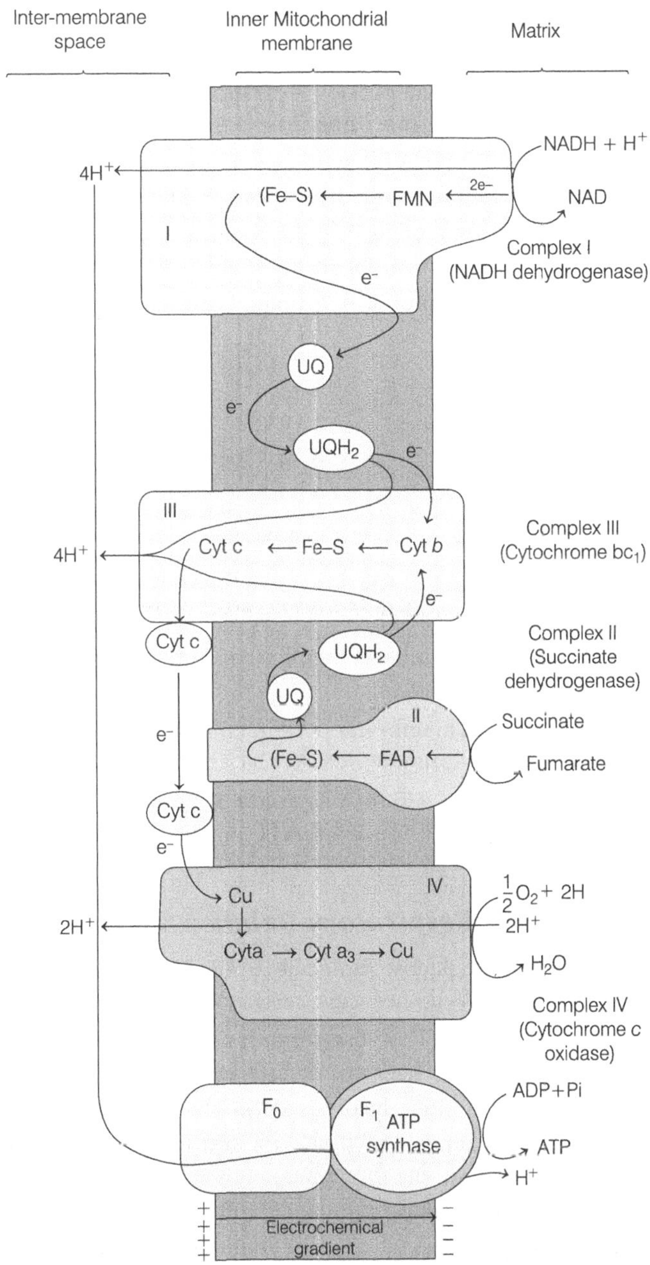

Figure 14.4 Electron Transport System (ETS)

- इस दौरान बनने वाले ATP molecules की संख्या electron donor के nature पर depend करती हैं।
- NADH के एक molecule के oxidation से ATP के तीन molecules का निर्माण होता हैं, जबकि $FADH_2$ के एक molecule से ATP के दो molecules का निर्माण होता है।
- Respiration का aerobic process, oxygen की presence में ही सम्पन्न होता है तथा process के terminal stage में oxygen का role limited रहता है।
- O_2 की उपस्थिति vital है, क्योंकि यह पूरे system से H_2 को remove कर पूरे process को संचालित करता है।
- Oxygen, final hydrogen acceptor के रूप में कार्य करता है।
- Photophosphorylation के विपरीत, जहाँ proton gradient के निर्माण में light energy का उपयोग phosphorylation के लिए होता है।
- Respiration में same process में **oxidation-reduction** द्वारा energy की पूर्ति होती है फलस्वरूप इस process को **oxidative phosphorylation** कहते हैं।
- Membrane से जुड़ी ATP synthesis की mechanism के बारे में आप पहले ही पढ़ चुके हैं जिसे पिछले chapter में chemiosmotic hypothesis के द्वारा बताया गया है।
- जैसा की पहले mentioned किया गया है electron transport system के दौरान release energy का use, ATP synthase (complex-V) की सहायता से ATP की synthesis में होता है।
- ATP synthase complex में दो major components F_0 व F_1 होते हैं (Fig. 14.5)

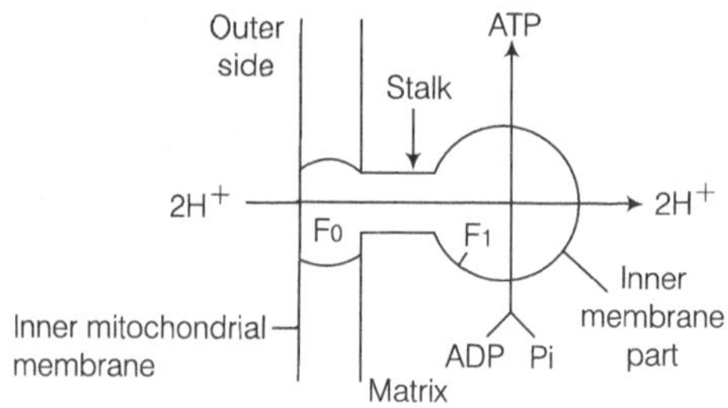

Figure 14.5 Diagrammatic presentation of ATP synthesis in mitochondria

- F_1-headpiece, peripheral membrane protein complex है, जहाँ पर inorganic phosphate तथा ADP से ATP का निर्माण होता है।
- F_0 एक integral membrane portein complex है, जो channel बनाती है, जिसके द्वारा protons, inner membrane को cross कर जाते हैं।
- ATP production करने के लिए proton के passage को channel के द्वारा F_1 की catalytic site से coupled कर दिया जाता है। बनने वाले प्रत्येक ATP के लिए $2H^+$, intermembrane space से matrix की ओर F_0 के द्वारा pass होते हैं।

14.4.5 The Respiratory Balance Sheet

- प्रत्येक oxidised glucose molecule से बनने वाले net ATP की calculations करना अब possible है, but reality में यह एक theoretical exercise ही रह गई है।
- ये calculations कुछ निश्चित assumptions के आधार पर ही की जा सकती हैं।
- यह एक sequential, अच्छी तरह व्यवस्थित तथा functional pathway है, जिसमें एक substrate से दूसरे substrate का निर्माण होता है, जिसमें glycolysis से शुरू होकर TCA cycle तथा ETS pathway एक के बाद एक आते हैं।
- Glycolysis में synthesise से प्राप्त होने वाला NADH, mitochondria में आता है जहाँ उसका oxidative phosphorylation होता है।
- Pathway का कोई भी intermediates दूसरे compound के निर्माण के उपयोग में नहीं आता है।
- Respiration में केवल glucose का ही उपयोग होता है, कोई दूसरा alternative substrates, pathway के किसी भी intermediary stages में प्रवेश नहीं करता है।

- हालाँकि इस प्रकार के assumptions, living system में realy valid नहीं होते हैं, सभी pathway एक के बाद एक नहीं, बल्कि एकसाथ (simultaneously) कार्य करते हैं।
- Pathway में substrate आवश्यकतानुसार बाहर व अन्दर आ-जा सकते हैं तथा आवश्यकतानुसार ATP का उपयोग हो सकता है।
- Enzymatic rates को कई methods द्वारा control किया जा सकता है।
- फिर भी यह exercise करना useful है, क्योंकि living system में energy के extraction एवं storage हेतु इसकी efficiency सराहनीय (appreciable) हैं।
- **Aerobic respiration** के दौरान glucose के एक molecule से ATP के 36 molecules का net gain होता हैं।

अब हम fermentation तथा aerobic respiration को compare करेंगे-

- Fermentation में glucose का partial breakdown होता है, जबकि aerobic respiration में यह completely CO_2 एवं H_2O में टूट जाता है।
- Fermentation में glucose के एक molecule से pyruvic acid बनने के दौरान ATP के 2 molecules का net gain होता है, जबकि aerobic respiration में ATP के अधिक molecule बनते हैं।
- Fermentation में NADH का NAD^+ में oxidation, slow, rate से होता है, जबकि aerobic respiration में यह reactions तीव्र गति से होती है।

14.6 Amphibolic Pathway

- Breathing के लिए favoured substrate, glucose होता है।
- Respiration में use होने से पहले सभी carbohydrates पहले glucose में change हो जाते हैं, दूसरे substrates भी respiration में प्रयोग हो सकते हैं, किन्तु respiration के पहले step में use नहीं होते हैं।
- Fig. 14.6 को देखकर बताइए कि different substrates, respiratory pathway में कहाँ उपयोग होते हैं?

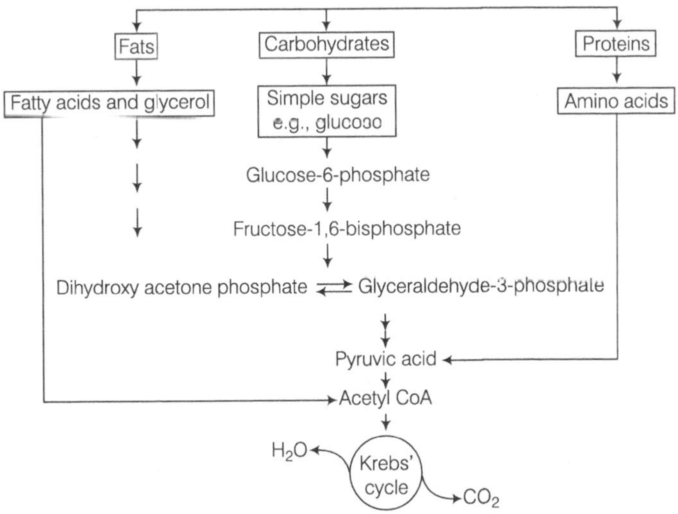

Figure 14.6 Interrelationship among metabolic pathway showing respiration mediated breakdown of different organic molecules to CO_2 and H_2O.

- Fat सबसे पहले glycerol तथा fatty acid में टूट जाता है।
- यदि fatty acid, respiration में use होता है, तो वह पहले acetyl Co-A बनकर pathway में प्रवेश करता है।
- Glycerol पहले PGAL में convert होकर respiration pathway में प्रवेश करता है।
- प्रोटीन, protease नामक enzymes द्वारा degrade होकर amino acids बनाते हैं।
- प्रत्येक amino acid (deamination के बाद) अपने structure के आधार पर Kerbs' cycle के अन्दर different stage में प्रवेश करता है।

- चूँकि respiration के दौरान substrates टूटते हैं। अत: respiratory process परम्परागत रूप से catabolic process है तथा respiratory pathway, catabolic pathway है।

किन्तु क्या आप इसे ठीक समझते हैं?

- ऊपर वर्णित है कि different substrates energy हेतु respiratory pathway में कहाँ enter करते हैं?
- यह जानना महत्त्वपूर्ण है कि ये compounds उपरोक्त substrates बनाने के लिए respiratory pathway से अलग होंगे।
- Respiratory pathway में substrate के रूप में use होने से पहले fatty acid, acetyl Co-A में break हो जाता है।
- जब organism को fatty acid को synthesise करना होगा तो वह acetyl Co-A को respiratory pathway से withdraw कर सकता है।
- Fatty acid के synthesis तथा breakdown के दौरान respiratory pathway का use होता है।
- इसी प्रकार protein की synthesis तथा breakdown के दौरान भी respiratory intermediates, link बनाते हैं।
- Living organism में breaking down को catabolism तथा synthesis को anabolism कहते हैं।
- चूँकि respiratory pathway में catabolism तथा anabolism दोनों ही होते हैं इसलिए respiratory pathway को amphibolic pathway कहना उचित होगा ना कि catabolic pathway.

14.7 Respiratory Quotient

- अब respiration के दूसरे पक्ष को देखते हैं।
- Aerobic respiration के दौरान oxygen consumed होती है और CO_2 released होती है।
- Respiration के दौरान release हुई CO_2 तथा consumed oxygen के ratio को **respiratory quotient (RQ)** या **respiratory ratio** कहते हैं।

$$RQ = \frac{\text{Volume of } CO_2 \text{ evolved}}{\text{Volume of } O_2 \text{ consumed}}$$

- **RQ** respiration के दौरान use होने वाले respiratory substrates पर depend रहता है।
- जब carbohydrates, substrates के रूप में completely oxidise होते हैं, तो **respiratory quotient 1** होता है, क्योंकि CO_2 व O_2, equal amount में evolved तथा consume होते हैं, जैसा कि equation से स्पष्ट है।

$$C_6H_{12}O_6 + 6O_2 \longrightarrow 6CO_2 + 6H_2O + \text{energy} \Rightarrow RQ = \frac{6CO_2}{6O_2} = 1.0$$

- जब fats respiratory substrate के रूप में use होते हैं, तो RQ 1 से कम होता है।
  –Fatty acid (tripalmitin) के लिए calculation निम्नवत् हैं

$$\underset{\text{(Tripalmitin)}}{2(C_{51}H_{98}O_6)} + 145\, O_2 \longrightarrow 102\, CO_2 + 98\, H_2O + \text{energy}$$

$$RQ = \frac{102\, CO_2}{145\, O_2} = 0.7$$

- जब protein, respiratory substrates के रूप में use होता है, तब RQ 0.9 के लगभग होता है। (protein RQ = 0.9)
- यहाँ, यह जानना अतिमहत्त्वपूर्ण है कि living organisms में respiratory substrates अक्सर एक से अधिक होते हैं।
- Pure proteins व fats respiratory substrates के रूप में कभी भी use नहीं होते हैं।

Chapter Fifteen

PLANT GROWTH AND DEVELOPMENT

क्या आपने कभी इस बारे में सोचा है कि roots, stems, leaves, flowers, fruits और seeds जैसे structures एक नियमित क्रम में कैसे बनते हैं?

- अब आपको seed, seedling (अंकुरित पौधा), plantlet (छोटा पौधा), mature plants जैसे terms के बारे में जानकारी प्राप्त हो चुकी हैं।
- Tree लगातार अपनी height तथा चौड़ाई (girth) में एक समयान्तराल में लगातार वृद्धि करते हैं।
- Same tree की leaves, flowers तथा fruits न केवल limited dimensions के होते है बल्कि periodically निकलते व गिरते रहते हैं और ये process repeat होता रहता है।

  Plants में flowering, vegetative phase के बाद क्यों आती है?
- Plants के सभी organs, various type के tissues से मिलकर बने होते हैं।

  कोई एक cell/tissue/organ के sturcture तथा function के बीच में कोई relationship होता है?

  क्या इनके structure तथा function को बदला जा सकता है?
- Plants के सभी cells, zygote के descendants (वंशज) होते हैं।

  तब प्रश्न यह उठता है कि क्यों और कैसे plants में भिन्न-भिन्न structural तथा functional विशेषताएँ होती हैं?
- Development दो processes का योग है-Growth तथा differentiation
- शुरुआत में यह जानना अनिवार्य है कि एक zygote (fertilised egg) से एक mature plant का development एक precise तथा नियमित succession में होने वाली घटना है।
- इस process के दौरान एक complex body organisation बनता है, जो roots, leaves, branches, flowers, fruits तथा seeds को produce करता है और eventually ये मर जाते हैं। (Fig. 15.1)

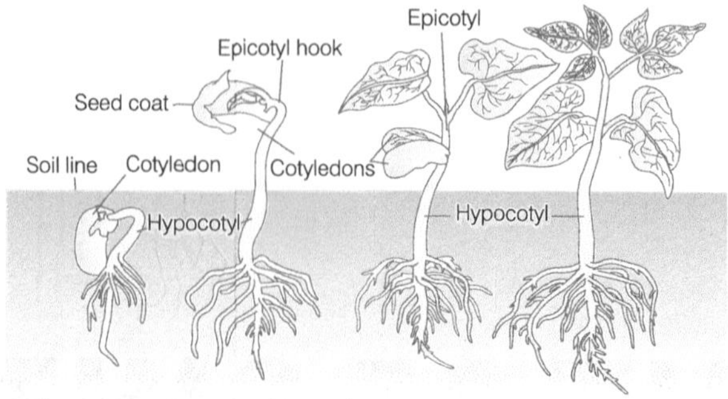

Figure 15.1 Germination and seedling development in bean

- इस chapter में आप कुछ उन factors के बारे में पढ़ेगें, जो इन developmental processes को govern तथा control करते हैं।
- एक पौधों के लिए ये factors, **intrinsic** (internal) तथा **extrinsic** (external) होते हैं।

15.1 Growth

- एक living beings के लिए growth को most fundamental व conspicuous (सुस्पष्ट) characteristics के रूप में जाना जाता है। ***Growth क्या है?***
- किसी organ या इसके parts या किसी individual cell में irreversible permanent increase को **growth** कहते हैं।
- Generally growth, metabolic processes (anabolic तथा catabolic दोनों)से जुड़ी होती हैं, जिसमें energy खर्च होती है।
  e.g., Leaf का expansion, 'growth' है।
  आप लकड़ी के टुकड़े को पानी में डालने पर होने वाली swelling को कैसे describe करेंगे?

15.1.1 Plant Growth Generally is Indeterminate

- Plant की growth unique होती है, क्योंकि plants के अन्दर जीवन भर unlimited grow करने की क्षमता होती है।
- Plants की यह क्षमता meristems के कारण होती है, जो plant body में कुछ special location पर पायी जाती हैं।
- ऐसे meristem की cells में division तथा self-perpetuate (निरन्तरता) की क्षमता होती है।
- इन meristem से बने product जल्द ही divide करने की क्षमता को खो देते हैं तथा ये cells, जो division की property खो देती है, वे plant body बनाती है।
- **Open form of growth :** वह growth जिसमें meristem की activity से plant की body में नई cells हमेशा जुड़ती रहती हैं।
  क्या होगा अगर meristem divide होना बन्द हो जाए? क्या कभी ऐसा होता है?
- Chapter 6 में आपने root apical meristem तथा shoot apical meristem के बारे में पढ़ा है, ये plant की primary growth के लिए responsible होते हैं और मुख्यतया plant के axis के along, elongation में सहयोग करते हैं।
- **Dicotyledonous plants** तथा **gymnosperms** में lateral meristem (vascular cambium तथा cork cambium), life की late stage में appear होते हैं।
- ये meristems उन organ की girth (चौड़ाई) को बढ़ाते हैं जहाँ पर ये active होते हैं।

- इसे plant की **secondary growth** माना जाता है। (Fig. 15.2)

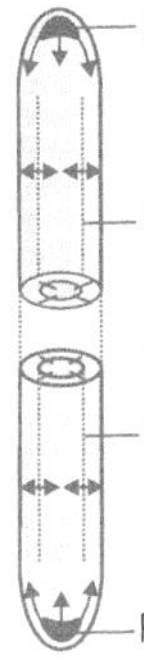

Figure 15.2 Diagrammatic representation of loactions of root apical meristem, shoot apical meristem and vascular cambium. Arrows exhibit the direction of growth of cells and organ.

15.1.2 Growth is Measurable

- Cellular level पर growth मुख्यतया protoplasm के amount में बढ़ने से होती है।
- चूँकि protoplasm में increment को directly measure करना कठिन होता है इसलिए कुछ दूसरी quantity को measure करते हैं, जो more or less protoplasm के proportional हों।
- इसलिए growth को विभिन्न parameters जैसे increase in fresh weight, dry weight, length, area, volumes तथा cell number के द्वारा measure किया जा सकता है।
- एक single maize की root apical meristem प्रति घण्टे में 17500 से अधिक नई cells बना सकती हैं।
- एक watermelon में cells का size 350000 times तक बढ़ सकता है।
- Growth के पहले example में cell का number तथा दूसरे example में cell का size बढ़ता है, जबकि pollen tube में growth को length के term में measure करते हैं।
- Dorsiventral leaf की growth को उसके surface area में increment से denote किया जा सकता है।

15.1.3 Phases of Growth

- Growth period को mainly 3 phases में divide किया गया है, उनके नाम हैं— **meristematic, elongation and maturation.**
- आओ, इसे root tips को देखकर समझें।
- **Meristematic phase** लगातार divide nesves वाली root apex तथा shoot apex की cell, growth के meristematic phase को represent करती हैं।
  - इस region की cells में rich protoplasm तथा large conspicuous nuclei पाया जाता है।
  - Cell wall, primary nature की होती है, जो thin तथा cellulosic होती है।
  - Cell wall में भरपूर plasmodesmatal connections पाए जाते हैं।
- **Elongation Phase :** Meristematic zone के समीप (just next, away from the tip) पायी जाने वाली cells, phase of elongation को represent करती हैं। यहाँ की cells की विशेषता है कि यहाँ vacuolation, cell enlargement तथा new cell wall deposition होता है।
- **Maturation Phase :** यह phase of elongation से अधिक समीप होता है।
  –Wall thickening तथा protoplasmic modification के रूप में यहाँ की cell अपने maximum size को प्राप्त करती है।

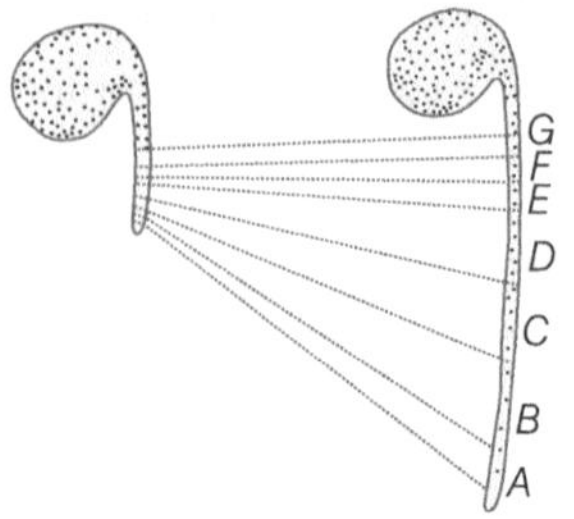

Figure 15.3 Detection of zones of elongation by the parallel line technique. Zones A, B, C, D immediately behind the apex have elongated most.

15.1.4 Growth Rates

- Per unit time में बढ़ी हुई growth को growth rate कहा जाता है। इसलिए growth rate को mathmatically express किया जा सकता है।
- एक organism या उसके organs कई तरीकों से अधिक cells produce कर सकता है।
- Growth rate एक increment show करता है, जो arithmetic या geometrical होता है। (Fig.15.4)

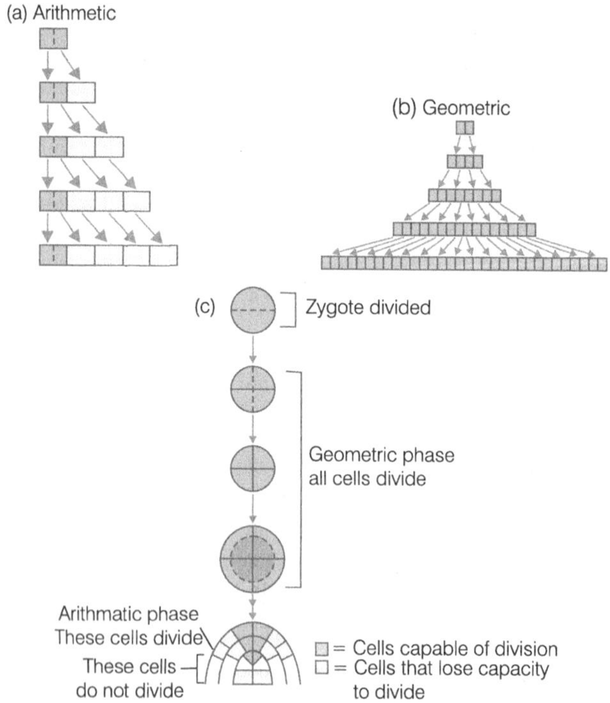

Figure 15.4 Diagrammatic representation of : (a) Arithmetic (b) Geometric growth and (c) Stages during embryo development showing geometric and arithmetic phases

Arithmetic Growth

- इसमें mitotic cell division के बाद केवल एक ही daughter cell लगातार divide होती है, जबकि दूसरी cell differentiate तथा mature होती रहती है।
- Arithmetic growth के simplest expression को एक constant rate से होने वाले root elongation के द्वारा examplified किया जाता है।

- Fig. 15.5 को देखें जिसमें organ की length को time के against, plot करने पर 'linear curve' प्राप्त होता है।

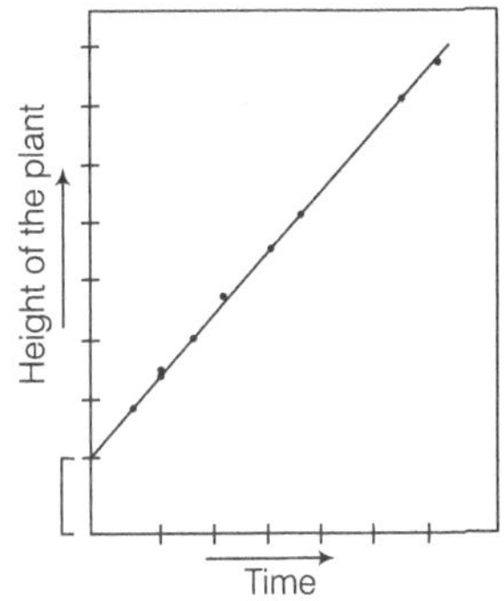

Figure 15.5 Constant linear growth, a plot of length L against time t

- इसे mathematically इस रूप में express कर सकते हैं

$L_t = L_0 + rt$ $\quad$ L_t = length at time 't'

L_0 = length at time 'zero' $\quad$ r = growth rate/elongation per unit time.

Geometrical Growth

- Most of the systems में initial growth slow होती हैं, **(lag phase)** और इसके बाद यह exponential rate में तेजी से बढ़ती है (**log** या **exponential phase**)।
- Geometrical growth में mitotic cell division के बाद बनने वाली दोनों progeny cells (daughter cells) लगातार division की ability रखती हैं।
- एक limited nutrient supply के साथ growth slow होती जाती है और **stationary phase** को प्राप्त करती है।
- अगर हम growth के parameter को time के against plot करें, तो हमें एक typical **sigmoid** or **S-curve** प्राप्त होता है। (Fig.15.6)

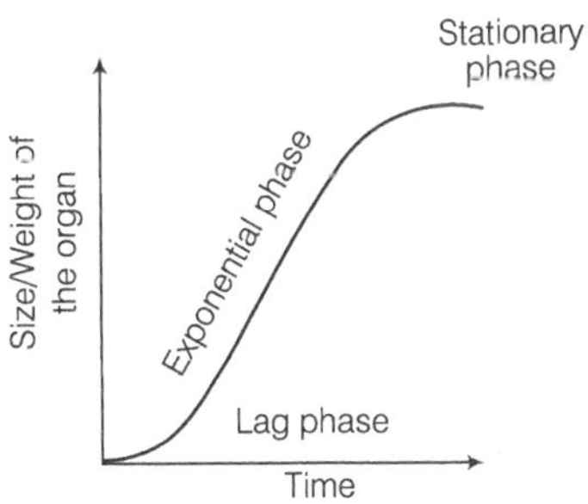

Figure 15.6 An idealised sigmoid growth curve typical of cells in culture and many higher plants and plant organs

- Sigmoid curve, natural environment में grow करने वाले living organism की एक characteristic है।
- यह curve सभी cells, tissues तथा plant के organs के लिए typical आदर्श है।

क्या आप अन्य similar examples के बारे में सोच सकते हैं?

Seasonal activities, show करने वाले एक tree से आप किस तरह के curve को expect कर सकते हैं?

- Expoential growth को इस प्रकार express किया जा सकता है

$$W_1 = W_0 e^{rt}$$

W_1 = final size (weight, height, number, etc.)

W_0 = initial size at the begining of the period

r = growth rate

t = time of growth

e = base of natural logarithms

- यहाँ r एक relative growth rate है तथा साथ ही plants द्वारा new plants material को produce करने की क्षमता को measure करता है, जिसे efficiency index के रूप में refer किया जाता है।
- इसलिए final size W_1, initial size W_0 पर depend करता है।
- Living system की growth के बीच quantitative comparison भी दो प्रकार से किया जा सकता है
  (i) Per unit time पर total growth का comparison तथा measurment, **absolute growth rate** कहलाता है।
  (ii) Per unit time पर given sytstem की growth का expression, common basis (जैसे— per unit initial parameter) पर करना relative growth rate कहलाता है।
- Fig. 15.7 में different size की दो leaves 'A' तथा 'B' दिखाई गई हैं, लेकिन एक दिए गए समय में उनके area में absolute increase से leaves 'A^1' तथा 'B^1' बनी।

  -फिर भी इनमें से एक का relative growth rate अधिक है।

  यह कौन-सी leave है और क्यो हैं?

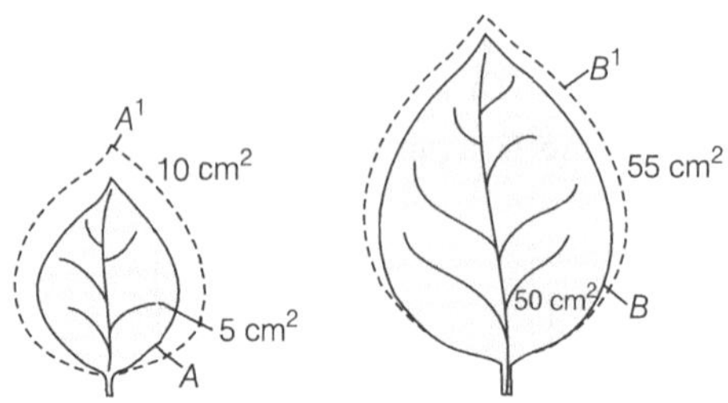

Figure 15.7 Diagrammatic comparison of absolute and relative growth rates. Both leaves A and B have increased their area by 5 cm^2 in a given time to produce A in a given time to produce A_1, B_2 leaves.

15.1.5 Conditions for Growth

Plants की growth के लिए necessary conditions क्या हैं?

- इस list में water, oxygen तथा nutrients हो सकते हैं, जोकि growth के लिए बहुत आवश्यक हैं।

Water

- यह cell-enlargement के लिए आवश्यक होता है, जिससे cells, size में grow करती हैं।
- Cells की turgidity, extension growth में सहायता करती है।
- इसलिए plants की growth तथा further development, plants के water status से intimately link रहती हैं।
- Growth के लिए आवश्यक enzymes की activities के लिए water एक medium प्रदान करता है।

Oxygen

- Oxygen, growth के लिए metabolic energy को release करने में help करती हैं।

Nutrients

- Macro तथा micro essential element, protoplasm के synthesis के लिए आवश्यक होते हैं तथा ये energy के source होते हैं।

Temperature

- Plants की growth के लिए optimum temperature आवश्यक होता है तथा इस range से deviate होने पर पौधे का survival कठिन हो सकता हैं।
- इस temperature range में किसी प्रकार का deviation पौधे के survival के लिए detrimental (हानिकारक) हो सकता है।

Light and Gravity

- ये environmental signal range, growth की certain phases या stages को प्रभावित करती है।

15.2 Differentiation, Dedifferentiation and Redifferentiation

- Root एवं shoot की apical meristem तथा cambium से derived cells, differentiate होकर specific कार्यों को करने के लिए mature हो जाती है।
- Maturation की ओर होने वाला यह act **'differentiation'** कहलाता है।
- Differentiation के समय cells अपनी cell wall तथा protoplasm दोनों में ही कुछ या major, structural change करती हैं। e.g., Tracheary element को बनाने में cells अपने protoplasm को lose कर देती हैं।

- ये एक very strong, elastic, lignocellulosic secondary cell walls को भी develop करते हैं, जो extreme tension पर भी water को long distance तक ले जाता हैं।
- Plants एक another interesting phenomenon show करते हैं।
- कुछ विशेष conditions में living differentiated cells दोबारा से division की capacity प्राप्त कर लेती हैं, इस phenomenon को **dedifferentiation** कहते हैं।
- **For example.** *Fully differentiated parenchyma cells* से meristems जैसे कि interfascicular cambium तथा cork cambium का बनना।
- Dedifferentiated cells, divide होकर cells produce करती हैं।
- Dedifferentiated cells के division से बनी cells पुन: divide होने की क्षमता को खो देती हैं, लेकिन specific कार्यों को करने के लिए mature हो जाती हैं, यह **redifferentiation** कहलाता है।
- Woody dicotylednous plants के कुछ tissues की list बनाए, जो redifferentiation के product हों।

  आप tumour को कैसे describe करेंगे?

  आप उस parenchyma cells को, जिसे laboratory की controlled conditions में plant tissue culture के दौरान divide कराया जा रहा हो? उसे क्या कहेंगे?
- Section 15.1.1 को recall करिए हमने बताया था कि plants में growth, open होती है मतलब यह determinate तथा indeterminate हो सकती हैं।
- अब हम कह सकते हैं कि plants में differentiation भी open होता है, क्योंकि same meristem से पैदा हुए tissues/cells mature होने पर different structures तैयार करते हैं।
- Cells/tissues की maturity पर बनने वाला final structure भी अपने अन्दर cells की location द्वारा determine किया जाता है। e.g., Root apical meristems से दूर स्थित cells, root cap cells की तरह differentiate होती हैं, जबकि periphery की ओर pushed cells, epidermis की तरह mature होती हैं।

15.3 Development

- Development एक term है, जिसके अन्तर्गत किसी organism की life cycle में seed germination से लेकर senescence तक changes आते हैं।
- Fig. 15.8 में higher plants की cells में होने वाले development की sequential processes का diagrammatic representation किया गया है। यह tissues/organs पर भी लागू होता है।

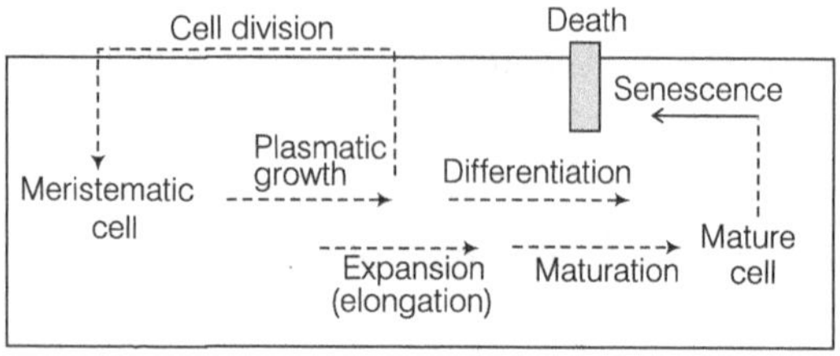

Figure 15.8 Sequences of the developmental process in a plant cell

- पौधे environment को response करने के लिए विभिन्न pathways को follow करते हैं या विभिन्न प्रकार के structures बनाने के लिए life के विभिन्न phases को follow करते हैं, इस क्षमता को **plasticity** कहते हैं। *e.g.*, heterophylly in cotton, coriander and larkspur.
  - इन plants में leaves की shape, juvenile तथा mature अवस्था में अलग-अलग होती हैं।
- दूसरी ओर buttercup में air तथा water में produce होने वाली leaves की shape में difference होता है।
  - यह heterophyllous development, environment के कारण होता है।
- Heterophylly का यह phenomenon, plasticity का एक example है। (Fig. 15.9)

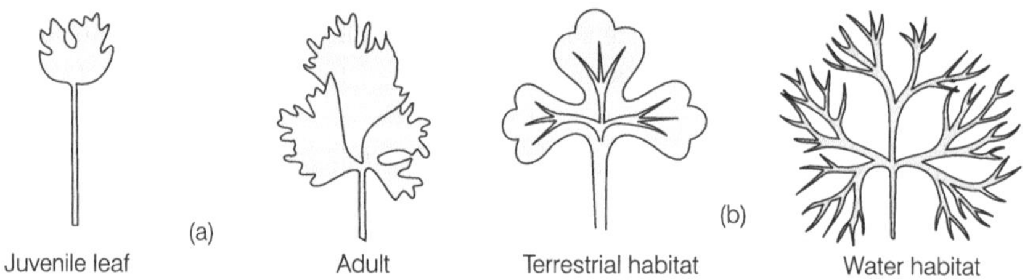

Figure 15.9 Heterophylly in (a) larkspur and (b) buttercup

- अत: एक plant की life में growth, differentiation तथा development बहुत ही closely related events हैं।
- Growth व differentiation के sum (जोड़) को development कहते हैं।
- Plants में development (growth एवं differentiation दोनों) intrinsic तथा extrinsic factors से control होता है।
- **Intrinsic factors :** इसमें intracellular (genetic) तथा intercellular factors (chemicals जैसे कि PGR) शामिल हैं।
- **Extrinsic factors :** इसमें light, temperature, water, oxygen तथा nutrition शामिल होते हैं।

15.4 Plant Growth Regulators

15.4.1 Characteristics

- Plant Growth Regulators (PGRs), diverse chemical composition वाले simple तथा small molecules होते हैं। ये निम्न हैं
  - indole compounds (indole-3-acetic acid, IAA);
  - adenine derivatives (N^6-furfurylamino purine, kinetin)
  - carotenoids derivatives (abscisic acid, ABA)
  - terpenes (gibberellic acid, GA3) gases (ethylene, C_2H_4)

- PGRs को literature में, plant growth substances, plant hormone या phytochromes जैसे various नाम से describe किया गया है।
- Plant Growth Regulators (PGRs) को living plant में उनके functions के आधार पर दो groups में divide किया जा सकता है—plant growth promoters तथा plant growth inhibitors.

Plant Growth Promoters

- ये growth promoting activities में involve होते हैं; जैसे— cell division, cell enlargement, pattern formation, tropic growth, flowering, fruiting तथा seed formation, आदि।
  e.g., auxins, gibberellins तथा cytokinins.

Plant Growth Inhibitors

- ये biotic व abiotic origin के wound और stress के प्रति plant responses में भाग लेते हैं।
- इसके साथ ही ये विभिन्न growth inhibiting activities जैसे- **dormancy** एवं **abscission** में भी involve रहते हैं।
  e.g., Abscisic Acid (ABA).
- Gaseous PGR, **ethylene** किसी भी group के साथ fit हो सकता है, लेकिन largely यह एक growth activities का inhibitor है।

15.4.2 The Discovery of Plant Growth Regulators

- मजेदार बात यह है कि PGRs के five major groups में प्रत्येक की खोज accidental है।
- इसकी शुरूआत **Charles Darwin** और उनके पुत्र **Francis Darwin** के observation से हुई जब उन्होंने observe किया कि canary grass का coleoptile, light source की ओर growth (phototropism) द्वारा unilateral illumination के प्रति respond करता है।
- Experiments की एक लम्बी series के बाद यह निष्कर्ष निकाला गया हैं कि coleoptiles की tip ही transmitable influence की site थी, जो entire coleoptiles की bending का कारण है। (Fig. 15.10)

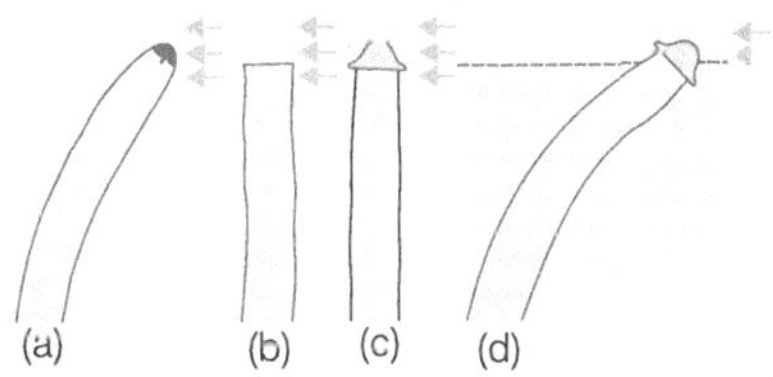

Figure 15.10 Experiment used to demonstrate that tip of the coleoptile is the source of auxin. Arrows indicate direction of light

- Auxin को **FW Went** ने oat seedlings की coleoptile tip से isolate किया था।
- **'Bakanae'** (foolish seedling), rice seedling की disease है, जो ***Gibberella fujikuroi*** (fungus) द्वारा होती है।
- **E Kurosawa** ने uninfected rice seedlings में disease symptoms को बताया, जब इन्होंने fungus के sterile filtrates को इसके साथ treat किया।
  – यह active substance बाद में **gibberellic acid** के रूप में identify किया गया।
- **F Skoog** तथा उनके coworkers ने observed किया, कि tobacco stems के internodal segment से callus poliferat हो गया और ऐसा तभी हुआ जब auxins के अतिरिक्त nutrient medium को vascular tissues के extract, yeast extract, coconut milk या DNA के साथ supplement किया गया। (*callus* = a mass of undifferentiated cells).
- **Skoog** व **Miller** ने cytokinesis promoting , active subtance को identified तथा crystalise किया एवं **Kinetin** इसे नाम दिया।
- Mid-1960s के दौरान तीन independent researchers ने तीन विभिन्न प्रकार के inhibitors का purification तथा उसका chemical characterisation प्रस्तुत किया—

inhibitors-B, abscission-II तथा **dormin**. बाद में ये तीनों chemically identical पाए गए तथा इनको **Abscisic Acid (ABA)** नाम दिया गया।

- **Cousins** ने यह confirmed किया कि ripened oranges से release हुए एक volatile substance के पास में रखे unripened bananas में ripening जल्दी होने लगती है।
- बाद में यह volatile substance, **ethylene** के नाम से identified हुआ, जो एक gaseous PGR है।
  - आइए अब हम इन five categories के PGRs के physiological effect का अध्ययन करते हैं।

15.4.3 Physiological Effects of Plant Growth Regulators

15.4.3.1 Auxins

- Auxins (from Greek *'auxein'*: to grow) इसे सबसे पहले human के urine से isolate किया गया।
- Term 'auxin' का प्रयोग Indole-3-Acetic Acid (IAA) तथा अन्य natural एवं synthetic compound को indicate करने के लिए किया जाता है, जिनमें growth regulating properties होती हैं।
- ये generally, stems तथा roots के growing apices के द्वारा produced किए जाते हैं तथा वहाँ से अपने action वाले region की ओर चले जाते हैं।
- IAA एवं Indol Butyric Acid (IBA) नामक auxins को plants से isolate (निकाला) किया गया है।
- NAA (Naphthalene Acetic Acid) तथा 2, 4 D (2, 4 dichlorophenoxyacetic acid) **synthetic auxins** हैं।
- ये सभी auxins, agriculture तथा horticulture practice में extensively use किए जाते हैं।
- ये stem की cutting में rooting को initiate करने में help करते हैं।
- यह application plant के propagation में widely used होता है।
- Auxins, flowering को promote करते हैं। e.g., pineapples.
- ये early stage में fruits तथा leaves को गिरने से रोकते हैं।
- यह old, mature leaves तथा fruits में abscission को promote करते हैं।
- अधिकांश higher plants में growing apical bud, lateral (axillary) buds की **growth** को रोकती हैं, इस phenomenon को **apical dominance** कहते हैं।
- Shoot tips के removal (decapitation) से प्राय: lateral buds की growth होती हैं। (fig. 15.11)

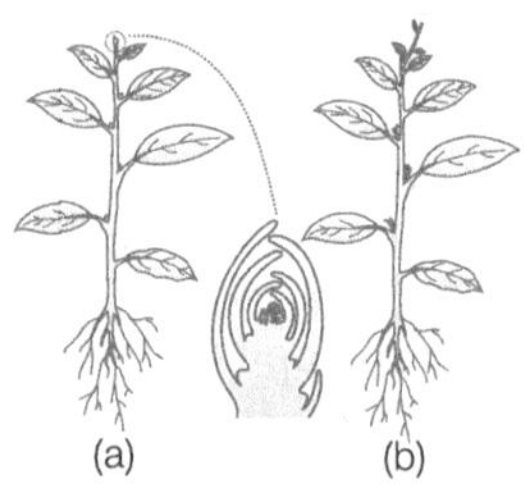

Figure 15.11 Apical dominance in plants : (a) A plant with apical bud intact (b) A plant with apical bud removed Note the growth of lateral buds into branches after decapitation

- यह अधिकतर tea plantations एवं hedge-making में प्रयोग किया जाता है।
  - Auxins parthenocarpy को भी promote करता है। e.g., tomatoes.
  - इन्हें herbicide के रूप में widely use किया जाता है।
  - 2, 4-D अधिकतर dicotyledonous weeds को मारने में प्रयोग किया जाता है, लेकिन ये mature monocotyledonous plants को प्रभावित नहीं करता है। इसका उपयोग gardener द्वारा **weed free lawn** को तैयार करने में किया जाता है। Auxins, xylem differentiation को control करता है तथा cells के division में सहायता करता है।

15.4.3.2 Gibberellins

- Gibberellins एक अलग प्रकार का promotery PGR हैं।
- Widely defferent organisms जैसे- fungi तथा higher plants द्वारा सौ से अधिक gibberellins को report किया जा चुका है।
- इन्हें denote किया जाता है–GA_1, GA_2, GA_3 and soon.
- GA_3 सबसे पहला तथा सबसे अधिक intensively अध्ययन किया जाने वाला gibberellin है।
- सभी GAs, acidic होते हैं।
- Gibberellins Plants में wide range के physiological responses को produce करते हैं।
- Gibberellins में axis की length बढ़ाने की क्षमता होती है तथा इसका उपयोग grapes के stalks (डंठल) की length को बढ़ाने में किया जाता है।
- Gibberellin, apple जैसे— fruits को elongate तथा इसकी shape को improve करते हैं।
- ये senescence को भी delay करते हैं, ताकि fruits market में जाने तक पेड़ों पर longer time तक लगे रहें।
- GA_3 का use, brewing industry में malting process की speed को बढ़ाने में किया जाता है।
- Sugarcane की stems में carbohydrate, sugar के रूप में store रहता है।
- Sugarcane के खेत में gibberellin छिड़कने पर stem की length बढ़ जाती है, इस प्रकार यह yield को 20 tonnes per acre बढ़ा देता है।
- GAs छिड़कने पर juvenile conifers में maturity period जल्दी आता है। इसलिए यह early seed production को बढ़ावा देता है। यह beet, cabbages तथा कई पौधे जिनमें rosette habit होती है, इनमें bolting को promote करता है।
- Flowering से पहले internode elongation को **bolting** कहते हैं।

15.4.3.3 Cytokinins

- Cytokinins के cytokinesis पर specific effects होते हैं।
- इसे kinetin के रूप में autoclaved herring sperm DNA से discover किया गया।
- Kinetin, adenine का modified रूप है—a purine.
- **Kinetin,** plants में naturally नहीं पाया जाता है।
- Cytokinin like activities वाले natural substances की खोज के क्रम में corn-kernels तथा coconut milk से zeatin, isolate किया गया।
- Zeatin की खोज के बाद कई naturally occurring cytokinins तथा कुछ synthetic compounds identify किए जा चुके हैं, जिनमें cell division को promote करने वाली activity होती है।
- Natural cytokinins उन regions में synthesised होते हैं, जहाँ rapid cell division होता है।
- e.g., Root apices, developing shoot buds तथा young fruits, आदि।
- यह नई पत्तियों में chloroplast, lateral shoot growth तथा adventitious shoot formation में सहायता करता है।
- Cytokinins, apical dominance को overcome (छुटकारा) करने में सहायता करता है।
- ये nutrient mobilisation को promote करते हैं, जिससे leaf senescence को delay करने में help मिलती है।

15.4.3.4 Ethylene

- Ethylene एक simple gaseous PGR हैं।
- यह undergoing senescence tissues तथा ripe fruits के द्वारा large amount में synthesised होती हैं।
- यह seedlings की horizontal growth, axis की swelling तथा dicot seedlings में apical hook formation पर प्रभाव डालती है।

- यह plant organs especially, leaves तथा flowers के senescence तथा abscission को promote करती है।
- यह fruit ripening में बहुत effective है।
- Fruits ripening के दौरान यह respiration rate को बढ़ा देती है।
- इस respiration rate के बढ़ने को **respiratory climactic** कहते हैं।

Ethylene

- Seed तथा bud dormancy को break करती है।
- Peanut seeds में germination को initiate करती है।
- Potato tubers में sprouting करती है।

- यह deep water rice plants में rapid internode/petiole elongation को promote करती है।
- यह leaves/shoots के upper part को water के ऊपर रखने में सहायता करती हैं।
- यह root growth तथा root hair formation को भी promote करती है, इस प्रकार plant की absorption surface को बढ़ाने में सहायता करती है।
- Ethylene, **pineapple** में flowering को initiate करने तथा fruit-set synchronising (फल समकालिकता) के लिए use होती हैं।
- यह mango में भी flowering को induce करती है।
- Ethylene कई physiological processes को regulate करती है, अत: यह agriculture में most widely use होने वाला PGR है।
- Ethylene के source के रूप में most widely use होने वाला compound, **ethephon** हैं।
- एक aqueous solution में ethepon का use करने से ये पौधों में readily absorb हो जाता है तथा पौधों में transport होकर धीरे-धीरे ethylene release करता है।
- Ethephon, **tomatoes** एवं **apples** में fruit ripening को बढ़ाता हैं तथा flowers एवं fruits में abscission को accelerate करता है। (thining of cotton, cherry, walnut)
- यह **cucumber** में female flowers को promote करता है, जिससे उत्पादन बढ़ जाता है।

15.4.3.5 Abscisic acid

- जैसा कि पहले बताया जा चुका है कि Abscisic Acid (ABA) ; को abscission तथा dormancy को regulate करने के लिए discover किया गया। लेकिन अन्य PGRs की तरह इनका wide range में plant growth तथा development पर भी effect होता है।
- ABA एक general plant growth inhibitor तथा plant metabolism के inhibitor की तरह काम करता है।
- ABA, seed germination को inhibit करता है। यह epidermis में stomata की closing को stimulate करता है तथा विभिन्न प्रकार के strees को सहने के लिए plant की क्षमता बढ़ाता है।
- इसी कारण ABA को **stress hormone** भी कहा जाता है।
- यह seed development, maturation तथा dormancy में important role play करता हैं।
- ABA, dormancy को induce करता है, जिसके द्वारा seed desiccation तथा growth के लिए अन्य unfavourable factors को सहन कर सकता है।
- अधिकतर ABA, GAs के लिए एक antagonist होते हैं।
- हम संक्षेप में कह सकते हैं कि plants की growth, differentiation तथा development के लिए एक या अन्य PGR कुछ न कुछ role play करते हैं।
  - इस तरह के roles, complimentary या फिर antagonistic हो सकते हैं।
  - ये individualistic या synergistic हो सकते हैं।
- इस तरह plant की life में कई events होते हैं जहाँ एक से अधिक PGR interact होकर events को प्रभावित करते हैं। e.g., dormancy in seeds/buds, abscission, senescence, apical dominance, etc.

- याद करें PGR का role एक प्रकार का intrinsic control है।
- Genomic control एवं extrinsic factors के साथ ये plants के growth एवं development में important role play करते हैं।
- कई extrinsic factors जैसे— temperature तथा light पौधों की growth एवं development को PGR के जरिए control करते हैं।
- इनमें से कुछ events–vernalisation, flowering, dormancy, seed germination, plant movement, etc, हो सकते हैं।
- हम लोग flowering पर light एवं temperature (दोनों extrinsic factor हैं) के role को briefly discuss करेंगे।

15.5 Photoperiodism

- ऐसा observed किया गया है कि कुछ पौधों में flowering को induce करने के लिए light के periodic exposure की आवश्यकता होती है।
- ये भी देखा गया है कि ऐसे पौधे exposure to light की duration को measure करने के लिए सक्षम होते हैं।
- Required light की duration के आधार पर पौधों को 3 group में रखा गया है
  (i) **Long day plant :** इन्हें light के exposure की आवश्यकता critical duration से अधिक period के लिए होती है।
  (ii) **Short day plant :** इन्हें light के exposure की आवश्यकता critical duration से कम period के लिए होती है। इन्हें Critical duration आवश्यकता flowering से पहले होती हैं।
- Critical duration विभिन्न पौधों के लिए अलग-अलग होती हैं।

(iii) **Day neutral plant :** इनमें light duration के exposure तथा flowering responses में कोई relation नहीं होता है।

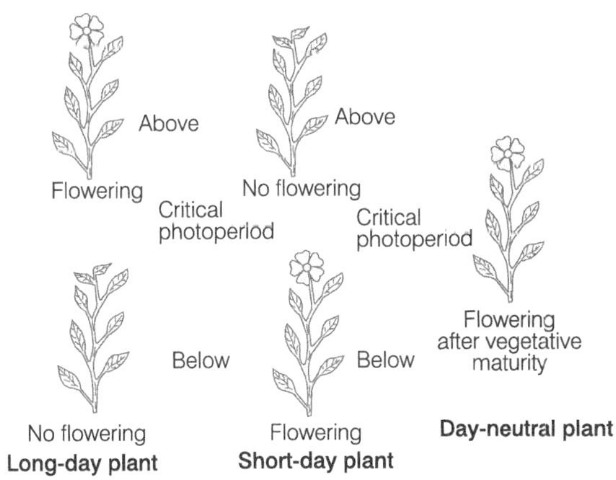

Figure 15.12 Photoperiodism : Long day, short day and neutral plants

- अब यह भी ज्ञात है कि duration of light period की तरह duration of dark period की भी equal importance होती है। इसलिए यह कहा जा सकता है कि कुछ पौधों में flowering केवल light तथा dark exposure के combination पर ही depend नहीं करती बल्कि उनके relative duration पर भी depend करती हैं।
- Day/night के period के लिए plants का यह response, **photoperiodism** कहलाता है।
- Flowering से पहले जब shoot apices, flowering apices में modify होते हैं, परन्तु वे (plant की shoot apices) स्वयं photoperiod को percieve नहीं कर सकती हैं।
- Light/dark, duration के perception की site, leaves होती हैं।

- हम जानते हैं कि hormonal substance (florigen) flowering के लिए responsible है।
- यह hormonal substance, flowering को induce करने के लिए leaves से shoot apices में केवल तभी जाता है, जब पौधों का necessary inductive photoperiod में expose करते हैं।

15.6 : Vernalisation

- कुछ पौधे flowering के लिए low temperature के exposure पर quantitatively या qualitatively dependent रहते हैं, इस phenomenon को **vernalisation** कहा जाता है।
- यह late growing season में precocious (समय से पहले पका हुआ) reproductive development को रोकता है तथा पौधों को maturity तक पहुँचने के लिए sufficient time उपलब्ध कराता है।
- Vernalisation, low temperature period में flowering के promotion को कहते हैं।
- कुछ food plants जैसे wheat, barley तथा rye में दो varieties होती हैं—**winter** तथा **spring.**

Spring varieties :

- यह normally spring में बोईं जाती हैं और इनमें flower आते हैं तथा growing season की समाप्ति के पहले ही grains को produce करती है।

Winter varieties :

- यदि ये spring में बोईं जाती हैं, तो ये flowering season के दौरान flower तथा mature grain को produce करने में असफल होती है, इसलिए इन्हें autumn season में बोया जाता है।
- ये germinate होते हैं तथा winter में small seedlings के रूप में बाहर आते हैं फिर spring में growth करते हैं तथा लगभग mid-summer के दौरान काट (harvest) लिए जाते हैं।

Vernalisation in biennial plants

- Biennials, monocarpic plants होते हैं, जो normally second season में flower produce करते हैं तथा मर जाते हैं।
- Sugarbeet, cabbages, carrots कुछ common biennial plants हैं।
- यदि growing biennial plant को cold treatment दिया जाता है, तो ये subsequent (आगामी) photoperiodic flowering response को stimulate करता है।

UNIT-V

HUMAN PHYSIOLOGY

ALFONSO CORTI
(1822-1888)

- Italian anatomist, Alfonso Corti का जन्म 1822 में हुआ था।
- Corti ने अपना scientific carrier reptiles के cardiovascular system की study से आरम्भ किया था।
- बाद में उन्होंने अपना ध्यान mammals के auditory system की ओर केन्द्रित किया।
- 1851 में Corti ने एक paper publish किया।
- जिसमें cochlea की basilar membrane पर स्थित structure में hair cells को describe किया, जोकि sound vibration को nerve impulse में convert कर देती हैं जिन्हें organ of Corti कहते हैं।
- Corti की मृत्यु 1888 में हुई थी।

Chapter Sixteen

DIGESTION AND ABSORPTION

- भोजन सभी living organisms की basic requirement (मूलभूत आवश्यकता) होती है।
- हमारे भोजन के प्रमुख components (घटक) carbohydrate, protein और fat होते हैं।
- Vitamins और minerals भी कुछ मात्रा में आवश्यक होते हैं।
- भोजन energy और tissues की growth तथा repairement के लिए organic materials प्रदान करता है।
- हम जो पानी पीते हैं वह हमारे शरीर की metabolic process के लिए बहुत आवश्यक है और यह हमारी body को dehydrate (निर्जलीकरण) होने से बचाता है।
- भोजन के biomacromolecules को हमारा शरीर उनके original form में उपयोग नहीं कर पाता है, उन्हें digestive system में तोड़कर simple substances में बदलना पड़ता है।
- Complex food substances को simple absorbable forms में बदलने के इस process को digestion कहते हैं। यह हमारे digestive system में mechanical और biochemical methods द्वारा होता है।

16.1 Digestive System

- मानव का digestive system, alimentary canal और associated glands से मिलकर बना होता है।

16.1.1 Alimentary Canal

- Alimentary canal की शुरुआत एक anterior opening-mouth से होती है और यह anus द्वारा posteriorly बाहर खुलती है।
- Mouth के आगे buccal cavity या oral cavity होती है। Oral cavity में कई दाँत और एक muscular tongue (जीभ) होती है।

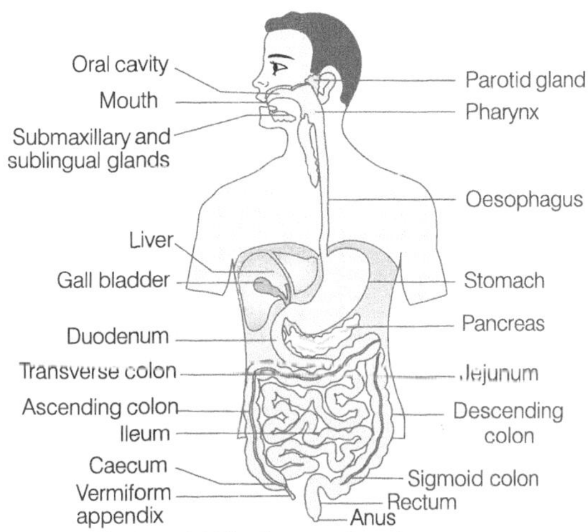

Figure 16.1 The human digestive system

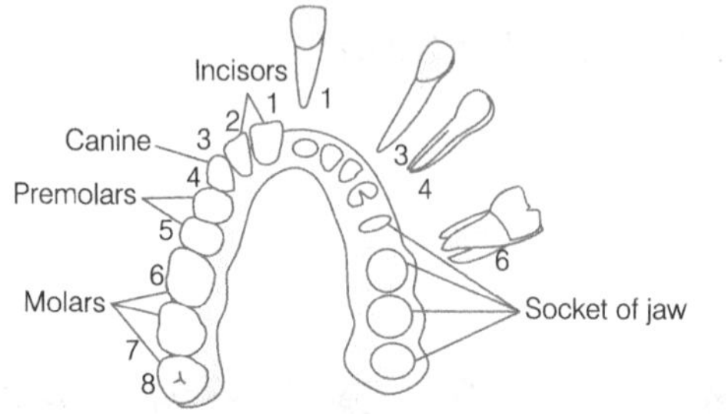

Figure 16.2 Arrangement of different types of teeth in the jaws on one side and the sockets on the other side

- प्रत्येक दाँत jaw bone के socket में धँसा होता है। इस प्रकार के attachment को thecodont कहते हैं। (Fig. 16.2)
- Majority of mammals including human being जीवन में दाँतों के दो sets बनाते हैं, एक set temporary, milk या decidious teeth का होता है, जो बाद में permanent या adult teeth द्वारा replace कर दिया जाता है इस तरह के dentition को diphyodont कहते हैं।
- एक adult human में 32 permanent teeth होतें हैं जो चार अलग-अलग तरह (heterodont dentition) के होते हैं— उनके नाम हैं Incisors (I), Canine (C), Premolar (PM), Molar (M)।
- ऊपरी तथा निचले जबड़े के प्रत्येक अर्द्धभाग में दाँतों का arrangement इस क्रम में होता है— I, C, PM, M, जोकि dental formula द्वारा represent किया जाता है।

$$\text{Dental formula} = \frac{\text{Teeth of upper half jaw}}{\text{Teeth of lower half jaw}} = \frac{2_I\ 1_C\ 2_{PM}\ 3_M}{2_I\ 1_C\ 2_{PM}\ 3_M}$$

- दाँतों का hard chewing surface **enamel** का बना होता है, जो भोजन को चबाने में सहायक होता है।
- जीभ एक freely movable muscular organ है, जो **frenulum** द्वारा floor of the oral cavity से जुड़ी रहती है।
- जीभ की ऊपरी सतह पर छोटे-छोटे उभार होते हैं जिन्हें papillae कहते हैं इनमें से कुछ के पास **taste buds** होते हैं।
- Oral cavity आगे एक छोटी-सी pharynx में खुलती है, जोकि food और air के लिए common passage का काम करती है।
- Oesophagus और trachea (wind pipe) दोनों pharynx में खुलते हैं।
- Wind pipe की opening को glottis कहते हैं।
- Epiglottis एक cartilaginous flap होता है, जो भोजन को निगलते समय glottis में जाने से रोकता है।
- Oesophagus एक पतली सी long tube है, जो पीछे की ओर से neck, thorax और diaphragm से होते हुए एक J-shaped bag-like structure में खुलती है, जिसे stomach कहते हैं।
- Oesophagus की stomach में opening को एक muscular sphincter regulate करता है, जिसे gastro-oesophageal sphincter कहते हैं। (Fig.16.3)
- Abdominal cavity के upper left protion में stomach होता है।
- Stomach के चार major parts होते हैं—पहला cardiac portion जिसमें oesophagus खुलती है, दूसरा fundic region और तीसरा body तथा चौथा pyloric portion, जो small intestine के first part में खुलता है। (Fig. 16.3)

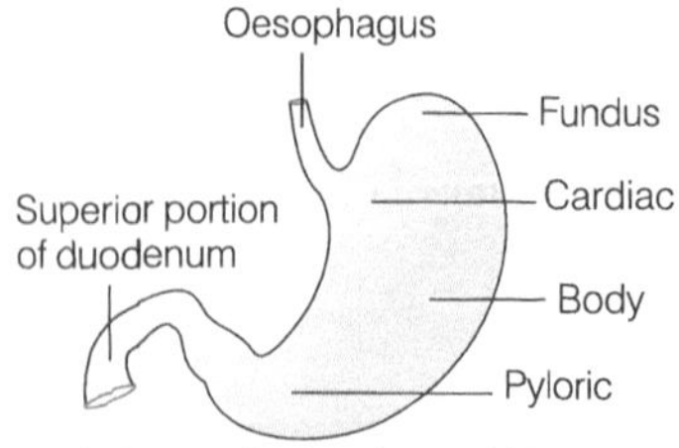

Figure 16.3 Anatomical regions of Human stomach

- Small intestine तीन भागों में पहचानी जाती है

Small Intestine
- Duodenum (C-Shape)
- Jejunum
- Ileum (highly coiled) → Open in caecum

- Stomach की opening जोकि duodenum में खुलती है उसे **pyloric sphincter,** guard करता है।
- Ileum, large intestine में खुलती है।

Large Intestine
- Caecum (a small blind sac)
- Colon
  - An ascending part
  - A transverse part
  - A descending part→ Open in rectum
- Rectum- Opens out through the anus

- Caecum कुछ symbiotic microorganism के लिए host का काम करती है।
- Caecum से एक संकरा finger-like उभार निकलता है, जिसे **vermiform appendix** कहते हैं, जोकि एक vestigial organ (अवशेषी अंग) है।
- Oesophagus से rectum तक alimentary canal की दीवार में चार layers होती हैं। (Fig. 16.4)

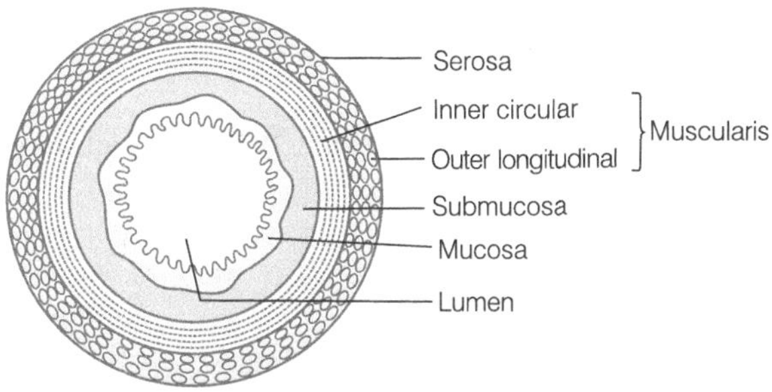

Figure 16.4 Diagrammatic representation of transverse section of gut

Layers in wall of alimentary canal (from outer to inner)
- **Serosa**- made up of a thin mesothelium (epithelium of visceral organs), some connective tissues
- **Muscularis**- formed by smooth muscles
  - **Outer longitudinal**
  - **Inner circular**

  *कुछ भाग (जैसे– stomach) में oblique muscles भी पायी जाती हैं।
- **Submucosa** – formed of loose connective tissue
  - इसमें nerves, blood vessels और lymph vessels पाई जाती है।
  - Duodenum की submucosa में glands (Brunner's) पाई जाती है
- **Mucosa**- Alimentary canal में lumen की lining बनाती है।
  - Stomach की mucosa कुछ irregular folds **(rugae)** बनाती हैं।
  - Stomach की mucosa gastric glands बनाती हैं।
  - Small intestine की mucosa में छोटी-छोटी finger जैसी foldings होती हैं, जिन्हें **villi** कहते हैं। (Fig. 16.5)
  - Mucosal epitestine मे goblet cells पाई जाती हैं, जो mucus का secretion कर lubrication मे सहायक होती है।

- Villi की lining बनाने वाली cells में कई microscopic उभार होते हैं, जिन्हें **microvilli** कहते हैं और इनका appearance brush border की तरह होता है।
- ये modification, suface area को बहुत अधिक बढ़ा देते हैं।
- Villi में capillaries का जाल पाया जाता है और एक बड़ी-सी lymph vessel होती है, जिसे **lacteal** कहते हैं।
- Intestine की villi के base के बीच में crypts पाए जाते हैं जिन्हें **crypts of Lieberkuhn** कहते हैं।

- Alimentary canal में पाई जाने वाली चारों layers अलग-अलग जगहों पर अलग-अलग modification को दर्शाती हैं।

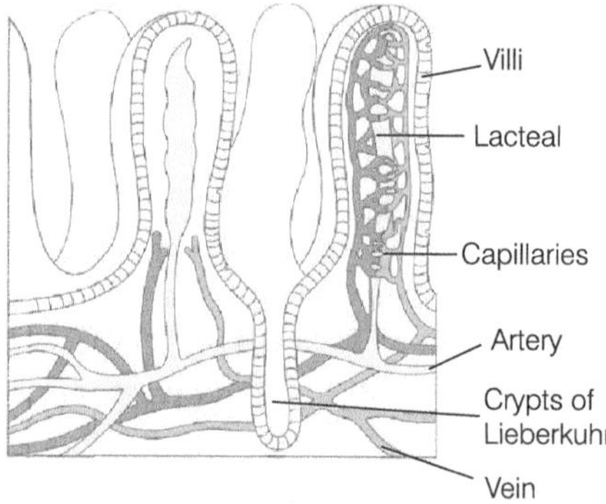

Figure 16.5 Section of small intestinal mucosa showing villi

16.1.2 Digestive Glands

- Salivary glands, liver और pancreas-alimentary canal से जुड़ी हुई digestive glands हैं। Saliva मुख्यतया 3 pairs, salivary gland से produce होता है

Salivary glands
- Parotid (cheek)
- Sub-maxillary/sub-mandibular (lower jaw)
- Sub-lingual (below tongue)

- Salivary glands, buccal cavity के बाहर होती है और ये buccal cavity में salivary juice को secrete करती है।
- Liver शरीर की largest gland होती है जिसका वजन एक adult human में 1.2-1.5 kg होता है।
- Liver, diaphragm के just नीचे abdominal cavity में स्थित होता है और इसके दो lobes होते हैं।
- Liver की structural और functional unit को **hepatic lobules** कहते हैं, जिसमें hepatic cells पाई जाती है और ये cords के रूप में arrange रहती है।
- प्रत्येक lobule एक पतले connective tissue की परत से घिरा रहता है, जिसे **Glisson's capsule** कहते हैं।
- Hepatic cells bile को secrete करती है, जो hepatic duct से होते हुए एक thin muscular sac (**gall bladder**) में store और concentrate होता है।
- Gall bladder की duct को cystic duct कहते हैं यह liver की hepatic duct के साथ मिलकर एक नई duct बनाता हैं, जिसे common bile duct कहते हैं। (Fig. 16.6)

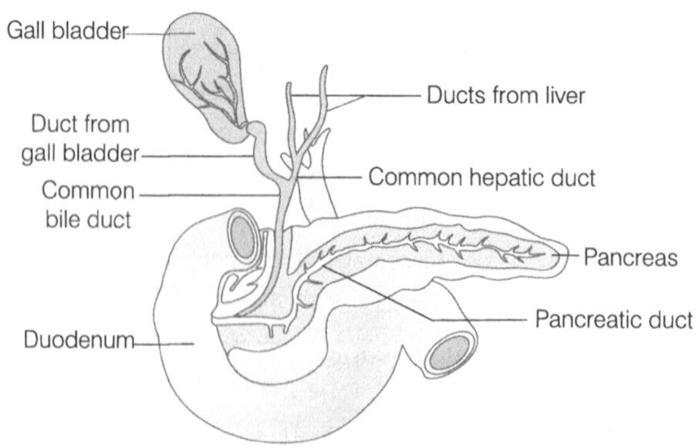

Figure 16.6 The duct systems of liver, gall bladder and pancreas

- Bile duct और pancreas की pancreatic duct दोनों मिलकर **common hepato-pancreatic duct** बनाती हैं, जो duodenum में आकर खुलती हैं।

- इस opening को एक sphincter guard करता है, जिसे sphincter of oddi कहते हैं।

Pancreas एक compound (both exocrine and endocrine) elongated organ है, जो **C-shaped** duodenum के बीच स्थित होता है।
- Pancreas का exocrine भाग, alkaline pancreatic juice secrete करता है, जिसमें enzymes पाए जाते हैं।
- Pancreas का endocrine भाग, insulin और glucagon नामक hormone secrete करता है।

16.2 Digestion of Food

- Buccal cavity के दो मुख्य कार्य हैं—भोजन को चबाना और उसे निगलने में सहायता प्रदान करना।
- Saliva की मदद से teeth और tongue भोजन को अच्छी तरह से masticate (चबाना) और mix up करते हैं।
- Saliva का mucus lubrication प्रदान करता है और चबाए हुए भोजन के टुकड़ों को एकसाथ जोड़ता है, जिसे **bolus** कहते हैं।
- Bolus muscular contraction की क्रमागत (successing) waves के द्वारा oesophagus से नीचे खिसकता है, जिसे peristalsis कहते हैं।
- Gastro-oesophageal sphincter भोजन के stomach में जाने को control करता है।
- Oral cavity में जो saliva secrete होता है उसमें electrolytes (Na^+, K^+, Cl^-, HCO_3^-) और enzymes (salivary amylase and lysozyme) होते हैं।
- Digestion के chemical process की शुरुआत oral cavity में उपस्थित salivary amylase के hydrolytic action से होती है।
- Salivary amylase एक carbohydrate को तोड़ने वाला enzyme है।
- Salivary amylase लगभग 30% starch को hydrolyse कर disaccharide (maltose) में बदल देता है।
- Salivary amylase के action का optimum pH 6.8 होता है।
- Saliva में उपस्थित lysozyme antibacterial agent की तरह काम करता है और infection से बचाता है।

$$\text{Starch} \xrightarrow[\text{pH} = 6.8]{\text{Salivary amylase}} \text{Maltose}$$

- Stomach की mucosal layer में gastric glands पाईं जाती हैं।
- Gastric glands में मुख्यतया तीन प्रकार की cells होती हैं जिनके नाम इस प्रकार हैं
  - (i) **Mucus neck cells** → secrete mucus
  - (ii) **Peptic or chief cells** → secrete proenzyme pepsinogen
  - (iii) **Parietal or oxyntic cells** → secrete HCl and **intrinsic factor.**

  [intrinsic factor **Vitamin**- B_{12} के absorption के लिए आवश्यक है।]
- Stomach में भोजन 4-5 घण्टे तक रहता है।
- Stomach से acidic gastric juice secrete होता है, यह juice भोजन के साथ अच्छी तरह से mix रहता है और यह mixing, stomach की muscular wall में churning की वजह से होती है, इस mixture को chyme कहते हैं।
- Pepsinogen एक inactive proenzyme होता है, जो HCl के सम्पर्क में आने से active enzyme pepsin में बदल जाता है।
- यह pepsin stomach का proteolytic enzyme है, क्योंकि यह proteins को proteoses और peptones (peptides) में बदल देता है।
- Gastric juice में पाए जाने वाले mucus और bicarbonates का प्रमुख कार्य lubrication प्रदान करना और highly concentrated HCl द्वारा mucosal epithelium excoriation (जलने) से बचाते हैं।
- HCl, acidic pH (1.8) प्रदान करता है, जो pepsin के लिए optimum होता है।
- Rennin, gastric juice में पाया जाने वाला एक proteolytic enzyme है, यह milk में उपस्थित protein के digestion में सहायक होता है।

- Gastric gland कुछ मात्रा में lipase भी secrete करते हैं।
- Small intestine की muscularis layer में कई प्रकार के movements उत्पन्न होते हैं। ये movements intestine के कई secretions को भोजन में अच्छी तरह से मिलाने में मदद कर digestion को आसान बनाते हैं।
- Bile juice, pancreatic juice और intestinal juice small intestine में release होते हैं।
- Pancreatic juice और bile juice, hepatopancreatic duct के द्वारा release होते हैं।
- Pancreatic juice में मुख्यतया 6 प्रकार के enzymes inactive रूप में पाए जाते हैं, जो इस प्रकार है—**Trypsinogen, Chymotrypsinogen, Procarboxypeptidases, Amylases, Lipases** तथा **Nucleases.**
- Intestinal mucosa से **enterokinase** नामक enzyme secrete होता है।
- Enterokinase, inactive trypsinogen को active trypsin में बदलता है यह trypsin, pancreatic juice में उपस्थित दूसरे enzymes को activate करता है।
- Duodenum में release होने वाले bile juice में bile pigments (bilirubin and biliverdin), bile salts, cholesterol और phospholipid होते हैं, लेकिन कोई भी enzyme नहीं होता है। Bile fat के emulsification में help करता है (fat को बहुत छोटे micelles में तोड़ना emulsification कहलाता है)।
- Bile, lipases को भी activate करता है।
- Intestine की mucosal epithelium में goblet cells होती है, जो mucus secrete करती है।
- Mucosa की brush border cells का secretion और globlet cells का secretion मिलकर intestinal juice या **succus entericus** बनाता है।
- इस intestinal juice में कई तरह के enzyme होते हैं; जैसे— **disaccharidases** (e.g., maltase), **dipeptidases, lipases, nucleosidases**, etc.
- Mucus और pancreas से उत्पन्न bicarbonates के साथ मिलकर intestinal mucosa को acid से बचाता है और enzymes की activity के लिए alkaline pH(7.8) भी प्रदान करता है।
- Submucosal gland [Brunner's gland] भी इसी कार्य में मदद करती है।
- Proteoses and peptones (वे protein जो chyme में partialy hydrolyse होती हैं) तथा बाकी बची unhydrolysed proteins भी जब intestine में पहुँचती हैं, तो इसमें pancreatic juice में उपस्थित proteolytic enzymes का action शुरू हो जाता है जो नीचे दिया गया है

$$\left.\begin{array}{l}\text{Proteins}\\ \text{Peptones}\\ \text{Proteoses}\end{array}\right\}\xrightarrow[\text{Carboxypeptidase}]{\text{Trypsin/Chymotrypsin}}\text{Dipeptides}$$

- Chyme में ही उपस्थित carbohydrate, pancreatic amylase से hydrolyse होकर disaccharides बनाते हैं।

  $\text{Polysaccharide (starch)} \xrightarrow{\text{Amylase}} \text{Disaccharide}$
- Lipase, fat को bile की मदद से तोड़कर di and monoglycerides बनाते हैं।

  $\text{Fat} \xrightarrow{\text{Lipase}} \text{Diglycerides} \longrightarrow \text{Monoglycerides}$
- Pancreatic juice में उपस्थित nucleases, nucleic acids पर action कर nucleotides और nucleosides बनाते हैं।

  $\text{Nucleic acids} \xrightarrow{\text{Nucleases}} \text{Nucleotides} \longrightarrow \text{Nucleosides}$
- अब succus entericus में उपस्थित enzymes ऊपर की इन reactions के end products पर action करते हैं और इन products को simple absorbable form में convert कर देते हैं।
- Digestion के ये final steps intestine की mucosal epithelial cells के काफी करीब होते हैं।

$\text{Dipeptides} \xrightarrow{\text{Dipeptidases}} \text{Amino Acids}$

$\text{Maltose} \xrightarrow{\text{Maltase}} \text{Glucose + Glucose}$; $\text{Lactose} \xrightarrow{\text{Lactase}} \text{Glucose + Galactose}$

$\text{Sucrose} \xrightarrow{\text{Sucrase}} \text{Glucose + Fructose}$

Nucleotides $\xrightarrow{\text{Nucleotidases}}$ Nucleosides $\xrightarrow{\text{Nucleosidases}}$ Sugar and Bases

Di and Monoglycerides $\xrightarrow{\text{Lipases}}$ Fatty acids + Glycerol

ऊपर दिए गए biomacromolecules का breakdown small intestine के duodenum region में होता है। इससे जो simple substances produce होते हैं वे small intestine के jejunum और ileum region में absorb होते हैं।

- Undigested और unabsorbed substances large intestine में pass कर दिए जाते हैं।
- Large intestine में कोई खास digestive activity नहीं होती है।
- Large intestine के function इस प्रकार हैं
  (i) थोड़ा पानी, थोड़े minerals और कुछ drugs का absorption होता है।
  (ii) Mucus का secretion जो undigested waste को चिपकाता है और waste को lubricate भी करता है जिससे कि आसानी से pass हो सकें।
- Undigested तथा unabsorbed substances जिसे faeces कहते हैं यह Ileo-caecal valve के द्वारा large intestine के caecum में enter करता है और यह valve, faecal matter के backflow को रोकता है।
- Faecal matter temporary तरीके से rectum में store रहता है जब तक defaecation ना हो जाए।
- Gastro-intestinal tract के विभिन्न भागों की activity और उनका proper coordination neural और **hormonal control** के under में होता है।
- भोजन को देखने से, उसकी smell से या फिर भोजन के oral cavity में उपस्थित होने की वजह से saliva के secretion में वृद्धि हो सकती है। इसी तरह से gastric and intestinal secretion में वृद्धि भी neural signals के कारण से होती है।
- Alimentary canal के अलग-अलग parts की activity भी neural mechanisms द्वारा संचालित होती है neural mechanism by both local or through CNS.
- Digestive juices के secretion में hormonal control के अन्तर्गत local hormones आते हैं, जोकि gastric और intestinal mucosa के द्वारा produce होते हैं।

16.3 Absorption of Digested Products

- Absorption वह process है जिसमें digestion के फलस्वरूप बने end products intestinal mucosa से होते हुए blood या lymph में pass कर दिए जाते हैं।
- Absorption active, passive या fascilitated transport के द्वारा होता है।
- Monosaccharides का कुछ amount; जैसे— glucose, amino acids और कुछ electrolytes जैसे chloride ions का absorption सामान्यतया simple diffusion से होता है इन पदार्थों का blood में move करना concentration gradient पर निर्भर करता है।
- कुछ पदार्थ जैसे— glucose और amino acids का absorption carrier protein की सहायता से होता है। इस विधि को fascilitated transport कहते हैं।
- Water का transport, osmotic gradient पर निर्भर करता है।
- Active transport concentration gradient के against होता है इसलिए इसमें energy की आवश्यकता पड़ती है।
- कई nutrients जैसे— amino acids, monosaccharides जैसे glucose, electrolytes Na^+ का blood में absorption इसी विधि से होता हैं।
- Fatty acids और glycerol insoluble होते हैं, इसलिए blood से absorb नहीं किए जा सकते हैं।
- सबसे पहले ये small droplets में टूट जाते हैं, जिसे **micelle** कहते हैं।
- अब यह micelle, intestinal mucosa में move करते हैं।
- ये micelles protein की coating होने के बाद छोटे-छोटे protein coated fat globule में reformed हो जाते हैं जिन्हें chylomicrons कहते हैं।
- Chylomicrons, villi में उपस्थित lymph vessels (lacteals) में transport हो जाते हैं। अन्त में lymph vessels में इन absorb पदार्थों को blood में release कर दिया जाता है।

- Alimentary canal के अलग-अलग part में पदार्थों का absorption होता है जैसे— mouth, stomach, small intestine और large intestine.
- सबसे ज्यादा absorption small intestine में ही होता है।

Absorption का संक्षिप्त वर्णन Table 16.1 में दिया जा रहा है जिसमें absorption की जगह और absorb होने वाले पदार्थों का वर्णन दिया गया है।

Mouth	Stomach	Small Intestine	Large Intestine
Mouth और tongue के lower side की mucosa की lining में उपस्थित blood capillaries से कुछ **drugs** absorb किए जाते हैं।	यहाँ से **water, simple sugars** और **alcohol** का absorption होता है।	यह nutrient के absorption का प्रमुख organ है यहाँ **digestion complete** होता है और digestion के final products जैसे कि **glucose fruc**tose, fatty acid, glycerol और **amino acids** का absorption mucosa के द्वारा blood stream या lymph में होता है।	यहाँ **water** कुछ **minerals** और **drugs** का absorption होता है।

- ये absorbed पदार्थ finally tissues में पहुँचते हैं, जो इन्हें अपनी activities के लिए उपयोग करते हैं। इस process को assimilation कहते हैं।
- Digestive wastes जो rectum में faeces के रूप में solid हो जाते हैं जिससे neural reflex शुरु हो जाता है और यह reflex faeces को बाहर निकालने की इच्छा उत्पन्न करता है।
- Faeces को anal opening के द्वारा बाहर निकालने की प्रक्रिया को defaecation कहते हैं।
- Defaecation एक voluntary process है और यह mass peristaltic movement के द्वारा होती है।

16.4 Disorders of Digestive System

- Intestinal tract में सूजन आना सबसे common बीमारी है, जो bacterial या viral infection से होती है।
- यह infection intestine में उपस्थित कई अन्य parasites के कारण भी होता है; जैसे— कि tapeworm, roundworm, threadworm, hookworm, pinworm, etc.

Jaundice

- इस बीमारी में liver affected होता है और इस कारण से skin और eyes में bile pigments का deposition होने से पीलापन आने लगता है।

Vomiting

- Stomach contents का mouth के द्वारा बाहर निकलना vomiting कहलाता है।
- इस reflex action को medulla का vomit centre control करता है।
- इसमें मिचली (Nausea) होने की एहसास होता है और फिर vomiting होती है।

Diarrhoea

- Bowel movements की frequency abnormal हो जाती है और faecal discharge की liquidity (पतलापन) बढ़ जाती है, इसे ही diarrhoea कहा जाता है।
- यह food के absorption को घटाता है।

Constipation

- Constipation में bowel movement के irregular होने के कारण faeces rectum में ही रहता है।

Indigestion

- इस condition में food अच्छे से digest नहीं होता है, जिससे हमेशा पेट भरे रहने का एहसास होता है।
- Indigestion के कारण है—भरपूर मात्रा में enzymes का secretion न होना, anxiety (चिन्ता होना), food poisoning, over eating (आवश्यक्ता से अधिक खाना) और spicy food (मसालेदार भोजन खाना), आदि।

Chapter Seventeen

BREATHING AND EXCHANGE OF GASES

जैसा हम जानते हैं कि प्रत्येक organism को कार्य करने के लिए energy की आवश्यकता होती है।

- Organisms इस energy को nutrient molecules के indirect breakdown से प्राप्त करते हैं, जिसके लिए oxygen की आवश्यकता पड़ती है और साथ ही साथ harmful CO_2 बनती है।
- इसलिए यह स्पष्ट है कि cells को लगातार oxygen देनी पड़ती है और cells में बनी CO_2 को बाहर निकालना पड़ता है।
- *"The process of exchange of O_2 from the atmosphere with CO_2 produced by the cells is called **breathing,** commonly known as respiration."*

17.1 Respiratory Organs

- Breathing की mechanism अलग-अलग groups के animals में अलग-अलग होती है और यह मुख्यतया उनके **habitat** और **level of organisation** पर **depend** करती है।
- **Lower invertebrates** (जैसे- sponges, coelentrates, flatworms, etc.) सम्पूर्ण **body surface** के द्वारा O_2 के साथ CO_2 का exchange simple diffusion के द्वारा करते हैं।
- Atmospheric air को transport करने के लिए **earthworm** अपनी moist cuticle का तथा **insects,** tracheal tubes का प्रयोग करते हैं।
- अधिकतर aquatic **arthropods** और **molluscs,** special vascular structures **gills** (branchial respiration) का प्रयोग करते हैं, जबकि terrestrial animals, gaseous exchange के लिए **lungs** (pulmonary respiration) का प्रयोग करते हैं।

- **Vertebrates**-fishes gills का use करती हैं, जबकि amphibian, reptiles, birds तथा mammals **lungs** के माध्यम से respiration करते हैं।
- **Amphibians**-frog अपनी moist skin के माध्यम से भी respiration कर सकता है। जिसे cutaneous respiration कहते हैं।
- **Mammals**-well-developed respiratory system पाया जाता है।

17.1.1 Human Respiratory System

- हमारे पास एक जोड़ी external nostrils होते हैं, जो upper lips पर बाहर खुलते हैं और इसके आगे nasal chamber होता है।
- Nasal chamber, **nasopharynx** में खुलता है। nasopharynx भोजन और air के लिए common passage का काम करता है।
- Nasopharynx, larynx region के द्वारा **trachea** में खुलता है।
- **Larynx** एक cartilagenous box है, जो sound को produce करने में सहायक होता है इसलिए इसे **sound box** कहते हैं।
- किसी भी चीज को निगलते समय glottis को एक पतली elastic cartilage की बनी झिल्ली cover कर लेती है जिसे **epiglottis** कहते हैं यह भोजन को larynx में जाने से रोकती है।
- Trachea एक सीधी tube है, जो thoracic cavity के मध्य तक सीधी आती है और फिर 5th thoracic vertebrae के level पर right और left primary bronchi में devide हो जाती है।
- **Bronchus** में बार-बार divisions होने से secondary bronchi, tertiary bronchi और **bronchioles** बनते हैं।
- Bronchioles अन्त में बहुत ही पतले terminal bronchioles में समाप्त हो जाते हैं।
- Trachea, primary, secondary, tertiary bronchi और initial bronchioles को support करने के लिए इनमें incomplete cartilaginous rings होती हैं।
- प्रत्येक terminal bronchioles से कई सारे पतले irregular walled, vascular bag जैसी structures निकलती हैं जिन्हें **alveoli** कहते हैं। (Fig. 17.1)
- Bronchi, bronchioles और alveoli का branching network ही lungs बनाता है।
- हमारे दो lungs होते हैं, जो एक double layered pleural membrane से घिरे रहते हैं और इनके बीच में **pleural fluid** होता है।
- Pleural fluid, lung surface में friction को कम करता है।
- Outer pleural membrane का सम्पर्क thoracic lining से जबकि inner pleural membrane का सम्पर्क lung surface से होता है।
- **Conducting parts**-respiratory system का वह part जो external nostril से शुरू होकर terminal bronchioles तक जाता है।
- **Respiratory or exchange parts**-alveoli और उनकी ducts से मिलकर बना होता है।
- Conducting part atmospheric air को alveoli तक transport करता है और air में उपस्थित foreign particles को साफ कर air को humid करता है तथा body temperature के बराबर लाता है।
- Blood और atmospheric air के बीच O_2 और CO_2 का actual diffusion, exchange parts में होता है।
- Thoracic chamber एक anatomically air tight chamber होता है, जिसमें lungs स्थित होते हैं।
- Thoracic chamber को बनाने के लिए dorsal में Vertebral column, ventral में sternum, lateral side में ribs होती हैं और lower side में dome-shaped diaphragm होता है।
- Thorax में lungs की anatomical position ऐसी होती है कि thoracic cavity के volume में कोई भी परिवर्तन होता है तो इसका असर lung (Pulmonary cavity) पर पड़ता है।
- Breathing के लिए यह arrangement बहुत आवश्यक होता है, क्योंकि हम direct pulmonary volume को change नहीं कर सकते हैं।

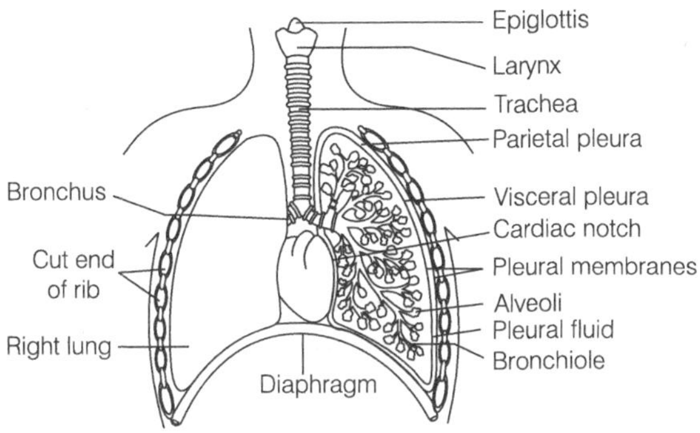

Figure 17.1 Diagrammatic view of human respiratory system (Sectional view of the left lung is also shown)

- **Respiration में involve होने वाले steps इस प्रकार हैं**
  (i) Breathing या pulmonary ventilation-जिसमें atmospheric air अन्दर खींची जाती है और CO_2 युक्त alveolar air बाहर निकाली जाती है।
  (ii) Alveolar membrane के इधर-उधर gases (O_2 + CO_2) का diffusion
  (iii) Blood के द्वारा gases का transport
  (iv) Blood और tissues के बीच O_2 और CO_2 का diffusion
  (iv) Catabolic reactions के लिए cells O_2 को use कर CO_2 को release करती है **(cellular respiration)** जो chapter 14 में दिया गया है।

17.2 Mechanism of Breathing

- Breathing में दो steps होती हैं–
- **Inspiration** जिसमें atmospheric air अन्दर ली जाती है।
- **Expiration** जिसमें alveolar air बाहर निकाली जाती है।
- Lungs में air का अन्दर-बाहर होना atmosphere और lungs के बीच pressure gradient के कारण से होता है।
- Inspiration के दौरान lungs के अन्दर का pressure [intra pulmonary pressure], atmospheric pressure से कम होता है इसका अभिप्राय यह कि lungs में atmospheric pressure की तुलना में negative pressure होता है।
- Expiration के दौरान intra pulmonary pressure, atmospheric pressure से अधिक होता है।
- Pressure gradient को बनाने के लिए diaphragm, ribs के बीच **external** और **internal intercoastal muscles** सहायक होती हैं।
- Inspiration की शुरुआत diaphragm के contraction से होती है, जो thoracic chamber के volume को **anterio-posterior axis** में बढ़ा देता है।
- External inter-coastal muscles में contraction होने से ribs और sternum ऊपर उठ जाती है, जिससे thoracic chamber का volume **dorso-ventral axis** में बढ़ जाता है।
- Thoracic volume में जितनी overall वृद्धि होती है ठीक उतनी ही वृद्धि pulmonary volume में होती है।
- Pulmonary volume में वृद्धि होने के कारण intra-pulmonary pressure, atmospheric pressure से कम हो जाता है, जो बाहरी air को lungs में move करने के लिए force करता है–यह Inspiration कहलाता है। (Fig. 17.2 a)

- Diaphragm और inter-coastal muscles में relaxation होने से diaphragm और sternum अपनी position में वापस आ जाते हैं, जिससे thoracic volume कम हो जाता है और इसलिए pulmonary volume भी कम हो जाता है।
- इस प्रकार intrapulmonary pressure, atmospheric pressure से थोड़ा अधिक हो जाता है, जिसके कारण से lungs से air बाहर निकल जाती है—यह expiration कहलाता है। (Fig. 17.2 b)
- Inspiration और expiration की शक्ति को बढ़ाने में abdomen की muscles सहायक होती हैं।
- एक स्वस्थ मनुष्य में breathing की **average value 12-16 times/minute** है।
- Breating में जो air का volume involve होता है उसे **spirometer** से नापा जा सकता है। जो pulmonary functions के clinical assesment में उपयोगी है।

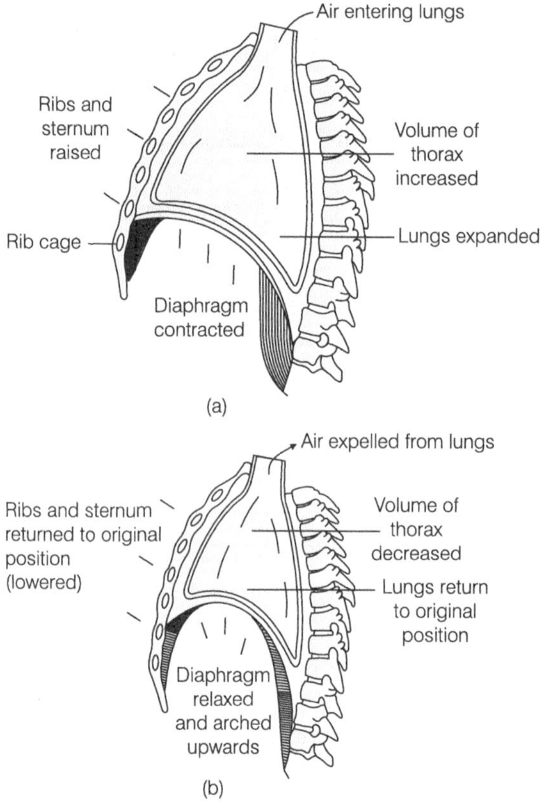

Figure 17.2 Mechanism of breathing showing: (a) inspiration (b) expiration

17.2.1 Respiratory Volumes and Capacities

Tidal Volume (TV)

- Normal respiration के दौरान air का वह volume जो inspired या expired होता है। tidal volume कहलाता है और यह लगभग 500mL होता है।
- एक स्वस्थ मनुष्य 1 minute मिनट में लगभग 6000-8000 mL air को inspire या expire कर सकता है।

Inspiratory Reserve Volume (IRV)

- यह air का वह additional volume है जिसे एक व्यक्ति forceful inspiration के द्वारा inspire कर सकता है।
- इसकी average value 2500 mL-3000 mL होती है।

Expiratory Reserve Volume (ERV)

- यह air का वह additional volume है जिसे एक व्यक्ति forceful expiration के द्वारा बाहर निकाल सकता है।
- इसकी average value 1000mL-1100mL होती है।

Residual Volume (RV)

- Air का वह volume जो lungs में forceful expiration के बाद भी बचा रह जाता है।
- इसकी average value 1100-1200mL होती है।

ऊपर दिए गए कुछ respiratory volumes को जोड़कर कई pulmonary capacities बनायी जा सकती हैं जिसको clinical diagnosis में प्रयोग किया जाता है।

Inspiratory Capacity (IC)

- Normal expiration के बाद air का वह total volume जिसे एक व्यक्ति inspire कर सकता है।
- इसके अन्तर्गत tidal volume और inspiratory reserve volume (TV + IRV) आते हैं।

Expiratory Capacity (EC)

- Normal inspiration के बाद air का वह volume जिसे एक व्यक्ति expire कर सकता है।
- इसके अन्तर्गत tidal volume और expiratory reserve volume आते हैं (TV + ERV)

Functioual Residual Capacity (FRC)

- Air का वह volume जो normal expiration के बाद भी lungs में बचा रह जाता है।
- इसमें ERV + RV आते हैं।

Vital Capacity (VC)

- Air का वह maximum volume जिसे एक व्यक्ति forceful expiration के बाद अन्दर की ओर ले सकता है।
- अथवा air का वह maximum volume जिसे एक व्यक्ति forceful inspiration के बाद बाहर की ओर निकाल सकता है।
- इसके अन्तर्गत ERV + TV + IRV आते हैं।

Total Lung Capacity

- Air का वह total volume जो forceful inspiration के बाद lungs में पाया जाता है।
- इसके अन्तर्गत RV, ERV, TV and IRV or Vital capacity + Residual Volume.

17.3 Exchange of Gases

- Gases के exchange की मुख्य स्थान alveoli होती है। Gases का exchange, blood और tissues के बीच भी होता है।
- इन स्थानों में O_2 और CO_2 का exchange, simple diffusion के द्वारा होता है और यह मुख्यतया pressure/concentration gradient पर आधारित होता है।
- Rate of diffusion को प्रभावित करने वाले important factors इस प्रकार हैं।
  - (i) Solubility of gases
  - (ii) Diffusion में उपयोग होने वाली membranes की thickness

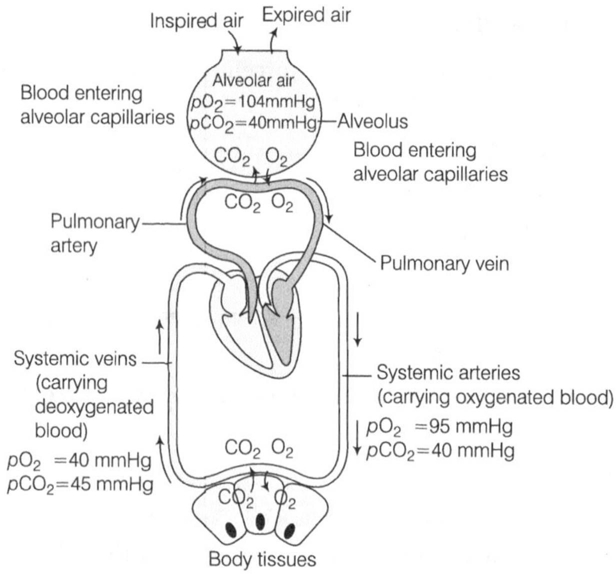

Figure 17.3 Diagrammatic representation of exchange of gases at the alveolus and the body tissues with blood and transport of oxygen and carbon dioxide

- गैसों के mixture में, एक gas के कारण जो pressure होता है उसे partial pressure कहते हैं।
- इसे oxygen के लिए pO_2 और CO_2 के लिए pCO_2 से represent करते हैं।
- Atmospheric air में इन दो gases का partial pressure और इनकी दोनों diffusion sites में partial pressure को table 17.1 और Fig. 17.3 में दर्शाया गया है।
- Table में जो data दिया है वह oxygen को alveoli से blood और blood से tissues तक के concentration gradient को साफ-साफ दर्शाता है।

Table 17.1 Partial pressure (in mm Hg) of oxygen and carbon dioxide at different parts involved in diffusion in comparison to those in atmosphere

Respiratory Gases	Atmospheric Air	Alveoli	Blood (deoxygenated)	Blood (oxygenated)	Tissues
O_2	159	104	40	95	40
CO_2	0.3	40	45	40	45

- इसी तरह CO_2 का भी gradient होता है, लेकिन opposite direction में यानि tissues से blood से alveoli तक।
- CO_2 कि solubility O_2 की तुलना में 20-25 गुना अधिक होती है इसलिए CO_2 का diffusion O_2 की तुलना में बहुत अधिक हो सकता है।
- **Diffusion membrane में मुख्य तीन layer होती हैं, जिनके नाम इस प्रकार हैं-(Fig. 17.4)**
- Alveoli की **thin squamous epithelium,** alveolar capillaries की **endothelium** और इन दोनों के बीच की **basement membrane.**
- इसकी total thickness 1 millimeter से भी कम होती है।
- हमारे शरीर के ये सभी factors O_2 को alveoli से tissues और CO_2 को tissues से alveoli तक ले जाने में सहायक होते हैं।

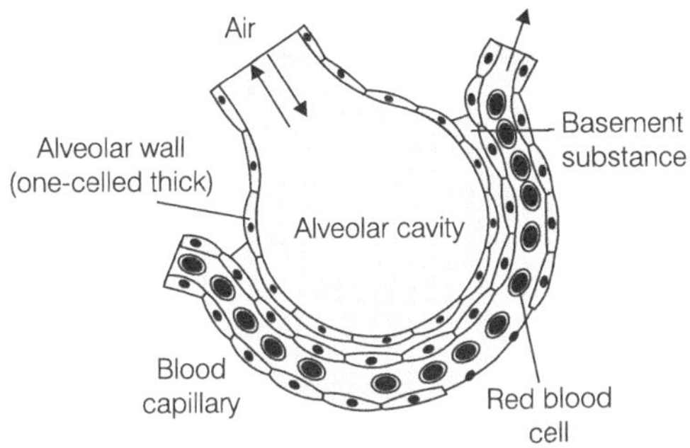

Figure 17.4 A Diagram of a section of an alveolus with a pulmonary capillary.

17.4 Transport of Gases

- O_2 और CO_2 के transportation के लिए blood एक माध्यम की तरह कार्य करता है।
- **97%** O_2, blood में RBCs के द्वारा transport होती है और बची हुई 3% O_2 **plasma** में घुली हुई अवस्था में transport होती है।
- **20-25%** CO_2 RBCs के द्वारा transport होती है, इसका 70% bicarbonates के रूप में और लगभग 7% plasma में घुली अवस्था (dissolved state) में transport होती है।

17.4.1 Transport of Oxygen

- Haemoglobin, RBCs के अन्दर पाया जाने वाला एक लाल रंग का iron containing pigment है।
- O_2 haemoglobin से reversible manner में जुड़कर **oxyhaemoglobin** बनाता है।
- प्रत्येक haemoglobin molecule, oxygen के maximum चार molecules को carry कर सकता है।
- Oxygen का haemoglobin के साथ जुड़ना मुख्यतया O_2 के partial pressures पर निर्भर करता है।
- pCO_2, hydrogen ion concentration और temperature जैसे कुछ factors हैं, जिससे यह binding प्रभावित होती है।
- जब haemoglobin के साथ O_2 की percentage saturation और pO_2 के बीच graph खींचते हैं, तो एक **sigmoid curve** मिलता है।
- इस curve को **oxygen dissociation curve** कहते हैं। (Fig. 17.5)
- इसका use हम उन factors की study के लिए करते हैं, जो O_2 को haemoglobin के साथ जुड़ने में प्रभाव डालते हैं, जैसे— pCO_2, H^+ concentration, इत्यादि।
- Alveoli में pO_2 high होती है और pCO_2, H^+ concentration व temperature low होते हैं। ये सभी factors oxygen को haemoglobin से जोड़कर oxyhaemoglobin बनाने में सहायक होते हैं।
- Tissues में pO_2 low और pCO_2, H^+ व temperature high होते हैं, ये सभी factors oxyhaemoglobin से O_2 को अलग करने में सहायक होते हैं।
- Lung surface पर oxygen, haemoglobin से जुड़ती है और tissue side में अलग हो जाती है।
- Normal physiological conditions के अन्तर्गत प्रत्येक 100 mL oxygenated blood लगभग 5mL O_2 tissues को देता है।

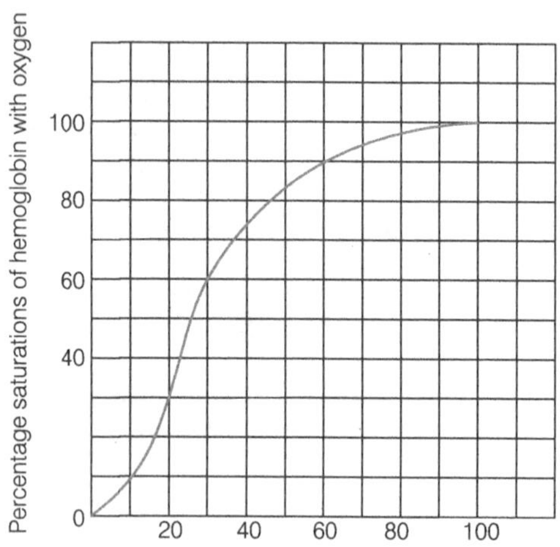

Figure 17.5 Oxygen dissociation curve

17.4.2 Transport of Carbon Dioxide

- About 20-25% CO_2, haemoglobin से bind होकर **carbamino-haemoglobin** के रूप में transport होती है। यह binding, pCO_2 से सम्बन्धित है।
- pO_2वह main factor है, जो इस binding पर प्रभाव डालता है।
- जब pCO_2 अधिक और pO_2 कम होती है (जैसा कि tissues), तब CO_2, haemoglobin से जुड़ती है।
- जब pCO_2 कम pO_2 अधिक होती है (जैसा कि alveoli), तब carbamino-haemoglobin से CO_2 का dissociation होता है। इसका अभिप्राय है कि tissues में जो CO_2 haemoglobin जुड़ती है वह alveoli में दे दी जाती है।
- RBCs में **carbonic anhydrase** enzyme की concentration काफी अधिक होती है और इसकी कुछ मात्रा plasma में भी होती है।
- यह एन्जाइम इन reactions को दोनों directions में सहज बनाता है।

$$CO_2 + H_2O \underset{}{\overset{\text{Carbonic Anhydrase}}{\rightleftharpoons}} H_2CO_3 \overset{\text{Carbonic Anhydrase}}{\rightleftharpoons} HCO_3^- + H^+$$

- Tissues की ओर catabolism होने के कारण CO_2का partial pressure अधिक होता है। वहाँ CO_2 blood में चली जाती है और HCO_3^- तथा H^+ बनाती है।
- Alveoli की ओर जहाँ pCO_2 कम होता है, तो reaction opposite direction में होने लगती है और CO_2 तथा H_2O बनते हैं।
- इस प्रकार जो CO_2, tissues की ओर bicarbonate के रूप में जुड़कर alveoli की ओर transport होकर CO_2 के रूप में बाहर release कर दी जाती है। (Fig. 17.4)
- प्रत्येक deoxygenated blood का 100 ml लगभग **4ml** CO_2 alveoli को देता है।

17.5 Regulation of Respiration

- Body tissues की आवश्यकता के अनुसार मनुष्य के अन्दर respiratory rhythm को maintain और moderate करने की अद्भुत क्षमता होती है। यह neural system के द्वारा होता है।
- Brain के **medulla region** में **respiratory rhythm centre** होता है। Respiration के regulation में primary role इसी का होता है।

- एक दूसरा centre जो brain के pons region में होता है उसे **pneumotoxic centre** कहते हैं यह respiratory rhythm centre को moderate करता है।
- Pneumotoxic centre से जो signal आते हैं वह inspiration के duration को कम करके respiratory rate को परिवर्तित कर देते हैं।
- Rhythm centre के समीप में एक **chemosensitive area** होता है, जो CO_2 और hydrogen ion के लिए कुछ अधिक ही sensitive होता है।
- H^+ और CO_2 में वृद्धि होने के कारण ये centre activate होकर rhythm centre को यह signal भेजता है कि वह respiratory process में कुछ ऐसा adjustment करें जिससे ये substances बाहर निकाले जा सकें।
- **Aortic arch** और **carotid artery** से जुड़े recepters भी CO_2 और H^+ concentration में बदलाव को पहचान लेते हैं और वह भी rhythm centre को signal भेजते हैं, जिससे कि वह इसके उपचार के लिए action लें।
- Respiratory rhythm के regulation में O_2 का कुछ खास role नहीं होता।

Disorders of Respiratory System

Asthma

- इसमें साँस लेने में परेशानी होती है और साँस लेने में घरघराहट (wheezing) की आवाज आती है।
- यह bronchi और bronchioles में inflamation (सूजन) आने के कारण से होता है।

Emphysema

- यह बीमारी (chronic) धीरे-धीरे होती है और इसमें alveolar walls नष्ट हो जाती हैं, जिससे respiratory surface कम हो जाती है।
- इसका मुख्य कारण cigarette smoking है।

Occupational Respiratory Disorders

- कुछ industries जिनमें मुख्य रूप से grinding या stone breaking होती है इसमें इतनी अधिक धूल होती है कि हमारी body की defence mechanism इस स्थिति से पूरी तरह उभर नहीं पाती है।
- इन स्थानों पर काफी लम्बे समय तक रहने से inflammation और fibrosis (fibrous tissue में तीव्र वृद्धि) हो जाती है और इस कारण से lungs को गम्भीर नुकसान हो जाता है।
- इन industries में काम करने वाले workers को protective masks पहनने चाहिए।

Chapter Eighteen

BODY FLUIDS AND CIRCULATION

जैसा कि हम जानते हैं कि सभी living cell को nutrients, O_2 *और दूसरे आवश्यक पदार्थों की आवश्यकता पड़ती है और जो waste और harmful पदार्थ बनते हैं, उन्हें लगातार शरीर से बाहर भी निकालना पड़ता है। जिससे tissue स्वस्थ रह सके।*

- इस transportation के लिए अलग-अलग group के animals में अलग-अलग methods पाए जाते हैं।
- Sponge और coelentrates जैसे simple organisms अपनी body cavities के द्वारा अपनी ही surrounding से water को circulate करते हैं, जिससे cells के बीच आवश्यक पदार्थों का लेन-देन हो जाता है।
- कई complex organisms अपनी body में इन materials के transportation के लिए special fluid का उपयोग करते हैं।
- कई higher organisms (humans) एक बहुत ही common body fluid (**blood**) का use करते हैं।
- एक दूसरा body fluid, **lymph** भी कुछ substances के transportation में help करता है।

18.1 Blood

- Blood एक special connective tissue है, जो fluid matrix, plasma और formed elements से बना होता है।

18.1.1 Plasma

- Plasma एक straw coloured, viscous fluid है, जो blood का 55% भाग बनाता है।
- Plasma में 90-92% water और 6-8% protein होती है।
- **Fibrinogen, globulin** और **albumin** इसकी प्रमुख proteins हैं।

- Fibrinogen की आवश्यकता blood की clotting या coagulation में पड़ती है।
- Globulin मुख्यतया body की defence mechanism में सहयोग करती है।
- Albumin, osmotic balance को maintain करने में सहायक है।
- Plasma में कुछ minerals होते हैं, जैसे— Na^+, Ca^{++}, Mg^{++}, HCO_3^-, Cl^-, etc.
- Glucose, amino acids, lipids, etc भी plasma में उपस्थित होते हैं और ये body में सदैव transport होते रहते हैं।
- Blood को coagulate करने वाले factor, plasma में inactive रूप में रहते हैं।
- वह plasma जिसमें clotting factor न हो उसे **serum** कहते हैं।

18.1.2 Formed Elements

- इसके अन्तर्गत **erythrocytes, leucocytes** और **platelets** आते हैं और ये blood का लगभग 45% भाग बनाते हैं। (Fig. 18.1)

Erythrocytes

- Blood में पायी जाने वाली cells में erythrocytes या RBCs सबसे अधिक मात्रा में पायी जाती है।
- एक स्वस्थ adult मनुष्य के blood में औसतन 5 million-5.5 million RBCs mm^{-3} of blood पायी जाती है।
- Adult humans में RBCs का निर्माण **red bone marrow** में होता है।
- कई mammals की RBCs में nucleus नहीं होता है और यह **biconcave shape** की होती है।
- इसमें एक red colour की iron containing complex protein पायी जाती है जिसे **haemoglobin** कहते हैं और इस colour के कारण ही इन cells का नाम रखा गया है।
- एक स्वस्थ मनुष्य के 100mL blood में **12-16 gm** haemoglobin पाया जाता है।
- Haemoglobin, respiratory gases के transportation में उपयोगी होता है।
- RBCs की average life span 120 दिन होती है और इसके बाद ये spleen में नष्ट हो जाती हैं।
- Spleen को **Graveyard of RBCs** कहते हैं।

Leucocytes

- इनको White blood cells (WBCs) भी कहते हैं इनमें haemoglobin न होने के कारण ये colourless होती हैं।
- इनमें nucleus होता है।
- RBC की तुलना में इनकी संख्या कम होती हैं।
- Leucocytes की संख्या लगभग **6000-8000 mm^{-3} of blood** होती है।
- Leucocytes generally short lived होती हैं।
- हमारे पास WBCs की दो main categories होती हैं—**Granulocytes** और **Agranulocytes.**
- Granulocytes → **Neutrophils, Eosinophils** और **Basophils.**
- Agranulocytes → **Lymphocytes** और **monocytes.**
- WBCs में Neutrophils सबसे अधिक (60-65%) और Basophils सबसे कम (0.5-1%) मात्रा में पायी जाती है।
- Neutrophils और Monocytes (6-8%) phagocytosis का काम करती है, जो body में प्रवेश करने वाले foreign organism को नष्ट कर देती है।
- Basophils के द्वारा **Histamine, serotonin** और **heparin** का **secretion** होता है और ये inflammatory reaction में involved होती हैं।
- Eosinophylls (2-3%) infections का oppose करती है और **allergic reactions** से भी **associate** रहती हैं।
- Lymphocytes (20-25%) मुख्यतया दो प्रकार की होती हैं—**'B'** और **'T'**.
- दोनों **'B'** और **'T'** lymphocytes शरीर के immune responses के लिए उत्तरदायी है।

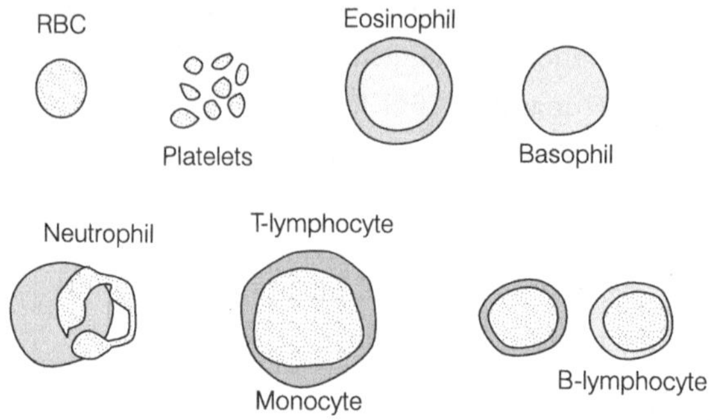

Figure 18.1 Diagrammatic representation of formed elements in blood

Platelets

- Platelets को **thrombocytes** भी कहते हैं।
- Platelets cell fragments है, जो **megakaryocytes** (special cells in the bone marrow) से उत्पन्न होती हैं।
- Blood में platelets की संख्या **1,50,000-3,50,000 mm**$^{-3}$ होती हैं।
- Platelets कई प्रकार के पदार्थ release करती है उनमें से अधिकतर blood के coagulation में सहायक होते हैं।
- इनकी संख्या में कमी होने से clotting disorder होने लगता है, जिसके कारण से body से blood का नुकसान होने लगता है।

18.1.3 Blood Groups

- हम जानते हैं कि मनुष्य का blood एक जैसा प्रतीत होने के बाद भी यह कुछ aspects में अलग होता है।
- कई प्रकार के blood group खोजे जा चुके हैं इनमें दो प्रकार ABO और Rh पूरे विश्व में widely use होते हैं।

18.1.3.1 ABO Grouping

- 'ABO' grouping, RBCs की surface पर दो antigens A और B की उपस्थिति या अनुपस्थिति पर आधारित है।
- **Antigens :** Chemicals that can induce immune response.
- इसी प्रकार से अलग-अलग व्यक्तियों के plasma में दो natural antibodies होती हैं।
- **Antibodies :** Proteins produced in response to antigens.

  Blood groups (A, B, AB and O) में Antigens और Antibodies का distribution Table 18.1 में दिया है।
- Blood transfusion से पहले donor और recipient दोनों का blood बहुत ही सावधानीपूर्वक match कर लेना चाहिए जिससे कि clumping (destruction of RBCs) की समस्या न हो।

  Donor's की compatibility (अनुकूलता) भी table 18.1 में दर्शायी गयी है।

Table 18.1 Blood Groups and Donor Compatibility

Blood Group	Antigens on RBCs	Antibodies in Plasma	Donor's Group
A	A	anti-B	A, O
B	B	anti-A	B, O
AB	A,B	nil	AB, A, B, O
O	nil	anti-A, B	O

ऊपर Table में दिखाए गए facts से यह पता चलता है कि 'O' blood group के व्यक्ति ***universal donor*** *कहलाते हैं और 'AB' group के व्यक्ति* ***'universal reciplient'*** *कहलाते हैं।*

18.1.3.2 Rh Grouping

- Rh antigen, **Rhesus monkey** में पाए जाने वाले antigen की तरह होता है इसलिए यह **Rh** कहलाता है।
- Rh antigen अधिकतर मनुष्यों (nearly 80%) की RBCs की surface में पाया जाता है।
- ऐसे व्यक्ति जिनमें यह antigen होता है वह **Rh positive (Rh +ve)** कहलाते हैं और जिनमें यह antigen नहीं होता वह **Rh negative (Rh –ve)** कहलाते हैं।
- एक Rh –ve व्यक्ति के अन्दर यदि Rh +ve blood डाल दिया जाए तो यह व्यक्ति Rh antigens के विरुद्ध specific antibodies बनाने लगते हैं इसलिए Rh antigen को भी transfusion से पहले match करना पड़ता है।

Rh –ve pregnant mother और Rh +ve foetus (भ्रूण) के बीच Rh incompatibility (mismatching) का special case observe किया जा चुका है।

- पहली pregnancy में mother का Rh –ve blood और foetus के Rh antigen का exposure नहीं हो पाता, क्योंकि placenta के द्वारा दोनों के blood अच्छी तरह से separate रहते हैं।
- पहले बच्चे के जन्म के समय foetus का थोड़ा-सा Rh +ve blood माँ के blood में मिलने की possibility होती है।
- इस case में माँ के blood में Rh antigen के विरुद्ध antibodies बनने लगती हैं।
- इसलिए अगली pregnancy के case में, माँ (Rh –ve)की antibodies, foetus (Rh +ve) के blood में प्रवेश कर जाती है और बच्चे के RBCs को नष्ट कर देती है।
- यह foetus के लिए fatal होती है या baby में servere anaemia और jaundice कर सकती है।
- इस condition को **erythroblastosis foetalis** कहते हैं।
- इसे avoid करने के लिए पहले बच्चे के जन्म के तुरन्त बाद माँ को **anti Rh-antibodies** दे दी जाती है।

18.1.4 Coagulation of Blood

- Blood का coagulation शरीर से blood के अत्यधिक loss को बचाने की एक mechanism है।
- Cut या injury के स्थान पर कुछ समय बाद बनने वाले reddish brown scum (कचरा) को **clot** या **coagulum** कहते हैं।
- Clot मुख्यतया fibrin threads के network से बनता है और इसमें blood के dead और damage, formed elements फँसे रहते हैं।
- Plasma में उपस्थित **thrombin** enzyme, inactive fibrinogen को active **fibrin** में बदल देता है।
- Plasma में ही एक दूसरा inactive पदार्थ prothrombin होता है, जो एक complex enzyme, **thrombokinase** के कारण thrombin में बदल जाता है।
- यह complex एक linked enzymic reaction **(cascade process)** की series से बनता है और इसमें अनेक factors पाए जाते हैं, जो plasma में inactive state में होते हैं।
- Injury या trauma, platelets को कुछ factor release करने के लिए stimulate करता है ये factor, coagulation की mechanism को activate करते हैं।
- Injury वाले स्थान के tissues भी कुछ factor release करते हैं, जो coagulation को initiate कर सकते हैं।
- Clotting में **calcium ions** की महत्त्वपूर्ण भूमिका होती है।

18.2 Lymph *(Tissue Fluid)*

- Blood जब capillaries से होकर tissue की ओर जाता है तो कुछ water के साथ कई छोटे water soluble पदार्थ capillaries से tissue की cells के बीच के space में आ जाते हैं। इसे **interstitial fluid** या **tissue fluid** कहते हैं।
- इसमें large protein और अनेक formed elements नहीं होते हैं, जो blood vessels में होते हैं।
- Lymph का mineral distribution बिल्कुल plasma के जैसा होता है।
- Blood और tissue cells के बीच nutrients, gas इत्यादि का exchange इसी fluid के माध्यम से होता है।
- Lymphatic system इस fluid को collect करता है और इसे एक बड़ी सी vein में वापस भेज देता है।

- Lymphatic system में जो fluid होता है उसे lymph कहते हैं।
- Lymph एक colourless fluid है और इसमें special lymphocytes होते हैं, जो body के immune responses के लिए उत्तरदायी होते हैं।
- Lymph भी nutrients, hormones, इत्यादि के लिए एक महत्त्वपूर्ण carrier का काम करता है।
- Intestinal villi में उपस्थित **lacteals** में lymph के द्वारा fat का absorption होता है।

18.3 Circulatory Pathway

- Circulatory pattern दो प्रकार के होते हैं—**open** or **close.**
- Arthopods और mollusc में **open circulatory system** पाया जाता है, जिसमें heart से blood, large vessels द्वारा open space या body cavity में आता है जिसे **sinuses** कहते हैं।
- Annelids और chordates में **closed circulatory system** होता है और इसमें heart से pump हुआ blood सदैव blood vessels में circulate होता रहता है।
- Close circulation लाभदायक माना जाता है, क्योंकि इसमें fluid के flow को आसानी से regulate किया जा सकता है।
- सभी vertebrates में एक muscular chambered heart होता है।
- **Fish** के heart में दो chamber (atrium और venticle) होते हैं।
- **Amphibians** और **reptiles (except crocodiles)** के heart में तीन chamber (दो atria और एक ventricle) होते हैं।
- **Crocodiles, birds** और **mammals** के heart में चार chamber (दो atria और दो ventricles) होते हैं।
- Fish का heart, deoxygenated blood pump करता है, जो gills में oxygenate होकर body parts में चला जाता है और body parts से deoxygenated blood, heart में वापस आ जाता है इस प्रकार के circulation को **single circulation** कहते हैं।
- Amphibians और reptiles में gills/lungs/skin से oxygenate blood, left atrium में आता है और body के other part से deoxygenated blood, right atrium में आता है।
- यहाँ single ventricle होने के कारण blood mix हो जाता है।
- —इनके heart से mixed blood pump होता है और इसलिए यह **incomplete double circulation** कहलाता है।
- Birds और mammals की left atria में oxygenated blood और right atria में deoxygenated blood प्राप्त किया जाता है।
  - यह blood अपने-अपने side की ventricle में pass हो जाता है।
  - Ventricle इसको बिना mix किए pump कर देता है इसका तात्पर्य इन organisms में दो अलग-अलग circulatory pathways होते हैं इसलिए इन animals में **double circulation** पाया जाता है।

18.3.1 Human Circulatory System

- Human circulatory system को **blood vascular system** भी कहते हैं।
- यह heart, blood vessels और blood से मिलकर बना होता है।
- **Heart,** embryonic **mesoderm** से बनता है। यह **derived** organ है, जो thoracic cavity में दोनों lungs के बीच में स्थित होता है।
- Heart थोड़ा-सा left की तरफ tilted होता है।
- इसका size एक बंद मुट्ठी **(clenched first)** के बराबर होता है।
- Heart के protection के लिए double wall membranous bag पायी जाती है, जिसे **pericardium** कहते हैं।
- दोनों walls के बीच में उपस्थित fluid को **pericardial fluid** कहते हैं।

- हमारे heart में 4 chambers होते हैं।
- ऊपर वाले chamber atria कहलाते हैं, जो ventricles से छोटे होते हैं। नीचे वाले chambers ventricles कहलाते हैं।
- Right और left atria को पृथक् करने के लिए एक thin muscular wall होती है, जिसे **inter-atrial septum** कहते हैं।
- Left और right ventricles को पृथक् करने के लिए एक thick wall होती है, जिसे **inter-ventricular septum** कहते हैं। (Fig. 18.2)
- एक ही ओर के atrium और ventricle को पृथक् करने के लिए भी एक thick fibrous tissue होता हैं, जिसे **atrioventricular septum** कहते हैं। प्रत्येक septa में एक opening होती है, जिससे एक ही side के दोनों chambers connected रहते हैं।
- Right atrium ओर right ventricle के बीच की opening एक valve से protect रहती है 'जिसमें तीन muscular flap या cusps होते हैं इसे **tricuspid valve** कहते हैं।
- Left atrium और left ventricle के बीच की opening को guard करने के लिए **bicuspid** या **mitral valve** होते हैं।
- Right ventricle, pulmonary artery में खुलती है और left ventricle, aorta में खुलती है।
- Pulmonary artery और aorta दोनों की opening में **semilunar valves** पाए जाते हैं।
- Heart में पाए जाने वाले valves के कारण से यह blood को एक ही direction में flow होने की permission देता है जैसे— Atria से ventricles में और ventricles से pulmonary artery या aorta में।
- Heart, cardiac muscles से बना होता है।
- Ventricles की दीवार atria की तुलना में काफी मोटी होती है।
- Heart में एक special type का cardiac musculature फैला रहता है, जिसे nodal tissue कहते हैं।
- Nodal tissue का एक भाग right atrium के upper right corner में होता है जिसे **sino-atrial node (SAN)** कहते हैं।
- इस tissue का एक दूसरा भाग right atrium के lower left corner में होता है, जिसे **atrio-ventricular node (AVN)** कहते हैं।
- Nodal fibres का एक bundle, atrio-ventricular bundle (AV bundle) AV node से continue होता है और atrio ventricular septum से pass होकर inter ventricular septum के top most region पर बाहर आता है और तुरन्त ही यह left और right bundle में divide हो जाता है।
- Right और left bundle branches से minute fibres निकलते हैं, जो अपने-अपने side की ventricle में फैले होते हैं इन्हें **Purkinje fibres** कहते हैं।
- Purkinje fibres, left और right bundle के साथ मिलकर **'Bundle of His'** बनाते हैं।
- Nodal musculature में बिना किसी external stimuli के action potential उत्पन्न करने की क्षमता होती है इसलिए ये auto-excitable होते हैं।
- Nodal system के अलग-अलग भाग में प्रति minute उत्पन्न होने वाले action potential की संख्या vary करती है।
- SAN action potential का maximum no. 70-75/min उत्पन्न कर सकता है और heart के contraction की rhythm को शुरू और maintain करने के लिए responsible होता है।
- SAN को **pacemaker** कहते हैं।
- मनुष्य का heart सामान्यतया 1 minute में 70-75 बार धड़कता है (average 72 beats min^{-1})।

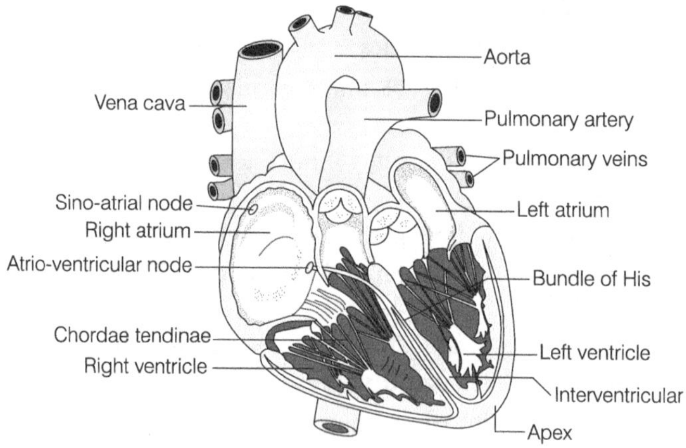

Figure 18.2 Section of a human heart

18.3.2 Cardiac Cycle

- **Heart** कैसे **function** करता है? आओ हम इसका एक दृश्य देखते हैं।
- शुरूआत में heart के चारों chamber relaxed अवस्था में हैं यानि ये joint diastole अवस्था में हैं।
- इस अवस्था में bicuspid और tricuspid valve खुले रहते हैं।
- Pulmonary vein और vena-cava से blood, left और right atria से होते हुए क्रमश: left और right ventricle में आ जाता है इस stage में semilunar valves बंद रहते हैं।
- SAN अब एक action potential पैदा करता है, जो दोनों atria को stimulate कर देता है। जिससे atria में simultaneous contraction (**atrial systole**) हो जाता है और इससे ventricles में blood का flow लगभग 30% बढ़ जाता है।
- यह action potential AVN और AV bundle के द्वारा ventricles की ओर conduct होकर जाता है जहाँ bundle of his की सहायता से पूरे ventricular musculature में फैल जाता है।
- इसके कारण ventricles की muscles में contraction होता है इसे **ventricular systole** कहते हैं।
- Atria का relaxation (diastole) और ventricles का systole एक ही समय होता है।
- Ventricular systole से ventricles का pressure बढ़ता है, जिससे blood वापस atria की तरफ जाने की कोशिश करता है और इससे bicuspid और tricuspid valves बन्द हो जाते हैं।
- Ventricular pressure के अधिक बढ़ने से pulmonary artery (right side) और Aorta (left side) के semilunar valves खुल जाते हैं और ventricle से blood इन vessels के द्वारा circulatory pathway में आ जाता है।
- Ventricles अब relax हो जाते हैं (ventricular diastole) और ventricular pressure कम हो जाता है जिसके कारण semilunar valves बंद हो जाते हैं और ventricles में blood का backflow रुक जाता है।
- Veins द्वारा atria में आने वाला blood, atria में pressure पैदा करता है जिसके कारण से tricuspid और bicuspid valves खुल जाते हैं और यह blood एक बार फिर से freely ventricles में आता है।
- Ventricles और atria एक बार फिर से पहले की तरह relax (joint diastole) अवस्था में आ जाते हैं।
- SAN तुरन्त action potential उत्पन्न करता है और ऊपर बताए गए events फिर से क्रमानुसार repeat होते हैं और यह process continue होता रहता है।
- Heart में cyclically repeat होने वाली sequential event को cardiac cycle कहते हैं और यह atria और ventricle दोनों के systole और diastole से बनती है।
- जैसे कि पहले बताया जा चुका है कि heart एक minute में 72 बार धड़कता है इसका मतलब 1 min. में कई cardiac cycle होती है।

- एक cardiac cycle का duration 0.8 sec होता है।
- Cardiac cycle में प्रत्येक ventricle द्वारा लगभग 70 mL blood pump होता है जिसे stroke volume कहते हैं।
- Stroke volume को heart rate से multiply करने पर **cardiac output** मिलता है।
- 1 minute में heart जितनी बार beats करता है वह heart rate कहलाती है।
- Cardiac output-blood का वह volume जिसे प्रत्येक ventricle 1 minute में pump करता है और एक स्वस्थ व्यक्ति में average 5000 ml या 5 lit. होता है।
- हमारी body में stroke volume और heart rate दोनों को बदलने की क्षमता होती है इसलिए **cardiac output** भी बदलता है। उदाहरण के तौर पर athlete का cardiac output एक ordinary man की तुलना में काफी अधिक होता है।
- प्रत्येक cardiac cycle में दो प्रमुख sound पैदा होती हैं जिसे stethoscope की सहायता से आसानी से सुना जा सकता है
- पहली **heart sound (lub)**, bicuspid और tricuspid valve के बन्द होने से उत्पन्न होती है।
- दूसरी **heart sound (dub)**, semilunar valves के बन्द होने से उत्पन्न होती है।
- इन sounds की clinical diagnosis को जानने में महत्त्वपूर्ण भूमिका होती है।

18.3.3 Electrocardiograph (ECG)

- Patient को जब cardiac arrest होता है तो उसे monitering machine से observe किया जाता है। मशीन की screen में voltage traces दिखते हैं और एक sound produce होती है **"......pip......pip......pip......peeeeeeee".**
- इस तरह की machine को electro-cardiograph कहते हैं जिसकी मदद से electrocardiogram तैयार किया जाता है।
- **ECG**- cardiac cycle के दौरान heart की electrical activity का graphic के रूप में representation किया जाता है।

Standard ECG को पाने के लिए (जैसा कि Fig. 18.3 में दिखाया जा रहा है) patient को machine से तीन electrical lead के द्वारा connect करते हैं।

- एक lead, left ankle में और शेष दो wrist में लगाई जाती हैं जो लगातार heart की activity को monitor करती हैं।
- Heart की funtions को detail में evaluate करने के लिए कई सारी leads chest region से जोड़ी जाती हैं।
- यहाँ हम केवल standard ECG के बारे में जानेंगें।
- ECG के प्रत्येक peak को letter **'P'** से **'T'** के द्वारा identify किया जाता है जो heart की specific electrical activity के अनुकूल होती है।
- **P-wave**-atria के **electrical excitation (or depolarisation)** को represent करता है जिसकी वजह से दोनों atria में contraction होता है।
- **QRS complex**- ventricles के **depolarisation** को **represent** करता है इससे ventricles में contraction शुरू होता है।
- 'Q' के कुछ देर बाद ही contraction शुरू हो जाता है और यह systole की शुरूआत को mark करता है।
- **T-wave**-ventricles के excited state से normal state **(repolarisation)** में वापस आने को दर्शाता है।
- T-wave का end, systole के end को चिन्हित करता है।
- एक निश्चित दिए गए समय में QRS complex के number को गिनकर किसी भी व्यक्ति की heart beat rate को बताया जा सकता है।
- एक दिए गए lead configuration में विभिन्न व्यक्तियों से प्राप्त ECGs का shape एक जैसा होता है यदि इस shape में कोई भी deviation होती है तो यह सम्भावित abnormality या disease को बताता है।
- इसलिए इसका चिकित्सीय महत्त्व (clinical significance) बहुत अधिक है।

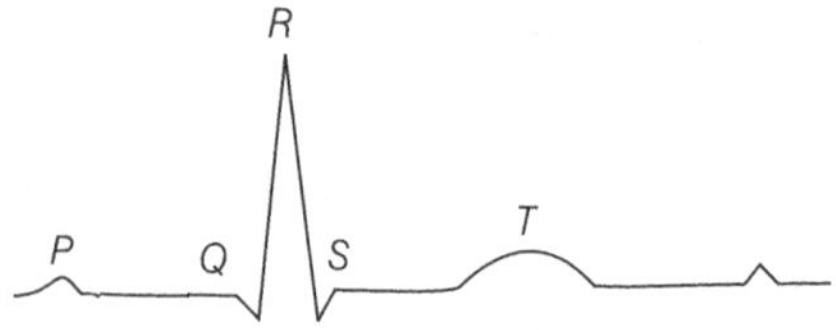

Figure 18.3 Diagrammatic presentation of a standard ECG

18.4 Double Circulation

- जैसा कि पहले बताया जा चुका है कि right ventricle से जो blood pump होता है वह pulmonary artery में जाता है जबकि left ventricle का blood, aorta में जाता है।
- **Pulmonary circulation**-Pulmonary artery के द्वारा deoxygenated blood, lungs में भेज दिया जाता है जो lungs में oxygenate होकर pulmonary veins के द्वारा left atrium में आ जाता है इसे pulmonary circulation कहते हैं।
- **Systemic circulation**-Oxygenated blood जो aorta से arteries, arterioles और capillaries के द्वारा tissues तक ले जाया जाता है और यहाँ से deoxygenated blood, venules, veins और venacava के द्वारा collect कर right atrium में जाता है इसे **systemic circulation** कहते हैं। (Fig. 18.4)
- Systemic circulation, tissues को nutrients, O_2 और अन्य आवश्यक पदार्थ देता है तथा CO_2 और अन्य हानिकारक पदार्थों को eliminate करने के लिए दूर ले जाता है।
- Digestive tract और liver के बीच उपस्थित एक unique vascular connection को **hepatic portal system** कहते हैं।
- Hepatic portal vein, blood को intestine से systemic circulation में देने से पहले liver को देता है।
- हमारी body में cardiac musculature को blood circulate करने के लिए blood vessels का एक special **coronary system** होता है।

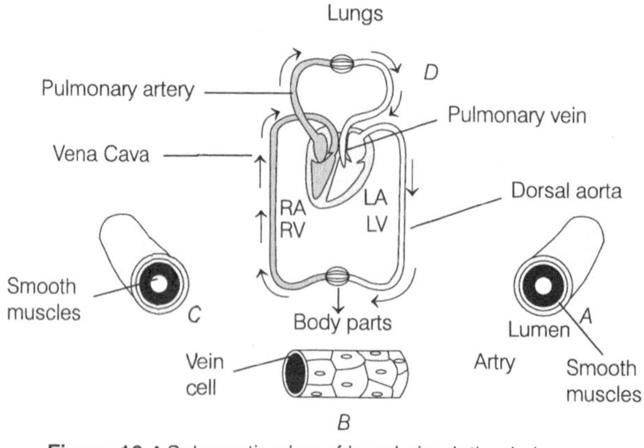

Figure 18.4 Schematic plan of bood circulation in human

18.5 Regulation of Cardiac Activity

- Heart की सामान्य मूलभूत (intrinsic) acitvities अपने आप ही regulate होती हैं और यह specialised muscles (nodal tissues) के द्वारा होता है।
- इसलिए heart को myogenic कहते हैं।
- **Medulla oblongata** में एक special neural centre होता है जो **Autonomous Neural System (ANS)** के माध्यम से cardiac function moderate कर सकता है।

- Sympathetic nerves (part of ANS) से जो signal आता है वह heart rate को बढ़ा देता है, ventricular contraction की power को भी increase करता है और इसके द्वारा cardiac output भी बढ़ जाता है।
- Parasympathetic neural system (ANS का दूसरा part) :
  - heart beat को decrease करता है।
  - action potential के conduction की speed को decrease करता है।
  - इसके द्वारा cardiac output decrease हो जाता है।
- Adrenal medulla के hormones भी cardiac output को बढ़ाते हैं।

18.6 Disorders of Circulatory System

- **High Blood Pressure** (Hypertension) **:**
- Hypertension में blood pressure normal **(120/80 mm of Hg)** से अधिक हो जाता है।

$$\text{B.P.} = \frac{\text{Systolic (pumping) pressure}}{\text{Diastolic (resting) pressure}}$$

- इसके measurement में 120 mm Hg **systolic** या pumping pressure है और 80 mm Hg **diastolic** या resting pressure होता है।
- यदि किसी व्यक्ति का Blood pressure 140/90 (140 over 90) है या इससे अधिक है तो यह **hypertension** को दर्शाता है।
- High blood pressure से heart की बीमारी हो जाती है और यह vital organs जैसे— Brain, kidney को भी प्रभावित करता है।

Coronary Artery Disease (CAD)

- Coronary artery disease को अक्सर **atherosclerosis** भी कहते हैं इसमें वह **blood vessel** प्रभावित होती है, जो heart की muscles को blood supply करती है।
- CAD का कारण vessel में calcium, fat, cholesterol और fibrous tissues का deposition होना है। जिसके कारण से arteries की lumen पतली हो जाती है।

Angina

- इसे angina pectoris भी कहते हैं।
- जब पर्याप्त मात्रा में heart muscles को oxygen नहीं पहुँचती तो इसके कारण acute (तीव्र) chest pain होता है।
- **Angina pectoris** किसी भी age की महिला या पुरुष में हो सकता है, लेकिन ये middle या older age के व्यक्तियों में अधिक देखने को मिलता है।
- यह Blood के Flow को प्रभावित करने वाली condition के कारण होता है।

Heart Failure

- इसमें heart, blood को पर्याप्त मात्रा में pump नहीं कर पाता जिससे body की आवश्यकताऐं पूरी नहीं हो पाती।
- कभी-कभी इसे congestive heart failure भी कहते हैं, क्योंकि congestion of lungs इस बीमारी का प्रमुख लक्षण है।
- Heart failure, cardiac arrest या heart attack की तरह नहीं होता है।

Cardiac Arrest

- जब Heart, beat करना बंद कर देता है।

Heart Attack

- पर्याप्त मात्रा में blood supply न होने के कारण से जब heart की कोई muscle अचानक damage हो जाती है इसे heart attack कहते हैं।

Chapter Nineteen

EXCRETORY PRODUCTS AND THEIR ELIMINATION

*हमारे शरीर में **metabolic processes** के दौरान या फिर किसी और कारण जैसे excess ingestion से कुछ चीजें इकट्ठा हो जाती हैं।*

जैसे—Ammonia, urea, uric acid, water, ions. like Na^+, K^+, Cl^-, *phosphate, sulphate, etc.*

इन पदार्थों को हमें complete or partial रूप से शरीर के बाहर निकालना पड़ता है।

"Ammonia, Urea and Uric acid are the major form of nitrogenous wastes excreted by animals."

- Ammonia सबसे जहरीली होती है और इसको eliminate करने के लिए अधिक जल की आवश्यकता पड़ती है।
- Uric acid सबसे कम toxic होती है इसलिए इसको बाहर निकालने (**remove**) के लिए बहुत कम जल की आवश्यकता पड़ती है।
- Ammonia को excrete करने की process को **ammonotelism** कहते हैं।
- **Ammonotelic animals**-many bony fishes, aquatic amphibians, aquatic insects.
- Ammonia जल में बहुत जल्दी से घुल जाती है इसलिए सामान्यतया इसे **body surface** या **gill surface** (in fish) के द्वारा ammonium ions के रूप में excrete करते हैं।
- Ammonotelism में kidney का कोई खास **role** नहीं होता है।
- Ureotelism और uricotelism दोनों **terrestrial adaptation** के लिए हैं, जिससे कि **water** को **conserve** किया जा सके।

- **Ureotelic Animals :** जो mainly urea को excrete करते हैं।

  Example : Mammals, many terrestrial amphibians और marine fishes.
- इन animals में metabolism के दौरान बनी ammonia, liver में आकर urea में convert हो जाती है इसे Ornithine cycle कहते हैं इसके बाद इस urea को blood में छोड़ दिया जाता है, जो kidney से filter होकर excrete कर दी जाती है।
- कुछ animals में urea की कुछ मात्रा kidney के matrix में बची रह जाती है, जिससे आवश्यक osmolarity को maintain रहती है।
- **Uricotelic Animals** (mainly excrete uric acid) : ये animals, Uric acid को pellet (गोली) या paste (लेई) के रूप में बाहर निकालते हैं, जिससे जल का नुकसान कम होता है।

  Example : Reptiles, birds, land snail और insects.

  Animal kingdom में कई तरह के excretory structure होते हैं।
- Invertebrates में ये sturctures simple tubes के form में और vertebrates में complex tubular organs called kidneys इनमें से कुछ extcetory structure है।
- **Protonephredia or Flame cells :** In Platyhelminthes (flatworms e.g. *Planaria),* rotifers, some annelids और cephalochordates (*Amphioxus*)में पाए जाते हैं।
- Protonephredia का मुख्य सम्बन्ध osmoregulation से होता है।
- **Osmoregulation :** Regulation of ionic and fluid volume.
- **Nephredia :** Tubular excretory structures in earthoworm and other annelids.
- Nephredia, excretion और osmoregulation दोनों के लिए सहायक है।
- **Malpighian tubules :** In most of insects including cockroach.
- Excretion और osmoregulation दोनों के लिए सहायक है।
- **Antennal gland or green gland :** यह crustaceans जैसे prawns में excretion का काम करता है।

19.1 Human Excretory System

Consist of

- 1 pair kidneys
- 1 pair ureters
- A urinary bladder
- A urethra

- Kidneys are reddish brown, bean-shaped structuers.
- Kidney, last thoracic (T_{12}) और third lumber vertebra (L_3) के बीच present होते हैं, जोकि abdominal cavity की dorsal inner wall के पास होती है। (Fig. 19.1)

Measurement :

Length	:	10-12 cm
Width	:	5-7 cm
Thickness	:	2-3 cm
Weigth	:	120-170 gm

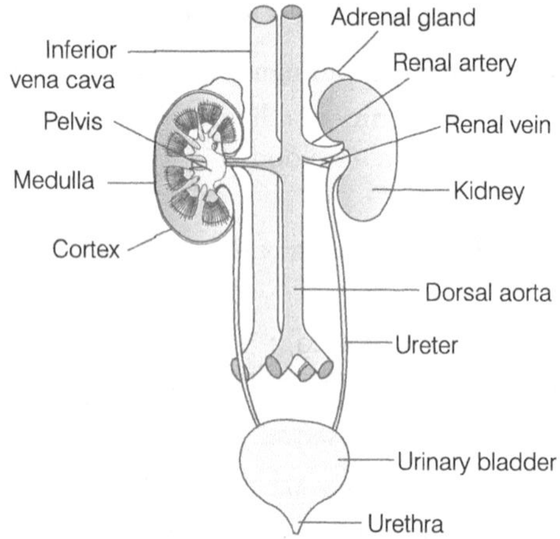

Figure 19.1 Human urinary system

- Kidney के inner concave surface के center की तरफ उपस्थित एक notch होती है, जिसे **hilum** कहते हैं, जिसके द्वारा ureter, blood vessels और nerves, kidney में प्रवेश करते हैं।
- Hilum के अन्दर की तरफ एक broad funnel-shaped space होता है, जिसे **renal pelvis** कहते हैं और इसके projections को **calyces** कहते हैं।
- Kidney की बाहरी सतह पर tough (कड़ा) capsule पायी जाती है।
- Kidney के अन्दर दो zones होते हैं outer **cortex** और inner **medulla**
- Medulla कुछ conical mass (medullary pyramid) में divide होती है, जो calyces में projected रहते हैं।
- Cortex, medullary pyramids में renal columns के रूप में फैले (extends) रहते हैं इनको **columns of Bertini** कहते हैं। (Fig. 19.2)
- प्रत्येक kidney में लगभग 1 million nephrons (complex tubular structures) होते हैं। (Fig.19.3)

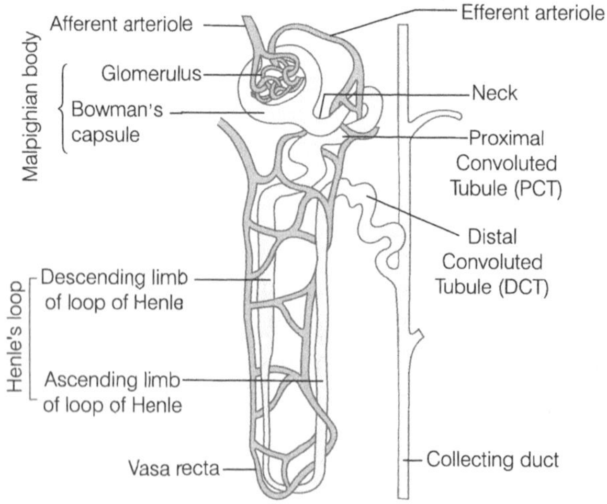

Figure 19.2 A diagrammatic representation of a nephron showing blood vessels, duct and tubule

- **Nephrons :** functional unit of kidney.
- प्रत्येक **Nephron** में दो parts होते हैं– **Glomerulus** और **renal tubule**।
- **Glomerulus :** afferent arteriole से बनी capillaries का गुच्छा (tuff) है।

- **Afferent arteriole :** यह kidney को blood देने वाली **renal artery** की एक पतली शाखा है।
- **Renal Tubule :**
  - Double walled cup like structure **Bowman's capsule** जो Glomerulus को घेरती है।
  - Highly coiled **PCT**
  - **Henle's loop** (Hair pin-shaped)
  - Henle's loop में एक descending और एक ascending limb होती है। Ascending limb, एक highly coiled DCT में खुलती है।
  - Another highly coiled **DCT**
- Glomerulus + Bowman's capsule
  = Malpighian body or renal corpuscle. (Fig. 19.4)

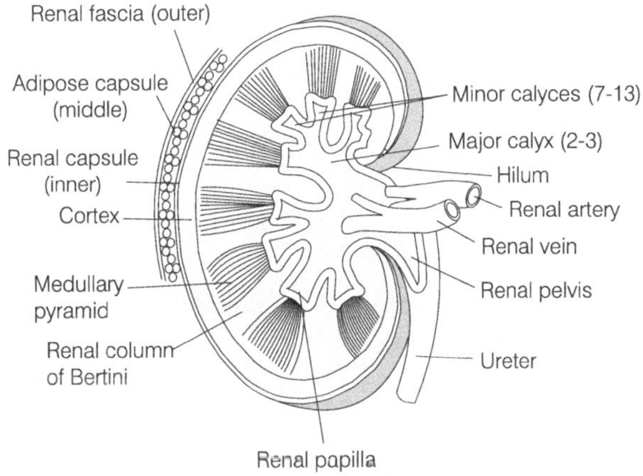

Figure 19.3 Longitudinal section (diagrammatic) of kidney

- कई nephrons की DCTs जहाँ पर खुलती हैं वह एक **straight tube** होती है, जिसे **collecting duct** कहते हैं।
- कई **collecting duct converge** होकर medullary pyramid के द्वारा renal pelvis के calyces में खुलती है।
- Malpighian corpuscle, PCT और DCT kidney के cortical region में होती है, जबकि Henle loop medulla में होता है।
- **Cortical nephron**-अधिकतर nephrons इसी प्रकार के होते हैं इसमें loop of Henle छोटा और बहुत थोड़ा-सा medulla में फैला रहता है।

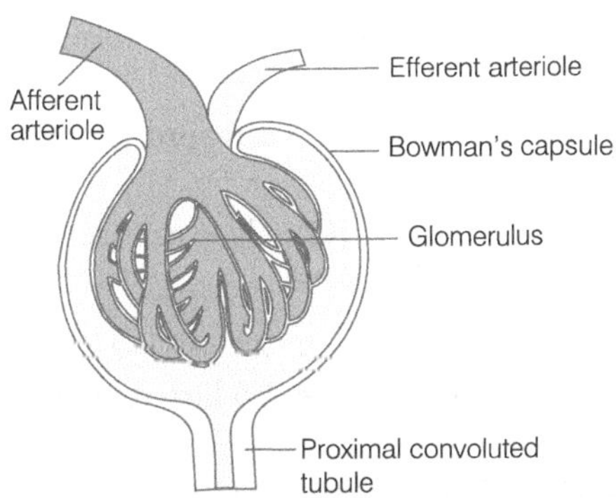

Figure 19.4 Malpighian body (renal corpuscle)

- Cortical nephron में vasa recta अनुपस्थित या बहुत कम पायी जाती है।
- **Juxta medullary nephron**-कुछ nephrons में loop of Henle बहुत लम्बा और medulla में गहराई तक फैला होता है ऐसे nephron को **nephron** कहते हैं।
- Juxta medullary nephron में **U-shaped vasa recta** पायी जाती है।
- **Vasa-recta** : Glomerulus से जो efferent arteriole निकलती है वह renal tubule के around एक पतली capillary का network बना लेती है जिन्हें peritubular capillaries कहते हैं और इसी network की एक पतली सी vessel, Henle loop के parallel होती है, जिसे हम Vasa-recta कहते हैं।

19.2 Urine Formation

इसमें तीन main process involve होते हैं, जो nephrons के अलग-अलग भागों में होते हैं।

1. Glomerular filteration
2. Reabsorption
3. Secretion

Glomerular Filteration

- यह urine formation का पहला step है, जो glomerulus के द्वारा होता है इसलिए इसे glomerular filteration कहते हैं।
- औसतन 1100-1200 mL blood एक मिनट में kidneys के द्वारा filter होता है, जो heart की प्रत्येक ventricle के द्वारा pump किए गए blood का 1/5 भाग होता है।

  Glomerular capillary में **blood pressure** के कारण filter होता है यह filtration तीन layers के द्वारा होता है–

  1. Endothelium of glomerular blood vessels
  2. Epithelium of Bowman' capsule
  3. A basement membrane b/w these two layers
- Bowman's capsule की epithelial cell को **podocyte** कहते हैं।
- Podocyte cells पेचदार (intricate) manner में arrange होती है, जिसके कारण थोड़ी-सी जगह बन जाती है इसे **filteration slits** या **slit pores** कहते हैं।
- Blood इन तीनों layer से बहुत ही बारीकता से filter होता है, जिसमें **plasma** की सभी चीजें (except proteins) Bowman's capsule की lumen में आ जाती है इस process को **ultra-filteration** कहते हैं।
- **Glomerular Filteration Rate (GFR) :** एक मिनट में kidneys के द्वारा बनने वाले filterate की दर को GFR कहते हैं।
- एक स्वस्थ मनुष्य में GFR 125mL/मिनट, i.e., 180 litre प्रतिदिन होता है।
- Kidney में GFR को regulate कर सकते हैं इनमें एक सफल mechanism **juxtaglomerular apparatus** (JGA) के द्वारा regulation नीचे व्यक्त किया गया है।
- **JGA** एक special sensitive भाग होता है, जो DCT और **afferent arteriole** के contact वाले स्थान पर cellular modification से बनता है।
- **Function of JGA** : Fall in GFR → Activate JG cells to release renin → stimulate glomerular blood flow and thereby the GFR back to normal

Reabsorption

- 1 दिन में 180 litre filterate बनता है, जबकि urine सिर्फ 1.5 litre release होती है यानि 99% filtrate reabsorb हो जाता है।
- Reabsorption, renal tubules की epithelial cells से होता है।

Reabsorption, active या passive mechanisms के द्वारा होता है। (Fig. 19.5)

For example : **Active mechanism** – Na^+, Amino acid, Glucose, etc.
Passive mechanism – Nitrogenous waste Water

Secretion

- Tubular cells कुछ पदार्थों जैसे-H^+, K^+ और **ammonia** का filterate में secretion करती है।
- यह secretion, body fluid में ionic और acid base balance को maintain रखता है।

19.3 Function of The Tubule

PCT- (Proximal Convoluted Tubule)

- PCT में simple, **cuboidal** और **brush border** epithelial cells होती हैं, जो reabsorption के लिए surface area को बढ़ाता है।
- लगभग सभी essential nutrients, 70-80% electrolytes और water का reabsorption इस भाग से होता है।
- Body fluid की pH और ionic balance को maintain करने के लिए यह H^+, NH_4^+ और K^+ का **filterate** में **selective secretion** करती है और filterate से HCO_3^- का **absorption** करती है।

Henle's Loop

- इसकी ascending limb में reabsorption minimum होता है।
- इसका मुख्य कार्य medullary interstitial fluid की osmolarity को maintain करना है।
- इसकी **descending limb** जल के लिए permeable लेकिन electrolytes के लिए लगभग impermeable होती है। इसलिए जैसे-जैसे filterate इस limb से नीचे जाता है यह concentrate होता जाता है।
- **Ascending limb** जल के लिए impermeable होती है, लेकिन इसमें electrolytes का transport actively या passively होता है। इसलिए जब concentrated filterate इस limb से ऊपर जाता है, तो यह dilute हो जाता है, क्योंकि electrolytes medullary fluid में आ जाते हैं।

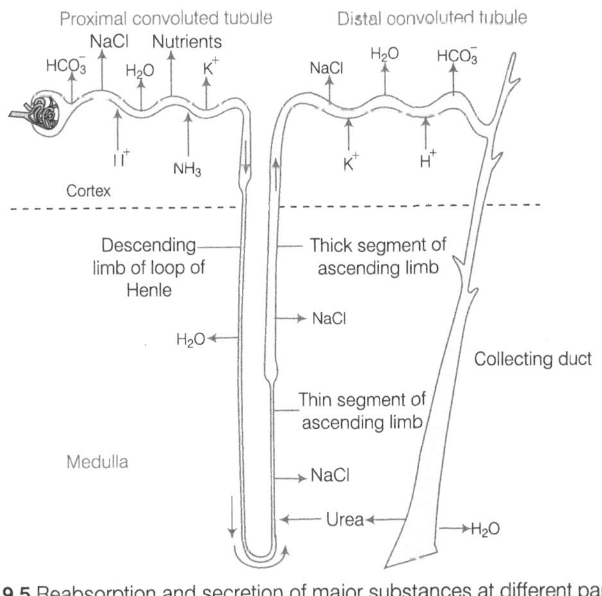

Figure 19.5 Reabsorption and secretion of major substances at different parts of the nephron (Arrows indicate direction of movements of materials)

DCT-(Distal Convoluted Tubule)

- इस segment में water और Na^+ ions का conditional reabsorption होता है।
- इसमें HCO_3^- को reabsorb करने की भी क्षमता होती है तथा blood की pH और sodium-potassium balance को maintain करने के लिए H^+, K^+ और NH_4^+ का selective secretion करती है।

Collecting Duct

- यह लम्बी duct है, जो cortex से medulla के inner parts तक फैली होती है।
- Urine को concentrate बनाने के लिए इसमें जल का reabsorption अधिक मात्रा में होता है।
- इस segment से urea की थोड़ी मात्रा medullary interstitium में आ जाती है, जिससे इसकी osmolarity maintain रहती है।
- Blood की pH और ionic balance करने के लिए H^+ और K^+ ions का selective secretion भी करती है।

19.4 Mechanism of Concentration of The Filterate

- Mammals में concentration urine उत्पन्न करने की क्षमता होती है।
- Henle's loop और vasa-recta इसके लिए अहम भूमिका निभाते हैं।
- **Henle's loop** की दोनों limbs (ascending and descending) में filtrate का प्रवाह opposite direction में होता है इसलिए counter current बनाता है।
- **Vasa recta** की दोनों limbs (ascending and descending) में blood का प्रवाह भी opposite direction में होता है इसलिए counter current बनाता है।
- Henle's loop और vasa recta के बीच की proximity (निकटता) और उनमें counter current, inner medullary interstitium की तरफ बढ़ती osmolarity को maintain करता है, i.e., 300 $mOsmolL^{-1}$ in cortex to **1200 $mOsmolL^{-1}$** in inner medulla.

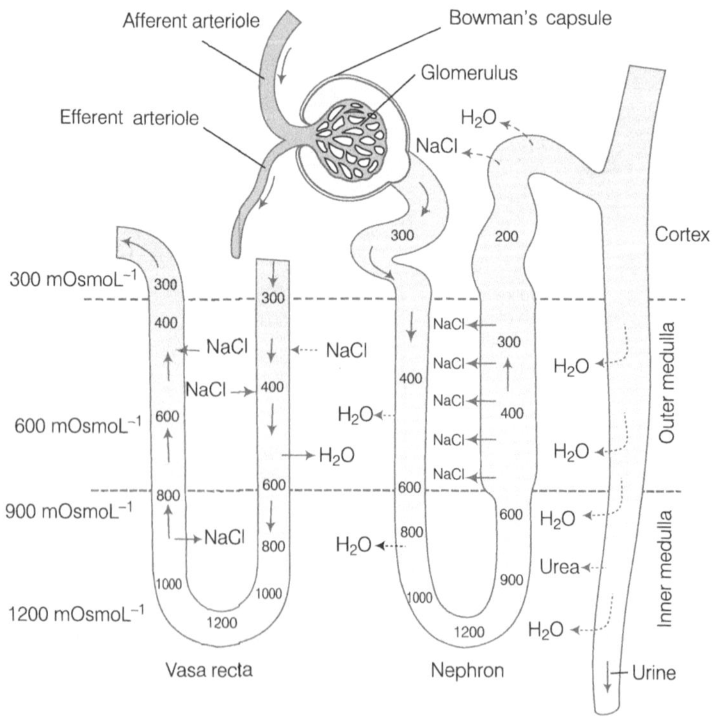

Figure 19.6 Diagrammatic representation of a nephron and vasa recta showing counter counter current mechanism

- यह gradient, NaCl और urea के कारण से होता है।
- Henle's loop की ascending limb से NaCl बाहर आता है जो vasa recta की descending limb से exchange हो जाता है।
- Vasa recta की ascending portion द्वारा NaCl, interstitium में वापस आ जाता है।
- ठीक इसी तरह urea जो Henle's loop के ascending limb (thin segment) में प्रवेश करती है वह collecting tubules द्वारा interstitium में transport होकर वापस आ जाती है।
- ऊपर describe किए गए पदार्थों का transport, Henle's loop और vasa recta के special arrangement की सहायता से होता है इसे **counter current mechanism** कहते हैं।
- यह mechanism, medullary interstitium में concentration gradient को maintain करने का कार्य करती है।
- मनुष्य की kidney शुरूआत में बने filterate से लगभग चार गुना concentrate urine बना सकती है।

19.5 Regulation of Kidney Function

- **Kidney** के function का सफल **monitering** और **regulation** (संचालन और नियन्त्रण) **hormonal feedback machanism** के द्वारा होता है। इसमें **hypothalamus, JGA** और कुछ सीमा तक **heart** भाग लेते हैं।

Hypothalamus

- हमारे शरीर में blood के volume, body fluid और ionic concentration में change होने से osmorecepters activate हो जाते हैं।
- जब body से fluid का अधिक मात्रा में नुकसान हो जाता है, तो body के osmorecepters activate हो जाते हैं, जो neuro-hypophysis से **ADH** (antidiuretic hormone) अथवा vasopressin के secretion के लिए **hypothalamus** को stimulate करते हैं।
- यह hormone, renal tubules के पिछले भाग (latter part) से जल के reabsorption को बढ़ाता है, जिसके द्वारा diuresis रुक जाती है।
- **Diuresis**-urine के द्वारा जल का अधिक निकलना।
- जब शरीर में fluid की मात्रा बढ़ती है, तो osmoreceptor बंद हो जाते हैं और ADH का secretion कम हो जाता है (complete the feed back)।
- ADH, blood vessels को constrict (संकुचित) करके भी kidney के कार्य को प्रभावित कर सकता है इससे blood pressure बढ़ जाता है, जिससे glomerular blood flow बढ़ता है और फिर इसके द्वारा GFR बढ़ जाता है।

JGA

- यह एक complex regulatory role निभाता है।
- Glomerular blood flow/Glomerular BP/GFR के कम होने से JG cells activate हो जाती है और इनसे **renin** निकलता है।
- Renin, blood में उपस्थित angiotensinogen को **angiotension I** और इसके बाद **angiotension II** में convert कर देता है।
- Angiotension II एक powerful **vasoconstrictor** होता है, जो glomerular blood pressure को बढ़ा देता है और इसके द्वारा GFR बढ़ जाता है।
- Angiotensin II, adrenal cortex को भी activate करता है, जिससे **aldosterone** निकलता है।
- **Aldosterone,** renal tubule के distal भाग से Na^+ और water को reabsorb कराता है इसलिए इसे salt retaining hormone भी कहते हैं यह भी GFR और blood pressure को बढ़ाता है।
- इस mechanism को सामान्यतया **Renin-Angiotensin mechanism** कहते हैं।

Heart

- Heart के atria में blood flow बढ़ने **Atrial Natriuretic Factor (ANF)** release होता है।
- ANF, vasodialtion cause करता है, जिसके द्वारा blood pressure कम हो जाता है।
- ANF mechanism, renin-angiotensinogen mechanism को रोकती है।

19.6 Micturition (Release of Urine)

- CNS से voluntary signal के आने तक nephron द्वारा बनी urine, urinary bladder में आकर store होती रहती है।
- Urine से भरे urinary bladder में stretch (खिंचाव) होने से यह signal शुरू हो जाते हैं जबाव में bladder की दीवार में उपस्थित stretch receptor, CNS तक signals भेजते हैं।
- CNS से motor message आगे बढ़कर bladder की smooth muscles में contraction और साथ-साथ urethral sphincter का relaxation शुरू कर देता है इससे urine release हो जाती है।
- Urine के release करने के process को micturition कहते हैं और इसमें involve होने वाली neural mehanism को **micturition reflex** कहते हैं।
- एक adult मनुष्य एक दिन में average 1-1.5 लीटर urine का excretion करता है।
- Urine हल्के पीले रंग का watery fluid है, जो slightly acidic (pH-6) होता है।
- इसमें एक विशेष गंध (characteristic odour) होती है।
- Urine की analysis करके हम कई तरह के metabolism disorder और kidney की malfunction के बारे में जान सकते हैं।

  For example : Urine में glucose (glycosuria) और ketone bodies (**ketonuria**) की उपस्थित **diabetes mellitus** को indicate करती है।

19.7 Role of Other Organs in Excretion

- Kidney के अलावा lungs, liver और skin भी excretory wastes को निकालने में सहायता करते हैं।
- **Lung** – Remove large amount of CO_2 **(approx. 200 mL/min)**.

  Remove significant quantities (महत्त्वपूर्ण मात्रा) of water every day
- **Liver** - हमारी शरीर की सबसे बड़ी gland है।

  यह bile containing पदार्थ जैसे-**bilirubin, biliverdin, cholesterol, degraded steroid hormone, vitamins** और drugs का secretion करती है।

  इनमें अधिकतर पदार्थ अंत में digestive wastes के साथ बाहर निकल जाते हैं।
- **Skin** - इसमें पायी जाने वाली **sweat** और **sebaceous glands** निर्धारित पदार्थों को अपने secretions के द्वारा निकाल सकती है।

Sweat Glands

- इससे बनने वाला **sweat** (पसीना) एक watery fluid है, जिसमें **NaCl** कुछ मात्रा में urea, lactic acid, etc होता है।
- यद्यपि **sweat** का primary function, body surface की cooling करना है, लेकिन यह कुछ ऊपर दिए गए wastes को भी निकालने में सहायता करता है।

Sebaceous Glands

- इससे निम्न पदार्थ, जैसे— sterols, hydrocarbons, waxes, आदि को **sebum** के द्वारा बाहर निकाला जाता है।
- इसका secretion skin को protective oily covering देता है।

क्या आप जानते हैं कुछ nitrogenous wastes का elimination (निष्कासन) saliva के द्वारा भी होता है।

19.8 Disorders of The Excretory System

- Kidney के proper कार्य न करने के कारण blood में urea की मात्रा बढ़ जाती है इस condition को **uremia** कहते हैं।
- Uremia बहुत नुकसानदायक होता है और यह kidney को fail कर सकता है।
- ऐसे patients में heamodialysis के द्वारा urea को remove करते हैं।
- Haemodialysis के दौरान Blood, convenient artery से निकालकर dialysing unit में pump किया जाता है जिसे artificial kidney कहते हैं।
- Blood को किसी सुविधाजनक (convenient) artery से बाहर निकालते हैं और इनमें anticoagulant (जैसे—heparin) मिलाने के बाद **dialysing unit** में pump कर देते हैं।
- इस unit में coiled **cellophane tubes** होती हैं ओर इसके चारों ओर dialysing fluid होता है।
- Dialysing fluid का composition, plasma के समतुल्य होता है (सिर्फ nitrogenous waste को छोड़कर)।
- Cellophane tube porous होती है इसलिए blood जब cellophane tube से गुजरता है, तो concentration gradient के कारण सिर्फ nitrogenous waste स्वतंत्रतापूर्वक dialysing fluid में आ जाते हैं, क्योंकि nitrogenous waste dialysing fluid में नहीं होते हैं।
- इस प्रकार से blood साफ हो जाता है और यह साफ blood में antiheparin मिलाकर एक vein के द्वारा पुन: body में भेज दिया जाता है।
- यह method पूरे विश्व में पाए जाने वाले uremic patients के लिए वरदान (boon) है।
- Acute kidney failure (renal failure) को ठीक करने की अन्तिम विधि kidney transplantation हैं।
- Kidney transplant में donor की kidney functional होनी चाहिए और close relative donor को वरीयता देनी चाहिए, जिससे कि host का immune system इसे कम से कम reject कर सके।

आज के modern clinical procedures (चिकित्सीय प्रक्रिया) ने इस complicated technique की सफलता को बढ़ा दिया है।

Renal Calculi

- Kidney के अन्दर crystallised salts (oxalates, etc.) का stone अथवा insoluble mass का बनना renal calculi कहलाता है।

Glomcrulonephritis

- इसमें kidney के glomeruli में सूजन (inflammation) हो जाती है।

Chapter Twenty

LOCOMOTION AND MOVEMENT

- Movement, living being की एक महत्त्वपूर्ण विशेषता है।
- Animals और plants में अनेक प्रकार के movements पाए जाते हैं।
- *Amoeba* जैसे unicellular organisms में protoplasm की streaming का movement साधारण रूप है।
- अनेक organisms, cilia, flagella और tentacles द्वारा movement show करते हैं।
- मानव अपने limbs, jaws, eyelid, tongue, आदि को move कर सकता है।
- कुछ movements में place अथवा location में change होता है, ऐसे voluntary movements को locomotion कहते हैं।
- Walking, running, climbing, flying, swimming, आदि सभी locomotory movements के कुछ रूप हैं।
- Locomotory structures का अन्य प्रकार के movements में involve structures से भिन्न होना आवश्यक नहीं है; जैसे—
  - *Paramecium* में cilia की सहायता से cytopharynx द्वारा भोजन का movement और locomotion दोनों कार्य हो सकते हैं।
  - *Hydra* अपने tentacles का प्रयोग शिकार पकड़ने और locomotion दोनों में कर सकता है।
  - हम अपने limbs का प्रयोग body के postures को बदलने और locomotion दोनों में करते हैं।

ऊपर दिए गए observation से संकेत मिलता है कि locomotion और moveoments का separate अध्ययन नहीं किया जा सकता है।

सभी locomotions, movements होते हैं, लेकिन सभी movements, locomotions नहीं होते हैं।

20.1 Types of Movement

- मानव के शरीर की cells मुख्यतया तीन प्रकार के movements show करती है—Amoeboid, ciliary और muscular.
- हमारे शरीर की कुछ specialised cell; जैसे— macrophages और blood की leucocyte (WBC), amoeboid movement प्रदर्शित करती है। ये activity protoplasm की streaming द्वारा pseudopodia बनाकर की जाती है (जैसे— *Amoeba* में)।
- Cytoskeletal elements जैसे microfilaments भी amoeboid movements में सहयोगी होते हैं।
- Ciliated epithelium की lining वाले अधिकतर internal tubular organs में ciliary movements पाया जाता है।
- Trachea में cilia के coordinated movement से atmospheric air में उपस्थित गन्दे पदार्थों को remove करने में सहायता मिलती है।
- Female reproductive tract से ova का pass होना भी ciliary movement की सहायता से होता है।
- हमारे limbs, jaw, tongue etc., के movements के लिए muscular movement आवश्यक है।
- मानव और most multicellular organisms के locomotion और अन्य प्रकार के movements में muscles की contractive property का उपयोग होता है।
- Locomotion के लिए muscular, skeleton और neural system का एक perfect coordination आवश्यक होता है।

20.2 Muscle

- Muscle एक specialised tissue है, जो mesoderm से derived होते हैं।
- Adult human के शरीर के weight का लगभग 40-50% भाग muscles का होता है।
- Muscles की कुछ special properties हैं; जैसे—excitability, contractability, extensibility और elasticity.
- Location, appearance और nature of regulation of their activities, etc., के आधार पर muscles को classify करते हैं।
- Location के आधार पर muscles तीन प्रकार की होती हैं—
  (i) Skeleton (ii) Visceral (iii) Cardiac

(i) Skeleton Muscles

- ये muscles, body के skeleton component के close contact में होती हैं।
- Microscope से देखने पर इनमें धारियाँ दिखती हैं इसलिए इन्हें **striated muscles** कहते हैं।
- इन muscle की activities पर nervous system का voluntary control होता है इसलिए इन्हें **voluntary muscles** भी कहते हैं। ये muscles मुख्य रूप से locomotion और body posture को बदलने में सहायक होती हैं।

(ii) Visceral Muscles

- ये muscles शरीर के hollow visceral organs; जैसे— alimentary canal, reproductive tract, आदि की inner walls में पायी जाती हैं।
- ये non-striated और smooth दिखती हैं इसलिए इन्हें **smooth muscles** (non-striated muscle) कहते हैं।
- इन muscles की activities पर nervous system का voluntary control नहीं होता है इसलिए इन्हें **involuntary muscles** भी कहते हैं। ये muscles, digestive tract द्वारा भोजन और genital tract द्वारा gamate के movement में सहायता प्रदान करती हैं।

(iii) Cardiac Muscles

- ये heart की muscles होती हैं।
- कई cardiac muscles cells, branching pattern में arrange होकर cardiac muscles बनाती हैं।
- रंग रूप (appearance) के आधार पर ये **striated** होती हैं।
- ये **involuntary** होती हैं, क्योंकि nervous system इनकी activity को direct control नहीं करता है।

अब हम skeleton muscle को detail में समझने के लिए इनकी structure और contraction की mechanism को पढ़ेंगें।

- हमारे शरीर में प्रत्येक organised skeleton muscles कई muscle bundle या fascicles की बनी होती है, जो common collagenous connective tissue से घिरी रहती है, जिसे fascia कहते हैं।
- प्रत्येक muscle bundle में अनेक muscle fibre होते हैं। प्रत्येक muscle fibre के ऊपर plasma membrane पायी जाती है, जिसे **sarcolemma** कहते हैं। (Fig. 20.1)

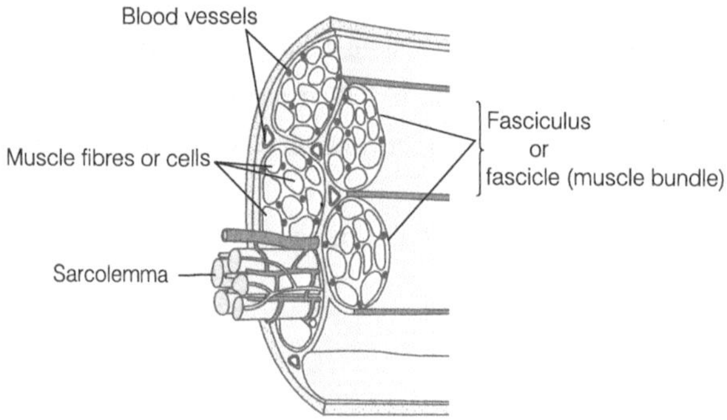

Figure 20.1 Diagrammatic cross sectional view of a muscle showing muscle bundles and muscle fibres

- Muscle fibres के sarcoplasm में अनेक nuclei होते हैं इसलिए इसे syncitium कहते हैं।
- Muscles fibres के endoplasmic reticulum, i.e. sarcoplasmic reticulum, calcium ions का storehouse होते हैं।
- Muscles fibres की एक विशेषता है कि इसके sarcoplasm में अनेक सारे parallel रूप में व्यवस्थित myofilaments or myofibrils पाए जाते हैं।
- प्रत्येक myofibril में alternate **dark** और **light** band पाए जाते हैं।
- Myofibril की detail study से यह पता चलता है कि इनका striated रूप दो मुख्य proteins-**actin** और **myosin** के special distribution के कारण होता है।
- Light band में actin होता है और इसे **'I' band** या **isotropic band** कहते हैं।
- Dark band को **A** अथवा **Anisotropic band'** कहते हैं इसमें myosin होता है।
- दोनों protein, rod जैसी structure में arrange रहती हैं।
- ये proteins एक-दूसरे के parallel होने के साथ myofibril के longitudinal axis के भी parallel होती हैं।
- Actin filament, myosin filament की तुलना में पतले होते हैं इसलिए actin को **thin** और myosin को **thick filament** कहते हैं।
- प्रत्येक I-band को center से bisect करने के लिए एक elastic fibre होता है, जिसे **'Z'**-line कहते हैं।
- Thin filament, Z-line से firmly (मजबूती) से जुड़े रहते हैं।
- A-band के मध्य में एक thin fibrous membrane (**M**-line) से A-band के thick filament जुड़े होते हैं।
- Myofibril की पूरी लम्बाई में A और I-band alternate क्रम में लगे रहते हैं।
- दो successive 'Z'-line के मध्य पाए जाने वाले myofibril के part को **sarcomere** कहते हैं। (Fig. 20.2)

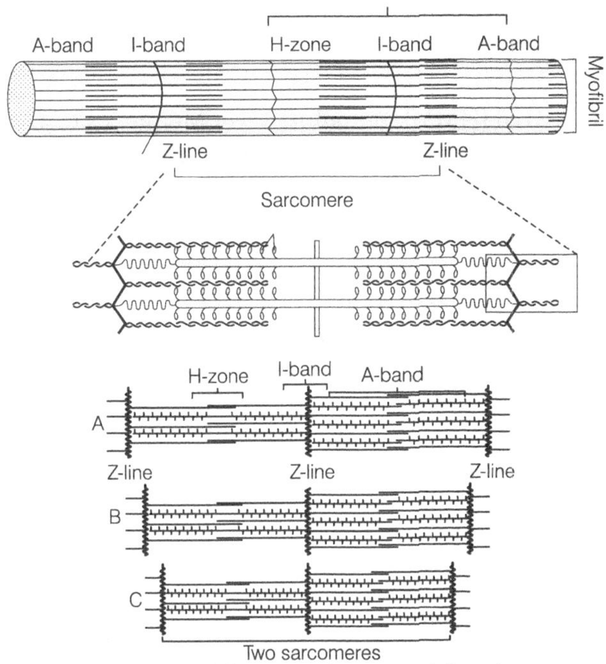

Figure 20.2 Diagrammatic representation of (a) Anatomy of a muscle fibre showing a

- Contraction की functional unit को sarcomere कहते हैं।
- Resting अवस्था में thin filaments के सिरे दोनों side के thick filaments के center के part को छोड़कर free ends पर partial overlap होते हैं।
- Thick filament का centre part जो thin filament से overlapped नहीं होता उसे **'H'-zone** कहते हैं।

20.2.1 Structure of Contractile Protein

- प्रत्येक actin filament दो F (filamentous) actins का बना होता है।
- दो F actins एक-दूसरे से helically बंधे रहते हैं।
- प्रत्येक 'F'-actin एक polymer है तथा इसके monomer को G (Globular) actins कहते हैं।
- एक दूसरी protein, **tropomyosin** के दो filament 'F'-actins के निकट पूरी लम्बाई में होते हैं।
- Tropomyosin में regular interval पर एक complex protein **troponin** पायी जाती है।
- Resting state में, actin filaments के ऊपर myosin के लिए active binding sites को troponin ढके रखती हैं। (Fig. 20.3a)

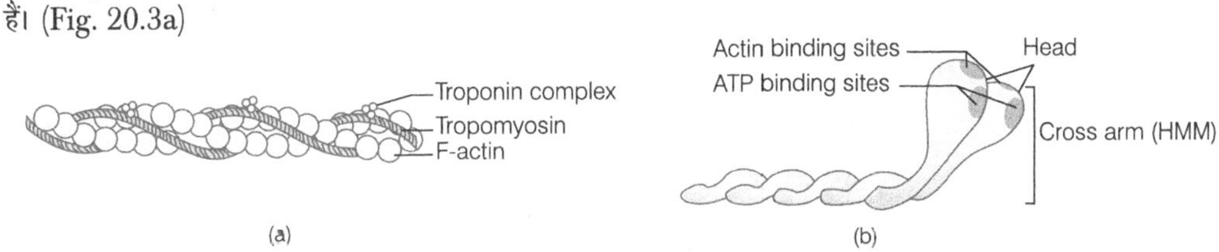

Figure 20.3 (a) An actin (thin) filament (b) Myosin monomer (meromyosin)

- प्रत्येक myosin (thick) filament भी एक polymerised protein होती है।
- एक thick filament बनाने के लिए कई monomeric proteins की आवश्यकता होती है, जिन्हें meromyosin कहते हैं। (Fig. 20.3 b)

- प्रत्येक meromyosin के दो important parts होते हैं—
  - A globular head with short arm
  - A tail
- Head को Heavy Meromyosin (HMM) और tail को Light Meromyosin (LMM) कहते हैं।
- HMM के component, i.e., head और short arm, polymerised myosin filament की surface से आपस में regular distance और angle पर बाहर की ओर उभरे रहते हैं, जिन्हें **cross arm** कहते हैं।
- Globular head एक active **ATPase** enzyme है, जिसमें ATP के लिए binding site तथा actin के लिए active site होती है।

20.2.2 Mechanism of Muscle Contraction

Muscle contraction की mechanism को sliding filament theory द्वारा अच्छी तरह से समझाया जा सकता है।

- यह theory बताती है कि muscle fibers का contraction thin filament के thick filament के ऊपर slide करने से होता है।
- CNS की motor neuron द्वारा भेजे गए signal से muscle contraction की शुरूआत होती है।
- एक motor neuron तथा इससे जुड़े muscle fibres मिलकर एक motor unit को बनाते हैं।
- Motor neuron और muscle fibre के sarcolemma के मध्य junction को neuromuscular junction या motor end plate कहते हैं।
- Junction पर neural signal पहुँचने से एक neurotransmitter (Acetyl choline) release होता है, जो sarcolemma में action potential उत्पन्न करता है।
- Action potential पूरे muscle fiber पर फैल जाता है, जिससे sarcoplasm में calcium ion release होते हैं।
- Calcium ions के बढ़ने से actin filament पर troponin की subunit से calcium bind कर जाता है जिसके कारण actin के ढ़के हुए active site खुल जाते हैं।
- ATP की hydrolysis से प्राप्त energy का use कर myosin head actin की खुली हुई active site से bind होकर cross bridge बनाते हैं और cross bridge से जुड़े actin filament, A-band के centre की ओर खिंचते हैं। (Fig. 20.4)

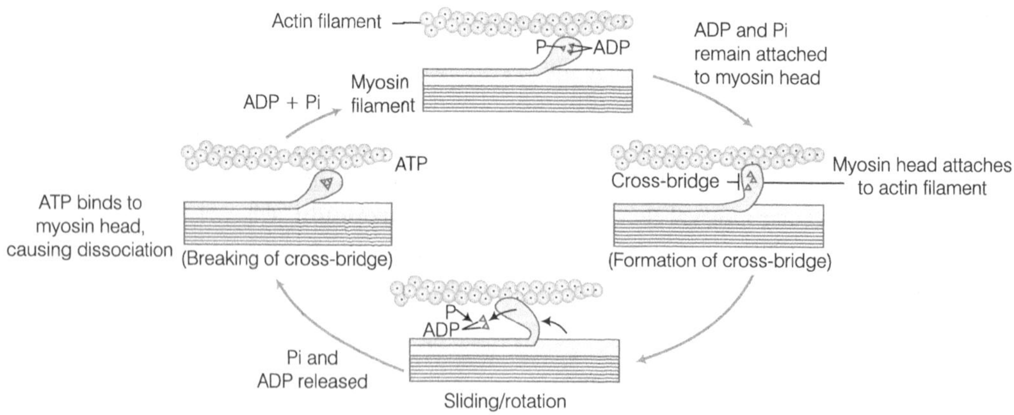

Figure 20.4 Stages in cross bridge formation, rotation of head and breaking of cross bridge

- इन actin से जुड़ी हुई Z-line भी अन्दर की ओर खिंच जाती है, जिससे sarcomere छोटा हो जाता है अर्थात् contraction हो जाता है।
- ऊपर दिए गए steps से यह clear है कि muscle के short होते समय या contraction के समय I-band की length कम हो जाती है, जबकि A-band की length नहीं बदलती। (Fig. 20.5)

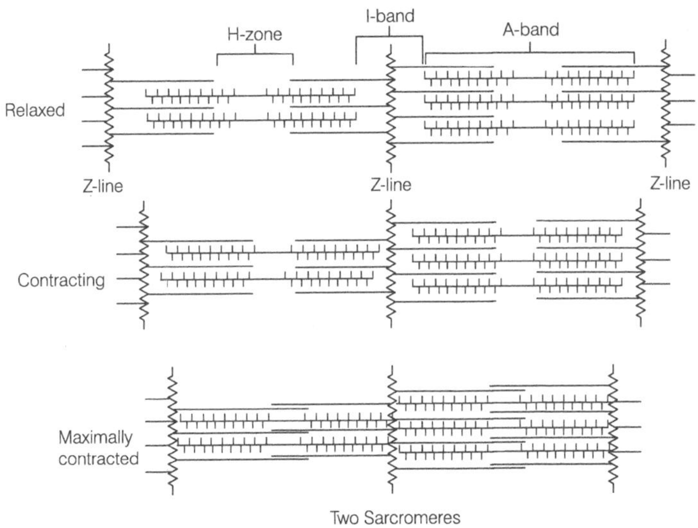

Figure 20.5 Sliding-filament theory of muscle contraction (movement of the thin filaments) and the relative size of the I- band and H- zones

- Myosin से ADP और P_1 release होता है और myosin अपनी relax state में वापस चला जाता है।
- एक नए ATP के bind होने से cross bridge टूटते हैं।
- Myosin head, ATP को फिर से hydrolyse करता है तथा cross bridge को बनाने और टूटने की cycle repeat होती है जिससे कि फिर से sliding हो सके।
- यह process लगातार चलती रहती है जब तक कि Ca^{++} ion sarcoplasmic cisternae में दोबारा pump back नहीं हो जाते हैं इसके फलस्वरूप actin filament की masking हो जाती है। इसकी वजह से Z-line अपनी original position पर वापस चली जाती है अर्थात् relaxation हो जाता है।
- Different muscles में fibres की reaction time में अन्तर हो सकता है।
- Muscles के बार-बार activation होने पर उनमें glycogen के anaerobic breakdown से lactic acid का deposition होने लगता है जिससे थकान (fatigue) होने लगती है।
- Muscles में oxygen store करने के लिए red colour का pigment होता है, जिसे myoglobin कहते हैं।
- कुछ muscles में myoglobin की मात्रा अधिक होती है जिससे वह red colour के दिखते हैं ऐसी muscles को red muscles कहते हैं।
- Red muscles में mitochondria अधिक होती है, जो ATP formation के लिए muscles में भरे अत्यधिक oxygen को use कर सकती हैं। Red muscles को इसलिए aerobic muscles भी कहते हैं।
- कुछ muscles में myoglobin कम होता है जिससे वह pale अथवा whitish दिखती हैं, परन्तु इनमें sarcoplasmic reticulum का amount अधिक होता है।
- White fibre, anaerobic process द्वारा energy प्राप्त करते हैं।

20.3 Skeletal System

- Skeletal system के अन्तर्गत **bones** और कुछ **cartilage** का बना ढाँचा आता है।
- Body के movement में इस system की महत्वपूर्ण भूमिका होती है।

  "कल्पना कीजिए जब आपको बिना jaw bones के भोजन चबाना पड़े और बिना limb bones के टहलना पड़े।"
- Bones और cartilage एक विशेष प्रकार के connective tissue हैं।
- Bones के matrix में calcium salts उपस्थित होते हैं इसलिए ये कठोर होती हैं।
- Cartilage के matrix में chondroitin salts होते हैं इसलिए ये pliable (लचीली) होती है।

- मानव के skeletal system में **206 bones** और कुछ cartilage होती हैं।
- Skeletal system को दो मुख्य भागों में बाँटा गया है—
  - **The axial skeleton**
  - **The appendicular skeleton**
- Axial skeleton में 80 bones होती हैं, जो main axis में लगी रहती हैं।
- **Skull,** vertebral column, sternum और ribs मिलकर axial skeleton बनाती हैं। (Fig. 20.6)

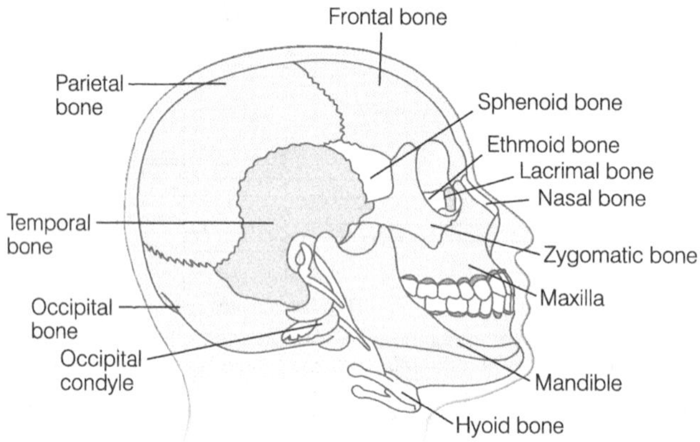

Figure 20.6 Diagrammatic view of human skull

- Skull, bones के दो sets- **cranium** और **facial** से बना होता है जिसमें total 22 bones होती है।
- Cranium में 8 bones होती हैं। ये brain के लिए hard protective outer covering बनाती है।
- Facial region में 14 skeletal elements होते हैं, जो skull का front part बनाती है।
- एक U-shape की **hyoid bone,** buccal cavity के base पर पायी जाती है और यह भी skull में include रहती है।
- प्रत्येक middle ear में तीन छोटी bones-**malleus, incus** और **stapes** होती हैं इन्हें सामूहिक रूप से **Ear ossicles** कहते हैं।
- Skull region, vertebral column के superior region के साथ दो **occipital condyles** की सहायता से articulate रहता है **(Dicondylic skull)**।
- हमारा vertebral column, **26 vertebrae** का बना होता है। ये vertebrae, dorsal side में एक क्रम में लगी रहती हैं। (Fig. 20.7)

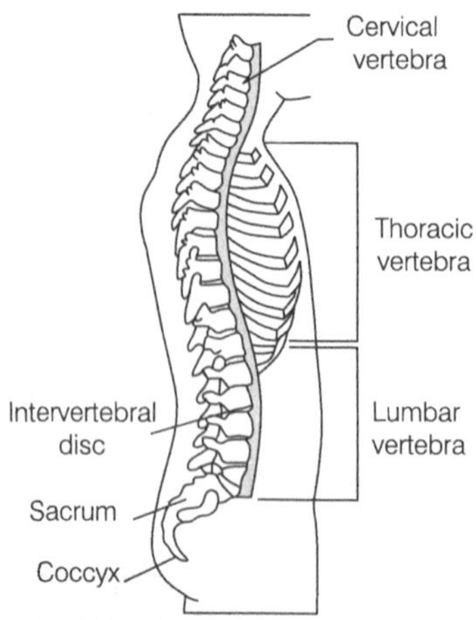

Figure 20.7 Vertebral column (right lateral view)

- Vertebral column, skull के base से निकलता है और trunk region का मुख्य ढ़ाँचा तैयार करता है।

- प्रत्येक vertebrae के मध्य का भाग खोखला होता है जिससे होकर spinal cord गुजरती है।
- First vertebra को **atlas** कहते हैं और यह occipital condyles के साथ articulate रहती है।
- Vertebral column को निम्न भागों में differentiate करते हैं।
  - Cranium (7)
  - Thoracic (12)
  - Lumbar (5)
  - Sacral (1-fused)
  - Coccygeal (1-fused)
- Cervical vertebrae की संख्या मानव सहित लगभग सभी mammals में 7 होती हैं।
- Vertebral column
  - Spinal cord को protect करता है।
  - Head को support करता है।
  - Ribs और पीठ की muscles के लिए attachment प्रदान करता है।
- Thorax की ventral mid line पर एक flate bone होती है, जिसे **sternum** कहते हैं।
- Ribs 12 pair होती हैं।
- प्रत्येक rib एक पतली flate bone है, जो dorsal side में vertebral column और ventral side में sternum से जुड़ी होती है।
- Ribs के dorsal end पर दो articulation surface होती है इसलिए इन्हें bicephalic भी कहते हैं।
- First 7 pair ribs को **trie ribs** कहते हैं।
- True ribs, dorsal side में thoracic vertebrae और ventral side में sternum से hyaline cartilage की सहायता से जुड़ी होती है।
- 8th, 9th और 10th pair ribs, sternum के साथ सीधे articulate नहीं करती बल्कि hyaline cartilage की सहायता से 7th rib से जुड़ी रहती है, इन्हें **vertebrochondral (false) ribs** कहते हैं।
- अंतिम दो जोड़ी ribs (11th और 12th) ventral side से जुड़ी नहीं होती हैं इसलिए इन्हें **floating ribs** कहते हैं।
- Thoracic vertebrae, ribs और sternum मिलकर rib cage बनाते हैं। (Figure 20.8)

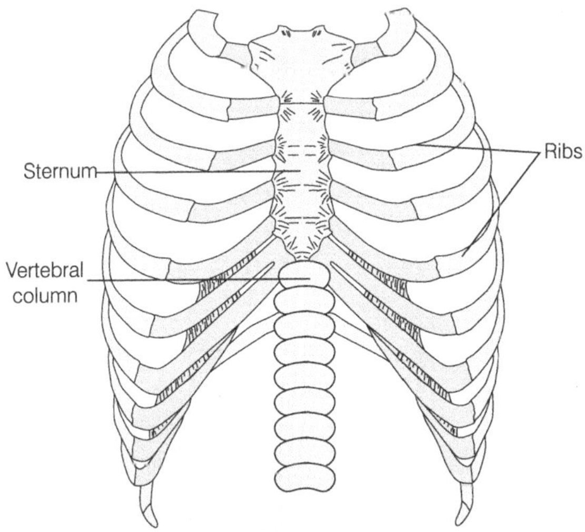

Figure 20.8 Ribs and rib cage

- Limbs की bones अपनी girdles के साथ मिलकर appendicular skeleton बनाती है।
- प्रत्येक limbs में 30 bones पायी जाती हैं।

- **Bones of Forelimb :** (Fig. 20.9)
  - Humerus
  - Radius और ulna
  - Carpals (wrist bone-8)
  - Metacarpals (palm bone-5)
  - Phalanges (digit-14)

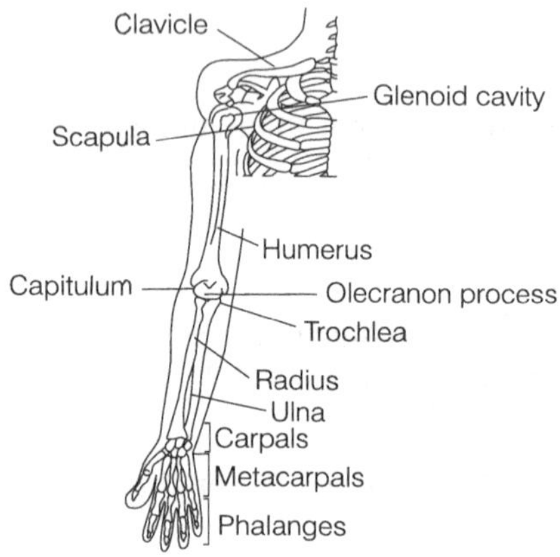

Figure 20.9 Right pectoral girdle and upper arm (frontal view)

- **Bones of Hind limb (leg) :** (Fig. 20.10)
  - Femur (thigh bone-longest bone)
  - Tibia और fibula
  - Tarsals (ankle bones-7)
  - Metatarsals (5)
  - Phalanges (digits-14)
  - Patella (knee cap) : यह cup shape bone है, जो knee को ventral side में cover करती है।

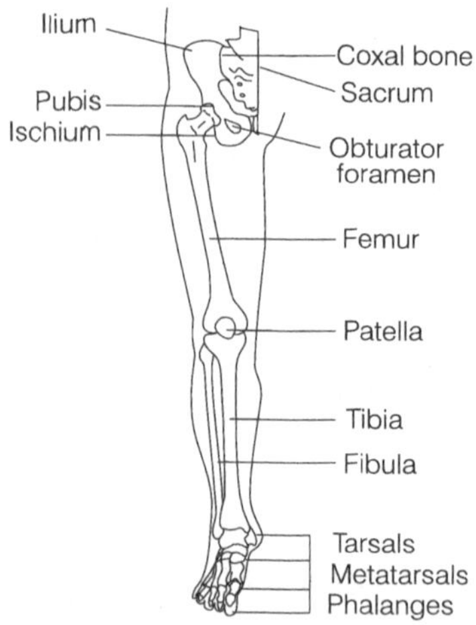

Figure 20.10 Right pelvic girdle and lower limb bones (frontal view)

- **Pectoral** और **pelvic girdles** की bones क्रमश: upper और lower limb को axial skeleton के साथ articulate करने में सहायता प्रदान करती है। प्रत्येक girdle दो अर्ध भागों (two halve) से मिलकर बनती है।
- Pectoral girdle के प्रत्येक halve में एक **clavicle** एवं एक **scapula** होती है।
- Scapula, thorax के dorsal side में स्थित एक large triangular flat bone है।
- Scapula दूसरी और सातवीं rib के मध्य स्थित होती है।
- Scapula के dorsal flat triangular भाग में एक उभार (ridge) होता है जिसे spine कहते हैं।
- Spine एक expanded flat process के रूप में होती है, जिसे acromion कहते हैं।
- Clavicle, acromion के साथ articulate करती है।
- Acromion के नीचे एक depression होता है, जिसे **glenoid cavity** कहते हैं।
- Glenoid cavity, humerus के head के साथ shoulder joint बनाने के लिए articulate हो जाती है।
- प्रत्येक clavicle एक long slender bone है जिसमें दो curvatures पाए जाते हैं।
- Clavicle को सामान्यतया collar bones कहते हैं।
- Pelvic girdle में दो coxal bones होती हैं। प्रत्येक coxal bone तीन bones (ilium, ischium और Pubis) के fusion से बनती है।
- Coxal bones के fusion point पर एक cavity पायी जाती है, जिसे **acetabulum** कहते हैं। जिसमें thigh bone articulate करती है।
- Ventral side में pelvic girdle के दोनों भाग मिलकर **pubic symphysis** बनाते हैं, जिसमें fibrous cartilage होते हैं।

20.4 Joints

- Joint हर प्रकार के movements के लिए आवश्यक होते हैं जिनमें शरीर की bones सहयोगी होती हैं, locomotory movements भी इसका exception नहीं है।
- Joints, bones या bone एवं cartilage के मध्य का सम्पर्क है।
- Muscles से उत्पन्न force का उपयोग joints के movement के लिए किया जाता है। यहाँ joint, fulcrum का कार्य करते हैं।
- बिभिन्न factors पर depend होने के कारण इन joints पर movability बदलती है।
- Joints को मुख्यतया तीन structure form में classify किया गया है; जैसे—Fibrous, cartilaginous और synovial।

20.4.1 Fibrous Joint

- ये joint किसी प्रकार का movement नहीं होने देते।
- ये joint, skull की flate bones को dense fibrous connective tissue की सहायता से structure के रूप में जोड़कर cranium बनाने में प्रयोग होते हैं।

20.4.2 Cartilaginous Joint

- Cartilaginous joint में bones आपस में cartilage के द्वारा जुड़ी होती है।
- Vertebral column में adjacent vertebrae के मध्य इसी प्रकार के joints होते हैं, जो इसमें limited movement होने देते हैं।

20.4.3 Synovial Joint

- दो bones की articulating surface के मध्य fluid से भरी synovial cavity पायी जाती है।
- इस प्रकार के joint में पर्याप्त movement सम्भव होता है।
- ये joint, locomotion सहित कई तरह के movements में सहायता करते हैं।

Example : Ball and socket joint (pectoral girdle और humerus के मध्य), hinge joint (knee joint), pivot joint (atlas and axis के मध्य), gliding joint (carpals के मध्य) और saddle joint (Thumb के carpal और metacarpal के मध्य)।

20.5 Disorders of Muscular and Skeletal System

Myasthenia Gravis

- यह एक प्रकार का autoimmune disorder होता है जोकि neuromuscular junction को प्रभावित करता है।
- इसमें fatigue, weakening और skeletal muscle की paralysis हो जाती है।

Muscular dystrophy

- इसमें धीरे-धीरे skeletal muscles का degeneration होता रहता है।
- यह mostly एक genetic disorder है।

Tetany

- Body fluid में Ca^{++} की कमी के कारण muscle में तीव्र ऐंठन (rapid spasm) होने लगते हैं।

Arthritis

- Joints में सूजन आ जाना।

Osteoporosis

- यह एक age related disorder है इसमें bone mass घटने से fractures के chance बढ़ जाते हैं।
- इसका सामान्य कारण estrogen की कमी है।

Gout

- Joints में uric acid के crystals के जमा होने के कारण joints में सूजन हो जाती है।

Chapter Twenty One

NEURAL CONTROL AND COORDINATION

जैसा कि आप जानते हैं कि हमारे शरीर में बहुत-से organs/organ system पाए जाते हैं, जोकि स्वतन्त्र रूप से कार्य करने में असमर्थ होते हैं।

- Homeostasis को बनाए रखने के लिए इन organs के functions में coordination बहुत आवश्यक है।
- Coordination वह process है जिसके माध्यम से दो या उससे अधिक organs एक-दूसरे को प्रभावित करते हैं और एक-दूसरे के functions के complement होते हैं।

  For example : जब हम physical excercise करते हैं तो muscular activity को maintain करने के लिए energy demand बढ़ जाती है, oxygen की supply भी बढ़ जाती है, oxygen की अधिक supply के लिए respiration rate, heartbeat और blood vessels के द्वारा blood के flow का बढ़ना भी स्वभाविक हो जाता है।
- Physical exercise को बन्द करने पर nerves, lungs, heart और kidney की activities अपने आप धीरे-धीरे सामान्य अवस्था में वापस आ जाती है।
- इस प्रकार physical exercise करते समय muscles, heart, lungs, blood vessels, kidney और दूसरे organs के functions में coordination रहता है।
- हमारे शरीर में neural system और endocrine system एक-साथ मिलकर organs की सभी activity को coordinate और integrate करते हैं जिससे सभी क्रियाएँ एक-साथ संचालित होती रहती हैं।
- Neural system एक organised network बनाता है, जो quick coordination के लिए point-to-point जुड़ा रहता है।
- Endocrine system, hormones के माध्यम से chemical integration प्रदान करता है।

21.1 Neural System

- सभी animals का neural system, highly specialised cells का बना होता है, जिन्हें **neurons** कहते हैं।
- Neurons अलग-अलग तरह के stimuli को detect कर recieve करती है और इनका transmission करती है।

- Lower invertebrates में neural organisation बहुत साधारण होता है
  - जैसे कि *Hydra* में यह neurons के जाल के रूप में होता है।
  - Insects का neural system, better organised होता है जिसमें brain अनेक ganglia एवं neural tissues का बना होता है।
- Vertebates में अधिक विकसित neural system पाया जाता है।

21.2 Human Neural System

मानव का neural system दो भागों में विभाजित होता है

(i) The Central Neural System (CNS)

(ii) The Peripheral Neural System (PNS)

- CNS के अन्तर्गत brain और spinal cord आते हैं जहाँ सूचनाओं की processing और control का कार्य किया जाता है।
- PNS के अन्तर्गत शरीर की सभी nerves आती हैं, जो CNS (brain और spinal cord) से associate रहती है।
- PNS में दो प्रकार के nerve fibres होते हैं

  (i) Afferent fibres

  (ii) Efferent fibres
- **Afferent fibres**-impulse को tissues/organs से CNS तक transmit करते हैं।
- **Efferent fibres**-regulatory impulses को CNS से सम्बन्धित peripheral tissues/organs तक transmit करते हैं।
- PNS दो भागों में divide होता है जिसे somatic neural system और autonomic neural system कहते हैं।
- **Somatic neural system**-impulse को CNS से शरीर की skeletal muscles तक ले जाते हैं।
- **Autonomic neural system**-impulse को CNS से body के involuntary organs और smooth muscles तक ले जाते हैं।
- Autonomic neural system को पुन: दो भागों–**sympathetic neural system** और **parasympathetic neural system** में classified किया गया है।

21.3 Neuron as Structural and Functional Unit of Life

- Neuron एक microscopic structure है, जो मुख्यतया तीन भागों से मिलकर बनता है जिसके नाम हैं— **cell body, dendrites** और **axon**।
- Cell body में cytoplasm व typical cell organelle और कुछ granular bodies (Nissl's granules) पायी जाती हैं।
- Cell body से कुछ छोटे branched fibres बाहर की ओर निकलते हैं, जिन्हें dendrites कहते हैं।
- Dendrites में भी Nissl's granules पाए जाते हैं।
- **Dendrites**-impulses को cell body की तरफ transmit करते हैं।
- Axon एक long fibre है जिसका distal end, branched होता है। प्रत्येक branch का अन्तिम शिरा एक bulb जैसी structure बनाता है, जिसे **synaptic knob** कहते हैं।
- Synaptic knob में synaptic vesicles पाए जाते हैं जिसमें chemicals होते हैं जिन्हें **Neurotransmitters** कहते हैं।
- **Axon**-nerve impulses को cell body से दूर synapse अथवा neuro-muscular junction की ओर transmit करते हैं।
- Axon और dendrites की संख्या के आधार पर neurons तीन तरह के होते हैं, जैसे–

Multipolar इसमें एक axon और दो या दो से अधिक dendrites होते हैं, जो cerebral cortex में पाए जाते हैं।

Bipolar इसमें एक axon और एक dendrite होता है, जो आँख के retina में पाए जाते हैं।

Unipolar इसकी cell body में केवल axon होता है, जो usualy embryonic stage में पाए जाते हैं।

- Axon दो प्रकार के होते हैं जिनके नाम हैं—**myelinated** और **non-myelinated**।
- Myelinated nerve fibre, **Schwann cell** से ढ़के रहते हैं और यह cell, axon के चारों ओर myelin sheath बनाती है।
- दो आस-पास myelin sheath के मध्य में जो gap होता है, उसे **nodes of Ranvier** कहते हैं।
- Myelinated nerve fibres, spinal और cranial nerves में पाए जाते हैं।
- Unmyelinated nerve fibre भी एक Schwann cell से घिरा रहता है लेकिन यह cell, axon के चारों ओर myelin sheath नहीं बनाती है और यह सामान्यतया autonomous और somatic neural systems में पाए जाते हैं।

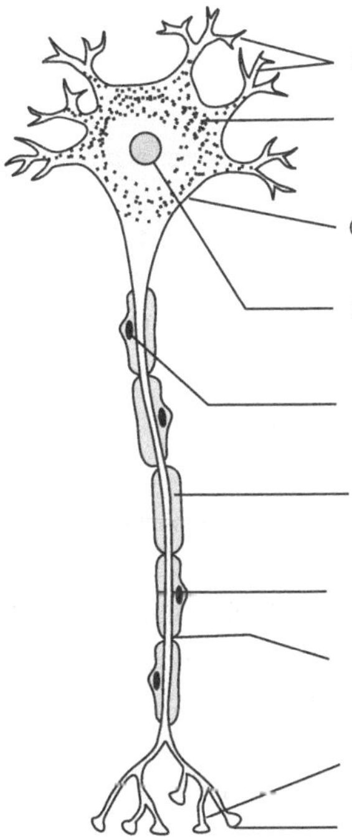

Fig. 21.1 Structure of a neuron

21.3.1 Generation and Conduction of Nerve Impulse

- Neurons, excitable cells है क्योंकि इनकी membranes एक polarised अवस्था में रहती है।
  क्या आप जानते हैं, neuron की membrane polarised अवस्था में क्यों रहती है?
- Neural membrane पर अलग-अलग प्रकार के ion channel पाए जाते हैं ये ion channel अलग-अलग ions के लिए selectively permeable होते हैं।
- जब neuron, impulse का conduction नहीं करता है, i.e., **resting stage** में होता है तब axonal membrane, potassium (K^+) ions के लिए अधिक permeable और sodium (Na^+) ions के लिए लगभग impermeable होती है।
- Resting stage membrane, axoplasm में उपस्थित negative charged proteins के लिए impermeable होती है।
- अत: इस अवस्था में axon के अन्दर axoplasm K^+ और negatvitely charged proteins की high concentration तथा Na^+ की low concentration होती है।
- इसके विपरीत में axon के ऊपर पाए जाने वाले fluid में K^+ion की low concentration और Na^+ion की high concentration होती हैं। इस प्रकार की भिन्नता के कारण concentration gradient बनती है।

- Resting membrane पर पाए जाने वाले इस ionic gradients को sodium-potassium pump द्वारा regulate किया जाता है।
- इस pump द्वारा $3Na^+$ion बाहर की ओर तथा $2K^+$ion अन्दर की ओर active process के द्वारा transport किए जाते हैं।
- इसके फलस्वरूप axonal membrane की outer surface पर positive charge, जबकि inner surface पर –ve charge आ जाता है, इसलिए ये polarised हो जाती हैं।
- Resting plasma membrane पर इस electrical potential difference को **resting potential** कहते हैं।

आप यह जानने की उत्सुक हो सकते हैं कि axon पर nerve impulse की उत्पत्ति एवं उसका conduction किस प्रकार होता है?

- जब polarised membrane के एक स्थान पर कोई stimulus दिया जाता है (Fig. 21.2 Point A) तब A site की ओर स्थित membrane Na^+ के लिए freely permeable हो जाती है इसके कारण Na^+ जल्दी-जल्दी अन्दर जाते हैं और इसलिए इस site पर polarity बदल जाती है i.e., membrane की outer surface पर negative charge और inner surface पर positive charge हो जाता है।

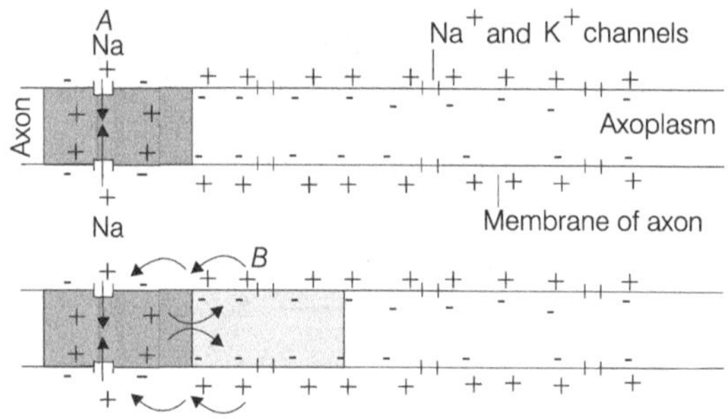

Figure 21.2 Diagrammatic representation of impulse conduction through an axon

- Site A पर membrane की polarity का reverse होना depolarisation कहलाता है।
- Plasma membrane की site A के आर-पार, जो electrical potential difference होता है उसे **action potential** कहते हैं, जिसे वास्तव में **nerve impulse** कहा जाता है।
- Axon के कुछ आगे (e.g., site B) की membrane की outer surface पर positive charge और inner surface पर negative charge होता है परिणामस्वरुप site A से site B की ओर membrane की inner surface पर current flow होती है।
- Current flow के circuit को complete करने के लिए membrane की outer surface पर site B से site A की ओर current flow होता है।
- इसलिए site पर polarity reverse हो जाती है और site B पर action potential पैदा हो जाता है। इस तरह impulse (action potential) site A से उत्पन्न होकर site B तक आ जाता है।
- यह sequence, axon की पूरी length में समानान्तर रूप से repeat होता है और इससे impulse का conduction होता है।
- Stimulus देने के कारण Na^+ion की जो permeability बढ़ती है वह बहुत क्षणिक होती है इसके तुरन्त बाद K^+ion के लिए permeability बढ़ जाती है।
- कुछ ही क्षणों में K^+ membrane के बाहर diffuse होते हैं और excitation की site पर membrane के resting potential को restore करता है तथा fibre आगे के stimulation के लिए एक बार फिर responsive हो जाते हैं।

21.3.2 Transmission of Impulses

- Nerve impulse का एक neuron से दूसरे neuron तक transmission, junction के माध्यम से होता है, जिसे **synapse** कहते हैं।
- एक synapse का निर्माण pre-synaptic neuron और post-synaptic neuron की membrane के द्वारा होता है, जो एक gap के द्वारा separate हो सकती हैं और नहीं भी, जिसे **synaptic cleft** कहते हैं।

- Synapse दो प्रकार के होते हैं जिनके नाम **electric synapse** और **chemical synapse** हैं।
- Electrical synapse में pre और post-synaptic neuron की membrane एक-दूसरे के समीप होती है।
- एक neuron से दूसरे neuron तक electric current का flow, synapse द्वारा होता है।
- Electrical synapse से impulse का transmission, एक single axon से impulse के conduction के समान होता है।
- Electrical synapse से impulse का transmission, chemical synapse से transmission की तुलना में बहुत तेज होता है।
- हमारे system में electrical synapse बहुत कम होते हैं।
- Chemical synapse पर, pre और post-synaptic neurons की membranes एक fluid से भरे space से separate रहती हैं, जिसे synaptic cleft कहते हैं। (Fig.21.3)

क्या आप जानते हैं pre synaptic neuron एक impulse (action potential) का transmission, synaptic cleft के उस ओर post-synaptic neuron तक कैसे करता है?

- Synapse द्वारा impulses के transmission में, जो chemicals involved होते हैं, उन्हें **neurotransmitters** कहते हैं।
- Axons के terminal पर स्थित vesicles इन neurotransmitters से भरी रहती है।
- जब impulse (action potential) axons के terminal तक पहुँचता है तो ये synaptic vesicles के movement को membrane की ओर stimulate करते हैं।
- ये vesicles, plasma membrane से fuse होकर अपने neurotransmitter को synaptic cleft में छोड़ देती है।
- ये neurotransmitter, post-synaptic membrane में पाए जाने वाले specific receptors से bind हो जाते हैं। इस binding से ion channels खुल जाते हैं और उसमें ions की entry से post-synaptic neuron पर नया potential produce हो जाता है।
- बना हुआ नया potential, excitatory या inhibitory हो सकता है।

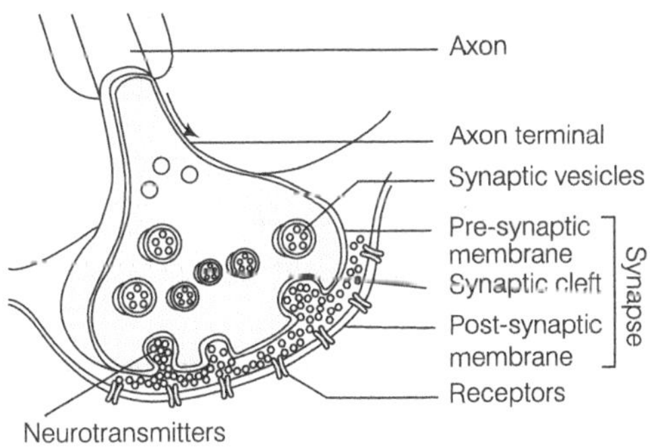

Figure 21.3 Diagram showing axon terminal and synapse

21.4 Central Neural System

- Brain हमारे शरीर का central information processing organ होता है। यह command और control system की तरह कार्य करता है।
- यह अनेक functions को control करता है; जैसे— voluntary movements, body का balance, vital involuntary organs (जैसे— lungs, heart, kidney etc.) की functioning, thermoregulation, भूख और प्यास, हमारे शरीर की circadian (24 hrs) rhythm, कई endocrine glands की activities और human behaviour।
- यह देखने, सुनने, बोलने की प्रक्रिया, memory, intelligence, emotions और thoughts का भी स्थल (site) है।
- मानव का brain, skull के द्वारा अच्छी तरह protected रहता है।
- Skull के अन्दर brain, **cranial meninges** द्वारा ढ़का होता है।

- **Meanings**
  - An outer layer **'dura-mater'**
  - A thin middle layer **'arachnoid'**
  - An inner layer **'piamater'** (जो brain tissue के contact में रहती है)
- Brain को तीन मुख्य भागों में divide कर सकते हैं। (Fig. 21.4)
  (i) Forebrain (ii) Midbrain (iii) Hindbrain

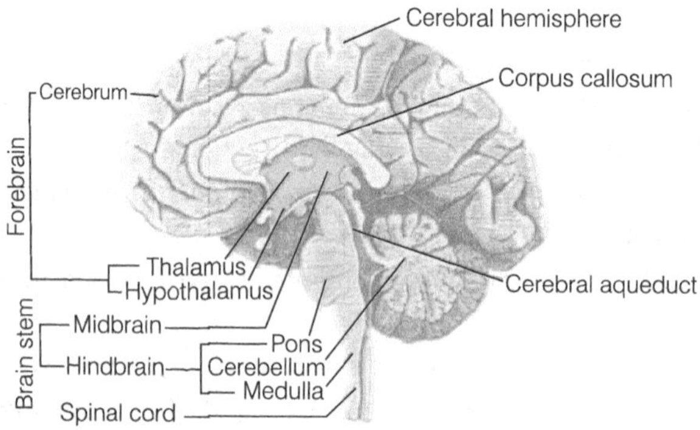

Figure 21.4 Diagram showing sagital section of the human brain

21.4.1 Forebrain

- Forebrain, **cerebrum, thalamus** और **hypothalamus** का बना होता है।
- Cerebrum मानव के brain का मुख्य भाग है।
- एक deep longitudinal cleft, cerebrum को दो भागों, left और right cerebral hemisphere में divide करती है।
- ये hemisphere, nerve fibre की tract (पट्टी) से जुड़े होते हैं, जिसे **corpus callosum** कहते हैं।
- Cerebral hemisphere को cells की एक layer cover करती है, जिसे **cerebral cortax** कहते हैं और इसमें prominent folds पाए जाते हैं।
- Cerebral cortex को उसके grey रंग के कारण **grey matter** कहा जाता है।
- Neurons की cell bodies यहाँ पर concentrate होकर इसे grey colour प्रदान करती है।
- Cerebral cortex में motor areas, sensory areas और बड़े भाग जो न तो sensory और न ही motor होते हैं ये भाग **association areas** कहलाते हैं।
- Association areas, complex functions; जैसे— intersensory association, memory, communication, आदि के लिए responsible होते हैं। इन tracts के fibres myelin sheath से covered रहते हैं, जो cerebral hemisphere का inner part बनाते हैं।
- ये fibres इस layer को अपारदर्शी (opaque) सफेद रूप प्रदान करते हैं इसलिए इसे **white matter** कहते हैं।
- Cerebrum, thalamus के चारों ओर लिपटा रहता है।
- Thalamus, sensory और motor signals के coordination का मुख्य केन्द्र है।
- Thalamus के base पर स्थित brain का दूसरा महत्त्वपूर्ण भाग **hypothalamus** होता है।
- Hypothalamus में अनेक centre होते हैं, जो body के temperature, भूख और प्यास की इच्छा को control करते हैं।
- Hypothalamus में अनेक neurosecretory cells भी होती हैं, जो hypothalamic hormones का secretion करती हैं।
- Cerebral hemisphere का inner part और उसकी गहराई में स्थित संरचनाएँ; जैसे—amygdala, *Hippocampus*, आदि एक complex structure बनाती है जिसे **lymbic lobe** या **lymbic system** कहते हैं।
- Lymbic system, hypothalamus के साथ मिलकर sexual behaviour, expression of emotional reactions (e.g., excitement, pleasure, rage और fear, etc.) और motivation के regulation में involved होता है।

21.4.2 Midbrain

- Midbrain, forebrain के thalamus/hypothalamus और hindbrain के pons के मध्य स्थित होता है।
- Midbrain से एक canal pass होती है, जिसे **cerebral aqueduct** कहते हैं।
- Midbrain के dorsal भाग में मुख्य रूप से four lobes होते हैं, जिन्हें **carpora quadrigemina** कहते हैं।
- **Midbrain** और hindbrain, **brain stem** बनाता है।

21.4.3 Hindbrain

- Hindbrain **pons, cerebellum** और **medulla** (medulla oblongata) से बना होता है।
- Pons में fibre जैसे tracts होते हैं, जो brains के अलग-अलग भागों को आपस में जोड़ते हैं।
- Cerebellum की सतह convoluted होती है, जो neurons को additional space प्रदान करती है।
- Brain का medulla, spinal cord से जुड़ा रहता है।
- Medulla में respiration, cardiovascular reflexes और gastric secretions को control करने के centre होते हैं।

21.5 Reflex Action and Reflex Arc

जब हमारे शरीर का कोई part अत्यधिक hot, cold, pointed या जहरीले अथवा डरावने (scary) animal के contact में आता है तो उस body part को अचानक हटाने का अनुभव आपने किया होगा।

- Peripheral nervous stimulation के प्रति आने वाले responses के complete process को **reflex action** कहते हैं, जो involuntary होती है।
- इसमें CNS का involvement तो होता है लेकिन concious effort अथवा thought की आवश्यकता नहीं होती है।
- Reflex pathway में कम से कम एक afferent neuron (receptor) और एक efferent neuron (effector या excitor) होता है, जो एक निश्चित क्रम में लगे होते हैं।
- Afferent neuron, sensory organ से signal को recieve करके dorsal nerve root के द्वारा CNS (spinal cord के level तक) transmit करते हैं।
- Efferent neuron, signals को CNS से effector तक ले जाते हैं। इस प्रकार stimulus और response मिलकर **reflex arc** बनाते हैं।

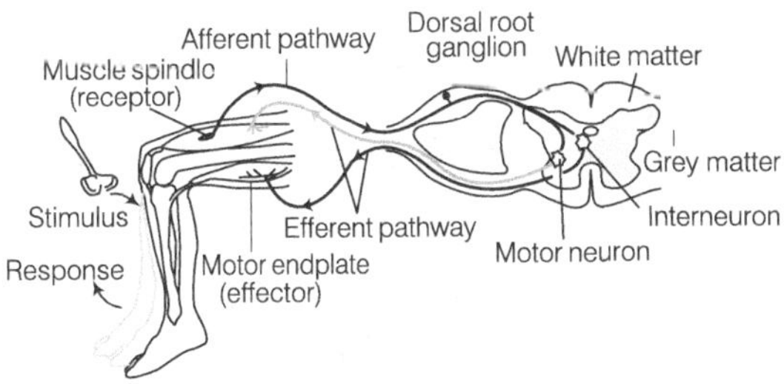

Figure 21.5 Diagrammatic presentation of reflex action (showing knee jerk reflex)

21.6 Sensory Reception and Processing

- *क्या आपने यह कभी सोचा है कि आपको वातावरण में हो रहे परिवर्तन (climatic changes) की पहचान किस प्रकार होती है?*
- *आप किस प्रकार किसी वस्तु एवं उसके रंग को देखते हैं?*
- *आप आवाज को कैसे सुनते हैं?*

- Sensory organs सभी प्रकार के वातावरणीय बदलाव का पता लगाकर appropriate signals को CNS तक भेजता है।
- CNS में सभी inputs को processed और analyse किया जाता है इसके बाद signals और brain को different parts/centers तक भेजा जाता है और इस प्रकार से आप वातावरण में बदलाव का अनुभव करते हैं।

21.6 Eye

मनुष्य में one pair eyes, skull में स्थित sockets (eye orbits) में पायी जाती है।

21.6.1.1 Parts of an Eye

- एक वयस्क मनुष्य की eyeball लगभग spherical होती है।

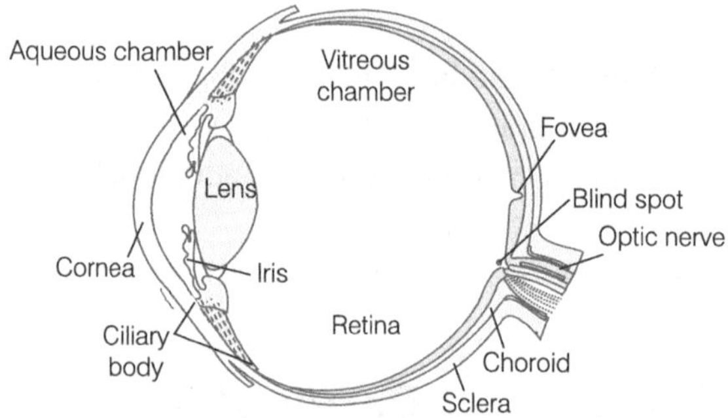

Figure 21.6 Diagram showing parts of an eye

- Eyeball की दीवार में तीन layers पायी जाती हैं।

1. External Layer

- यह layer एक dense connective tissue की बनी होती है, जिसे **sclera** कहते हैं।
- इस layers के anterior भाग को cornea कहते हैं।

2. Middle Layer

- इस layer को **choroid** भी कहते हैं, चूकि इसमें blood vessels पायी जाती हैं इसलिए यह नीले रंग की होती है।
- Eyeball के posterior two-third part पर choroid की thin layer होती है लेकिन ये anterior part में मोटी होकर ciliary body बनाती है।
- Ciliary body आगे की ओर continue होकर एक pigmented और opaque structure बनाती है, जिसे **iris** कहते हैं जो आँख का रंगीन देखने योग्य भाग (visible coloured portion) है।
- Eyeball के भीतर एक transparent crystalline **lens** होता है, जो ligaments के द्वारा ciliary body से जुड़ा रहता है।
- Lens के सामने एक छिद्र (aperture) होता है जिसे **pupil** कहते हैं और यह iris से घिरा रहता है।
- Pupil के diameter को iris के muscle fibres regulate करते हैं।

3. Inner Layer

- Innermost layer, retina होती है और इसमें neural cells की तीन layer होती हैं—

  Inner – **Ganglion cells**

  Middle – **Bipolar cells**

  Outer – **Photoreceptor cells**
- Photoreceptor cells दो प्रकार की होती है जिनके नाम **rods** और **cones** हैं।
- Photoreceptor cells में light sensitive protein पायी जाती है जिसे photopigments कहते हैं।
- Daylight (photopic) और colour vision के लिए cones होती हैं।
- Twilight (scotopic) vision के लिए rods होती है।

- Rods में purplish-red protein पायी जाती है जिसे rhodopsin या visual purple कहते हैं और इसमें vitamin-A का derivative पाया जाता है।
- Human eye में तीन प्रकार के cones होते हैं जिनके पास अपने-अपने characteristic photopigments होते हैं और ये red, blue और green light को पहचानने में सक्षम होते हैं।
- Cones और उनके photopigments के अनेक combination से different colours के लिए sensation produce होते हैं।
- Cones को समान मात्रा में stimulate करने पर white light के प्रति sensation produce होती है।
- Optic nerves, eye को eyeball के medial तथा posterior pole के कुछ ऊपर छोड़ती है इसी जगह से retinal blood vessels आँख में प्रवेश करती है।
- इस जगह पर photoreceptor cells नहीं पायी जाती है, इसलिए इसे **blind spot** कहते हैं।
- Blind spot के lateral position में आँख के posterior pole पर yellow pigmented spot होता है जिसे **macula lutea** कहते हैं।
- Macula lutea के central में एक pit (गड्ढा) होता है जिसे **fovea** कहते हैं।
- Fovea, retina का पतला भाग है जहाँ केवल densely packed cones पाए जाते हैं।
- Fovea वह point है जहाँ visual acuity (resolution) सबसे अधिक होती है।
- Cornea और lens के बीच के space को **aqueous chamber** कहते हैं और इसमें एक thin watery fluid होता है, जिसे aqueous humor कहते हैं।
- Lens और retina के मध्य के space को **vitreous chamber** कहते हैं और इसमें transparent gel भरा होता है जिसे vitreous humor कहते हैं।

21.6.2 Mechanism of Vision

- Cornea और lens के माध्यम से retina पर, जो visible wavelength की light rays focus होती है वो rods और cones में potential (impulse), उत्पन्न करती है।
- Human eye में photosensitive compounds (photopigments) **opsin** (protein) और **retinal** (an aldehyde of vitamin-A) से बने होते हैं।
- Light की वजह से retinal opsin से अलग हो जाता है इससे opsin के structure में बदलाव आ जाता है और इस वजह से membrane की permeability में भी बदलाव आता है।
- Membrane की permeability बदलने से photoreceptor cell में potential difference पैदा होता है।
- इसकी वजह से एक signal पैदा होता है, जो bipolar cells के माध्यम से ganglion cell में action potential उत्पन्न करता है।
- Action potential (impulse), optic nerves के द्वारा brain के visual cortex area में भेजा जाता है और यहाँ neural impulse को analyse किया जाता है।
- Retina पर जो image बनती है वो पहले की memory और experience के आधार पर पहचानी जाती है।

21.6.3 The Ear

- Ear द्वारा दो sensory कार्य किए जाते हैं—hearing और body balance को maintain करना।
- Anatomically, ear को तीन प्रमुख भागों में divide किया जाता है
  - (i) **The outer ear**
  - (ii) **The middle ear**
  - (iii) **The inner ear**

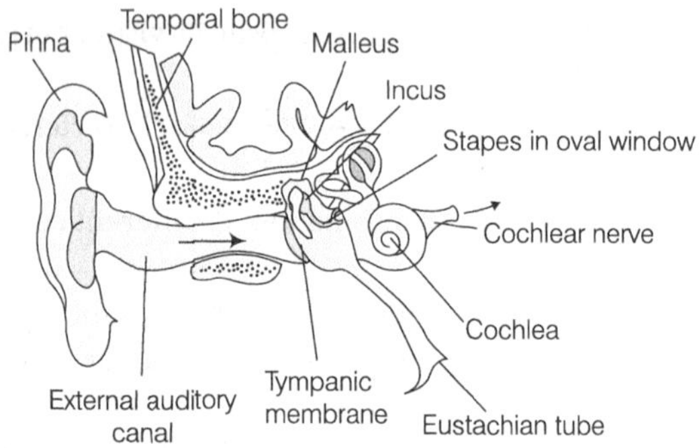

Figure 21.7 Diagrammatic view of ear

- Outer ear, **pinna** और **external auditory meatus** (canal) का बना होता है।
- Pinna, air में उपस्थित vibrations को collect करता है, जो sound को produce करती है।
- External auditory meatus अन्दर की ओर **tympanic membrane** (the eardrum) तक जाती है।
- Pinna तथा meatus की skin में कुछ fine hairs और wax को secrete करने वाली glands पायी जाती हैं।
- Tympanic membrane, connective tissue से बनी होती हैं, जो बाहर की ओर skin से तथा अन्दर की ओर mucous membrane से covered होती है।
- Middle ear में तीन ossicles पायी जाती हैं जिनके नाम **malleus, incus** और **stapes** हैं और ये एक-दूसरे से chain-like fashion में जुड़ी रहती हैं।
- Malleus, tympanic membrane से और stapes, cochlea के **oval window** से जुड़ी रहती है।
- Ear ossicles, sound waves को inner ear तक transmit करने की efficiency को बढ़ा देती हैं।
- Eustachain tube, middle ear की cavity को pharynx से जोड़ती है।
- Eustachian tube, eardrum के दोनों ओर pressure को समान रखती हैं।
- Fluid से भरे inner ear को **Labyrinth** कहते हैं जिसके दो parts होते हैं
  1. **Bony Labyrinth**
  2. **Membranous Labyrinth**
- Bony Labyrinth एक channels की series है, इन channels के अन्दर membranous Labyrinth होता है जो चारों ओर **perilymph** नामक fluid से घिरा रहता है।
- Membranous Labyrinth में भी एक fluid होता है, जिसे **endolymph** कहते हैं।
- Labyrinth के coiled portion को **cochlea** कहते हैं।
- Cochlea को दो membranes (the **Reissner's** और **basilar**) द्वारा तीन chambers में divide किया जाता है (Fig. 21.8)

  Upper chamber – **Scala vestibuli** (Perilymph पाया जाता है)

  Middle chamber – **Scala media** (Endolymph पाया जाता है)

  Lower chamber – **Scala tympani** (Perilymph पाया जाता है)
- Scala media, cochlea के अन्दर पाया जाने वाला space है।
- Cochlea के base पर scala vestibuli का अन्त oval window में होता है, जबकि scala tympani का अन्त round window में होता है, जो middle ear में खुलती है।
- Basilar membrane पर **organ of corti** पाया जाता है, जिसमें auditory reception के लिए **hair cells** पायी जाती हैं।
- Organ of Corti के internal side में hair cells की rows पायी जाती हैं।
- Hair cells का basal end, afferent nerve fibre के close contact में रहता है।

- प्रत्येक hair cell के apical part से कई सारे processes निकले रहते हैं, जिन्हें steriocilia कहते हैं।
- Hair cells की rows के ऊपर एक पतली-सी elastic membrane पायी जाती है, जिसे **tectorial membrane** कहते हैं।
- Inner ear में cochlea के ऊपर एक complex system होता है, जिसे **vestibular apparatus** कहते हैं।
- Vestibular apparatus तीन **semicircular canals** और **Otolith** का बना होता है।
- Otolith, saccule और utricle से बना होता है।
- **Macula**-saccule और utricle का sensory भाग होता है।
- प्रत्येक semicircular canal अलग-अलग plane में एक-दूसरे से right angles पर होती हैं।
- Membranous canals, bony canals के perilymph में डूबी रहती हैं।
- Canals के फूले हुए base को ampulla कहते हैं इसमें एक projecting ridge (उभार) होता है, जिसे **crista ampularis** कहते हैं इसमें hair cells होती हैं।
- Saccule और utricle में पाए जाने वाले projecting ridge (उभार) को **macula** कहते हैं।
- Cristae और macula, vestibular apparatus के specific receptors होते हैं, जो body balance और posture के maintenance के लिए responsible होते हैं।

21.6.3.1 Mechanism of Hearing

Ear किस प्रकार sound waves को neural impulses में बदलता है, जोकि brain के द्वारा sense और processed होकर हमें sound की पहचान कराते हैं?

- External ear, sound waves को recieve कर उन्हें eardrum तक भेजता है।
- Sound waves के response में eardrum vibrate करता है और ये vibration, ear ossicles (malleus, incus, stapes) के द्वारा oval window तक पहुँचती है। Oval window से vibrations, cochlea में भरे fluid तक पहुँचती है जहाँ वे lymph में waves उत्पन्न करती हैं।
- Lymph में उत्पन्न waves, basilar membrane में हलचल (ripples) induce करती है।
- Basilar membrane के movements से hair cells मुड़ती है और tectorial membrane पर pressure डालती है इसके फलस्वरूप उससे जुड़े हुए afferent neuron में nerve impulse उत्पन्न हो जाता है।
- ये impulses, afferent fibres के द्वारा auditory nerve से होते हुए brain के auditory cortex तक भेजे जाते हैं यहाँ impulse को analyse कर के sound को पहचाना जाता है।

Chapter Twenty Two

CHEMICAL COORDINATION AND INTEGRATION

आप यह पहले ही पढ़ चुके हैं कि neural system सभी organs के मध्य में point to point rapid coordination प्रदान करता है।

- Neural coordination बहुत fast लेकिन थोड़े ही समय के लिए होता है।
- Nerve fibres शरीर के सभी cells तक नहीं पहुँच पाते जबकि cellular functions को लगातार regulate करने की आवश्यकता पड़ती है। इसके लिए एक विशेष प्रकार का coordination और integration प्रदान करना पड़ता है, जो hormones के द्वारा function करता है।
- Neural system और endocrine system एक-साथ मिलकर body की physiological functions को coordinate और regulate करते हैं।

22.1 Endocrine Glands and Hormones

- Endocrine glands में ducts नहीं पाई जाती हैं इसलिए इन्हें ductless glands कहते हैं। इनके secretion को hormones कहते हैं।
- Hormones की classical definition-Endocrine gland, जो chemical produce करते हैं वे blood में release कर दिए जाते हैं और फिर blood के माध्यम से दूर स्थित target organ तक transport होते हैं।

  Hormones की current scientific definition-Hormones, non-nutrient chemicals हैं, जो intercellular messenger की तरह काम करते हैं और ये काफी कम मात्रा में produce होते हैं।

- Hormones की नई definition, hormones के अलावा नए molecules को भी cover करती है।
- Invertebrates में बहुत simple endocrine system पाया जाता है, जो कुछ hormones का secretion करता है।
- Vertebrates में coordination को बनाए रखने के लिए अनेक chemicals की आवश्यकता पड़ती है, जो hormones की तरह कार्य करते हैं।
- Human का endocrine system यहाँ पर described है

22.2 Human Endocrine System

- Endocrine glands और hormones उत्पन्न करने वाले diffused tissues/cells शरीर के अलग-अलग भाग में पाए जाते हैं, जो endocrine system बनाते हैं।
- Pituitary, pineal, thyroid, adrenal, pancreas, parathyroid, thymus और gonads (males में testes और females में ovaries) हमारे शरीर की organised endocrine bodies हैं। इसके अलावा कुछ और organs; जैसे—gastrointestinal tract, liver, kidney और heart भी hormones produce करते हैं।

22.2.1 The Hypothalamus

- जैसा कि आप जानते हैं कि hypothalamus, diencephalon का basal part है, जो forebrain में होता है और यह body functions को काफी विस्तार से regulate करता है (Fig 22.1)।

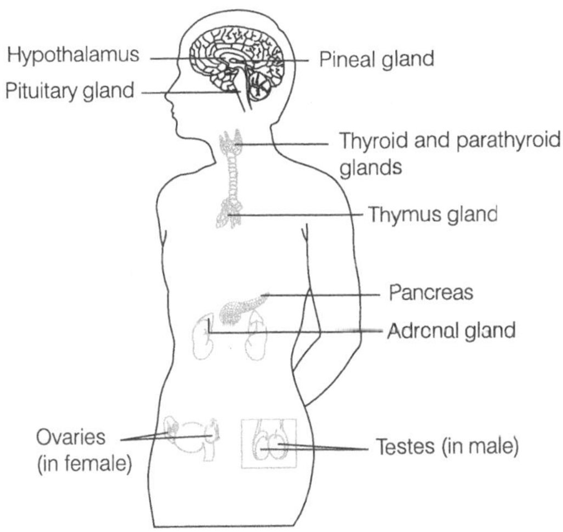

Figure 22.1 Location of endocrine glands

- इसमें neurosecretory cells के कई groups होते हैं जिन्हें nucleoli कहते हैं और ये hormones का production करते हैं।
- ये hormones, pituitary hormones की synthesis और secretion को regulate करते हैं।
- Hypothalamus से जो hormones निकलते हैं वे दो तरह के होते हैं—The releasing hormones (जो pituitary hormones के secretion को बढ़ाते हैं।) और inhibitory hormones (जो pituitary hormone के secretion को कम करते हैं)।
- जैसे कि Gonadotropin Releasing Hormone (GnRH) जोकि एक hypothalamic hormone है। यह pituitary gland की synthesis को stimulate कर gonadotropin release करता है।
- Hypothalamus से निकला somatostatin, pituitary से growth hormones को release होने से रोकता है।
- ये hormones, hypothalamic neurons में originate होते हैं और axon के द्वारा आगे बढ़कर इनकी nerve ending से release हो जाते हैं।
- ये hormones pituitary gland तक portal circulatory system द्वारा पहुँचते हैं और ये anterior pituitary के कार्य को नियन्त्रित करते हैं।
- Posterior pituitary का neural regulation सीधे hypothalamus के under होता है (Fig. 22.2)।

22.2.2 Pituitary Gland

- Pituitary gland एक **sella tursica** नामक bony cavity में पाई जाती है और यह hypothalamus से एक stalk के द्वारा जुड़ी रहती है (Fig. 22.2)।
- यह anatomically दो भागों में विभाजित होती है—**Adenohypophysis** और **Neurohypophysis**. Adenohypophysis दो भागों से बना होता है—**Pars distalis** और **Pars intermedia**.
- Pituitary के pars distalis भाग को साधारण तौर पर anterior pituitary कहते हैं।
- Anterior pituitary से **Growth Hormone** (GH), **Prolactin** (PRL), **Thyroid Stimulating Hormone** (TSH), **Adrenocorticotrophic Hormone** (ACTH), **Luteinizing Hormone** (LH) और **Follicle Stimulating Hormone** (FSH) का **production** होता है।
- Pars intermedia केवल एक hormone का secretion करता है, जिसे **Melanocyte Stimulating Hormone** (MSH) कहते हैं।
- मानव में pars intermedia लगभग pars distalis से जुड़ा रहता है।

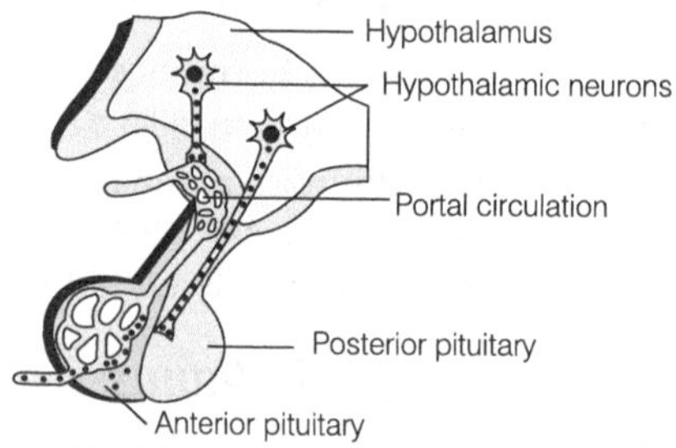

Figure 22.2 Diagrammatic representation of pituitary and its relationship with hypothalamus

- Neurohypophysis (pars nervosa) को posterior pituitary भी कहते हैं। यह hypothalamus द्वारा उत्पादित hormones (oxytocin और vasopressin) को store व release करती है।
- Oxytocin और vasopressin का synthesis वास्तव में hypothalamus द्वारा होता है और axon के द्वारा neurohypophysis में पहुँचा दिए जाते हैं।
- GH के oversecretion की वजह से शरीर की abnormal growth हो जाती है, जिसे gingatism कहते हैं।
- GH के कम secrete होने की वजह से growth रुक जाती है, जिसे pituitary dwarfism कहते हैं।
- Prolactin hormone, mammary gland की growth और उनमें milk formation को regulate करता है।
- TSH, thyroid gland पर कार्य करके उनसे thyroid hormones के synthesis और secretion को stimulate करता है।
- ACTH, adrenal cortex पर कार्य करता है और यह glucocorticoids नामक steroid hormones के synthesis और secretion को stimulate करता है।
- LH और FSH, gonad की activity को stimulate करते हैं इसलिए इन्हें gonadotropins भी कहते हैं।
- Male में LH, testis से androgen नामक hormone की synthesis और secretion को stimulate करता है।
- Male में FSH और androgen spermatogenesis को regulate करते हैं।
- Female में LH, fully mature follicle (Graafian follicle) से ovulation को induce करता है और Graafian follicle के बचे भाग से corpus luteum बनाता तथा maintain करता है।
- FSH, females में ovarian follicles की growth और development को stimulate करता है।
- MSH, melanocytes (वो cells जिनमें melanin पाया जाता है) पर कार्य करता है तथा skin के pigmentation को regulate करता है।
- Oxytocin हमारे शरीर की smooth muscles पर कार्य करता है और उनके contraction को stimulate करता है।
- महिलाओं में बच्चे के जन्म के समय oxytocin, uterine muscles में भयंकर contraction और mammary gland से milk ejection को stimulate करता है।
- Vasopressin मुख्यतया kidney के distal tubules से जल और electrolyte के reabsorption को stimulate करता है जिससे urine के द्वारा जल की हानि (diuresis) कम हो। अत: इसलिए इसे Anti-Diuretic Hormone (ADH) भी कहते हैं।

22.2.3 The Pineal Gland

- Pineal gland, forebrain के dorsal side में स्थित होती है।
- Pineal gland, **melatonin** hormone का secretion करती है।
- Melatonin हमारे शरीर की 24-hour (diurnal) rhythm को regulate करने में काफी महत्त्वपूर्ण भूमिका निभाता है; जैसे—यह सामान्य sleep-wake cycle और body temperature को नियन्त्रित करता है। इसके अलावा melatonin metabolism, pigmentation, menstrual cycle और हमारी defence capability को भी प्रभावित करता है।

22.2.4 Thyroid Gland

- Thyroid gland, trachea के दोनों ओर स्थित दो lobes से बनी होती है (Fib 22.3)।
- दोनों lobes connective tissue के एक पतले flap से आपस में जुड़े रहते हैं, जिसे isthmus कहते हैं।
- Thyroid gland, follicles और stromal tissues की बनी होता है।
- प्रत्येक thyroid follicle एक cavity को घेरे follicular cells से बना होता है। ये follicular cells दो hormones **Tetraiodothyronine** अथवा **Thyroxine** (T_4) तथा **Triiodothyronine** (T_3) का secretion करती हैं।
- Thyroid hormones के normal rate से बनने के लिए iodine की आवश्यकता होती है।
- हमारे भोजन में iodine की कमी से **hypothyroidism** हो जाता है और thyroid gland बढ़ जाती है, जिसे साधारणतया goitre कहते हैं।
- Pregnancy के समय hypothyroidism के कारण uterus में विकसित हो रहे बच्चे की growth defected हो जाती है इससे बच्चे में stunted growth (cretinism,), mental retardation, low intelligent quotient, abnormal skin, deaf-mutism (बहरा-गूंगापन), आदि हो जाते हैं।
- Adult women में hypothyroidism की वजह से menstrual cycle irregular हो जाती है।
- Thyroid gland में cancer या फिर इसमें nodules की वृद्धि से thyroid hormones की synthesis और secretion की दर abnormal रूप से अधिक हो जाती है। इस condition को **hyperthyroidism** कहते हैं, जो शरीर की physiology पर adverse effect डालती है।
- Thyroid hormones, Basal Metabolic Rate (BMR) के regulation में मुख्य भूमिका निभाते हैं।
- ये hormone RBCs के formation में सहायता प्रदान करते हैं।
- Thyroid hormones-carbohydrate, proteins और fat के metabolism को control करते हैं।
- Water और electrolyte balance के maintenance को प्रभावित करते हैं।
- Thyroid gland एक protein hormone, Thyrocalcitonin (TCT) का भी secretion करती है, जो blood में calcium level को regulate करता है।

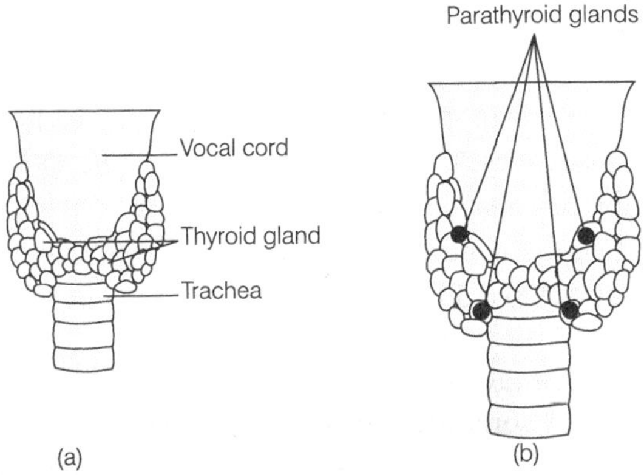

Figure 22.3 Diagrammatic view of the position of thyroid and parathyroid (a) Ventral side (b) Dorsal side

22.2.5 Parathyroid Gland

- मानव में चार parathyroid glands होती हैं, जो thyroid gland की backside पर स्थित होती हैं।
- Thyroid gland के दो lobes पर प्रत्येक में एक जोड़ी parathyroid gland पाई जाती है (Fig. 22.3b)।
- यह **Parathyroid Hormone** (PTH) नामक एक peptide hormone का secretion करती है।
- PTH का secretion blood में circulate होने वाले calcium ions के level द्वारा regulate होता है।
- Parathyroid Hormone (PTH) blood में Ca^{++} के level को बढ़ाता है।
- PTH, bones पर कार्य करता है और bones के reabsorption [desolution/demineralisation] को बढ़ा देता है।
- PTH, renal tubule से Ca^{+2} के reabsorption और digested food से Ca^{+2} के absorption को **stimulate** करता है।
- इससे यह साफ है कि PTH एक **hypercalcemic hormone** है क्योंकि यह blood में Ca^{+2} के level को बढ़ा देता है।
- PTH, TCT के साथ मिलकर शरीर में calcium के balance को बनाए रखने में महत्त्वपूर्ण भूमिका निभाता है।

22.2.6 Thymus

- Thymus gland एक lobular structure है, जो lungs के मध्य में, sternum के पीछे तथा aorta के ventral side पर होती है।
- Thymus immune system के development में प्रमुख role निभाती है।
- यह gland **thymosin** नामक peptide hormone का secretion करती है।
- Thymosins, **T-lymphocytes** के differentiation में मुख्य भूमिका निभाते हैं, जो **cell mediated immunity** प्रदान करते हैं।
- इसके अलावा thymosin, **humoral immunity** प्रदान करने के लिए antibodies के production को भी promote करता है।
- Thymus बूढ़े व्यक्तियों में degenerate हो जाती है जिससे thymosin का production कम हो जाता है इसीलिए बूढ़े व्यक्तियों में immune response कमजोर पड़ जाते हैं।

22.2.7 Adrenal Gland

- हमारे शरीर में प्रत्येक kidney के anterior part में एक जोड़ी adrenal gland पाई जाती है (Fig. 22.4a)।
- यह gland दो प्रकार के tissue से बनी होती है। वह tissue जो center में होता है उसे **adrenal medulla** कहते हैं और जो इसके बाहर की ओर होता है उसे **adrenal cortex** कहते हैं (Fig. 22.4b)।
- Adrenal medulla दो प्रकार के hormone secrete करती है, जिन्हें adrenaline या epinephrine और noradrenaline या norepinephrine कहते हैं। इन्हें commonly **catecholamines** कहते हैं।
- Adrenaline और noradrenaline किसी प्रकार के stress या emergency की स्थिति में तेजी से secrete होते हैं इसी कारण इन्हें emergency hormones या hormones of fight या flight कहते हैं।
- ये hormones alertness, pupillary dilation, piloerection (रोंगटे खड़े होना) sweating, आदि को बढ़ा देते हैं।
- ये hormones heart beat, heart के contraction की power और respiration की rate को भी बढ़ा देते हैं।
- Catecholamines, glycogen के breakdown को बढ़ा देते हैं जिससे blood में glucose की मात्रा बढ़ जाती है। साथ ही यह lipid और protein के breakdown को भी बढ़ा देते हैं।
- Adrenal cortex को तीन layers में divide किया जा सकता है, जिन्हें **zona reticularis** (inner layer), **zona fasciculata** (middle layer) और **zona glomerulosa** (outer layer) कहते हैं।
- Adrenal cortex कई hormones का secretion करते हैं, जिन्हें commonly corticosteroid hormone या corticoids कहते हैं।
- Corticoids जो carbohydrate metabolism में involved होते हैं उन्हें glucocorticoids कहते हैं।

- हमारे शरीर में cortisol, प्रमुख glucocorticoid होता है।
- वे corticoids जो हमारे शरीर में water और electrolyte के balance को regulate करते हैं, उन्हें mineralocorticoid कहते हैं।
- हमारे शरीर में **aldosterone** प्रमुख mineralocorticoid होता है।
- Glucocorticoids gluconeogenesis, lypolysis (lipid को तोड़ना), proteolysis (protein को तोड़ना) को stimulate करते हैं तथा amino acid के cellular uptake और utilisation को inhibit करते हैं।
- Cortisol, cardio-vascular system तथा kidney के कार्यों को maintain करता है।
- Glucocorticoids मुख्य रूप से cortisol, anti-inflammatory reaction को stimulate करता है और immune response को बढ़ाता है।
- Cortisol, RBC के production को भी बढ़ाता है।
- Aldosterone मुख्यतया renal tubule पर कार्य करता है और यह Na^+ एवं water के reabsorption तथा K^+ व phosphate ions के excretion को बढ़ाता है।
- Aldosterone electrolytes, body fluid volume, osmotic pressure और blood pressure को maintain करने में सहायक होता है।
- Adrenal cortex से कुछ मात्रा में **androgenic steroids** भी secrete होते हैं, जो puberty के समय axial hair, pubic hair और facial hair की growth में भूमिका निभाते हैं।

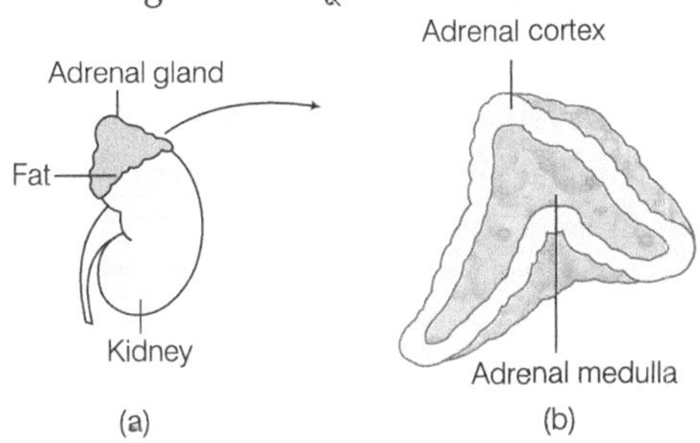

Figure 22.4 Diagrammatic representation of : (a) Adrenal gland above kidney (b) Section showing two parts of adrenal gland

22.2.8 Pancreas

- Pancreas एक composite gland है, जो **exocrine** और **endocrine** glands दोनों की तरह काम करती है (Fig. 22.1)।
- Pancreas का endocrine part **'Islets of Langerhans'** से बना होता है।
- एक सामान्य मानव में लगभग 1-2 million islets of Langerhans पाई जाती हैं, जो pancreatic tissue का 1-2% होता है।
- Islets of Langerhans में मुख्य रूप से दो प्रकार की cells होती हैं, जिन्हें **α-cells** और **β-cells** कहते हैं।
- α-cells से glucagon hormone तथा β-cells से insulin hormone का secretion होता है।
- Glucagon एक peptide hormone है जिसकी मुख्य भूमिका blood में glucose के level को maintain करना है।
- Glucagon मुख्यतया liver cells (hepatocytes) पर कार्य कर glycogenolysis को stimulate करता है जिससे blood sugar level बढ़ जाता है।
- Blood में sugar का बढ़ना **hyperglycemia** कहलाता है।
- इसके अलावा glucagon gluconeogenesis को भी stimulate करता है जिसकी वजह से hyperglycemia हो जाता है।
- Glucagon, cells में glucose के uptake और utilisation को कम कर देता है।
- Glucagon, **hyperglycemic hormone** कहलाता है।
- Insulin एक peptide hormone है जिसकी मुख्य भूमिका glucose homeostasis को regulate करना है।

- Insulin मुख्य रूप से hepatocytes (liver की cells) और adipocytes (adipose tissue की cells) पर कार्य करता है और यह cells में glucose के uptake और utilisation को बढ़ा देता है।
- इसके फलस्वरूप blood से glucose तेजी से hepatocytes और adipocytes में जाता है जिससे blood में glucose का level कम (**hypoglycemia**) हो जाता है।
- Insulin, target cells में glucose में glycogen बनने की प्रक्रिया को बढ़ा देता है।
- इस तरह से blood में glucose homeostasis, दो hormones (insulin और glucagon) द्वारा control होती हैं।
- अधिक लम्बे समय तक hyperglycemia होने पर एक complex disorder होता है, जिसे **diabetes mellitus** कहते हैं।
- Diabetes mellitus में urine से glucose का loss होता है और harmful compounds बनते हैं, जिन्हें ketone bodies कहते हैं।
- Diabetes के रोगी को insulin द्वारा सफलतापूर्वक सही किया जा सकता है।

22.2.9 Testis

- Male में abdomen के बाहर scrotal sac में एक जोड़ी testis पाई जाती है (Fig 22.1)।
- Testes, primar sex organ के साथ ही endocrine gland की तरह भी कार्य करते हैं।
- Testis, seminiferous tubule और stromal या interstitial tissues से बना होता है।
- **Leydig cell** या **interstitial cells** जो intertubular spaces में पाई जाती हैं वे hormones का एक group produce करती हैं, जिन्हें **androgen** कहते हैं मुख्यरूप से **testosterone**।
- Androgens, पुरुषों में accessory sex organ ; जैसे—epididymis, vas deferens, seminal vesicle, prostate gland, urethra, आदि के development, maturation और function को regulate करते हैं।
- ये hormones, muscular growth, facial और axillary hair की growth, aggressiveness, low voice pitch, इत्यादि को stimulate कर देते हैं।
- Androgens, spermatogenesis (formation of spermetozoa) की प्रक्रिया को stimulate करने में मुख्य भूमिका निभाता है।
- Androgens, central nervous system पर कार्य कर male sexual behaviour [libido] को प्रभावित करता है।
- ये hormones protein और carbohydrate metabolism पर anabolic (synthetic) प्रभाव डालते हैं।

22.2.10 Ovary

- Female के abdomen में एक जोड़ी ovaries पाई जाती हैं (Fig. 22.1)।
- Ovary एक primary sex organ है, जो प्रत्येक menstrual cycle के समय एक ovum produce करती है।
- इसके अलावा ovary दो प्रकार के steroid hormones भी produce करती हैं, जिन्हें **estrogen** और **progesterone** कहते हैं।
- Ovary, ovarian follicles और stromal tissues का बना होता है।
- Estrogen की synthesis और secretion मुख्य रूप से growing ovarian follicles के द्वारा होता है।
- Ovulation के बाद ruptured follicle, **corpus luteum** में बदल जाता है जो कि मुख्यतया **progesterone hormone** का secretion करता है।
- **Estrogen**
  - Female में secondary sex organs की growth और activity को stimulate करता है।
    - Growing ovarian follicles का development.
    - Secondary sex characters का appear होना जैसे voice pitch का अधिक होना, आदि।
    - Mammary gland का development.
- **Estrogen** स्त्रियों में sexual behaviour को भी regulate करता है।
- Progesterone pregnancy में सहायक होते हैं।
- Progesterone, mammary gland पर कार्य करके alveoli (sac-like structure which store milk) के formation और milk secretion को stimulate करते हैं।

22.3 Hormones of Heart, Kidney and Gastrointestinal Tract

- Hormones का secretion कुछ अन्य tissues द्वारा भी होता है, जो endocrine gland नहीं होते हैं जैसे हमारे heart की atrial wall एक जरूरी peptide hormone secrete करती है, जिसे **Atrial Natriuretic Factor** (ANF) कहते हैं।
- Blood pressure के बढ़ने से ANF secrete होता है। यह ANF, blood vessels को dilate करता है और इससे blood pressure कम हो जाता है।
- Kidney की juxtaglomerular cells एक **erythropoietin** नामक peptide hormone secrete करती है यह erythropoiesis [RBCs के formation] को stimulate करता है।
- Gastro-intestinal tract के अलग-अलग भागों में पाई जाने वाली endocrine cells चार मुख्य peptide hormone का secretion करती हैं जिनके नाम हैं **gastrin**, **secretin**, **Cholecystokinin** (CCK) और Gastric Inhibitory Peptide (GIP)।
- Gastrin, gastric glands पर कार्य कर hydrochloric acid और pepsinogen के secretion को stimulate करता है।
- Secretin, exocrine pancreas पर कार्य करता है और water तथा bicarbonate ions के secretion को बढ़ाता है।
- CCK, pancreas और gall bladder दोनों पर कार्य कर क्रमश: pancreatic enzyme और bile juice के secretion को बढ़ाता है।
- GIP, gastric secretion और उसकी motility को inhibit करता है।
- कई अन्य non-endocrine tissues, कई hormones का secretion करते हैं, जिन्हें **growth factor** कहते हैं।
- ये growth factor, tissue की normal growth और उनकी repairing/regeneration के लिए आवश्यक होते हैं।

22.4 Mechanism of Hormone Action

- Hormones, target tissues पर पाई जाने वाली specific protein (hormone receptors) से जुड़कर अपना प्रभाव दिखाते हैं।
- Target cells की cell membrane पर पाए जाने वाले hormone receptors को membrane bound receptors कहते हैं।
- Target cell के अन्दर पाए जाने वाले receptors को intracellular receptor कहते हैं और ये अधिकतर nuclear receptor होते हैं, जो nucleus में पाए जाते हैं।
- Hormone, receptor के साथ जुड़कर **hormone-receptor complex** बनाते हैं (Fig. 22-5 a, b)।
- प्रत्येक receptor सिर्फ एक hormone के लिए specified होता है इसलिए receptors specific होते हैं।
- Hormone receptor complex के बनने से target tissues में कुछ biochemical changes होते हैं।
- Target tissue में metabolism और functioning का regulation hormone द्वारा होता है।
- Chemical nature के आधार पर hormones को groups में विभाजित किया जा सकता है।
  - (i) **Peptide, polypeptide, protein hormone** (e.g., insuline, glucagon, pituitary hormone, hypothalamic hormones, etc.)
  - (ii) Steroid (e.g., cortisol, testosterone, estradiol, progesterone)
  - (iii) Iodothyronines (Thyroid hormones)
  - (iv) Amino acid derivatives (e.g., epinephrine)

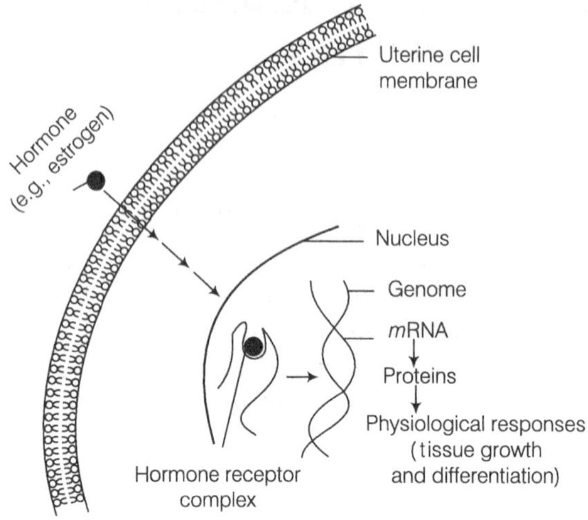

(b)

Figure 22.5 Diagrammatic representation of the mechanism of hormone action: (a) Protein hormone (b) Steroid hormone

- जो hormones, membrane bound receptor से interact (क्रिया) करते हैं वे साधारणतया target cell में प्रवेश नहीं कर पाते हैं लेकिन secondary messenger [जैसे— cylic AMP, IP3, Ca^{++}, आदि] का उत्पादन कर cellular metabolism को regulate करते हैं।
- Intracellular receptor से interact करने वाले hormones (जैसे— steroid hormone, iodothyronines, आदि), hormone receptor complex और genome के interaction से gene के expression या chromosome function को regulate करते हैं।
- यह सभी biochemical actions शरीर की physiology और development को प्रभावित करती हैं।

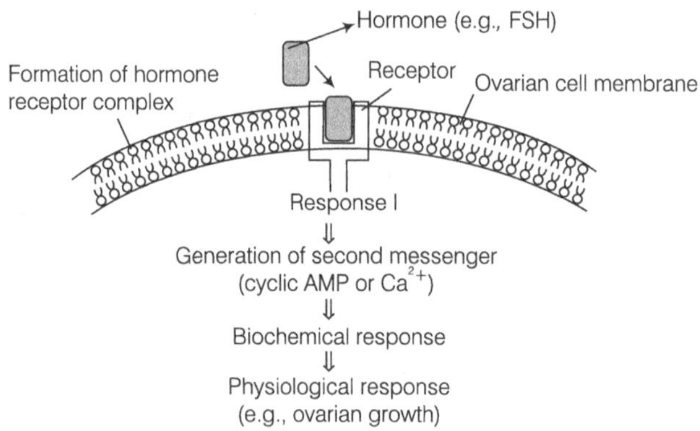

(a)